向家坝水电站

安全监测工程管理与实践

李双平 张斌 顾功开 程渭炎 张勇 陈远瞩 等 著

图书在版编目（CIP）数据

向家坝水电站安全监测工程管理与实践 / 李双平等著 .
—武汉 ： 长江出版社，2022.9
ISBN 978-7-5492-8483-2
Ⅰ . ①向… Ⅱ . ①李… Ⅲ . ①水力发电站 - 安全监测 -
水富县 Ⅳ . ① TV752.744

中国版本图书馆 CIP 数据核字 (2022) 第 162720 号

向家坝水电站安全监测工程管理与实践
XIANGJIABASHUIDIANZHANANQUANJIANCEGONGCHENGGUANLIYUSHIJIAN
李双平等　著

责任编辑： 郭利娜
装帧设计： 刘斯佳
出版发行： 长江出版社
地　　址： 武汉市江岸区解放大道 1863 号
邮　　编： 430010
网　　址： http://www.cjpress.com.cn
电　　话： 027-82926557（总编室）
027-82926806（市场营销部）
经　　销： 各地新华书店
印　　刷： 武汉新鸿业印务有限公司
规　　格： 787mm×1092mm
开　　本： 16
印　　张： 20
字　　数： 480 千字
版　　次： 2022 年 9 月第 1 版
印　　次： 2022 年 9 月第 1 次
书　　号： ISBN 978-7-5492-8483-2
定　　价： 148.00 元

前　言

PREFACE

向家坝水电工程的前期工作始于1957年，1985年由国家电力公司中南勘测设计研究院（现更名为“中国电建集团中南勘测设计研究院有限公司”，以下简称“中南院”）承担勘测设计工作。1996年5月中南院完成了《向家坝水电站预可性研究报告》并通过了原电力部会同四川、云南两省和中国长江三峡开发总公司（现更名为“中国长江三峡集团有限公司”）联合主持的审查。1997年中国长江三峡工程总公司与中南院签订了向家坝水电站可行性研究报告的工作合同，使向家坝水电站工程建设进入了可行性研究报告编制阶段。

2002年10月，向家坝水电站经国务院正式批准立项，提出：力争溪洛渡和向家坝水电站“十五”期间能开工建设。

本工程筹建期从2004年7月始至2005年12月。一期工程施工时间从2006年1月至2008年12月，二期工程施工时间从2009年1月至2012年12月，工程完建期为2013年1月至2015年6月。即本工程正式开工至首批机组发电工期为7年，工程总工期为9年。

向家坝水电站坝址地质条件非常复杂，存在坝基承载与变形控制、抗滑稳定、渗透稳定问题，其处理难度世界罕见。右岸地下厂房深埋于右岸山体之内，规模庞大，具有结构尺寸大、地质条件复杂、支护工程量大、施工干扰大等特点，其中主厂房最大开挖跨度达33.4m、最大开挖高度达88.2m，为同期施工的世界之最。在工程设计阶段难以准确无误地预测全部的地质状况，需要安全监测成果及时反馈以验证设计；在工程施工阶段，洞室、边坡开挖支护、混凝土浇筑及灌浆等工程施工过程中存在不可预测的安全风险，需要安全监测及时预警和指导施工；在工程的验收和运行阶段，安全监测资料是重要的安全评价依据，是确保工程长期安全运行的技术保障之一。

向家坝水电站安全监测系统庞大，根据建筑物的结构设计特点和地形地质条件，主要布置变形、渗流渗压、应力应变及温度、环境量、水力学专项等监测项目，主要监测仪器设施为监测网、水平及垂直位移监测标墩、静力水准仪、引张线、激光准直系统、多点位移计、锚杆应力计、锚索测力计、钢筋计、应变计、温度计、渗压计、测缝计、测压管和量水堰等。本书对向家坝工程安全监测的管理经验、监测成果进行了总结归纳，书中内容主要包括安全监测建设管理、安全监测成果分析与评价和若干问题探讨与研究三个方面。

安全监测工程管理篇从工程概况、工程布置、工程组织管理体系、质量控制、进度控制、安全管理、合同管理、信息管理、现场协调等多个方面进行了归纳总结。

安全监测成果分析与评价篇从安全监测设计简介、变形监测控制网稳定性评价、监测成果分析与评价（所有数据截至 2016 年底）三个方面进行了阐述。

若干问题探讨与研究篇对变形监测控制网优化、坝基抗滑稳定分析、大坝变形回归分析、坝基渗控监测智能化控制系统四个方面进行了探讨与研究。

本书共分三篇 22 章，其中第 1 章至第 4 章由李双平、程渭炎、史波、刘波撰写；第 5 章至第 9 章由张斌、郑敏、史波、唐朝、刘波、李永华撰写；第 10 章至第 11 章由顾功开、李双平、刘祖强、刘波撰写；第 12 章由张斌、陈远鵬、王峥、於浩、邬昱昆、周武、唐朝撰写；第 13 章由程渭炎、张斌、史波、王峥、刘祖强撰写；第 14 章至第 16 章由李双平、顾功开、陈远鵬、张勇撰写；第 17 章至第 18 章由张勇、张斌、郑敏、李永华、程渭炎撰写；第 19 章至第 22 章由张斌、李双平、郑敏、唐朝、王留涛、於浩撰写。全书由李双平、张斌负责统稿。

本书编写过程中，得到了长江空间信息技术工程有限公司（武汉）、中国三峡建工（集团）有限公司向家坝与溪洛渡工程建设部、中国电建集团中南勘测设计研究院有限公司、中国水利水电科学研究院、长江科学院等单位的大力支持，本书是以上单位的安全监测专业工程建设者们在向家坝水电站工程建设各个阶段的成果积累和总结，对其他类似工程的安全监测工作具有较高的借鉴和参考价值。

由于著者水平有限，书中难免存在谬误之处，敬请读者斧正。

编　者

2022 年 6 月于武汉

CONTENTS 目录

第一篇 安全监测工程管理

第二篇 安全监测成果分析与评价

第三篇 若干问题探讨与研究

第一篇

安全监测工程管理

第1章 向家坝水电站工程概况

1.1 向家坝水电站工程简介

向家坝水电站是金沙江下游河段规划的最末1个梯级，坝址位于四川省宜宾县和云南省水富市交界处。电站距下游宜宾市33km，离水富县城1.5km。工程的开发任务以发电为主，同时改善航运条件，兼顾防洪、灌溉，并具有拦沙和对溪洛渡水电站进行反调节等作用。

向家坝水电站坝址控制流域面积45.88万km^2，占金沙江流域面积的97%。正常蓄水位380.00m，死水位370.00m，水库总库容51.63亿m^3，调节库容9.03亿m^3，为不完全季调节水库。电站装机容量6400MW，保证出力2009MW，多年平均年发电量304.79亿kW·h，灌溉面积375.48万亩(1亩=0.067hm^2)。

工程枢纽主要由挡水建筑物、泄洪消能建筑物、冲排沙建筑物、左岸坝后引水发电系统、右岸地下引水发电系统、通航建筑物及灌溉取水口等组成。其中，拦河大坝为混凝土重力坝，电站厂房分列两岸布置，泄洪建筑物位于河床中部略靠右侧，一级垂直升船机位于左岸坝后厂房左侧，左岸灌溉取水口位于左岸坡坝段，右岸灌溉取水口位于右岸地下厂房进水口右侧，冲沙孔和排沙洞分别设在升船机坝段的左侧及右岸地下厂房的进水口下部。拦河大坝最大坝高162.00m，坝顶长度896.26m；两岸厂房各安装4台800MW机组，右岸地下厂房尺寸为245.0m×31.0m×85.5m(长×宽×高)，坝后厂房主厂房尺寸为226.94m×39.50m×79.15m(长×宽×高)；一级垂直升船机最大提升高度114.20m，设计年货运量112万t。

向家坝工程采用第一期先围左岸、第二期围右岸的分期导流方式。其导流程序为：第一期先围左岸，在左岸滩地上修筑一期土石围堰，在一期基坑中进行左岸非溢流坝段、冲沙孔坝段的施工，并在非溢流坝及冲沙孔坝段内共留设6个10m×14m(宽×高)的导流底孔及宽115m的缺口；同时在一期基坑中进行二期混凝土纵向围堰、上下游引泄水渠等项目的施工，由束窄后的右侧主河床泄流及通航；第二期围右岸，待导流底孔和缺口具备泄水条件后，拆除一期土石围堰的上、下游横向部分，于2008年11月下旬进行右侧主河床截流；在二期基坑中进行右岸非溢流坝、泄水坝段、消力池、左岸坝后厂房及升船机等建筑物的施工，由左岸非溢流坝段和冲沙孔坝段内留设的6个导流底孔及高程280m、宽115m的缺口泄流。待

泄水坝段、右岸非溢流坝段及左岸坝后厂房等自身具备挡水度汛条件后，于2011年11月开始加高左岸非溢流坝段缺口，由6个导流底孔和10个永久中孔泄流。2012年10月下闸封堵导流底孔，水库蓄水。导流底孔下闸后即进行泄水渠段后期封堵围堰填筑，在下游封堵围堰保护下进行导流底孔混凝土回填、冲沙孔改造、冲沙孔消力池、坝后厂房高程280.50m回车平台及下游永久防洪墙、下游辅助闸首及部分下游引航道导墙等后期工程施工。

本工程于2004年7月开始筹建；2006年11月26日正式开工；2008年12月28日截流；2012年10月下闸蓄水；2012年10月右岸地下厂房第1批机组投产发电，首台机组发电工期为6年10个月；左岸坝后厂房第1批机组于2014年3月底投产发电，发电工期为8年3个月。

1.2　工程地质条件

1.2.1　坝基地质情况简述

坝址河床基岩面的总体形态是下游高上游低、中间高两侧低，即河床基岩面微倾向上游，并且在两侧存在较连贯的凹槽。左侧深槽位于左非1和二期纵向围堰上游段的左侧边线一带，在坝基位置的深槽底高程210m左右。右侧凹槽位于泄11坝踵与右非3坝趾一带，斜贯泄10至右非3共7个坝块，在坝基位置的槽底高程235m左右。位于主河床的泄水坝段基岩面高程主要在250～255m，略向右倾斜。位于主河床左侧至大滩坝深槽以右地段的左岸厂房坝段，基岩面高程主要在235～245m，局部分布凹坑，底高程在230m左右。河床两侧的岸坡坡脚部位基岩面形态复杂，一般呈阶坎状。

坝址分布的基岩主要为三叠系上统须家河组的河湖沼泽相沉积的砂岩、泥岩夹煤线地层，岩性岩相变化大，交错层理发育。按沉积规律和岩性特征，须家河组可分为4大岩组（T31～T34），T32又分为6个亚组（T32－1～T32－6），其中T32－6亚组还存在4个小型沉积韵律层，可进一步细分为4个岩性段，即T32－6－1～T32－6－4。四大岩组均为砂岩夹泥质岩，区别只是T31和T33岩组泥质类软岩含量相对较多，T32和T34岩组以厚层砂岩为主，泥质类软弱岩石很少。

坝址砂岩主要是岩屑石英砂岩和长石石英砂岩，以岩屑石英砂岩为主，部分地段为长石石英砂岩。岩屑石英砂岩的石英含量为70％～85％，长石含量为5％～8％，岩屑含量为8％～25％；长石石英砂岩的石英含量为45％～50％，长石含量为40％左右。砂岩多呈孔隙式胶结或接触——孔隙式胶结，常见胶结物有钙质、铁质和硅质，一般属砂状结构，块状构造。

依据专门性勘探钻孔分析，从坝上0－65至坝下0＋132范围，挠曲核部的破碎岩体在空间上可构成一破碎岩带，钻孔芯样多呈碎块状或碎块碎屑状，夹少量短柱状，并且一般都夹有一段以上的碎屑状结构砂岩及泥岩。该破碎岩带的顶、底界面不规则、起伏大，以至于它的厚度变化很大，铅直厚度多在 10～603m。破碎岩带总体倾向 SW，由于岩性岩相复杂多变，加之构造形态奇特，因此仅依据钻孔资料，很难判断该破碎岩带两侧的岩层是否发生相对位移或错距。该破碎岩带分布范围及其厚度都较大，岩体质量差，甚至分布多层碎屑状结构砂岩及泥岩，对坝基稳定和齿槽开挖边坡的稳定有不利影响。

挠曲核部破碎带的南侧边界大致经泄③坝块的坝踵至泄⑨坝块的坝趾一线通过坝基，在高程 200m 的过河平洞 0＋170m、河底平洞 0＋198m 等勘探点揭露到岩层产状和岩石质量的明显变化。挠曲核部破碎带的北侧边界大体从泄①坝块的坝踵和泄④坝块的坝趾一线经过。该破碎岩带在泄水坝段坝基（高程 240m）的分布宽度：坝踵部位约 40m，坝趾部位 70m 左右。

除立煤湾膝状挠曲外，还发育有次级的挠曲，如左岸冲沙孔坝段坝下 0＋70 附近至左厂 6 坝段坝址附近发育局部的次级挠曲，它的 NE 翼岩层也陡倾，甚至近于直立，挠曲带内层间错动和节理裂隙发育，岩体较破碎。此类挠曲带分布范围不大，前期勘探难以逐一查明，河床的其他区段亦可能有发育。

1.2.2 右岸洞室地质情况简述

地下主厂房布置于右岸坝头上游山体内，轴线与岸坡走向近垂直，方位角为 NE300，厂房水平埋深 126～371m，铅直埋深 110～220m，顶拱距 T33 底板最小厚度 50m 左右。

地下厂房区地层出露有 T32－6、T33、T34 和 J1－2z，其中与地下主厂房洞室群、引水隧洞、尾水隧洞直接相关的围岩主要为 T32－6 亚组，仅主厂房西北角下部边墙及主厂房底局部可能遇到 T32－5 亚组。T32－6 岩组由 T32－6－1～T32－6－3 以中厚至巨厚层砂岩为主的地层组成，完整性较好；地下洞室群的顶拱分布 T33 岩组，进水口和尾水出口边坡也将涉及该岩层，T33 岩组不仅泥质岩石含量较多，且为含煤地层，其中成层较好的煤有 7 层，一般厚度为 5～20cm。右岸地下厂房区共发现 13 处废弃煤洞。

地下厂房区地层产状较平缓，无较大断层发育，主要结构面为层面、层间软弱夹层和节理裂隙。岩层走向 60°～80°，倾向下游偏山内，倾角 15°～20°。根据主厂房勘探平洞厂房分布洞段（PD47 洞深 130～382m、PD48 洞深 150～414m）节理裂隙调查统计，地下洞室围岩中的节理裂隙主要有 NEE、NWW 和 NW 等 3 组，优势产状分别为 80°/NW∠65°、295°/NE∠67°、345°/NE∠81°。

地下厂区分布的软弱岩层（夹层）由泥质岩石、破碎夹层、破碎夹泥层、泥化夹层组成。T32－5 岩组泥质类软岩、较软岩相对较多，部分有层间错动，岩性相对较软弱、强度相对较低，规模较大，分类为 1 级软弱夹层，仅在③、④机组的尾水管底部出露。2 级软弱夹层主要有 4 条，其中 T32－6－1、T32－6－2、T32－6－3 的顶部各 1 条、T32－6－2 上部 1 条（即 JC2－1～JC2－4）。连续或断续分布于整个洞室群区，其中在主厂房 JC2－1 位于安装间顶拱以上，JC2－2 和 JC2－3 在部分洞段洞室岩锚梁附近出露，JC2－4 在洞室下部出露。区内 2 级软弱夹层呈透镜状分布，短距离（几十米）范围内可见宽度 1.5～2.0m 并逐渐尖灭。3

级软弱夹层有 6 条，仅在局部范围分布。

厂房围岩类型划分，洞室围岩主要为Ⅱ类，泥质类软弱岩石分布洞段为Ⅳ类，层间错动破碎夹泥层为Ⅴ类。主厂房顶拱Ⅱ～Ⅲ在 85%以上、边墙和端墙Ⅱ类围岩比例在 85%以上。

1.2.3　边坡地质情况简述

左岸边坡范围上起上游引航道进口，下至下游引航道出口，沿程所涉及的主要永久性建筑物有上游引航道、左岸非溢流坝段、升船机塔楼段、下闸首及下游引航道。

按左岸高边坡地形、地质情况，从边坡上游至下游将其分为 3 段。第Ⅰ段，桩号左坡 0－240.0m～0＋090.0m，主要涉及上游引航道、左岸非溢流坝段，该段边坡整体稳定性好，可能破坏的模式是由Ⅲ、Ⅳ级结构面与软弱夹层组成的锲形体破坏；第Ⅱ段，桩号左坡 0＋090.0m～0＋560.0m，主要涉及升船机塔楼段、下闸首、下游引航道上段，该段边坡整体稳定性较好，可能变形破坏模式是由Ⅲ、Ⅳ级结构面与软弱夹层组成的锲形体破坏和由煤层采空引起的边坡局部岩体坍滑、坐落、倾倒等破坏，据位于坡顶 PD52 平洞勘探，侏罗系软硬相间地层夹较厚泥化夹层，夹层周围岩体完整性较差，局部岩体可能发生崩塌、滑移—拉裂破坏；第Ⅲ段，桩号左坡 0＋056.0m～1＋317.0m，为下游引航道下段，该段边坡侏罗系泥质层倾向下游偏坡外，倾角较缓，该岩组泥岩的崩解性也可导致边坡局部的失稳。

左岸坡顶地表覆盖有厚 2～10m 的残坡积物，由砂壤土夹碎石、块石组成。基岩为侏罗系中上统自流井组(J1－2Z)地层，岩性以泥岩、粉砂质泥岩夹泥质粉砂岩为主夹一层厚约 10m 的石英砂岩。场内未见断层发育，但侏罗系地层中软弱夹层较发育，岩层走向 330°～350°、倾向 NE、倾角 20°～29°。平台上游段的地基为泥质岩石较软弱，新鲜岩石的单轴饱和抗压强度一般为 8～20MPa，下游段的地基为砂岩，强度较高，属坚硬岩石。

左岸进厂交通洞进出口位于通航建筑物边坡坡面上，围岩地层为 T32—6 至 T1—2Z，T32—6 和 T34，以厚层至巨厚层砂岩为主。洞室沿线未见较大断层分布，仅揭露 2 条小断层，主要结构面为软弱夹层和层面及节理裂隙。T33 层位的 7 层煤都将在洞壁出露。洞室区节理裂隙主要有两组，各区段优势产状稍有不同，较长大裂隙分布于中—微风化岩体，新鲜体中节理一般较短小、闭合。除进出口洞段的岩体为中等风化外，洞室岩体绝大部分呈微风化。地下水位于洞底板以下。由于上覆岩体中存在风化卸荷裂隙，雨季仍存在裂隙水，其中煤层存在采空巷道和弃渣，采空区上部岩体有变形松驰。T32—6 和 T34 洞段围岩的稳定性较好，但应重视破碎夹泥层和泥质岩石分布部位的围岩稳定，T33 洞段泥质类软弱岩石含量较多，有煤层分布并有开采，围岩稳定条件相对较差。进口段基岩地层为 J1—2Z，泥质岩石含量亦较高，并且软弱夹层较发育，特别是上游侧壁岩层倾向洞内，对围岩稳定不利，另外因岩体风化较强以及卸荷的影响，围岩稳定条件较差。左岸进厂交通洞区岩层倾角较平缓，洞室跨度较大，层面结构对顶拱岩体的稳定有不利的影响。可能遇到的小断层和主要节理裂隙在洞室中间段与洞室轴线夹角较小，结构面对洞壁围岩块体稳定不利。

1.2.4 马延坡滑坡体地质情况简述

通过地表调查和钻孔统计，在马延坡的侏罗系岩层中揭露有4条主要夹层，自下而上分别编号JC①～JC④。

JC①：位于砂岩与下部的泥岩分界面下部，埋深10.8～29.6m，夹层组成物质为灰色粉砂质泥岩、泥质粉砂岩岩块岩屑夹浅灰色的泥，泥由泥质岩石风化形成，结构松散，干燥状态手捏易碎，遇水可塑状。主要分布于变电站开挖边坡、500m水池边坡、456m平台开挖坡SW段。

JC②：灰白色、棕黄色泥岩碎块及其风化形成的灰白色泥，干燥时泥可捏成泥粉，遇水黏性较强，可塑状。主要分布于BPZK2(5.4～6.5m)、BPZK3(12.8～13.1m)、BPZK4(5.1～5.5m)、LZK23(15.3～15.8m)、LZK24(5.6～7.2m)、半成品料堆场边坡、G5胶带机基础往东140m处。

JC③：灰白色、棕黄色泥岩及其风化形成的泥，遇水泥多呈流塑－可塑状。主要分布于SJ1(2.5m)、575m水池后侧边坡、BPZK3(7.0～7.1m)、BPZK9(4.6～4.8m)、537m平台后侧边坡、520平台后侧边坡、LZK23(6.0～6.8m)。

JC④：灰白色、棕黄色泥岩及其风化形成的泥，遇水泥多呈流塑—可塑状。主要分布于544m平台后侧边坡。

马延坡边坡地表覆盖层主要为人工堆渣、残坡积物、崩坡积物，一般厚0.5～6.4m，但堆渣较厚。基岩为侏罗系自流井组的砂岩和泥岩，上部为灰白色、浅黄色厚层状中细砂岩夹薄层状棕黄色、砖红色细砂岩；下部为灰色泥质岩石。

从区内开挖边坡揭露的基岩完整性看，变形体西段砂岩岩体平均RQD为30.9，东部砂岩岩体的RQD为10.9，西段砂岩岩体的完整性相对较好。

从区域构造来看，马延坡位于糖房湾短轴背斜的南东翼，为一单斜地层，层面产状60°～80°/SE∠12°～25°，区内未见大的断裂，仅发现小断层，其中一条在513m废水收集池－520m平台开挖坡一带有揭露，产状75°～80°/SE∠35°～50°，带宽1～2m，带内组成物质为砂岩块石夹棕黄色泥。节理主要有走向NW和NEE两组，倾角均在75°～85°。裂隙多数张开，充填岩块岩屑及泥质物。

上部的厚层砂岩抗风化能力相对较强，风化深度不大，根据钻孔揭露，强风化深度4～11m，中等风化15～25m。但其中的薄层粉砂岩抗风化能力弱，发育成强风化夹层，且部分已泥化，构成了砂岩层内软弱结构面。下部的泥质岩石由于埋深相对较大，另外受地下水影响小，其风化程度较低，大多为微新岩体。

马延坡变形区内地形平缓，且马延坡沟切割深度不大。临马延坡沟侧岩体卸荷不明显，但临金沙江侧受河谷的深切，部分岩体失去了侧向约束，而表现为不同程度的卸荷作用。该卸荷影响延伸到了马延坡的坡顶。

变形区内成品料堆场基础开挖边坡东侧从西至东分别揭露有3条夹泥带，编号分别为

1～3 号夹泥带，3 条夹泥带东西宽度分别在 10～15m，带内组成物质为碎块石夹泥或泥夹少量碎块石。

1.3　坝址区水文气象条件

坝址所在地区位于四川盆地南部深丘地区，气候属中亚热带湿润性季风气候类型，低丘河谷兼有南亚热带气候属性。总的气候特点是：气候温和、雨量充沛、无霜期长；四季分明、冬季温暖、雨热同季；同时还具有春季回暖早、夏季温湿高、秋季多阴雨和冬季霜雪少的气候特征。

(1)坝区气温、气候

坝区年平均气温 18℃左右，水富站 18.3℃、屏山站 18.0℃。根据过去对宜宾西部地区的立体气候考察，该区年平均气温与海拔呈显著的线性关系，因此就海拔而言，坝址的年平均气温更接近水富县城，即 18.3℃。该区最热月为 7 月，月平均气温为 26.8℃，8 月平均气温也非常接近，为 26.6℃；最冷是 1 月平均气温为 8.7℃。春季气温回升快，3—5 月平均气温以 4℃左右的幅度增加。2006 年至今，日平均气温最高为 33.2℃(2006 年 8 月 12 日)，日平均气温最低为 0.9℃(2008 年 1 月 29 日)。向家坝坝区日平均气温过程线见图 1.3-1。

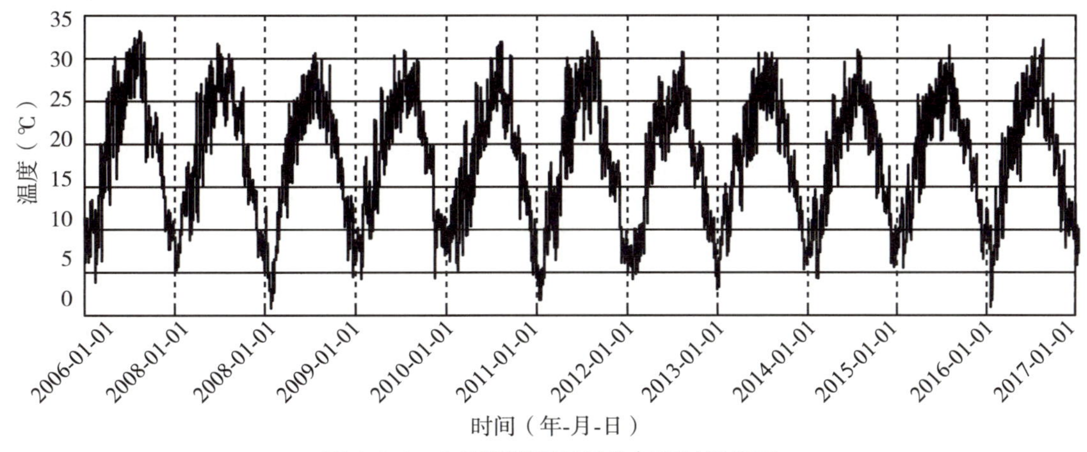

图 1.3-1　向家坝坝区日平均气温过程线图

坝区年大雾(能见度≤500m)日数在 20 天左右，各月均有出现，但主要集中在秋、冬两季。由于地处河谷地带，早晚辐射冷却，冷空气沿山坡下沉，导致江边、谷底的雾日较多。

(2)坝区水位

2005 年至今，上游新滩坝最高水位 379.93m(2014 年 9 月 12 日)，最低水位 266.35m(2007 年 2 月 26 日)。二期围堰上游水位过程线见图 1.3-2。

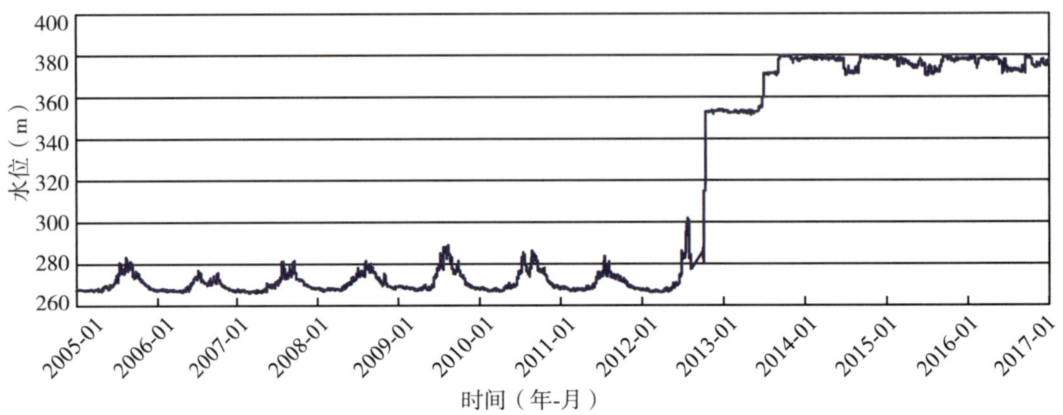

图 1.3-2　二期围堰上游水位过程线图

2012 年 10 月 10 日，上游新滩坝开始首次蓄水，10 月 16 日蓄水至 354m，2013 年 7 月 15 日蓄水至 370m，2013 年 9 月 18 日蓄水至 380m。二期围堰上游水位蓄水过程线见图 1.3-3。

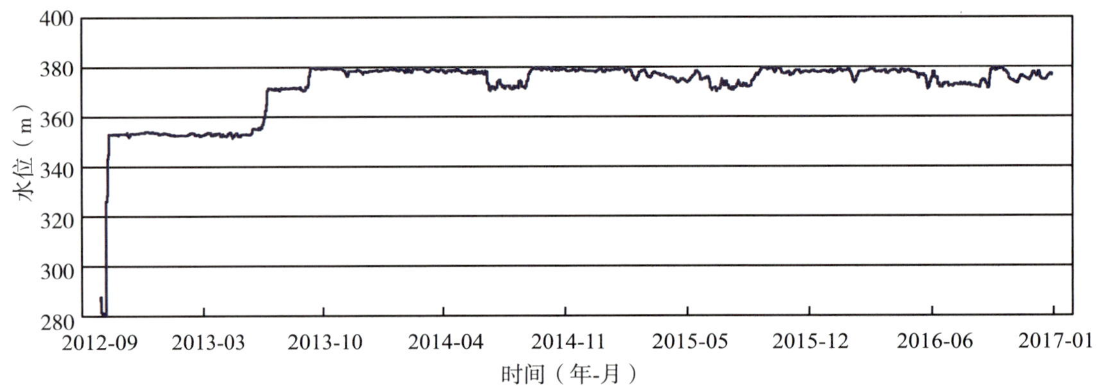

图 1.3-3　二期围堰上游水位蓄水过程线图

2007 年至今，向家坝下游最高水位 282.95m（2012 年 7 月 23 日），最低水位 265.15m（2012 年 2 月 26 日）。二期围堰下游水位过程线见图 1.3-4。

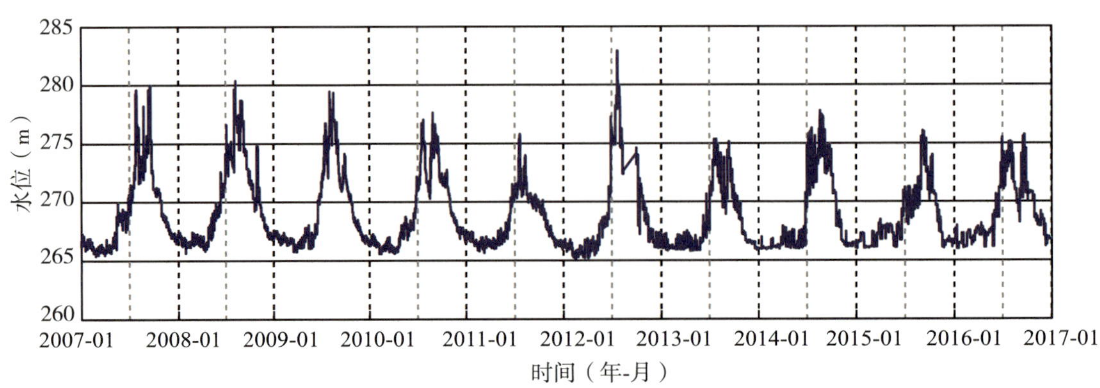

图 1.3-4　二期围堰下游水位过程线图

(3)坝区降水量

坝区干热河谷气候明显,多年平均降水量不足1000mm。降雨主要集中在夏季,占年总量的60%以上,冬季4%左右,春秋季各占17%左右。坝区干湿季节比较分明。

2005—2016年向家坝坝区降水量统计见表1.3-1。日降水量、月降水量及年降水量统计见图1.3-5至图1.3-7。

表1.3-1　　2005—2016年向家坝坝区降水量统计表　　(单位:mm)

时间	2005年	2006年	2007年	2008年	2009年	2010年	2011年	2012年	2013年	2014年	2015年	2016年
1月	10.5	3.3	4.7	13.7	17.3	2.9	35.0	20.1	3.2	2.7	10.3	15.7
2月	15.4	26.4	3.8	31.7	4.6	8.8	10.0	12.1	7.1	11.4	10.7	9.4
3月	49.5	24.9	11.3	48.6	24.3	30.6	27.2	19.8	26.6	80.1	21.6	54.4
4月	79.5	20.1	62.7	73.1	44.7	47.3	22.9	22.5	83.4	41.4	52.3	101.2
5月	146.0	74.8	33.8	74.1	66.0	48.7	35.0	93.3	108.5	61.4	41.3	83.1
6月	65.2	82.4	52.6	53.1	73.4	122.3	84.7	148.3	90.6	128.9	83.5	217.6
7月	397.8	229.5	232.2	123.9	167.5	176.3	204.9	238.8	299.3	82.2	137.1	160.9
8月	255.5	178.7	325.3	156.9	221.9	283.4	39.3	319.9	264.7	228.9	242.0	238.8
9月	98.5	190.9	133.5	63.3	56.2	82.0	31.6	219.8	161.3	146.1	105.5	177.9
10月	39.1	71.0	45.2	74.0	49.2	51.0	53.7	53.6	43.0	78.8	111.0	19.3
11月	8.5	52.7	9.8	33.3	36.3	16.1	25.4	8.4	13.9	16.2	12.3	24.5
12月	11.7	11.7	16.2	8.2	13.1	13.5	19.5	8.2	10.4	15.2	12.1	11.5
年降水量	1177.2	966.4	931.1	753.9	774.5	882.9	589.2	1164.8	1112.0	893.3	839.7	1114.3

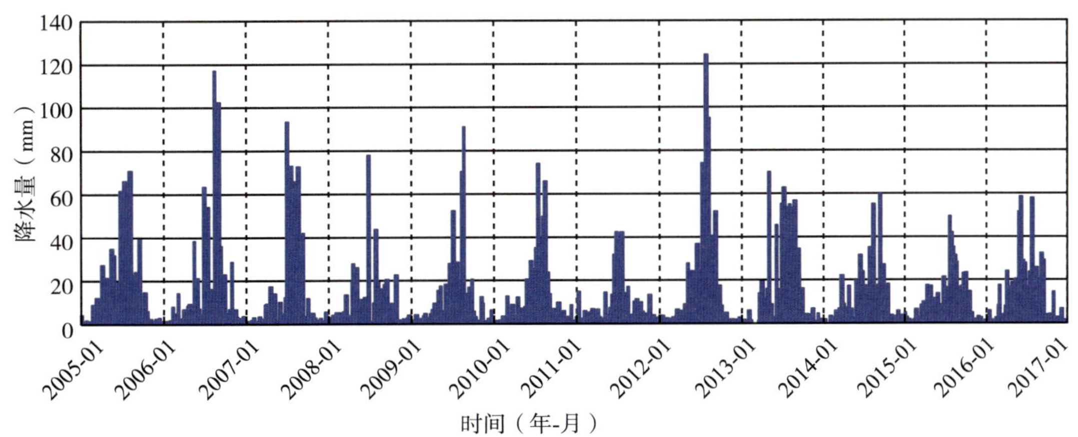

图1.3-5　向家坝坝区日降水量统计图

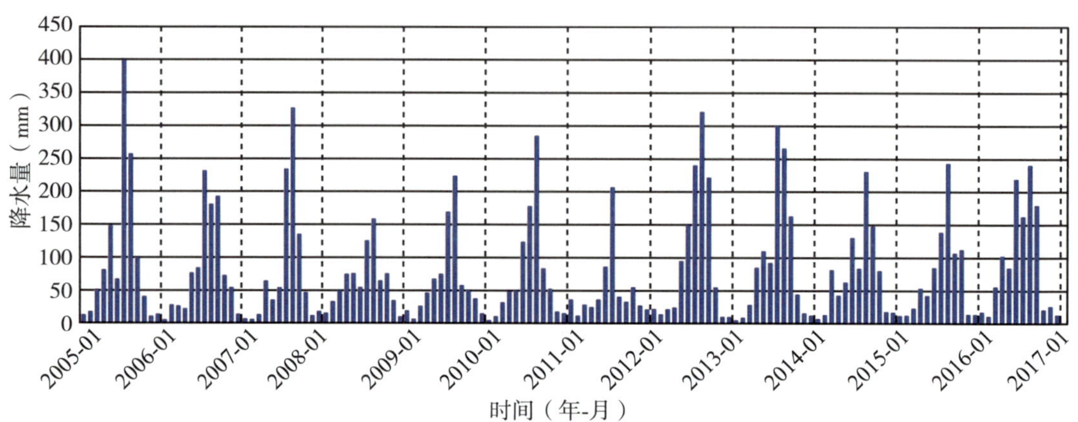

图 1.3-6　向家坝坝区月降水量统计图

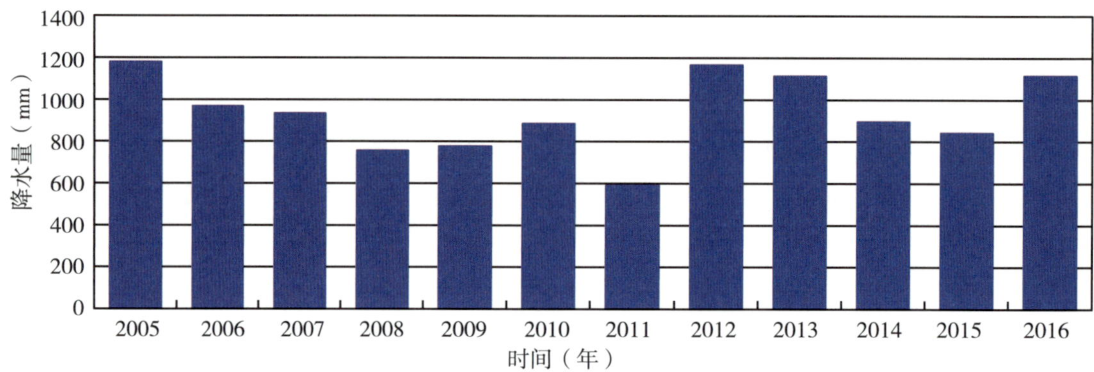

图 1.3-7　向家坝坝区年降水量统计图

第 2 章　安全监测工程布置及标段划分

向家坝水电站安全监测工程最早于 2004 年开始实施，各主要安全监测项目在监测施工合同结束后，于 2015 年 1 月进行了后续观测项目招标工作，并重新确定监测实施单位，各安全监测工程项目监理单位统一为向家坝工程安全监测中心。各安全监测工程项目分标情况见表 2.1-1。

表 2.1-1　　各安全监测工程项目分标情况表

序号	监测项目名称	施工期情况		后续观测情况		说明
		合同编号	实施单位	合同编号	实施单位	
1	左岸高边坡安全监测工程	XJB/0064	长江科学院	1. XJB/0682， 2. XJB/1501， 3. XJB/1688	1. 中水科技， 2. 空间公司， 3. 空间公司	见表注 1
2	坝区变形监测网及左岸高边坡变形监测工程	XJB/0063	成都勘测设计研究院	1. XJB/0846， 2. XJB/1501， 3. XJB/1688	1. 长江设计院， 2. 空间公司， 3. 空间公司	见表注 2
3	大坝变形监测工程	XJB/0835	长江设计院	1. XJB/1501， 2. XJB/1688	1. 空间公司， 2. 空间公司，	2015 年 7 月、2017 年 4 月移交
4	右岸地下引水发电系统安全监测工程	XJB/0253	中水科技中南院联合体	1. XJB/1501， 2. XJB/1688	1. 空间公司， 2. 空间公司	2015 年 7 月、2017 年 4 月移交
5	马延坡边坡安全监测工程	XJB/0459	中水科技中南院联合体	1. XJB/1501， 2. XJB/1688	1. 空间公司， 2. 空间公司	2015 年 7 月、2017 年 4 月移交
6	尾渣坝、右岸护坡安全监测	XJB/0653	武汉大学	1. 变更， 2. XJB/1501， 3. XJB/1688	1. 中水科技， 2. 空间公司， 3. 空间公司	见表注 3
7	太平料场边坡安全监测工程	XJB/0646	中水科技	1. XJB/1501， 2. XJB/1688	1. 空间公司， 2. 空间公司	2015 年 7 月、2017 年 4 月移交

续表

序号	监测项目名称	施工期情况		后续观测情况		说明
		合同编号	实施单位	合同编号	实施单位	
8	水力学原型观测工程	XJB/0833	中水科技	1. XJB/1500，2. XJB/1687	1. 长科院，2. 水电八局	2015年5月、2017年4月移交
9	左岸主体及二期导流工程安全监测	XJB/0491	长江设计院中水科技联合体	1. XJB/1500，2. XJB/1687	1. 长科院，2. 水电八局	2015年1月、2017年4月移交
10	主体二期工程安全监测	XJB/0834	中水科技	1. XJB/1500，2. XJB/1687	1. 长科院，2. 水电八局	2015年7月、2017年4月移交
11	马步坎高边坡安全监测	XJB/0545	中南勘测设计研究院	XJB/1503	中南勘测设计研究院	2015年1月移交

注：1. 左岸高边坡安全监测工程第一次移交时间为2010年1月，第二次移交时间为2015年1月；

2. 坝区变形监测网及左岸高边坡变形监测第一次移交时间为2009年9月，第二次移交时间为2015年1月；

3. 尾渣坝、右岸护坡安全监测第一次移交时间为2014年1月(未签合同，为观测变更项目)，第二次移交时间为2015年1月。

向家坝工程安全监测项目各分部工程布置见图2.1-1。

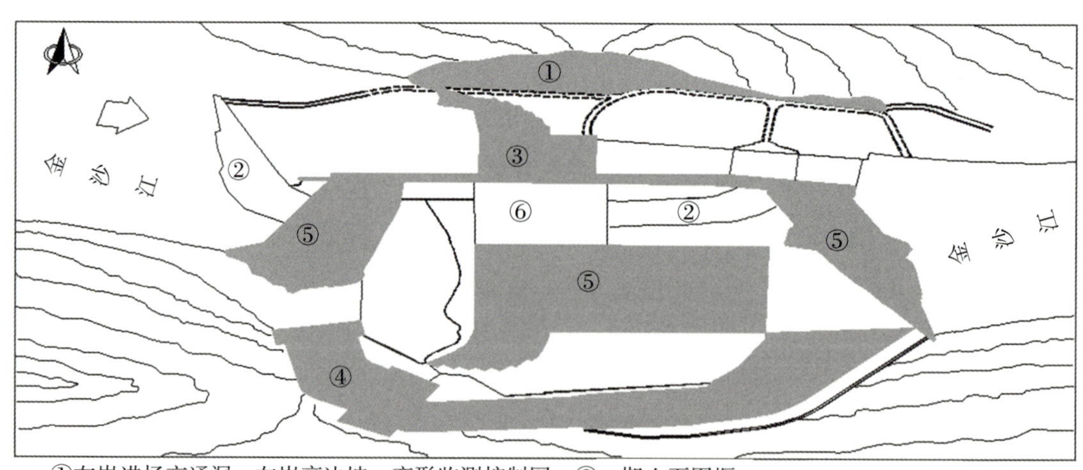

①左岸进场交通洞、左岸高边坡、变形监测控制网；②一期土石围堰；
③一期左岸大坝、二期纵向围堰；④右岸引水发电系统及右岸边坡；
⑤二期上、下游围堰、溢流坝段、右岸非溢流坝段；⑥厂房坝段及坝后厂房、升船机工程

图 2.1-1 向家坝工程安全监测项目各分部工程布置图

第3章　安全监测工程组织管理体系

3.1　管理依据

向家坝水电站安全监测监理工作主要依据监测工程承包合同文件、设计文件及图纸的要求，国家现有技术规范和规程，以及业主和监理单位制定的相应规定、管理办法、工程建设监理规划和专业监理实施细则等。

针对向家坝水电站安全监测工程的特点，向家坝工程安全监测中心制定了相应的监理质量管理措施，坚持以“质量第一、预防为主”的质量方针和“计划、执行、检查、处理”循环工作方法，不断改进完善过程控制。为使监测工作信息传递、反馈和处理科学化、规范化、程序化、数据化和表格化，以不断提高安全监测工作的管理与监理水平，先后制定了一系列管理与监理文件，并逐步健全和完善工程的质量保证体系，加强施工过程的质量控制，理顺向家坝工程参建各方与监测工程施工的关系。主要管理文件如下：

1)《金沙江向家坝水电站安全监测工程建设监理规划》；

2)《金沙江向家坝水电站安全监测工程质量评定细则》；

3)《金沙江向家坝工程安全监测中心内部管理规定》；

4)《金沙江向家坝水电站安全监测监理工作程序》；

5)《金沙江向家坝水电站安全监测数据报送格式》；

6)《向家坝工程安全监测协调程序》；

7)《金沙江向家坝水电站安全监测中心数据及技术资料管理办法》；

8)《金沙江向家坝水电站安全监测工程监理表格汇编》；

9)《向家坝水电站工程安全监测项目实施管理办法(试行)》；

10)《金沙江项目安全监测专业管理表格与流程》。

3.2　安全监测组织管理

3.2.1　管理机构

中国长江三峡集团有限公司(以下简称“三峡集团”)向家坝工程建设部对安全监测工作

十分重视，根据三峡工程的经验和安全监测专家组的建议，向家坝工程建设部专门成立了向家坝工程安全监测中心，负责对向家坝工程安全监测项目进行统一归口管理。根据监测系统的设计方案对安全监测项目的实施进行统一规划、组织、协调和质量控制。安全监测中心的主管部门为向家坝工程建设部技术管理部。监测中心组织机构见图 3.2-1。

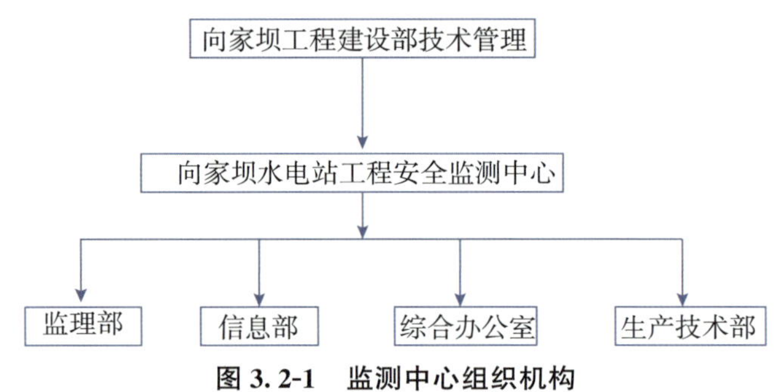

图 3.2-1 监测中心组织机构

监测工作控制管理见图 3.2-2。

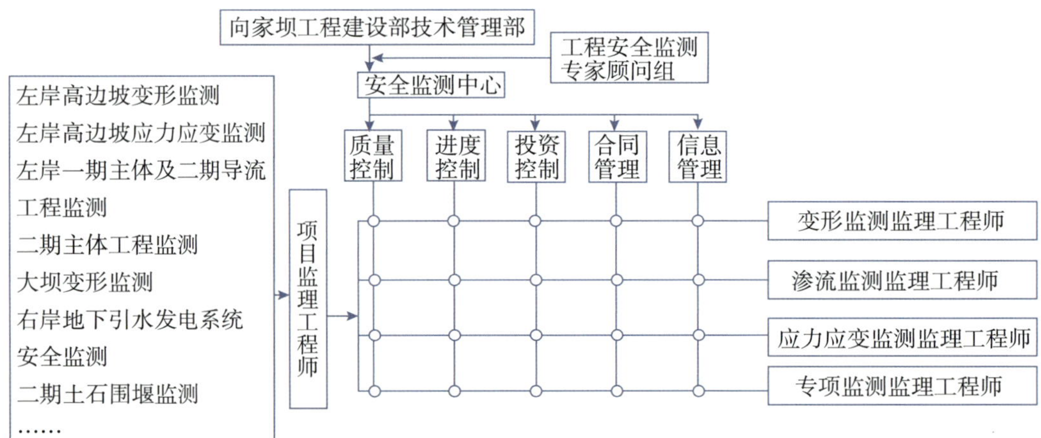

图 3.2-2 监测工作控制管理图

3.2.2 安全监测管理方针和目标

坚持全面、全员、全过程的管理理念，立足于预防控制，强化过程控制和细节管理，以数据和信息的分析为基础，依靠科技创新和管理创新，提高工作效率和管理水平，施工期安全监测管理质量方针和目标如下：

3.2.2.1 质量方针

安全监测中心的质量方针遵循三峡集团的质量方针“精细管理、和谐发展、追求卓越”。

(1)精细管理

坚持全面、全员、全过程的管理理念；立足于预防控制，强化过程控制和细节管理；以数

据和信息的分析为基础，确保决策科学有效；精益求精，不断提高驾驭工程建设的能力。

(2)和谐发展

致力于工程开发、环境保护和征地移民等方面的协调发展，追求社会效益、生态效益和经济效益的协调统一；关注和追求与供方的精诚合作，互利共赢；为员工创造良好的工作环境和发展空间，追求员工与企业的共同发展。

(3)追求卓越

依靠科技创新和管理创新，提高工作效率和管理水平，不断超越顾客期望；持续改进，形成独特的企业质量文化；不断提升团队素质，树立良好的市场形象，打造一流的项目管理水平。

3.2.2.2　质量目标

(1)总体目标

全面贯彻三峡集团的质量方针，激励员工的创新意识，不断完善质量管理体系，保持体系运行的有效性，不断提高监理管理质量。

(2)控制性目标

1)现场仪器埋设、安装施工零质量事故，单元工程质量优良率大于75%，合格率100%；

2)实施过程中关键工序旁站监理率达到100%；

3)确保监测施工满足主体工程进度需要，观测工作符合设计要求；

4)确保监测数据系统，准确、安全和入库及时，录入数据准确率达到100%；

5)按实际工程量结算，不发生超前、超量支付事件；

6)监理及相关管理工作符合设计和有关规范要求；

7)按时完成上级部门交给的任务。

3.3　主要管理工作

(1) 对向家坝工程安全监测项目的实施进行统一安排和管理

1)根据技术管理部等部门审定的技术设计方案，按照工程施工进度，对各建筑物各监测项目的实施进程做出具体安排和规划；

2)根据审定的业主执行概算，对各阶段建筑物监测项目的经费进行宏观控制；

3)制定统一的工程安全监测工作管理条例，理顺监测中心与土建监理和监测、土建承包单位之间的工作关系，明确各自的职责；

4)依据国家有关技术规范，制定向家坝工程安全监测工作的各项技术规程，包括对监测仪器设备的安装埋设、观测和数据采集、分析等环节提出明确的技术要求和验收标准；

5)对监测数据的采集、管理和解释制定统一的管理条例。

(2)对监测项目进行审定

1)参加对安全监测设计方案的审查;

2)会同有关部门对各阶段各建筑物需要实施的监测项目进行审定和批准;

3)审查设计单位提交的各建筑物安全监测设计文件和设计图纸;

4)组织设计单位进行技术交底。

(3)组织监测项目实施

1)根据监测项目的要求建议选择有实力的实施单位;

2)对实施单位的技术水平和资格进行审查;

3)协助合同部门组织监测项目的招标工作,参与承包合同的谈判工作;

4)协助进行监测仪器和材料的采购招标,对率定、检验资料进行审查;

5)对监测项目的实施进度和施工质量进行监督,对仪埋工作进行跟踪抽检,保证仪埋质量和完好率;

6)参与监测项目的验收工作。

(4)统一组织蓄水期的安全监测工作

首次蓄水及以后库水位的抬高是对工程设计和施工质量的直接检验,而监测资料是检验和评价的依据。因此必须统一组织好蓄水期间的安全监测工作,以保证取得可靠的监测数据和资料。

1)组织各建筑物安全监测的承包单位,严守岗位,加密观测,取得蓄水前后的完整资料(包括目视巡查);

2)严格执行相关的技术要求,保证数据资料的可靠性;

3)组织有经验的监测、设计、地质和施工人员对资料进行综合分析,及时对建筑物及基础、边坡、洞室的安全状态作出评价,并对蓄水进程提出建议。

(5)统一管理施工期间的安全监测数据

1)建立施工期安全监测数据库。监测中心制定统一的管理办法,与合同管理相结合,采取有力措施,确保全部监测数据能按月进入监测中心数据库。

2)收集各监测实施单位提交的初步分析报告,并进一步综合分析,会同设计部门和其他有关部门对安全状态作出评价。

3)定期编制监测报告,反映监测工作动态和主要监测成果。

4)对重要的监测成果或出现的异常测值,及时向上级主管部门、设计部门及有关单位通报和反馈,必要时进行预警。

(6)组织对监测设施的验收和移交

1)组织对所移交的监测仪器设备进行检查和验收,保证移交前的仪器设备完好率达到要求。

2)对关键部位及重要项目所损坏的仪器设备采取补救措施。

3)组织实施方和接收方对监测设施进行验收和交接。

4)采取有力措施,协助实施单位保护施工期监测仪器设备免遭损坏或破坏。

向家坝安全监测工程建设监理工作程序及主要内容见图 3.2-3。

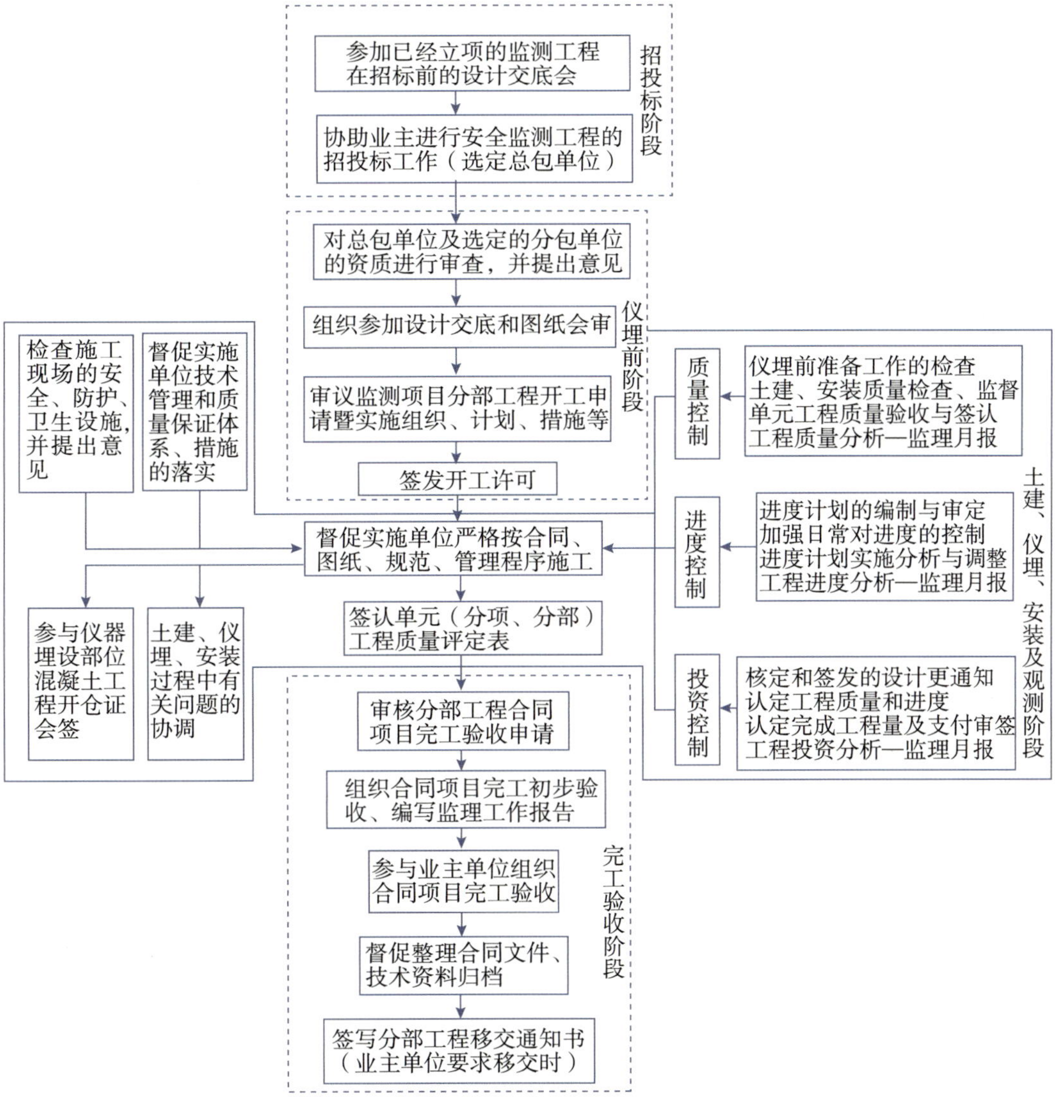

招投标阶段
参加已经立项的监测工程在招标前的设计交底会
协助业主进行安全监测工程的招投标工作(选定总包单位)

仪埋前阶段
对总包单位及选定的分包单位的资质进行审查,并提出意见
组织参加设计交底和图纸会审
审议监测项目分部工程开工申请暨实施组织、计划、措施等
签发开工许可

检查施工现场的安全、防护、卫生设施,并提出意见见
督促实施单位技术管理和质量保证体系、措施的落实
督促实施单位严格按合同、图纸、规范、管理程序施工
签认单元(分项、分部)工程质量评定表
参与仪器埋设部位混凝土工程开仓证会签
土建、仪埋、安装过程中有关问题的协调

土建、仪埋、安装及观测阶段
质量控制
仪埋前准备工作的检查
土建、安装质量检查、监督
单元工程质量验收与签认
工程质量分析—监理月报
进度控制
进度计划的编制与审定
加强日常对进度的控制
进度计划实施分析与调整
工程进度分析—监理月报
投资控制
核定和签发的设计更通知
认定工程质量和进度
认定完成工程量及支付审签
工程投资分析—监理月报

完工验收阶段
审核分部工程合同项目完工验收申请
组织合同项目完工初步验收、编写监理工作报告
参与业主单位组织合同项目完工验收
督促整理合同文件、技术资料归档
签写分部工程移交通知书(业主单位要求移交时)

图 3.2-3　向家坝安全监测工程建设监理工作程序及主要内容

第 4 章　监测项目质量控制

安全监测项目的质量管理是各项现场管理的重中之重。根据安全监测工程施工特点，监测工程施工的质量控制及管理工作可分为以下五个阶段:监测工程施工准备阶段,仪器设备埋设安装前阶段,土建与埋设安装阶段,观测阶段,完工验收阶段。

监测中心对监测工程实施过程中的各个环节进行了严格的质量控制,目前向家坝工程各项安全监测工作紧跟土建工程的施工进度进行,较好地完成了年度投资计划,施工质量也得到了有效的控制,安全监测工程施工实现了“双零”目标。

监测监理工作各环节质量控制流程见图 4.0-1。

4.1　质量保证体系

鉴于监测工程涉及的工作范围广、施工环节多、专业要求高、工序作业交叉多等特点,向家坝监测中心制定了相应的监理质量管理措施,参与制定并实施了《向家坝工程安全监测协调程序》,理顺参建各方与监测工程施工的关系,明确配合协调的程序和各参建方的责任和义务,形成了初步完善的工程质量保证体系。

同时,为了进行规范化质量控制,逐步健全和完善工程的质量保证体系,向家坝工程安全监测中心先后出台了若干管理文件,具体包括《金沙江向家坝水电站安全监测工程规划》《金沙江向家坝水电站安全监测工程质量评定细则》《金沙江向家坝工程监测中心安全监测监理规定》《金沙江向家坝水电站安全监测监理工作程序》《金沙江向家坝水电站安全监测数据报送格式》等。

4.2　质量控制技术保证及措施

4.2.1　技术保证与支持

向家坝工程安全监测中心建立了一整套质量管理体系,另外还建立了以安全监测专家顾问组、安全监测设计等单位为主线的技术保证与支持单位,从而使监测项目的实施做到了有组织、有计划、有保证的完整体系。

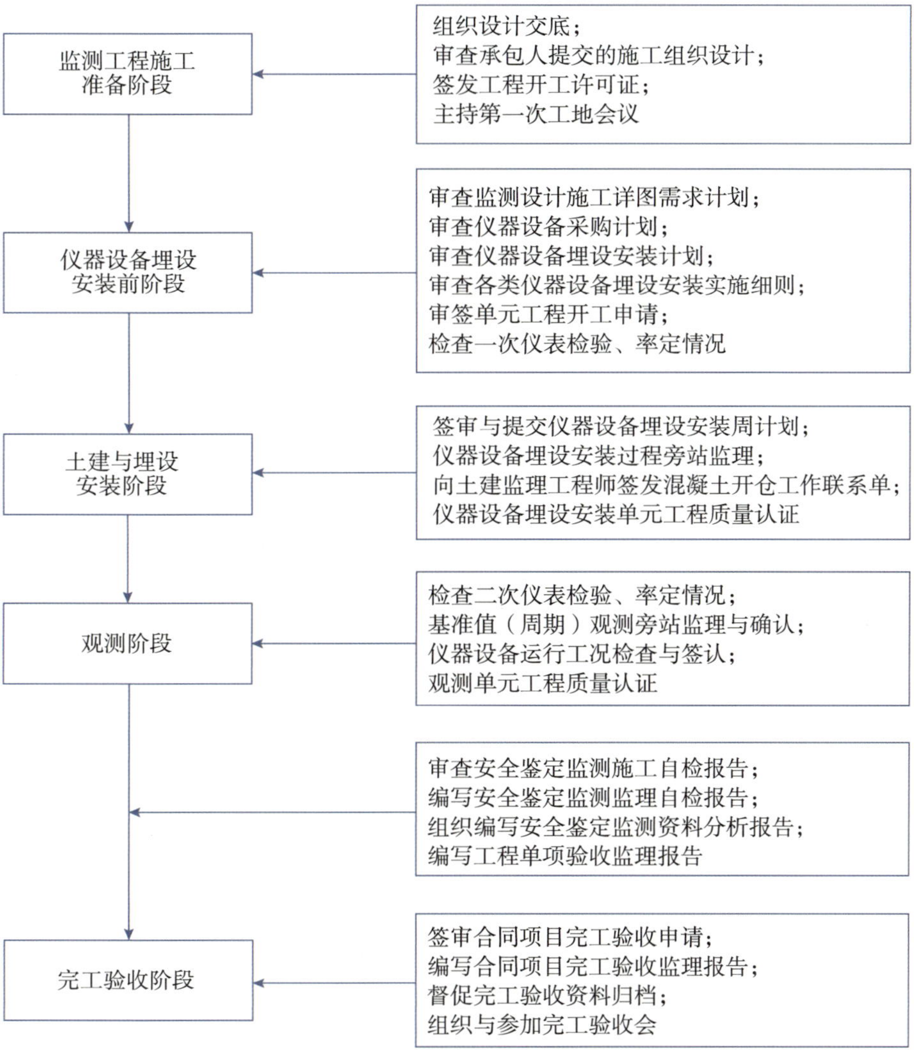

阶段	监理工作内容
监测工程施工准备阶段	组织设计交底；审查承包人提交的施工组织设计；签发工程开工许可证；主持第一次工地会议
仪器设备埋设安装前阶段	审查监测设计施工详图需求计划；审查仪器设备采购计划；审查仪器设备埋设安装计划；审查各类仪器设备埋设安装实施细则；审签单元工程开工申请；检查一次仪表检验、率定情况
土建与埋设安装阶段	签审与提交仪器设备埋设安装周计划；仪器设备埋设安装过程旁站监理；向土建监理工程师签发混凝土开仓工作联系单；仪器设备埋设安装单元工程质量认证
观测阶段	检查二次仪表检验、率定情况；基准值（周期）观测旁站监理与确认；仪器设备运行工况检查与签认；观测单元工程质量认证
（观测阶段至完工验收阶段之间）	审查安全鉴定监测施工自检报告；编写安全鉴定监测监理自检报告；组织编写安全鉴定监测资料分析报告；编写工程单项验收监理报告
完工验收阶段	签审合同项目完工验收申请；编写合同项目完工验收监理报告；督促完工验收资料归档；组织与参加完工验收会

图 4.0-1　监测监理工作各环节质量控制流程图

4.2.2　质量控制原则

监测项目的质量控制是整个监理工作的中心，它与进度控制、投资控制相互制约。因此，监理工程师应对安全监测工程实施全过程的质量进行监督控制，其控制原则是：以承包合同、设计要求、技术规范等文件为依据，通过以预防为主、动态管理、跟踪监控（现场旁站监理与抽检）等手段，实现工程质量符合承包合同、设计及国家颁布的有关规范、技术标准的规定和要求。

4.2.3　质量控制措施

（1）事前质量控制

为保证监测工程质量，做到“预防为主”，监理工程师必须做好实施前各项准备工作的质量监督控制。其主要内容有：

1)参与监测工程的招标工作，对投标文件提出审查意见；

2)审核并签发施工必须遵循的设计要求、施工图纸、采用的技术规范(规程)、技术标准等质量文件；

3)组织设计交底，会同设计单位研究和答复实施单位对设计及施工图纸的意见、问题；

4)审查实施单位的质量保证体系，督促实施单位进行全面质量管理，并审查实施单位选择的分包单位资质；

5)审查批准实施单位提交的施工组织设计，以保证监测工程实施质量有可靠的技术措施；

6)实施单位的仪器设备器材是影响监测工程质量的重要因素之一，监理工程师应审查实施单位仪器设备配备状况，以尽可能避免由此而引起对监测工程质量的影响；

7)审查由实施单位采购的专用仪器设备是否符合设计规定，参加设备到货后的检查验收(含开箱检查验收)；

8)监理工程师应对监测工程实施的全部内容和工序进行认真的分析，预先确定质量控制点，并拟定相应的质量控制措施。

(2)事中质量控制

为实现“动态管理、跟踪监控”的要求，监理工程师着重做好实施过程中的质量监督控制，其主要控制措施有：

1)检查监督实施单位严格控制工序质量和控制工序间的检查交接。即检查监督实施单位严格按图施工、按施工规程规范施工，检查督促对影响工序质量的所有因素进行控制和管理；检查监督实施单位在严格自检的基础上进行工序间的交接，做到上道工序不合格不得进行下道工序施工。

2)组织进行钻孔工程、重要部位、重要工序的质量检查验收和签证。对一般工序和部位则经常性地调阅检查实施单位的自检记录、施工原始记录，对有怀疑的部位进行复查复验。审查签发实施单位的“单元工程质量评定表”等质量签证文件。

3)对施工全过程进行质量跟踪检查监督，重要部位和工序(质量控制点)采取“旁站监理”的方式，对发现的可能影响施工质量的问题及时通知实施单位采取纠正措施。

4)做好监理日志，随时记录施工中有关质量方面的问题，并在发生质量问题的施工现场及时拍照或录像。

5)发现质量问题，及时行使质量否决权，发出有关工程施工的违规通知，直至下达停工令、返工令。因质量问题而停工的项目，必须待产生质量问题的原因已经查清、出现的质量问题已经处理、预防发生类似问题的措施已经明确和落实，监理工程师可以下达复工令。

6)组织并主持定期或不定期的质量分析会，分析、通报施工质量情况，协调监测与土建施工干扰，以消除影响质量和各种外部干扰因素。

7)审核工程支付项目的质量及质量认证情况,并签署审核意见。

(3)事后质量检查

组织已完工程的检查验收是工程质量监控的重要环节,监理工程师进行的工作有:

1)按规定组织和主持已完成的合同项目内的分项、分部工程质量检查验收及签证工作;必要时,组织和主持合同项目完工初步验收,并编写完工初步验收意见。

2)业主单位确认的重要阶段验收以及合同项目的完工验收,由业主单位组织和主持,监理工程师应做好各项协助工作。

3)审查实施单位提交的质量检验报告及其他质量文件,组织对有疑点的部位复查复验。

4)审查实施单位提交的工作报告及资料分析报告。

5)编写合同项目完工验收报告以及重要阶段验收报告。

6)检查监督各阶段验收提出的质量问题的处理工作,检查监督监测工程项目在质量保证期内发现的质量问题的处理工作。

7)检查督促实施单位整理保存验收签证项目的质量文件。在合同项目完工验收后,所有验收、签证资料应整理后移交给业主单位。

8)对验收工程项目按规定标准作出质量评定。

(4)质量问题的处理

质量问题应及时妥善处理,监理工程师对实施单位提交的质量问题报告进行审查;对质量问题进行调查,了解划分质量问题的性质,是属于质量差错、质量缺陷、质量事故,提出处理意见,并监督质量问题的处理。对于所发生的质量问题应及时报业主单位。

4.3　仪埋前的质量控制

4.3.1　设计施工详图及施工组织设计审查

(1)图纸的审核

设计施工详图是施工的依据,虽然设计质量已通过设计文件(图纸)等形式反映出来,但为确保后续工程的设备制造、土建、仪埋安装、观测等阶段的质量,监理工程师对监测设计施工详图的审核仍然是工程质量所必需的环节。监理工程师根据合同文件,国家颁布的规程、规范对设计详图进行审核,以确保工程质量。图纸审核工作分三级进行:专业监理工程师——项目监理工程师——监测中心主任。经过审核的图纸加盖监测中心专用章,发送监测实施单位进行实施,同时送项目部土建监理并转交土建施工及单位,以便在仪埋时相互配合协作,确保仪埋工作的顺利实施。在审核过程中,对不同的监测项目其审核的侧重点、具体的内容亦有差别。主要如下:

1)审核设计的工程内容与设备材料是否与相应合同文件一致。

2)设计图纸中仪器布置是否合理,是否存在矛盾、错误、笔误,是否符合相应设计规范。

3)预留预埋图与安装图以及同一类型设备在不同时期的图纸,前后是否存在矛盾,是否符合现场实际施工工艺。

4)“说明”内容是否全面、准确、清晰,技术要求是否合理。特殊规定是否可行等(如放样精度、钻孔孔径及倾斜度、地质编录等)。

监理工程师在图纸文件审查过程中,发现问题或存在疑问时,通知设计单位以书面形式(如设计通知、设计联系单等)进行澄清或修改。要求承包单位在接收到监理工程师签发的图纸后,及时提出设计图纸中可能存在的问题,以便与设计交换意见。

(2)组织设计交底及答疑

设计交底工作是设计单位向监测实施单位贯彻设计意图、相互沟通的良好形式。各监测项目开工申请被批复后,监理组织设计单位进行设计交底及技术答疑工作,使监测实施单位进一步明确监测项目、监测部位、监测目的、监测仪器的布置以及实施技术要求。

(3)施工组织设计审查

监测实施单位中标后,监理部要求实施单位全面熟悉监理工程师签发的监测设计文件,及时按监理工程师的要求提交各项目开工申请书(单)。开工申请单一般分为分部工程开工申请书(单)、分项工程开工申请书(单)、单元工程开工申请书(单)三种。在分部开工申请书中实施单位将组织机构、质量保证体系、质量保证措施、进度控制措施、安全生产措施进行计划安排。监理审查分部开工申请书,首先审查其组织是否健全,人员资质是否合格,质量保证体系是否健全。其次审查总体进度安排,技术措施(施工工艺、软件等),主要仪器、设备、机械的检验情况和工作状态。审查通过后,由监测中心主任下达分部工程开工许可证。对各分项(渗流、渗压、应力应变)开工申请书,监理主要审查实施单位列出的具体的计划与带针对性的措施,进一步了解、核实(如技术人员、钻机型号,主要监测仪器及其检验证书等)各环节的真实性,单元开工申请单则是针对某一支仪器、某一个钻孔或者在同一高程,同一块位置的几支仪器的埋设开工,监理主要审查仪器的率定性能是否合乎规范要求,开工条件是否具备等,对于其中不满足监测质量要求的环节,要求实施单位采取改进措施直至满足工程质量所需的要求。

4.3.2 仪器选型

监测仪器的一个重要特点是它的可靠性、稳定性,检查方法除了室内对仪器精度、准确度、灵敏度、分辨率等技术指标率定外,还需考察和了解仪器在实际使用中的寿命及故障率,以及在工程中的运行经验,它们对仪器选型有着重要意义。

监测仪器的选型及仪器生产厂家一般均由设计确定仪器参数,在投标报价或递交询价文件时由施工单位选定,在合同签订时明确。在项目实施过程中如果施工单位对仪器型号有所调整需要报监测中心、设计单位、业主项目部核定。针对向家坝工程的具体情况,设计

对安全监测仪器选型的原则是“实用、可靠、先进、经济”，选型基本要求为：

1）传感器的量程、精度、灵敏度、直线性和重复性等必须符合国标及规范的有关要求，量程和精度满足建筑物的监测要求。

2）传感器性能稳定可靠，能适应水工工程恶劣的环境条件和长期性的要求。

3）根据建筑物类型、施工特点合理地选择传感器和检测系统，充分考虑安装、使用、维护和更换的技术特点。

4）传感器、电缆、电缆接头耐水压要求不小于 0.5MPa、绝缘电阻不小于 200MW。

5）仪器结构简单、牢固可靠，埋设和操作方便，传感器满足监测自动化的要求。

6）在满足工程监测各项技术要求的前提下，仪器设备品种尽量少且优选国产仪器。

7）所选择的仪器生产厂家必须是国内外知名的监测仪器专业生产厂家，并获得国家级的计量、质量认证、生产许可证或通过 ISO 9001 质量体系认证。

向家坝工程时间跨度长，各监测标段按照主体工程进度招标，不同标段采用监测仪器差异较大。左岸主体和二期导流工程安全监测仪器选型参数汇总见表 4.3-1，主体二期工程安全监测仪器选型参数汇总见表 4.3-2，右岸地下引水发电系统安全监测仪器选型参数汇总见表 4.3-3，向家坝水电站水力学原型观测仪器设备选型及技术参数汇总见表 4.3-4。

表 4.3-1　　左岸主体和二期导流工程安全监测仪器选型参数汇总表

序号	仪器名称	规格及型号	传感器类型	仪器厂家	主要技术性能指标
1	基岩变位计	CF—12	差阻式	南自厂	量程 12mm，最小读数 < 0.025mm/0.01%，耐水压 0.5MPa
2	基岩变位计	CF—25G	差阻式	南自厂	量程 25mm，最小读数 < 0.045mm/0.01%，耐水压 2MPa
3	回弹仪位移传感器	Sinco 52636400	振弦式	美国 Sinco 公司	量程：200mm，最小读数 0.020mm，精度 0.1%F.S
4	多点位移传感器	GK4450	振弦式	美国 GK 公司	量程：100mm，最小读数 0.025mm，精度 0.1%F.S
5	测斜仪	Sinco—50302510	伺服加速度式	美国 Sinco 公司	分辨率 0.02mm/50mm，量程±53℃，系统精度±6mm/30m，轮距 500mm，温度范围 −20～50℃
6	测斜管	Sinco		美国 Sinco 公司	外径 ϕ70mm

续表

序号	仪器名称	规格及型号	传感器类型	仪器厂家	主要技术性能指标
7	渗压计	52611030	振弦式	美国 Sinco 公司	量程:0.7MPa
		52611040	振弦式	美国 Sinco 公司	量程:1.0MPa
		GK4500S	振弦式	美国 GK 公司	量程:0～1.0MPa;精度:±0.1%F.S;灵敏度:0.025%F.S
8	应变计	DI—25	差阻式	南自厂	压:1000με,拉:600με,耐水压:0.5MPa
9	钢筋计	KL-36	差阻式	南自厂	拉:200MPa,压:100MPa
10	钢板计	DI-10	差阻式	南自厂	量程－1500～1000με;最小读数≤6με/0.01%
11	温度计	DW—1	差阻式	南自厂	测量范围－30～70℃,测量精度±0.3℃,耐水压 0.5MPa
12	测缝计	CF-12	差阻式	南自厂	量程:拉 10mm,压 3mm;最小读数:<0.025mm/0.01%,分辨力:0.1%F.S
13	温度计	DW—1G	差阻式	南自厂	测量范围－30～70℃,测量精度±0.3℃,耐水压 2MPa
14	四芯屏蔽电缆	4×0.37mm^2		天津万博	芯线截面积 4×0.37mm^2
15	五芯水工电缆	5×0.75mm^2		常州科亚电缆	芯线截面积 5×0.75mm^2
16	集线箱	MJ-20A		南京自动化厂	20 通道,预留自动测量(MCU)接线,可人工比测
17	数字电桥	SQ-2A		南京自动化厂	测量范围:电阻比 9000～11000×0.01%,电阻值:0～120Ω,温度:－30～700℃,测量精度:电阻比 1×0.1%,电阻值 ±0.01Ω,温度 ±0.5℃
18	弦式读数仪	BGK—408	可测频率、频模、温度等	BGK 公司	量程 400～6000Hz,分辨率 0.25μs/255,精度 0.1%F.S,工作时间 10 小时,带存储功能温度分辨率 0.10℃ ,精度 1.0%F.S,温度范围－20～500℃

表 4.3-2　主体二期工程安全监测仪器选型参数汇总表

序号	仪器名称	规格及型号	传感器类型	仪器厂家	主要技术性能指标
1	基岩变位计	NZJ-25 NZJ-25G1 NZJ-25G2	差阻式	南瑞	量程:25mm;最小读数:<0.045mm/0.01%;分辨率:0.1%F.S;测温范围:-25~+60℃;温度测量精度:±0.5℃;绝缘电阻:>50MΩ;耐水压力:0.5~2.0MPa(最大);超量程25%应能正常工作
2	基岩变位计	NZJ-40G1 NZJ-40G2	差阻式	南瑞	量程:40mm;最小读数:<0.07mm/0.01%;分辨率:0.1%F.S;测温范围:-25~+60℃;温度测量精度:±0.5℃;绝缘电阻:>50MΩ;耐水压力:1.0~2.0MPa;超量程25%应能正常工作
3	测缝计	NZJ-12 NZJ-12G1 NZJ-12G2	差阻式	南瑞	量程:拉10mm,压3mm;最小读数:<0.025mm/0.01%;分辨率:0.1%F.S;测温范围:-25~+60℃;温度测量精度:±0.5℃;绝缘电阻:>50MΩ;耐水压力:0.5~2.0MPa;超量程25%应能正常工作
4	压应力计	NZYL-30 NZYL-30G1 NZYL-30G2	差阻式	南瑞	量程:3.0MPa;最小读数:<0.025MPa/0.01%;测温范围:-25~+60℃;温度测量精度:±0.5℃;绝缘电阻:>50MΩ;耐水压力:0.5~2.0MPa;超量程25%应能正常工作。
5	应变计	NZS-25	差阻式	南瑞	量程:-1000~600με;最小读数:≤4με/0.01%;分辨率:0.1%F.S;测温范围:-25~+60℃;温度测量精度:±0.5℃;弹性模量:300~500MPa;绝缘电阻:>50MΩ;耐水压力:0.5MPa;超量程25%应能正常工作

续表

序号	仪器名称	规格及型号	传感器类型	仪器厂家	主要技术性能指标
6	钢板计	NZS-15	差阻式	南瑞	量程：－1200～1200με；最小读数≤4.5με/0.01%；分辨率：0.1% F.S；测温范围：－25～＋60℃；温度精度：±0.5℃；绝缘电阻：>50MΩ；耐水压力：0.5MPa；超量程25%应能正常工作
7	温度计	NZWD/NZWD-G1 NZWD-G2	差阻式	南瑞	测温范围：－30～＋70℃；温度测温精度：±0.3℃；温度系数：5℃/Ω；绝缘电阻：>50MΩ；耐水压力：0.5～2.0 MPa；超量程25%应能正常工作
8	钢筋计	NZR-25 NZR-32 NZR-36	差阻式	南瑞	量程：－100～200MPa；最小读数：< 1.0 MPa /0.01%；分辨率：0.1% F.S；测温范围：－25～＋60℃；温度测量精度：±0.5℃；绝缘电阻：> 50MΩ；耐水压力：0.5MPa；超量程25%应能正常工作
9	钢筋计	NZR-28T1 NZR-36T1G1 NZR-40T1G1	差阻式	南瑞	量程：－100～300MPa；最小读数：< 1.0 MPa /0.01%；分辨率：0.1% F.S；测温范围：－25～＋60℃；温度测量精度：±0.5℃；绝缘电阻：> 50MΩ；耐水压力：0.5～1.0MPa；超量程25%应能正常工作
10	回弹仪	GK4450WP-200mm	振弦式	基康	量程：200mm；最小读数：0.25mm；系统误差：0.1mm；防水耐压：1.0MPa
11	渗压计	GK4500S-0.35MPa GK4500S-0.7MPa GK4500S-1.0MPa	振弦式	基康	量程：0～1.0MPa；精度：±0.1% F.S；灵敏度：0.025% F.S；线性度：<0.5% F.S；工作温度－20～80℃；绝缘电阻：>50MΩ；耐水压力：0.5～1.0MPa；超量程25%应能正常工作

续表

序号	仪器名称	规格及型号	传感器类型	仪器厂家	主要技术性能指标
12	光纤光栅温度计	BGK-FBG-4700S	光纤光栅	基康	量程：－20～80℃；精度：0.3℃；，灵敏度：0.1℃；外壳材料：不锈钢；配接光缆：单模单芯铠装光缆
13	光纤光栅测缝计	BGK-FBG-4400T	光纤光栅	基康	量程：拉 9mm，压 3.5mm；精度：0.3%F.S；分辨率：0.1%F.S；使用温度：－20～80℃；外壳材料：不锈钢；配接光缆：单模单芯铠装光缆
14	光纤光栅读数仪	BGK-FBG-8210		基康	通道数：1(可扩展)；每通道可接入传感器数：≥20；波长范围：1525～1565nm；精度：±5pm；分辨率：1pm；动态范围：＞50dB；扫描频率：2Hz；工作温度：－10～＋50℃；便携式
15	电阻比指示仪	NDA1111		南瑞	测量范围：电阻比 9000～11000×0.01%；电阻值：0～120.0Ω；温度：－30～70℃；测量精度：电阻比 1×0.01%，电阻值±0.01Ω，温度±0.50℃
16	弦式读数仪	BGK-403		基康	测量范围：频率 435～5600Hz，温度－40～65℃，电阻 0～100kΩ；显示分辨率：频率 0.01Hz，温度：0.1℃，电阻 0.1%全值；工作温度－5～45℃
17	倒垂设备	DCX-600/800		嘉兴市稠江光电	DCX-600/800600/800N，恒定浮力，浮桶、浮体连接等为不锈钢制品
18	正垂设备	ZCX－450		嘉兴市稠江光电	450N，全不锈钢正垂及阻尼桶
19	引张线端点装置	YZD－2A		四川飞翔	600N 拉力，基板、滑轮、重锤夹线器等为不锈钢
20	引张线仪	LN2003-B-Ⅱ		西安联能	量程：50×50mm，精度：±0.1mm，工作温度：－20～60℃，工作相对湿度 95%

续表

序号	仪器名称	规格及型号	传感器类型	仪器厂家	主要技术性能指标
21	引张线测点装置	LN2003-CDX		西安联能	与引张线仪配套，人工读数尺，浮托
22	静力水准	JSY-ID		武汉地震科学仪器研究院	精度：±0.1mm；量程：20mm；工作温度：0～50℃；工作相对湿度95%
23	真空激光准直	/		南瑞	量程：200×200mm（水平、垂直），精度±0.1mm
24	电子水准仪	DNA 03		Leica	Leica，0.3mm/km，0.01mm
25	电子水准仪	DiNi03		Trimble	Trimble，0.3mm/km，0.01mm
26	垂线坐标仪	ZBY-2B200801 ZBY-2BZ003		成都飞翔	量程100mm，分辨率0.02mm

表 4.3-3　右岸地下引水发电系统安全监测仪器选型参数汇总表

序号	仪器名称	规格及型号	传感器类型	仪器厂家	主要技术性能指标
1	水准标点			四川飞翔	
2	F-1型强制对中基座			四川飞翔	
3	测斜仪	Sinco-50302510	伺服加速度计	美国Sinco公司	分辨率0.02mm/50mm，量程±6mm/30m，轮距500mm，温度范围－20～50℃
4	测斜管	Φ71mm	铝合金		
5	渗压计	Sinco 526110452611030	振弦式	美国Sinco公司	2×额定压力，带测温度功能，量程1.0～2.0MPa，温度范围－20～80℃，灵敏度0.025%F.S，精度0.1%F.S，防水耐压0.7MPa
6	量水堰水位计	GK4675LV-1—300mm	振弦式	美国GK公司	量程0～300mm；精度±0.1%F.S；分辨率0.02%F.S；稳定性±0.05%F.S
7	多点位移计传感器	SINCO52636325	振弦式	美国sinco公司	量程：200mm，最小读数：0.025mm，精度：±0.1%F.S
8	钢筋桩钢筋计	KL-xxA	差阻式	南京自动化厂	拉：300MPa，压：100MPa
9	锚杆应力计	MG-xxA	差阻式	南京自动化厂	拉：300MPa，压：100MPa

续表

序号	仪器名称	规格及型号	传感器类型	仪器厂家	主要技术性能指标
10	锚索测力计	BGK-4900—2000kN	振弦式	北京GK公司	六弦传感器,量程2000kN,超量程125%F.S,灵敏度0.025%F.S,精度0.025%F.S,带测温功能,温度范围—20~80℃,耐压0.5~1.0MPa
11	锚索测力计	BGK-4900—1500kN	振弦式	北京GK公司	四弦传感器,量程2000kN,超量程125%F.S.,灵敏度0.025%F.S,精度0.025%F.S,带测温功能,温度范围—20~80℃,耐压0.5~1.0MPa
12	应变计	DL—25	差阻式	南京自动化厂	压:1000με;拉:600με
13	无应力计	WYL-15	差阻式	南京自动化厂	配DL-15,压:1200με,拉:1200με
14	测缝计	CF-12	差阻式	南京自动化厂	压:1mm,拉:12mm
15	测缝计	CF-5	差阻式	南京自动化厂	压:1mm,拉:5mm
16	数字电桥	SQ-2A		南京自动化厂	测量范围:电阻比9000~11000×0.01%,电阻值:0~120Ω,温度:—30~700℃,测量精度:电阻比1×0.1%,电阻值±0.01Ω,温度±0.50℃
17	振弦式读数仪	Sinco50302510		美国Sinco公司	测量范围:频率435~5600Hz,温度—40~65℃,电阻:0~100kΩ。显示分辨率:频率0.01Hz,温度:0.1℃,电阻0.1%全值,工作温度:—5~45℃
18	弦式读数仪	BGK-408			量程400~6000Hz,分辨率0.25ms/255,精度0.1%F.S,工作时间10小时,带存储功能温度分辨率0.1℃,精度1.0%F.S,温度范围—20~500℃

表4.3-4　向家坝水电站水力学原型观测仪器设备选型及技术参数汇总表

序号	仪器名称	型号或规格	主要技术指标
1	压力传感器	KYB18A	量程根据测点部位压力范围选定,精度:±0.5%,稳定性:±0.25%F.S/1年,频响范围:0~200Hz;有防水性能

续表

序号	仪器名称	型号或规格	主要技术指标
2	渗压计	KYB18A	量程:0.8MPa,量程:50～1000kPa;输出信号:4～20mA,过载压力:最大量程的2倍;工作电压:14～36VDC(二线制),精度:±0.20%F.S;分辨率:≤0.05%F.S,零点偏差:≤±0.5%F.S,环境温度:-20～+60℃
3	渗压计	BGK-FBG-4500S	量程:0.35～2MPa,精度:0.25%F.S
4	掺气浓度仪	CQ2005	量程:0～100%,清水电阻:200～1500Ω;绝对精度(静态):±0.3%
5	流速仪	DLYS	量程:30m/s,精度:±0.5%,稳定性:±0.25%FS/1年,有防水性能
6	动应力计	DDI-25	RMS应力测量类
7	磨蚀计	HNT-MSJ	1cm级差,精度±2mm
8	水听器	CN4	平板宽带式;接收开角不小于80。;频响范围:0～160kHz;电压灵敏度:100kHz以内不低于±3dB
9	锚杆应力计	NZR	对焊型,锚杆直径ϕ25～ϕ36,带测温功能;量程-100～300MPa,精度±0.25%F.S,非线性度<0.5%F.S,耐压性随测点位置而异,0.5～2.0MPa
10	锚杆应力计	BGK-FBG-4911	量程0～300MPa,精度±0.3%F.S
11	低频位移振动传感器	LFD-0.35-8-V(H)-WP	量程:±1mm;灵敏度:5～15mV/um;频响范围:0.35～1kHz
12	振动加速度计	CA-YD189	量程:±500g;灵敏度:10mV/g;分辨率:2mg;频率范围:2.5～10kHz
13	位移计	NZJ-5	带测温功能,量程100mm,精度±0.1%F.S,不锈钢测杆、灌浆锚头;耐压2.0MPa
14	差压式风速仪	毕托管+KYB14D+KYB18A	量程0～60m/s,精度:±1.0m/s,稳定性:±0.25%FS/1年;毕托管式(含差压传感器)
15	气象用风速仪	DEM6	量程:30m/s,气象观测用标准风速仪
16	雨量计	YLJ	分辨率:0.5mm;承水口径ϕ200+0.6mm;误差:±4%;输出信号:开关通断信号;工作温度:0～+50℃
17	温度计	WD	量程:0～40℃;防淋、防尘;接触式
18	湿度计	PTS-2	湿度范围:0～100%;准确度:在20℃时,±1%
19	水尺	现场绘制	刻度:20cm;尺面宽度:不小于50cm
20	五芯屏蔽电缆	YSZPW	耐水压力1.5MPa,5×0.75mm^2
21	传输光缆		单芯铠装(或多芯)传输光缆

续表

序号	仪器名称	型号或规格	主要技术指标
22	光纤式仪器数据采集系统		通道数量：16个，波长范围1525～1565mm，精度：±5pm，扫描频率：100Hz
23	便携式光纤传感分析仪（解调仪）	BGK-FBG-8210	1通道

4.3.3　仪器设备的采购及验收

根据监测工程进度，实施单位依据合同、施工图纸以及设计技术要求等编制采购计划，在采购合同签订前向监理工程师报送拟采购的仪器设备清单（包括仪器设备名称、型号规格、数量、生产厂家、主要技术指标等），以及监理工程师要求提供的其他材料，经批准后方可采购。

仪器设备到场后，通知监理工程师共同到场开箱检查和验收，首先进行外观和通电检查，仪器必须有铭牌，其上应清晰标示出生产厂家、产品型号、出厂编号和出厂日期等；仪器外观应完好，结构完整、附件及随同技术文件（装箱清单、产品合格证、出厂检验卡、厂家仪器标定资料及使用说明书）齐全；二次仪表各调节旋钮、按键和开关均能正常工作不松动，指示灯能正常指示，电源线、信号线、电缆等插接头与插座应紧密结合，通电检查时仪器面板外露动作部件应能正常反应，各显示部位应有相应的显示，传感器的读数应与厂家提供的出厂数据相差不大，仪器设备的最终验收工作以标定检验达标为准。检查中对不合格的仪器设备做好记录，督促施工单位立即将其退回生产厂家更换为合格仪器。验收完毕后，现场会同监理工程师签字确认监测仪器设备到货验收单。

4.3.4　传感器、二次仪表率定及检验

（1）传感器率定

1）率定单位的资质审查，内观仪器率定单位必须是通过国家技术监督局审查认证，并获得监督局颁发的计量认证合格证书。

2）仪器设备的检验与率定。

①率定检查标准：检查内容包括力学性能及温度性能。

差动式仪器：按照《混凝土坝安全监测技术规范》（DL/T 5178—2003）执行，力学及温度性能标准见表4.3-5、表4.3-6。

弦式仪器：对于弦式仪器依据《土工试验仪器 岩土工程仪器 振弦式传感器通用技术条件》（GB/T 13606—2007）执行，力学性能率定指标见表4.3-7。

表 4.3-5 力学性能率定标准

项目	端基线性误差	回差	重复性误差	最小读数相对误差
限差(%)	2	1	1*	3

表 4.3-6 温度性能绝缘性能率定标准

项目	温度(℃)		绝缘电阻值 R(MΩ)
	温度计	差动电阻式	
限差(%)	≤0.3	≤0.5	≥50

表 4.3-7 力学性能率定指标

项目	分辨力	不重复度	滞后	非直线度	综合误差
限差(%F.S)	≤0.2	≤0.5	≤1.0	≤2	≤2.5

②仪器在出厂时均应进行检验并附有产品出厂证、产品合格证，对于没有产品合格证的产品均不予以验收。

③率定工作：由于产品出厂后至安装时有一段时间，而且又经过长途运输，为了确保每支仪器的可靠运行，要求对拟埋设的每支仪器进行一次率定，以检查仪器性能是否达到控制指标。

3）水力、动力专项传感器的率定。

专项监测传感器的率定检验参照相关规范要求，将率定内容分为两类：

可自检类：防水性能、绝缘度、力学性能以及动应变电压灵敏度。

委托检验类：频响和示值线性，动态测试范围，自振频率等。

对于第一类，可由具备认证资质的施工单位承担，第二类要求委托具备计量认证部门检验，并签章认可。同时，监理对可自检的仪器采用旁站监理。

4）电缆绝缘度的检查。

国产差动式仪器配置使用橡套电缆，橡套层较厚（约 0.5mm），具有较好的耐磨性能，在水中浸泡一般为 24 小时以上，其绝缘电阻在 200MΩ 以上，同时对抽样电缆在 1MP 水压下持续 6 小时，进行检查的绝缘电阻在 200MΩ 以上。

进口弦式仪器配置塑套电缆，塑套层相对较薄（约 0.4mm），相对于橡套易于老化。电缆在水中浸泡 24 小时，其绝缘度在 100MΩ 以上，对电缆在 0.5MPa 水压下保持 6 小时，其绝缘度也应在 100MΩ 以上。对耐水压有特殊要求的，应满足相应有关技术要求。

5）率定工作的监理及认证

①监理：监测实施单位所送检测仪器率定的实验室，必须是具有资质的实验室。在实验室进行率定时，监理工程师进行随机性的旁站监理，以了解率定过程中的情况，同时协助监测实施单位共同解决问题。

②认证:仪器率定后的认证为仪埋实施前,实施单位递交仪埋单元开工申请书时,同时附拟埋设仪器的率定成果,监理审核单元开工申请时,同时也审核该支仪器率定结果是否合格,对不合格的仪器,不准进行埋设。

(2)二次仪表的率定

1)国产数字式电桥。

①数字式电桥是用于测定差动式仪器的二次仪表,监理严格要求实施单位执行每年将电桥送达具有资质的实验室,在参比工作条件下(恒温 20±2℃,相对湿度小于 80%)进行检验,其误差在国标要求范围内方可使用。不具备技术监督局授权的实验室不得从事此项工作。

②各监测实施单位每个月自行用电桥率定器对数字电桥进行检查。

③电桥率定器每年送技术监督局进行率定。

上述三项检查资料及时送交监理,不合格的电桥,现场停止使用。

2)进口弦式读数仪。

通过标准频率发射器产生一标称频率信号输入读数仪,读数仪经过接收换算显示频率模数和周期读数,将此读数反算成频率值后与标称频率比较,用其差值对读数仪频率测量准确性进行定量描述。

振弦式传感器一般通过内置热敏电阻来兼测温度,一定规格的热敏电阻其温度—电阻关系经出厂标定为如下关系:$T=1\div[A+B(\ln R)+C(\ln R)^3]-273.2$,仪器仪表厂家将此计算式内置在读数仪中,读数仪通过测量传感器中热敏电阻来换算温度读数,仪表测温精度取决于仪表测量电阻的精度。根据这个原理,给读数仪输入一个标准电阻 R,读数仪可显示一个温度读数值,同时用标准阻值按上述公式计算一个“标准”温度值,将此值与读数仪显示温度值比较,用其差值可判定读数仪的测温误差。

测试室环境温度:0~30℃,环境相对湿度不大于 80%,测试过程中温度变化不超过 2℃,测试时应避免电磁、震动对读数仪的干扰。将读数仪换算频率读数(f)与标准频率值(f_1)相比较,其相对误差 $\Delta f/f_1\times100\%$和频率偏差应不大于仪表测试精度。对于 GK-403 弦式读数仪、MB-6TL 弦式读数仪,其相对误差应不大于标准频率的 0.01%。将读数仪显示温度读数(Ts)与标准温度值(T)相比较,其偏差 ΔT 应≤±0.5℃。

(3)变形观测仪器的检验

变形观测仪器分两大类:一类是大地测量仪器仪表(如水准仪等);另一类是安装类仪器设备(如正、倒垂线、静力水准仪、双金属标等)。大地测量仪器仪表的检验,贯穿于观测阶段。变形观测设备仪表主要检验项目及允许值见表 4.3-8。

表 4.3-8　　变形观测设备仪表主要检验项目及允许值

序号	全站仪 TCA2003		水准仪		水准标尺	
	检验项目	允许值	检验项目	允许值	检验项目	允许值
1	有效期	一年	有效期	一年	有效期	一年
2	外观及一般性能	/	水准仪检视	合格	水准标尺的检视	/
3	基础性调整与校准	/	自动安平水准仪安平精度	0.30″	标尺弯曲差	/
4	水准器轴与竖轴垂直度	<10″	自动安平水准仪补偿误差	0.3″	分划刻划标准差	4.0mm
5	望远镜竖丝铅垂度	/	竖轴运转误差		一对标尺名义米长偏差	0.05mm
6	望远镜视轴与横轴垂直度	6″	视准线误差(i 角)	15.0″	水准仪上概略水准器的检校	0.05mm
7	照准差 C	4.5″	测站单次高差标准差	/	一对标尺零点差之差	/
8	横轴误差 i	6″	望远镜十字丝横轴与竖轴垂直度	/		
9	指标差 I	12″	水准仪上概略水准器的检校	/		
10	补偿准确度	/				
11	补偿范围	/				
12	零位误差	/				
13	一测回水平方向标准偏差	0.5″				
14	周期误差的振幅	/				
15	周期误差的初相角	/				
16	测前、测后加常数	/				
17	测前、测后乘常数	/				

1)测量机器人 TCA2003 的检校项目:①垂直轴整置和水准器气泡的调整;②水平视准差(C)的测定和校正;③ 照准部旋转正确性的检验;④补偿器补偿精度的测定;⑤水平轴不垂直于垂直轴之差的测定;⑥自动准直(ATR)差的测定;⑦测距仪加乘常数的测定;⑧测距仪周期误差的测定。

2)气象仪表检校项目:①干湿温度计检定;②空盒气压计检定。该两项检定按气象部门的规定送有检定资格的机构检定,并提供检定证书。

3)水准仪的检验项目:①水准仪的检测(随时注意检视);②望远镜光学性能的检验(新仪器);③水准仪上概略水准器的检校;④符合水准器符合精度或自动安平水准仪补偿性能与自动安平精度的测定;⑤调焦透镜运行正确性的检验(新仪器);⑥光学测微器效用的正确性和分划值的测定;⑦“i”角的检验,作业开始后每天检验一次,若“i”角超限,则马上进行校正并再次进行检验,如此反复多次,直到满足规范要求。

4)水准标尺的检验项目：①水准标尺各部件完损的检视(随时注意检视)；②水准标尺上圆水准器安置正确性的检校(作业前及作业期间每月检校一次)；③水准标尺弯曲差(矢距)的测定(每年检定一次)；④一对水准标尺零点不等差及基辅分划读数差的测定；⑤水准标尺分划线每米分划间隔真长的检验。

5)用于正垂线、倒垂线、引张线的不锈钢丝，须经具备资质的专门机构抽样检查钢丝抗拉强度，抗拉强度 $\sigma \geqslant 1000\text{MPa}$，应满足规范及设计要求。

6)倒垂线浮子拉力及内浮渗漏是该项设备须检验的关键项目，浮子浮力可用标准砝码现场测试，一般要求同条件下测试的浮力与说明书中的标准浮力差别在±1kg 以内。对于内浮子的渗漏问题，短时间内难以检验出结果，而须在长期使用过程中跟踪检验，一经发现，立即要求处理或更换。

7)用于同一座双(单)金属标的钢管、铝管，要求为同炉产品，抽样测定其线膨胀系数并提供检验证书。同一批次、同一种材料抽取的不同样本，其测试精度应符合设计要求，且应符合该产品本身的实际情况(参见国标)。

8)大量的安装设备多是半成品或按监测设计图纸后期加工组装而成。加工品的材质及其尺寸、规格及性能要求，均应达到在设计安装图中明确规定的标准。

9)其他单一的半成品(如静力水准)仪器，只有在形成完整的观测系统，且当其系统质量满足精度要求时才算达到要求。所以设备质量与安装调试密切相关，因而监理工程师在按要求检验此类设备质量的同时，还要结合安装调试阶段的质量效果来控制。

4.4　监测仪埋阶段管理与控制

4.4.1　监测土建施工管理及监理

土建工程主要是钻孔工程，一般孔径在 ϕ168mm 以下的钻孔为内观仪器安装设施，为一次性成孔，孔径在 ϕ168mm 以上的钻孔为外观变形设施，多为多次钻孔、扩孔。因钻孔要求各异，施工中应严格按照设计指标进行控制。钻孔的质量控制与验收分为两个阶段：一个是造孔阶段；另一个是资料整编阶段。钻孔是一个隐蔽性工程，成本高且不易检查，因此从开始钻孔定位到钻孔完成的各个环节的质量控制都至关重要。

(1)内观仪器钻孔

监测涉及的土建造孔工程均由监测实施单位取芯钻机钻孔，监理除检查孔位、孔径、孔斜外，对于岩芯必须保留至钻孔柱状图完成，并经监理审核认可后才允许废弃，对于重要钻孔还需要有岩芯照片，以确保地质资料的真实性、可靠性，对于有承压水的钻孔，必须先进行灌浆处理，达到止水要求后才可进行仪埋工作。

(2)外观设备的钻孔及其他土建工作

变形监测的土建工作主要分为两大类:一类是观测墩(点)的埋设;另一类是各种钻孔(如正垂孔、倒垂孔、双金属标、测温钢管标孔等)。

1)观测墩(点)的埋设,监理工程师质量控制主要有以下几个环节:

①测点(墩)位置:大坝建筑物内的测点(墩)位严格按设计坐标放样,要求放样精度一般不低于±2cm(特殊项目不低于±1cm)。

②原材料:主要指沙、石、钢筋、水泥须符合设计标准,使用前须经监理工程师查看,认可。

③基础处理:开挖形成的标点基坑尺寸(包括深度)、基岩情况应符合设计拟定的标准,混凝土基坑要求清洗干净。

④钢筋网配置:浇筑过程一般由监理工程师旁站监理。监理工程师对于隐蔽工程部分的质量如有疑问时,可现场剥开检查。

2)各类监测孔的钻孔施工、质量控制主要有以下几点:

①钻孔孔位:一般要求实施单位按设计点位坐标放样(不得用土建结构的相对尺寸作为基准放样),除设计特殊规定外,倒垂孔放样偏差不应大于±2cm,当受现场条件限制或有冲突时,由设计、监理现场确定。

②孔斜、孔径:一般要求钻进过程中每1~2m测斜一次,偏斜度按设计指标控制,累计达到一定的偏斜度后,要求进行纠偏,在取得明显效果后,方可继续施钻。监理工程师控制标准是:倒垂孔有效孔径≥100mm,(单)双金属标钻孔倾斜≤0.5°,开孔口径达到设计要求。监理工程师现场抽测、验证孔斜、孔径并加记录。

③钻孔孔深:按设计深度控制,若出现须增加或减少孔深问题时,由设计师、地质师及监理工程师现场确定。监理工程师现场测量钻孔孔深,并以此为准。

④钻孔岩芯采取地质柱状图:钻孔岩芯获得率,在不同的地质情况钻孔技术要求中均有明确规定;地质柱状图须由专业地质工程师编制,使之能客观、真实准确地反映地质情况,且与板报记录一致。

⑤钻孔终孔时填写终孔表,根据设计要求的孔深及地质情况,监理工程师会同设计进行现场验收,各方认可后方可终孔,并填写终孔表。

4.4.2 监测仪器安装管理及监理

4.4.2.1 监测项目的实施及监理过程

1)不同阶段仪埋计划的申请与批准。

在安全监测工程招标工作完成后,各标段需要向监理提交分部(标段)、分项(变形、渗流、渗压、应力应变)的开工申请,经监理批准后进行各种准备工作,而且为配合土建工程的

形象进展，每年度土建需达到某个高程时制定相应的年度仪埋计划，采购仪器设备器材；每周根据土建施工计划编制安全监测施工计划，经监理批准后送土建监理。此前还需提前报送仪埋开工申请，监理审查拟埋设的仪器是否合格。

2)监理根据设计图纸及技术要求对照现场工作场面、工作条件有何差距，督促实施单位采取相应措施改造现场工作条件满足设计要求，或反馈现场仓面实际情况，请设计作适当调整，以在最短时间完成仪埋工作，既不影响现场土建施工，同时也不影响仪埋实施工作质量。

3)监理对现场仪埋工作，采取事先指导、中间跟踪、事后检查的办法。事先指导就是贯彻以预防为主的原则，将某种仪器安装的关键环节让全体参与人员掌握吃透。在仪埋过程中监理工程师实行旁站监理、跟踪检查、掌握事件的关键工序，了解全过程。仪埋完成后进行检查，查原始记录，查现场电缆走线，并对仪埋质量评定表进行考查评定。通过采取了上述措施，监理工程师及时协调解决了施工过程中存在的问题，做到既不漏埋仪器，又不影响土建施工进度，且确保仪器埋设考评为全部合格。

4)监测仪器安装埋设过程中监理控制要点。

①监测中心及时协调土建监理单位建立主体工程施工周计划、月计划和季度计划的传送制度。监测监理工程师根据施工计划及时将审签后的监测仪器设备埋设安装仓面位置的实施计划，书面通知土建监理工程师，待仪器设备埋设安装完毕后，再向土建监理工程师签发混凝土开仓工作联系单。监测监理工程师必要时可向有关方面提供已埋设仪器的相关埋设参数，土建单位钻孔施工前，土建监理及其施工方应将钻孔布置图提交监测单位，进行审核会签，避免造孔过程中钻坏仪器或电缆。

②监测监理工程师定期参加由土建监理单位主持的现场协调会，主要了解主体工程施工进展情况，通报工程施工部位的监测项目实施情况，并提出监测项目实施需要协调解决的问题。监测实施单位可参加会议，提出需要协调解决的问题，并妥善处理好土建施工与监测仪器埋设安装之间的关系。

③在主体工程施工中预留的观测室和预留孔洞中进行监测仪器设备埋设安装时，监测监理工程师及时主动联系土建监理工程师，按进度要求，督促土建单位及时清理观测室、预留孔洞后进行移交，并办理移交签证，以保证监测仪器设备安装工作按进度计划进行。

④监测实施单位在仪器埋设安装前 28 天向监测监理工程师提供仪器埋设施工计划，同时提供经过检验(率定)的仪器数量及有关性能参数，实测率定资料距埋设时间不得超过 6 个月。在仪器埋设安装前，监测监理工程师有权对仪器进行抽检。监测实施单位应为抽样检查提供样品、检测设备及必要的协助。

⑤监测实施单位应按单元工程划分原则将实施项目分解为若干个单元工程，并报监测监理工程师确认。仪器安装埋设前 7 天，必须向监测监理工程师报送单元开工申请表，经监测监理工程师确认具备安装埋设条件，并签字许可后，方可进行施工。监测实施单位在仪器

设备安装前48小时，将仪器设备埋设安装的意向通知监测监理工程师。安装仪器设备的仓面、钻孔及待装仪器和材料，应经监测监理工程师验收合格。

⑥仪器设备安装严格按监测监理工程师批准的设计图纸、通知及要求进行，并接受监测监理工程师检查。对埋设过程中损坏的仪器应立即补埋或按监测监理工程师的要求采取必要的补救措施。监测实施单位的项目负责人应密切配合监测监理工程师的工作，及时向监测监理工程师报告埋设及观测过程中发现的问题，并提供必要的检查记录。

⑦监测监理工程师依据签发的监测设计图、设计通知、设计要求及监测技术规范对各类仪器的安装埋设全过程进行旁站监理，重点检查安装仪器的放样、孔深、型号及编号、安装方法等，并对相关单元进行计量，对不符合规范和设计要求的，监测监理工程师有权制止并发布停工令。

⑧监测实施单位在仪器埋设安装后7天内，应向监测监理工程师提供已埋设安装仪器的编号、坐标和方向、电缆走向、埋设时间及埋设前后的仪器考证资料、混凝土入仓温度、气温等资料，并随时接受监测监理工程师的检查。

⑨监测钻孔深度达到设计孔深时，应根据地质柱状图，检测及记录孔深、孔径、孔斜是否满足设计要求，经设计和监测监理工程师现场签字确认是否终孔。

⑩监测项目已完工或正在施工项目的已完成部分，质量达到合同规定的技术标准，申报资料和验收手续应齐全，监测监理工程师应及时予以计量。

⑪监测监理工程师应督促监测实施单位经常性地对已埋设安装的监测仪器设备进行维护、检查。对各监测实施单位的监测仪表的校检工作，监测监理工程师每年组织一次，经检验达不到要求的设备应提出处理意见，必要时对仪器、仪表检验过程进行旁站监理。对不符合规范和有关规定要求的仪器、仪表应禁止使用。

4.4.2.2 内观监测仪器安装控制要点

安装的原则遵从《混凝土坝安全监测技术规范》(DL/T 5178—2003)，及设计部门编写的仪埋及观测技术要求。向家坝工程施工点多面广、结构复杂、交叉作业面多等特点，给安全监测的仪器埋设带来很大难度。为确保仪器安装质量，需针对各种仪器的安装埋设控制要点进行严格控制。以下介绍各种仪器的监理控制要点。

(1)渗流渗压类监测

a. 渗压计

渗压计用于监测基岩渗透水压力，以及混凝土内的孔隙水压力。混凝土浇筑面是抗渗性能薄弱的部位，其监测资料反映了它们的渗漏性能，也反映混凝土的密实程度。

仪器安装前的准备工作：要求实施单位将透水石先浸泡在水中2小时以上，安装前，应将渗压计一直浸泡在水中，使其呈饱和状态，再在测头上包上装有干净的饱和细砂袋使仪器进水口通畅，防止水泥浆进入渗压计内部。

在混凝土浇筑层面埋设渗压计：混凝土坝体中采用在混凝土浇筑层面挖坑槽的方式埋设渗压计，埋设坑槽尺寸：400mm×200mm×200mm（长×宽×深），长度方向平行于坝轴线。在渗压计放入埋设坑槽的前后，应向埋设坑槽内填入砂砾石，使其构成透水段。填入埋设坑槽内的砂砾石必须冲洗干净，缓慢放入，避免架空。渗压计就位后用细砂将埋设坑槽间隙填满，并向坑槽内充水使其饱和，经检查合格后再用水泥砂浆覆盖约 6cm 厚。

在基岩面上埋设渗压计：布置在建基面处的渗压计应在基础固结灌浆完成后采用钻孔方式埋设，钻孔孔径 110mm，钻孔深入建基面以下 1～1.2m。在渗压计放入钻孔前后，应先向孔内填入砂砾石，使其构成透水段。填入孔内的砂砾石必须冲洗干净，缓慢放入，避免架空。渗压计就位后向孔内充水使其饱和，经检查合格后再放入细砂，并用水泥砂浆封孔。

在水平浅孔内埋设渗压计：在埋设渗压计的位置钻一个孔深 50cm、孔径 15～20cm 的浅孔如孔无透水裂隙可根据需要的深度在孔底套钻一个 3cm 的小孔。在小孔内填入砾石，在大孔内填细砂。将渗压计埋在细砂中，孔口用盖板封上，并用水泥砂浆封住，待砂浆凝固后，即可填筑混凝土。

在坝基深孔内埋设渗压计：在坝基深孔内埋设渗压计时深孔直径不小于 100mm，埋设前测量好孔深，先将仪器装入能放入孔内的砂包中，包中装细砂，向孔内倒入 40cm 厚的砾石，其粒径约为 10mm，然后将装有仪器的砂包吊入孔底。如孔太深，砂包及电缆自重超过电缆强度时，可用钢丝吊住砂包，并把电缆绑在钢丝上进行吊装，以免电缆损坏，再在上面填入 40cm 厚细砂，然后填厚 20cm、粒径为 10～20mm 的砾石，再在余孔段灌入水泥膨润土浆或预缩水泥砂浆。

仪器的电缆牵引控制：渗压计埋设完后，按设计要求走向敷设电缆，电缆尽可能向高处引，通过露天处需进行保护。混凝土中每支仪器的电缆必须相互隔开，分别被水泥浆包围包裹，防止形成渗水通道。

b. 测压管

测压管用于监测坝基扬压力，从压力的大小可判断帷幕灌浆阻水效果和排水系统的减压效果。主要分布在各坝段的基础廊道内的底板上。

测压管开孔时间的控制：应在其所在部位的防渗帷幕施工完毕后，方可实施。

控制测压管钻孔的孔位、孔深和倾角，测压管与排水孔（幕后）或帷幕灌浆孔（幕前）在廊道同一侧时，测压管孔位必须调整到两个排水孔或灌浆孔的中间，使测压管水位测值真实反映地下水的扬压力值。

钻孔所取岩芯的地质描述，注意混凝土与基岩面结合情况和岩芯破碎段及漏水现象。

测压管的管径及材质，按设计图纸要求选用制作。测压管埋设前，必须对其管道内壁及接头处进行仔细检查，对于管壁内由于钻眼和锯割而形成的毛刺应予打光，多余的丝扣处的防渗材料也应清除。

测压管下放后，首先进行管道检查，然后向测压管与钻孔的间隙填入干净的砂砾石并用水泥砂浆封孔，其埋设过程及有关影响因素应记录在考证表上。

安装完成后，待封孔水泥砂浆固结后，要及时做注水试验，检查灵敏度和滞后时间的影响。

c. 量水堰

量水堰应设置在排水沟的直线段上。为了避免影响渗漏量观测结果，还应将量水堰上下游排水沟的底部及两壁加以护砌或建造专门的混凝土矩形引槽。引槽长度应大于堰上最大水头的 7 倍，且总长不小于 2m(堰板上、下游的堰槽长度分别不小于 1.5m 和 0.5m)。

量水堰堰板应平直，局部不平处不大于±3mm，堰口局部不平处不大于±1mm；堰板顶部水平，两侧高差不大于堰宽的 1/500，直角三角堰的直角误差不得大于 30″；堰板与侧墙应保持铅直，倾斜度小于 1/200，侧墙局部不平整小于±5mm，堰板与侧墙互相垂直，误差小于 30″，两侧墙间局部距离误差小于±10mm；堰板采用不锈钢板，过水堰口下游边缘制成 45°角。

为了保证量水堰的堰上水流稳定，对量水堰的设置采取以下措施：一是确保堰板与引槽和来水流向垂直，并直立；二是堰板采用不锈钢板制作；三是堰口边缘应制成薄片，并要求水平；四是量水堰的出流应不被淹没，保证经过堰顶的水舌为自由水舌。

量水堰水尺或测针应设在堰口上游，距堰口的距离为 3～5 倍堰上最大水头。堰上水头用水尺进行测读，其零点与堰口高程差应小于 1mm。量水堰安装完成后，应记录其尺寸、形式、位置等，并及时绘制安装埋设图。

(2) 内部变形监测

a. 多点位移计

布置在边坡及建筑物基础等部位，主要监测所布置部位的深层岩体变形。

检查施工单位是否按设计要求准备好埋设设备，按规范要求作了仪器检验，检验结果是否符合要求。

现场土建工作：钻孔孔位、孔径、孔深、孔斜是否满足设计要求，孔内是否冲洗干净，不得有岩屑、淤泥等沉淀物。孔底岩体是否完整，若为破碎岩芯，应予加深。

检查各个测点锚头布置的位置是否合理，孔内的锚头处的岩芯不得位于岩芯破碎段，否则应调整检查。测杆、护管连接是否牢靠密封不渗水泥浆。孔内若有承压水涌出，必须先行灌浆处理，并经过扫孔后，无承压水才能进行仪器安装。

检查灌浆管、回浆管、排气管是否安装到位，灌浆材料以 0.5∶1 水灰比为宜，灌浆压力不大于 0.5MPa，灌浆后应检查是否将整个钻孔灌满，不能留有空隙，特别注意不可让浆液进入护管中。

安装测头传感器之前，应检查孔内锚头处及孔内水泥是否凝固，未凝固时不可安装传感

器，一般需在72小时以上。

检查施工单位对电缆测头的保护，防潮防污处理是否合理、可靠。

b. 钻孔测斜仪

它是岩土工程监测的主要观测仪器之一，监测高边坡、混凝土坝基岩体的深层潜在的或已有的滑动面的位错变形。

采用岩芯钻钻孔埋设测斜管，钻孔孔径110mm，钻孔铅直度偏差不应大于±0.3°，作简要的地质素描。

钻孔要求通畅，孔壁光滑。若钻孔孔口附近岩石较破碎，应考虑加钻孔护套管施工。

测斜管底部用底盖密封，连接接头用土工膜包裹，以防止砂浆渗入管内。测斜管内的其中一对导槽方向应与位移主方向一致，其角度误差不得大于±1°。测斜管与埋设孔之间的间隙，采用注浆管伸入孔底由下至上进行回填注浆，灌浆材料采用M15水泥砂浆。待回填水泥砂浆初凝并达到足够的强度后，采用活动测斜仪进行初始值测量，确定测斜管的初始位置。

c. 基岩变位计

基岩变位计主要布置在大坝基岩内部，用于监测建基面至钻孔孔底之间的岩体变形。

检查钻孔孔位、孔径、孔深，孔底处的岩体是否完好，岩体不完整时，须加深钻孔至完整岩石，以使锚头锚固在完整岩体上。

设备安装时的控制：①基岩变形计锚头必须能可靠锚固，如进口基岩变形计锚头为螺纹钢，与孔壁保持紧密接触。②测杆相互连接是否牢固，测杆的塑料护管连接是否严实，不能漏浆液。③孔底是否冲洗干净，不干净时不准埋设。④测头（测缝计）预拉安装，必须等到孔内锚头水泥浆凝固（一般为72小时）以后才可实施；为保护测头在仓面不受损坏，先浇一个混凝土墩，将测头埋在混凝土墩中；⑤孔内若有承压水涌出，安装时必须在水泥浆中加入比例适当的速凝剂，并先从孔底进行灌浆，利用浆液逐步将孔内原有的地下水向上挤出。同时，在孔口进行封堵，防止水泥浆被承压水带出。

d. 回弹监测

回弹仪主要监测坝基开挖初期基岩卸荷产生的回弹变形情况。

回弹监测仪的埋设施工要求在坝基开挖至建基面的保护层后立即进行，采用岩芯钻钻孔，孔径76～91mm，取岩芯，作简要的地质素描。

钻孔孔深比最深的锚头深20～50cm，钻孔轴线应保持为直线，一般偏差不应大于±1°。钻孔完毕，仪器安装前，应使用压力水将钻孔冲洗干净，预埋好传感器安装基座。

回弹监测仪采用多点位移计的结构形式，仪器传递杆埋设前，应按照测点设计布置尺寸进行组装、检查和标记，并做好记录。检查钻孔通畅，核实钻孔深度无误后，将组装好的传力杆组件与灌浆管一起放入孔内进行灌浆固结。采用不大于0.5MPa的压力灌入水泥砂浆

（水灰比 0.5∶1），当排气管中开始回浆即表明已灌满，即可停止灌浆，堵住灌浆管和排气管。

钻孔内水泥砂浆凝固后，剪去外露的灌浆管和排气管，将传感器固定到孔口的环形锚头上，并依次将各传感器连接到各测杆上。调定传感器的初始位置（将位移传感器按设计要求预拉），安装好保护罩，采用读数仪进行检测并做好记录，并采用 C20 混凝土浇筑一个仪器保护墩。

e. 测缝计

测缝计用于监测接触缝、坝体纵缝、横缝以及施工结构缝的开合度变化情况。

混凝土结构缝测缝计的埋设：先在先浇混凝土块上预埋测缝计套筒，测缝计套筒轴线垂直结构缝面并保持水平，角度误差不大于±1°。仪器电缆从后浇块中引出。当须从先浇块引出时，应在模板上设置储藏箱，用来储藏仪器和电缆。安装测缝计前，在套筒内壁和螺纹处涂上黄油并塞满棉纱以防水泥浆堵塞。当后浇块混凝土浇到高于仪器埋设位置 20cm 并振捣密实后，立刻挖去混凝土露出套筒并取出套筒内的填塞物，将测缝计旋紧于套筒内，再回填混凝土并人工振捣密实。

基岩面测缝计的埋设：根据设计位置在基岩表面钻孔埋设测缝计套筒，钻孔孔径 91mm，孔深≥500mm。在进行测缝计套筒的埋设时，先向孔内填入适量的微膨胀水泥砂浆，再将套筒挤入孔内，并保持测缝计套筒轴线与缝面垂直，其角度偏差不大于±1°。套筒埋设好后，在套筒内壁和螺纹处应涂上黄油，并塞满棉纱或布条以防水泥浆堵塞。当混凝土浇到高于仪器埋设位置 20cm 并振捣密实后，即可挖去混凝土露出套筒，取出套筒内的填塞物，并将测缝计旋紧于套筒内。套筒与测缝计之间的间隙缝口，用涂上黄油的棉纱塞满，防止水泥浆将测缝计与套筒的预留间隙填死。最后回填混凝土并人工振捣密实，当混凝土及砂浆终凝后测取初始值。

对于监测混凝土中出现裂缝的测缝计，还要注意两点：①测缝计垂直裂缝两端是否与裂缝两侧混凝土连接固定牢靠；②回填处理裂缝时，在裂缝处用一小块塑料在裂缝处模拟该裂缝，且位于测缝计中部。此外，安装时还需确保测缝计的安装不能妨碍和损坏土建对裂缝处理的各项措施。

f. 裂缝计

裂缝计一般布置在已产生了裂缝或可能产生裂缝的部位，加长杆控制在 1.5～2.0m，直杆部分要包裹沥青麻布，预拉额定量程的 1/4 或 1/5。用插筋固定弯钩及测缝计法兰盘，确保预拉量不变。仪器长轴方向垂直裂缝方向。插筋间距离大于加长仪器长度。

（3）应力应变及温度监测

a. 锚索测力计

主要布置在使用预应力锚索进行加固的边坡或围岩预应力锚固区，其作用是监测预应力锚索的受力状态和锚固效果，对被锚固部位的综合评价等具有重要意义。

检查仪器的力学性能等参数是否符合规范要求。张拉时使用的千斤顶及其油缸压力表是否进行标定。检查锚索孔号、孔深、孔斜是否与设计值一致。检查锚固板是否平整光滑清洁，锚索测力计与垫板是否配套，之间的接触是否良好、紧密。锚索测力计与锚索及拉锚机具的安装应同时进行，并要求测力计、孔口垫板和锚孔三者同轴，其倾斜应小于 0.5°，偏心不大于 5mm。

测力计安装就位后，应准确测量其初始值和环境温度。锚索张拉时，检查测力计是否偏心受压。检查各项土建张拉测量数据（如锚索伸长值、油压千斤顶测值）及测力计测值各项记录是否齐全。

按锚索的设计施工要求分级进行张拉和监测。一般每级加载应稳定 3 分钟并测读 1 次，最后一级加载应稳定 5 分钟并测读 1 次。锚索锁定后以间隔 5 分钟一次，连续测读 3 次的读数误差不超过满量程的 2%时，取其平均值作为基准值。

b. 钢筋计

在结构钢筋上布置钢筋计，主要为监测水工建筑物中钢筋的应力变化情况。

钢筋计的直径型号控制：应根据现场结构设计采用的钢筋直径选用相同规格的钢筋计，确保钢筋计与土建结构钢筋直径匹配。

钢筋计的焊接质量控制：①对焊：在钢筋计两端各预先对焊 1.5m 长同直径的钢筋，替换在平直结构的钢筋上。②坡口焊：结构钢筋弯曲变化比较大的情况下采用，要求控制钢筋计两端的坡口对准轴心，每焊接一层均要求清除焊渣，以防止出现虚假焊，最终焊接断面直径略大于原钢筋直径 1mm 左右。焊接时的温度控制，以浇水的方式降温冷却仪器，使仪器不超过额定温度，此点在夏天尤为重要，但绝不允许用水浇焊接点。焊接过程中使仪器的内部温度控制在 60℃以内。

混凝土浇筑过程中的控制：要求混凝土振捣器距仪器的距离在 1.5m 以上，既保证混凝土密实，又不损坏仪器。待混凝土初凝后按测次要求测取基准值。

c. 锚杆应力计

在开挖边坡和洞室围岩等部位布置了锚杆应力计，用于监测边坡和洞室围岩锚固结构的应力状态。

根据设计所采用的锚杆直径选用相同规格的锚杆应力计。锚杆应力计与钢筋的焊接可采用对焊、坡口焊或熔槽焊，轴心必须保持对正重合，焊接前要做好锚杆应力计与锚杆的除锈清洁工作。焊接过程中，为避免温升过高损坏仪器，需将湿棉纱包裹在钢筋计的中部，一边焊一边浇冷水，使仪器温度不超过 60℃，但不得在焊缝处浇水，以免影响焊接质量。将焊接组装好的锚杆，严格按照一般锚杆支护的施工程序进行人工插入和灌浆机注浆。注浆必须饱满，待水泥砂浆固化并达到足够的强度后，测取初始值。

d. 应变计(组)

先测量放样,确定应变计(组)的埋设位置,采用预埋锚杆固定支座位置和方向。在支座上安装支杆,调准支杆的方向,再将应变计固定在支杆上。严格控制应变计方位,角度误差不得超过±1°。

埋设时,在应变计组周围需设置无底保护箱,并随混凝土的升高而逐渐提升,直至取出。箱内混凝土回填时,要小心填筑。剔除大于 8cm 的骨料,由人工振捣密实。混凝土下料时应距仪器 1.5m 以上,振捣时振捣器与仪器距离大于振捣半径,一般不小于 1m。埋设时应随时保持仪器的正确位置和方向,及时检查和测读,若应变计产生过大的应变(一般小于±100με),则应挖开混凝土使其恢复,或者更换仪器。必要时安排专人进行守护。

e. 无应力计

安装无应力计时,无应力计筒大口向上,筒内回填混凝土中剔除大于 4cm 以上的骨料,筒内混凝土人工进行小心捣实。控制无应力计距配套的监测仪器(如应变计或钢筋计)1~1.5m 的距离,与坝面距离二者相同,混凝土料应属同一批次同一级配。监理特别强调埋设点位处混凝土及桶内混凝土料必须相同。

f. 钢板计

安装前装备:检查所采用的传感器及附件是否符合工艺技术要求。钢板计与钢板焊接前要做好钢板计夹具和钢板焊接处的除锈清洁工作,以保证焊接质量。

安装控制:根据设计位置进行准确放样和钢板计夹具的焊接,焊接时应采用模具定位。夹具焊接好以后,应冷却至常温再安装传感器,并用钢质保护盖保护。

g. 温度计

基岩温度计的埋设:基岩温度计均布置在基岩变位计的布置位置和埋设孔内,应与基岩变位计一起埋设。按设计位置将温度计牢固地绑扎在基岩变位计传递杆护管上一起放入孔内。检查、测试无误后即可由孔底向上进行灌浆封孔。

坝体混凝土温度计的埋设:对于布置在混凝土中的温度计,一般应采用在混凝土浇筑层面挖坑埋设的方式。为了防止大坝迎水面高压水沿电缆渗入,对于埋设于靠近上游坝面附近的温度计的水平敷设电缆,必须将电缆周围的混凝土振捣密实。

监测库水温度的温度计埋设:每支温度计距上游坝面的距离必须相同,均为 100mm。温度计必须水平放置,轴线平行于坝面,其电缆向上引至坝顶监测站。为了防止大坝迎水面高压水沿电缆渗透,其水平敷设电缆周围的混凝土必须振捣密实。

4.4.2.3 外观变形设备安装控制要点

(1)倒垂线安装

1)设备(如锚块、钢丝、浮体、保护钢管、仪器基座等)购置及加工符合设计和规范要求。

2)保护钢管安装:安装前钻孔须冲洗干净。安装时,钢管每节段间应密封,满足防漏水

及防漏浆(帷幕)的要求;钢管固定封浆之前应仔细测量管斜,调整好管位,一般有效孔径≥100mm,最小不应小于80mm。保护管应固结牢靠,遇到有地下水上涌时,应采取特殊加固措施,保证钢管不变位。

3)锚固设备安装:首先检查钢丝应无弯折,无剪切伤痕。安装前,要求实施单位对倒垂孔的有效管径进行复测,并将复测结果报送监理工程师审核。安装时,垂线与锚块应连接牢固、准确,确保钢丝位于有效孔径中心,靠管壁最小距离不能小于30mm;灌浆管应放入管底,水泥浆标号和数量应按设计要求严格控制。水泥浆与锚块充分凝固(不少于7天)后,钢丝才能加力。

4)浮体支架安装必须稳固可靠,钢丝与浮体连接正确、牢固,保证浮体自由摆动、灵敏,浮力达到设计要求。

5)坐标仪强制对中基座,距钢丝3~4cm为宜,且垂线应在基座纵向中心附近,基座与观测墩应固结稳固,水平。对中误差不应大于±0.1mm。

6)安装调试:垂线系统安装好后,经过一定时段的调试,待垂线、浮体达到充分自由、平衡,垂线复位误差小于0.15mm时,才能进行基准值的观测。

7)辅助工程:倒垂观测房的修建、装修、金属件的防腐处理,垂线设备防风、防水等应严格按设计要求执行。倒垂孔口加保护盖,以防掉进异物。

8)竣工资料:安装调试记录、竣工资料准确、完整。

(2)正垂线安装

1)正垂设备:悬线装置、夹线装置、钢丝、重锤、油箱、仪器基座等设备的采购和加工应符合设计要求。

2)保护管安装:部分正垂孔也为机钻孔,须安装保护管,安装质量控制与倒垂孔保护管安装相同。

3)垂线安装:悬线、夹线装置应安装牢固,垂线与重锤、悬线装置连接应牢固,位置准确;钢丝位置与保护管或预留管壁最小距离大于30mm;垂线应无弯折、剪切伤痕;垂线与重锤应处于自由状态,且反应灵敏。

4)坐标仪基座安装:控制标准同倒垂基座安装。

5)安装调试:垂线系统安装好后,经过一定时段的调试,测试复位误差小于0.15mm,满足要求后,及时建立基准值。

6)辅助工程:观测房的建造与装修、金属件的防腐、垂线系统的防风、防水、封闭措施均应严格按施工详图进行,满足设计要求。

7)竣工资料:安装调试记录、竣工图等竣工资料准确完整。

(3)引张线安装

1)测点高程:各测点或墩面高程应精确地用控制点放样,放样误差不大于±2cm;测点之间距离相对中误差不大于 1/1000;尺面高程测量误差小于±2mm。

2)端点设备安装:固定装置、定位卡,滑轮组应埋设牢固,且保持固定端、加力端、定位卡“V”形槽底水平、方向与测线一致,高度与滑轮槽一致。

3)测点设备安装:读数尺“O”方向必须一致,尺面分划与测线平行,尺面保持水平高度适当(既不能搁住测线,也不能太高产生读数视差);读数仪底盘应水平、底盘中心线应与测线垂直,保证读数仪读数丝能与测线平行和垂直。水箱高度适当,确保浮船调节钢丝高度有足够的空间。

4)测线安装:钢丝在受力状态下应无弯折现象;与固定端重锤连接牢固,且能自由,灵敏摆动。

5)辅助工程:保护管连接、固定应牢固,外形美观,位置适当,使测线尽量位于其中心线上,距管壁最小距离≥20mm;测点保护箱安装牢固且封闭、防风;观测墩、支撑设备装饰,金属件防腐符合设计要求。

6)调试:调节好各测点钢丝位置,使钢丝处于自由状态下,采取各种方法在不同位置拨动钢丝反复测试,各点复位误差小于±0.15mm 时,建立基准值。

7)竣工资料:安装调试记录、竣工图纸等资料完整、准确。

(4)双金属标和测温钢管标安装

1)双金属标和测温钢管标所选用的钢管、铝管(双金属标)、标头、橡胶环的加工及规格应严格满足设计要求。

2)保护管安装:安装前应冲洗钻孔,精确测定孔深,准确计算所需钢管和水泥数量,要求每节段连接牢固,且满足防水、防漏浆要求,安装到位后调整管位,测明管斜后,固定保护管,保护管一般不封底。

3)芯管安装:芯管标头、阻滑坨、橡胶环的安装程序、位置、牢固程度均应按设计图纸进行并达到设计要求。

4)辅助工程:观测房的建造与装饰,金属件防腐,保护箱的修建均应符合设计要求。

5)竣工资料:竣工图、安装记录等竣工资料应完整、准确。

(5)静力水准安装

1) 静力水准仪器墩、预埋件的高程放样误差应不大于 1cm,测点墩浇筑高程误差不得大于 3cm,平面位置放样误差应不大于 3cm。观测墩应与坝体牢固结合;安装后同一高程静力水准测点高程的相对误差不应大于±2mm,静力水准仪钵体置于底座上,如调整底座与混凝土墩面存在间隙时,须用砂浆填满。当静力水准测量路线经过台阶时,静力水准测段采用高低墩方式连接。

2)静力水准的钵体、浮子、连通管和三通等应用自来水清洗,并用 75%纯度酒精彻底消毒。钵体和连通管内注入特制防霉液体,管路和各连通管的连接必须严密,不得渗气、渗水,

液管内不得有气泡、漏水。

3)静力水准管线托架除测点处需加密外，其余间距均为 2m。水管略低于观测墩顶面。在管线敷设通过廊道交叉部位处，管线从廊道底板通过处，埋设钢管保护。

4)辅助工程：观测房的建造与装饰，金属件防腐，保护箱的修建均应符合设计要求。

5)竣工资料：竣工图、安装记录等竣工资料应完整、准确。

4.4.2.4 水力学专项监测仪器埋设控制要点

水力学监测属专项监测，仪器埋设监理依据设计文件和相关专业的规范参照执行。

水力学监测仪器埋设是先埋入通用底座、电缆线、镀锌钢管，然后再将仪器安装在底座上。有部分仪器在观测前才安装。

1)安装底座、电缆线、镀锌钢管：施工单位放样后，监理工程师校核其放样坐标，并主要检查：测点不得超过设计的平面坐标 30cm 直径范围；底座与混凝土表面齐平，相对高差不超过±2cm；底座的轴线应垂直于混凝土表面，其偏差应在 3°以内。

2)电缆线埋设时，主要检查以下内容：

①要求施工单位每根电缆线按设计要求用外包水带加以保护，在混凝土分缝处，还需用钢管套在电缆线外加以保护。线管用铁丝绑在钢筋网上。电缆线接头须硫化。

②埋设完毕后，监理工程师检查施工单位埋设的原始记录。原始记录应包括测点的实际放样坐标、电缆的走线图、电缆线编号以及施工中出现的问题等。

③施工单位将原始记录整理成仪器埋设考证表，报监理工程师审核。

④为能及时了解电缆埋设后的情况，监理工程师要求施工单位在电缆埋设后每季度报一次电缆线阻值检查资料，若发现问题，及时处理。

3)预埋测点仪器安装。

脉动压力计安装前，重点检查预埋电缆线的绝缘度和线间电阻值。安装时，检查脉动压力计与预埋电缆线连接是否采用电烙铁焊接，并按规范进行硫化。盖板与底座之间应加“O”形密封圈。安装完毕后，仪器电缆接线前后电阻值的关系，施工单位原始记录及仪器埋设考证表，由监理工程师审核。

水听器出厂后还需在室内作一些组装，再到现场安装。在室内组装时，重点检查仪器与电缆线连接处密封状况(应灌入硅橡胶加以密封)。在现场安装时，水听器与底座之间是否加“O”形密封圈及电缆连接后按规范硫化。安装完毕后，接上示波器检测水听器接收信号状况，监理工程师旁站监理，原始记录及仪埋考证表。

4.4.2.5 电缆敷设控制要点

(1)电缆敷设一般要求

应严格按设计图纸中仪器电缆敷设线路的设计布置或示意施工。因故需要改动敷设线路时，应在满足设计要求的前提下经监理工程师批准后才能实施，并将线路敷设位置测绘成图及时报送监理单位。电缆在埋设牵引过程中电缆接头要进行密封防潮处理，严禁电缆头裸露或浸泡水中，电缆过缝或暴露在外时要进行保护，电缆过缝时应采取钢管保护措施，并预留一定的伸缩富余量，避免因缝面张开时拉断或剪断电缆。电缆在地面和坡面喷混凝土层敷设时，应采用挖沟槽或直埋的方式敷设，其电缆长度按10%的余量蛇行布设。有防雷要求的部位，应穿钢管进行接地防雷保护。混凝土覆盖隐蔽后，沿途在混凝土表面做好标示，避免钻孔、开挖等土建施工作业损坏已埋设的电缆。

(2)五芯水工电缆连接

可以采用硫化器连接，也可以采用热缩管连接。无论采用哪一种连接方式，均应严格按施工工艺操作。各芯线均应一一对应采用焊锡连接牢固，并分别用热缩管+塑料绝缘胶带包扎整齐。芯线外层若采用硫化器连接，应严格按照橡胶电缆硫化器连接的工艺要求作业。芯线外层若采用热缩管连接，应采用两层以上专用热缩管严格按照热缩管连接的工艺要求作业。

(3)四芯屏蔽电缆连接

四芯屏蔽电缆一般为塑料护套电缆，其连接一般采用热缩管连接，并要求严格按施工工艺操作。各芯线均应一一对应采用焊锡连接牢固，并分别用热缩管+塑料绝缘胶带包扎整齐。芯线屏蔽层也应一一对应采用焊锡连接牢固，并用热缩管或塑料绝缘胶带进行隔离，不允许将不同的屏蔽层焊接在一起。芯线外层应采用两层以上专用热缩管连接，并要求严格按照热缩管连接的工艺作业。若热缩管接头不符合技术标准，应全部重新连接。

4.5 观测阶段管理与控制

4.5.1 选取基准值的监理程序

大坝安全监测基准值选取的恰当与否，将直接影响到以后整个资料分析，以及安全评价的结论是否符合实际，因此它是关系到监测资料可靠性的关键问题之一，从而建立及时准确可靠的基准值，是监理工程师的重要监理环节。

4.5.1.1 内观仪器基准值选取原则

基准值确定的适当与否，直接影响观测成果计算分析的正确性。在确定基值时，若选取时间过早，仪器受施工因素影响尚未达到稳定；若过迟，则将丢失一些监测初值，使得监测资料缺乏完整性，因此对仪埋后监测数据的及时获取是建立基准值的基础。

监测仪器基准值的选取，主要考虑以下因素：①仪器能与混凝土共同工作；②考虑各种仪器的性能、所测介质的特性、埋设部位及环境等因素；③需要掌握不同部位、不同级配、不同外加剂的混凝土或水泥砂浆的初凝和终凝时间，以及水化热温升等资料；④电阻比与温度

过程线呈相反趋势变化；⑤排除由外界因素以及观测误差而引起突变的影响，观测资料由无规律跳变到平滑有规律变化。具体每种仪器的基准值选取，监理按下面的要求进行控制。

(1)基岩变形计

仪器安装完成后，对露在基岩面外的传感器部分，预浇保护混凝土墩，待混凝土墩终凝之后，上覆混凝土浇筑前，此时的测值作为基准值。

(2)测缝计、裂缝计

选仪器安装埋设完成，混凝土呈固化状态，有一定强度，测值平稳，无跳变现象的测值。

(3)应变计组

主体工程部位所埋设的应变计组为五向，其选取基准值时，要考虑弹性平衡，即一对互相垂直的应变量之和与另一对互相垂直的应变量之和相差在 10～15$\mu\varepsilon$，同时测点处各支仪器温度均一，混凝土已达到终凝阶段，此时的测值作为基准值，一般为混凝土覆盖后 24 小时左右的测值。

(4)无应力计

与应变计组配套同时埋设时，与应变计组同一时间的测值。

(5)钢筋计

钢筋计全部被覆盖，混凝土已终凝固化后，钢筋计能够与其周围材料一道受力变形时的测值，一般取混凝土覆盖后 12～24h 的值。

(6)钢板计

一般选焊接安装后的稳定测值。

(7)多点位移计

仪器安装完成后，测值稳定，连续读数，其差小于 1%(F・S)时的平均值。

(8)锚杆应力计

选取灌浆后 24 小时的稳定测值。

(9)锚索测力计

仪器安装就位后，锚索加荷张拉前准确测定初始值和环境温度，反复测读，连续读数差值，小于 1%(F・S)，取其平均值作为观测基准值。

(10)钻孔倾斜仪

导管安装完成经灌浆固化后，连续稳定的观测，两次测值之差小于仪器精度，取其平均值作为基准值。

(11)测压管

测压管埋设完成后，连续观测，取其平均值作为基准值。

(12)渗压计

仪器处于完全水饱和状态,埋在基岩内选埋前测值,埋设在混凝土内,选混凝土终凝后的测值,作为施工期的基值。当大坝蓄水时,选蓄水前的最后一次测值为基准值。

4.5.1.2 基准值选取的监理

向家坝电站仪埋实施过程中,施工单位将每月新埋设的仪器观测资料基准值及计算成果,报监测中心审核。对于选取不当的基准值,监测中心及时向实施单位提出,要求实施单位重新取值。

4.5.1.3 外观变形基准值的建立

1)变形基准值的建立一般分三种情况:

①以初始值为基准值(即以监测对象未受荷载前原始状态下的观测值)。

②以首次值为基准值(一般要求独立测两次,取平均值为基准值)。

③以某次测值作基准值(如某仪器经过调试,测值稳定后)。

2)对于以上不同情况,总的要求是及时准确,所以除设计对基准值的建立予以充分合理的考虑外,在实施过程中,监理工程师还应侧重控制以下几点:

①测量前,要求制定具体的观测方案,充分理解设计、规范对测量过程中各中间读数和最后成果、精度及所允许的限差等指标,由熟练的工作人员施测。

②检查所采用的观测仪器仪表、工具设备的检验、校正情况,要求符合设计要求。

③根据量测工作的复杂程度决定建立基准值的观测次数、测回、程序等,一般至少有两次独立、有效的观测,而且观测差值符合规范、设计的观测要求,此时取二者平均值作为基准值。

④量测基准值时,要求尽可能收集记录可能影响基准值的因素,如环境、人员、仪器等并做好详细记录备案。

⑤量测基准值时,监理工程师要在现场进行旁站监理,并签字认可。

4.5.2 观测成果质量的保证措施

4.5.2.1 观测仪器、仪表的检验

现场使用的观测仪器、仪表可靠性是保证观测质量的基础。

1)对内观仪器的二次仪表进行定期检查,达到国家标准或厂家标准时才能允许使用。不合格的二次仪表停止使用。在每次观测前用电桥率定器对电桥作一次检查率定(详见4.1.4节)。

2)外观变形仪器:

对大地测量仪器的检验、校正严格按规范《国家一、二等水准测量规范》(GB 12899—91)中相关条款要求执行。另外,监理工程师结合工程实际情况,对仪器常规检验项目、周期、技术控制指标等进行现场检查。

其他类型的仪器如坐标仪、水准尺等按相应规范，由国家法定计量部门检验，并出具合格证书或检验报告。

4.5.2.2　观测质量保证措施

观测成果质量保证措施主要按照以下要点进行控制：

1)保持固定的观测人员及观测仪器，不随意变更。

2)仓面露天观测时，条件恶劣，或高温或雨水，易使二次仪表受晒、受潮，监理发出明确指示，要求加强观测仪表的保护及检验，使观测仪器稳定可靠。

3)不定期对观测后原始资料进行检查，对不规范的记录督促改进。

4)测量仪器仪表检验项目齐全，检验周期、结论符合规范规定。

5)操作方法、程序正确，观测频次、时段掌握好。

6)记录程序(软件)正确，格式符合标准，手工记薄记录齐全，计算正确。

7)观测成果精度满足规范、设计要求。

8)提交资料、数据、图表等正确、齐全，对资料有分析、说明、备注。

4.5.2.3　观测频次

观测频次是确保资料完整并发现异常现象的重要措施。通常渗流渗压、应力应变的观测频次为 1 次/周，外部变形观测频次为 1 次/月。除个别工程部位因施工等因素影响暂时无法观测外，其余部位均要求每月按时提交一次观测资料。对于实施单位不是由于客观条件所限未按规定频次观测的行为，按相关规定进行处理。

依据设计要求，当前各项目观测频次按照表 4.5-1 中所列测次进行监测。

表 4.5-1　　观测项目及测次表

序号	观测项目	观测频次	备　注
1	坝区水平位移监测网	2 次/年，蓄水前后加密观测	大地测量
2	垂直位移监测网	1 次/年，蓄水前后加密观测	大地测量
3	水平位移工作基点网	1 次/2 月、汛期 1 次/月	大地测量
4	倒垂线	3 次/月，蓄水加密观测	大地测量
5	边坡水平位移测点	1 次/月	大地测量
6	边坡垂直位移测点	1 次/月	大地测量
7	测压管	1 次/周，蓄水加密观测	内部监测
8	量水堰	1 次/周，蓄水加密观测	内部监测
9	应力、应变监测	1 次/周，蓄水加密观测	内部监测
10	内部变形监测	1 次/周，蓄水加密观测	内部监测
11	巡视检查	1 次/周	内部监测

注：特殊时期，如发生大洪水、地震等应适当加密测次。

4.5.2.4 观测资料异常的加密观测

1)在现场观测时,如测值有较大变化,则要求立即进行复测。

2)当某异常被确认后,为了准确掌握该异常的全程变化,监理要求实施单位加密观测。

3)在接缝灌浆期间,为配合土建在较低温度及较大的接缝开度条件下进行灌浆,要求对灌浆附近测点适当加密观测,并及时进行分析反馈。

4.5.3 观测单元质量认证及验收

(1)认证标准

以相应的规范及金沙江向家坝水电站安全监测工程质量评定细则中的条款,来评定所观测的资料。主要内容为仪表的定期检验、观测成果精度、操作方法、观测频次、记录、计算的准确,质量评定表及月报中数据、图表正确齐全与否,上报时间及时性等。评定分优良及合格两级。外部变形观测中,一般情况下,精度指标小于限差的1/2时,可以评为优良,大于限差的1/2为合格。应力应变中,除确保观测值准确可靠外,还要考虑是否出现非客观条件影响的漏测,送报资料是否及时等。

(2)认证工作

实行专业监理→项目监理→主任(总监)三级认证管理办法。专业监理是对情况最为熟悉的监理,有第一手的资料,是最基本的评定意见,项目监理在发现新的问题时,与专业监理进行协调评判,形成一致意见,最后报主任(总监)认证。

第 5 章　监测项目进度控制

5.1　进度控制原则

在安全监测项目的实施过程中，随时掌握工程进展，进行计划值与实际值比较分析，提出意见，使其切实做到在确保质量的前提下，在预期的投资目标范围内确保合同工期的按期完成。

5.2　进度控制内容及措施

安全监测项目进度紧随主体工程施工进度，主要控制内容包括：

①监理工程师根据合同项目、合同工期要求编制该监理项目的总进度计划及控制性网络进度计划以确定控制性工期目标，作为审查施工承包单位施工组织设计的重要依据。

②审查实施单位提出的实施组织计划中编制的总进度计划，必要时提出修改意见。

③审查施工单位提交的材料、设备及所列的规格与数量、质量是否满足工程进度的要求。

④在项目进度全过程中，检查月、年度项目进度计划，进行计划值与实际值的比较，发现偏离及时提出意见。

进度控制措施包括：①审查实施单位施工管理组织机构，人员配备、资质、业务水平是否适应工程的需要，并提出意见。②审核实施单位提出的项目实施计划，并督促其执行。③审查施工单位年、月度进度计划并督促执行。④对实施项目实施进度进行跟踪检查，记录和统计。⑤在施工过程中，检查督促实施单位按施工规程规范施工、文明施工、安全施工，防止出现质量、安全、环保事故而影响工程进度。⑥严格审核实施单位每月报送的统计报表。

5.3　进度控制流程

安全监测进度控制流程见图 5.3-1。

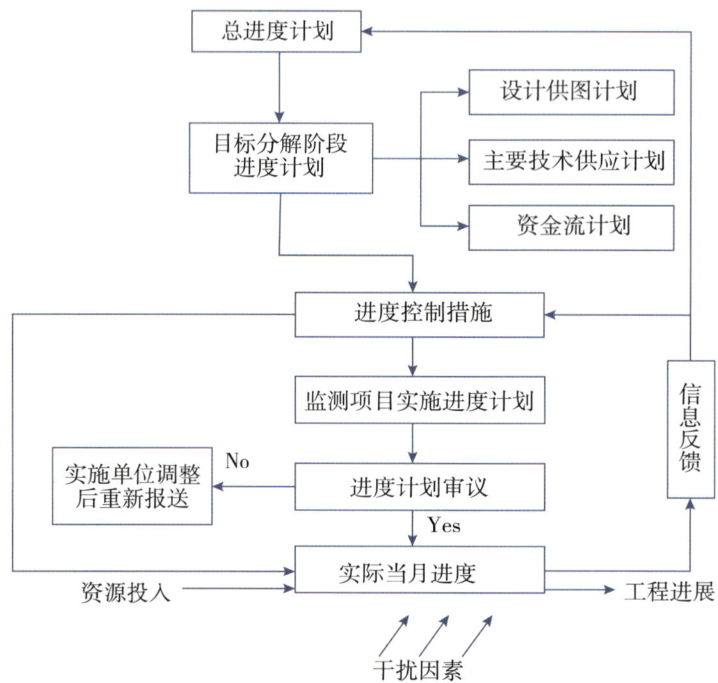

图 5.3-1 安全监测进度控制流程图

第 6 章　安全生产及文明施工管理

6.1　安全生产管理

1)严格按照 ISO 9000 系列标准,要求各项目部以项目经理牵头建立健全安全生产保证体系、安全管理制度和安全管理机构,要求设置专职监测施工安全员,落实各级监测人员的安全责任,将安全责任层层落实到个人,做到全员、全方位、全过程的有效控制。

2)任何人都必须认真执行国家及有关部门颁发的安全生产法规和规定。在监测施工中的重大安全问题,必须制定专门的安全技术措施和防护措施。

3)要求各监测单位编制现场的安全防护手册或安全须知,做好监测人员的安全教育和培训工作,所有进场人员必须先进行安全培训后再上岗,特殊工种作业人员须持证上岗。

4)严禁违章作业和违章指挥,进入监测现场的所有人员必须佩戴安全帽和其他劳动保护设施。在危险区域内(高空或高边坡)作业的大坝监测人员必须系安全绳,并设置安全栏、安全标识和安全警示牌等。

5)专职安全员必须加强对现场安全巡查,尤其是高空、高压等其他安全事故多发区域的检查,及时纠正作业过程中的“三违”现象,对存在的安全隐患,及时采取措施予以改正或处理,将安全隐患消灭在萌芽状态。

6)进入主体工程施工区域交叉作业时,要严格遵守其施工区域的安全生产管理规定。

7)要求对其进入施工现场的人员和设备,按合同规定进行保险。

8)建立安全生产检查制度,定期组织相关管理部门或安全员对安全生产状况进行检查的制度。通过检查发现问题,查出隐患,要求立即停工及时整改,直至符合现场安全管理规定。

9)要求各监测单位定期(每月)向监理报告安全生产情况或存在的问题,并按规定编制安全统计报表、对重大安全事故及时向监理报告。若发生安全事故,应立即通知业主,并在事故发生后 48 小时内向业主提交事故情况的书面报告。

6.2　文明施工管理

1)依照国家有关环境保护的法律、法规以及相关规章制度,做好施工区域的环境保护工作，合理排放施工中的废渣、废水。对自己作业区域的废物、废渣进行彻底清理，达到工完场清。

2)现场材料、设备的堆放应满足施工区域统一管理规定，禁止乱堆、乱放、乱搭、乱建，影响工区整洁。

3)施工中的风、水、电、管线、通信设施、照明等按要求合理布置，标识清晰，按照批准的走向和方式进行架设，严禁任意拉线接电，影响他方正常施工。

4)在施工现场不随意破坏有关环境、安全的设施设备，发现隐患及时整改或提醒有关部门单位加以重视保护。

5)工区施工严禁占压堵塞交通道路，运输建筑材料、垃圾等的车辆，应当采取有效措施，防止建筑材料、垃圾等洒落或者流溢，保证行驶途中不污染道路和环境。

6)在施工现场建立和执行防火管理制度，设置符合消防要求的消防设施，并保持完好的备用状态。在容易发生火灾的区域加强监测，及时预防。

7)定期组织有关部门人员进行文明施工监督检查，对违反文明施工规定的单位和责任人进行教育，并督促作业人员遵守文明施工管理规定，严重的给予相应处罚。

第 7 章　投资及合同管理

7.1　投资控制原则

以各合同项目的工程合同价为基础，将各安全监测项目的造价控制在依据工程执行概算所确定并经业主单位同意的监理控制目标造价范围以内。

7.2　投资控制流程

工程各建设项目的投资控制应是分项控制、阶段控制与最终目标控制相结合的方法。

投资控制流程见图 7.2-1。

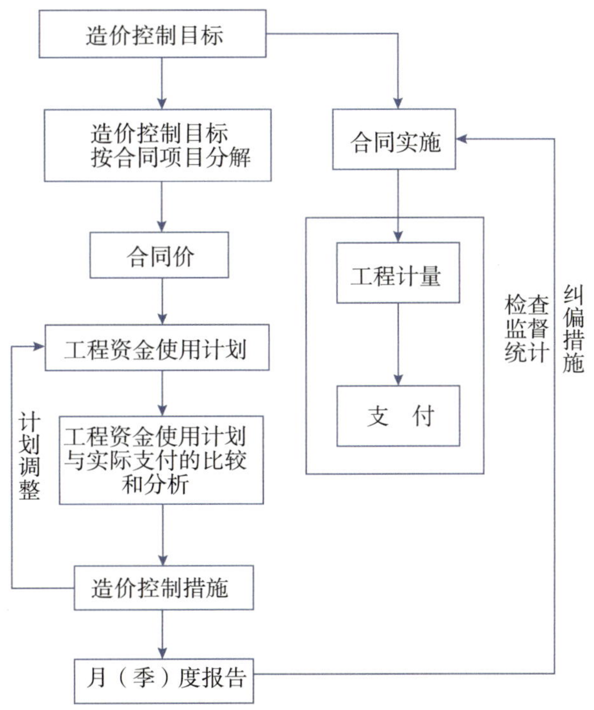

图 7.2-1　投资控制流程图

7.3 投资控制措施

1)协助业主单位共同进行按项目构成或按时段、按合同的投资分解,以论证并合理确定工程项目的造价控制总目标、各分项目标、各时段目标以及各合同项目的造价控制性目标。

2)协助业主单位依据工程总进度安排及工程项目的总进度,编制各时段资金使用计划。

3)应对实施单位提交的施工方案、施工组织计划进行审查批准。

4)各工程项目造价首先应以实现合同价为基础进行严格控制,其最终控制结果一般不应超出该合同项目控制性造价目标,除非该造价目标在控制过程中被论证确认为是不符合实际的和不合理的。

5)造价控制过程中必须兼顾到各类控制目标间的平衡和协调一致的关系,以求得工程项目造价总目标的实现为最终目的。

6)工程计量的控制:

①设计工程量是工程计量控制的基础,应首先对设计工程量(含修改设计工程量)进行审核确认。

②应对申报已完成工程量的施工部位、项目、数量、施工质量检查验收情况、施工依据的文件(设计文件、合同文件、监理工程师指令或通知文件等)进行认真审核、核实,然后予以确认、部分确认或不确认。对其中的合同外工程所发生的原因、施工的依据及数量、质量状况必须实事求是、严格公正审查核实,然后予以确认。

③工程计量程序。

7)工程变更的控制。

工程变更是指在合同实施过程中由于各种原因而引起的设计变更、合同变更(含工程项目工程量的变更、合同单位的变更、合同工期的变更等)。在工程变更中采取以下的主要措施:

①对变更的经济技术合理性进行全面的比较分析,以确定变更的必要性。

②定量的分析预测变更对合同价以及各工程项目总造价的影响。

③制定工程变更程序,提出变更建议书,协调处理变更中出现的问题,并协助业主单位对变更进行的谈判及变更处理工作:监理工程师审核变更,是否符合施工验收规范及设计变更要求;无论是来自哪一方的变更,均需监理工程师签发变更令;大的变更(指原设计方案增加投资)需经业主单位批准。

④发布变更令,监督变更的执行。

8)加强投资信息管理,定期进行投资对比分析,如投资规划信息、投资耗用情况信息、任务量与完成量情况信息、环境信息。

7.4　合同管理

1)向业主索取合同副本,了解掌握合同内容,以便进行合同的跟踪管理,包括合同各方面执行情况的检查,以便向有关单位及时准确反映合同信息。

2)审核监测设计变更和核定实施单位申报的实物工程量。

3)督促实施单位落实工程进度计划,对实施进度计划实际值与计划值比较、分析,提出意见,并准确及时提供有关资料。

4)督促实施单位按合同中规定的质量标准,建立健全质量保证体系,并进行动态跟踪质量检查,确保实施项目质量目标的实现。

第8章 监测工程信息管理

8.1 监测信息管理基本要求

(1)监测信息管理重要性及特点

监测信息管理是对工程建设中各信息源发出的工程信息(以安全监测信息为主要内容,包括有关安全监测的文件、数据、分析报告及工程背景资料等)的收集、处理、传输与使用的全部管理工作。主要有计算机信息管理和文档类信息管理两种类型。向家坝工程安全监测的特点是:规模大,仪器类型多,监测面广,施工期长,工程分期施工、蓄水、运行交叉在一起。这将给监测数据的采集、存储、分析、整理增加了难度。因此建立一个高效的信息管理系统,迅速、正确、完整地处理监测数据,并及时反馈信息是非常必要的。

(2)监测信息管理职责

监测中心是工程安全监测数据的唯一归口管理单位,为了建立施工期安全监测数据管理系统,各监测实施单位严格按合同要求向监测中心提供全部监测数据,包括原始记录和处理后的数据及相关资料,以便进入监测中心数据库统一管理。数据的格式和提供方式由监测中心规定。

信息管理的主要内容:负责把监测实施单位报来的监测数据输入数据库,并进行整理、统计、分析。其目的是:一方面为业主、设计、监理、施工提供安全信息;另一方面为工程运行期提供历史资料;二是对上一级部门与相邻的工程单位的文件、通知、会议纪要、图纸等进行传递工作,并归档输入资料数据库。

8.2 监测信息管理质量保证体系

为了保证监测信息能及时、正确、完整地输入数据库,并能迅速反馈信息,监测中心采用计算机技术、数据库技术等,对监测数据及文档资料进行了科学化的规范管理。施工期安全监测信息管理流程见图8.2-1。

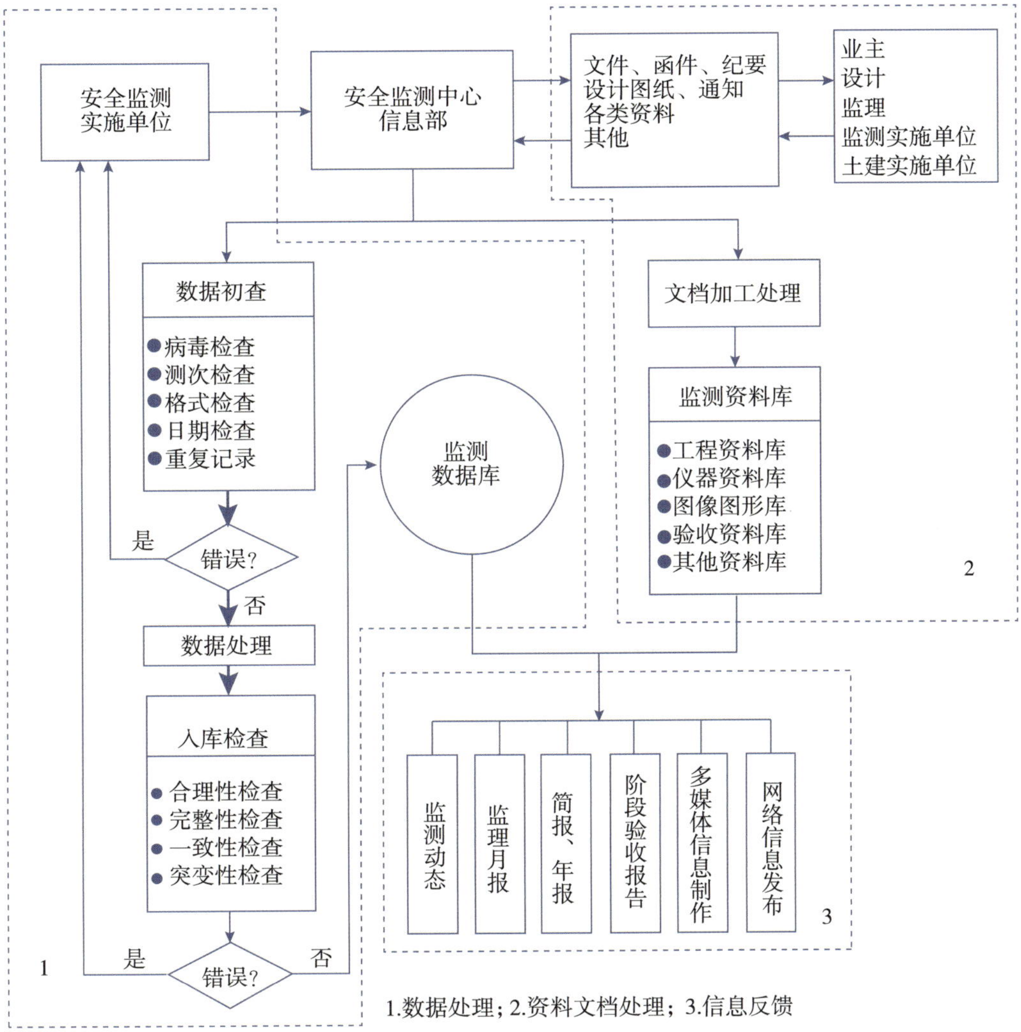

安全监测实施单位
安全监测中心信息部
文件、函件、纪要
设计图纸、通知
各类资料
其他
业主
设计
监理
监测实施单位
土建实施单位
数据初查
●病毒检查
●测次检查
●格式检查
●日期检查
●重复记录
错误?
是
否
数据处理
入库检查
●合理性检查
●完整性检查
●一致性检查
●突变性检查
错误?
是
否
1
监测数据库
文档加工处理
监测资料库
●工程资料库
●仪器资料库
●图像图形库
●验收资料库
●其他资料库
2
监测动态
监理月报
简报、年报
阶段验收报告
多媒体信息制作
网络信息发布
3

1.数据处理；2.资料文档处理；3.信息反馈

图 8.2-1　施工期安全监测信息管理流程图

8.2.1　计算机信息管理

8.2.1.1　计算机信息管理遵循规定

按"水工建筑物安全监测工作建设监理规划"的要求，计算机信息管理遵循如下规定：

1)属于与安全监测有关的信息(包括数据、资料、文件及图纸)，均应存入计算机，建立数据库进行管理。

2)数据库的建立按建筑物和不同施工阶段逐步实现，并进行维护与完善。

3)入计算机的信息，除了存入硬盘以外，还应以其他介质(光盘、U 盘、移动硬盘等)备份保存。

4)承担安全监测的各实施单位，必须将监测原始数据及资料整理成果，以数据文件形式提交安全监测中心，以便输入数据库统一管理。

5)提交数据的时间自实施测读数据时起每个月一次，如遇特殊情况(汛期加测)，相应地增加到半月或十天一次。

6)每次提交数据应连续，本次数据应为上次数据的延伸，其中不得更改原有记录。如有更改，需加以说明。

7)各监测实施单位提交的数据格式由监测中心统一规定。

8)监测仪器和测点编号必须同设计文件的编号规定一致，如属自行编号则应注明对照表。

9)对因故发生的数据中断(如仪器损坏、设计变更)在提交数据时需附说明。

10)各实施单位对所提供数据的完整性、精确性负责，以保证正确的信息源。

11)监测中心依据已入数据库的信息，及时用计算机整理，将重要信息反馈给业主及有关部门。

12)监测数据、文件、资料、图纸(特别是原始数据)的保存、调用、发布应遵循有关保密条例，由监测中心严加控制，不得任意泄漏或复制。

8.2.1.2 监测数据管理质量保证措施

要保证监测数据快速入库，数据库系统结构合理、监测数据规范化、高效的转换工具是其前提；而要保证监测数据正确及完整，入库前与入库后的数据检查是不可缺少的重要环节。为了给业主、设计、监理、施工等部门提供工程安全、施工质量等有关信息，必须做好数据分析工作。按计算机信息管理规定，在监测数据管理实施的过程中，采取了如下措施：

(1)入库前的数据检查

对监测实施单位提交的电子文档，首先要检查有无病毒，如有病毒及时查杀，确保文件安全。其次检查监测数据文件的格式是否符合要求，所报的观测文件是否齐全，如有问题立即通知监测实施单位，对存在问题妥善解决。

(2)入库数据的检查和整理

a. 埋设测点统计

测点统计，一方面是为了了解实施单位是否将全部埋设仪器的观测值提供依据；另一方面是为了掌握实施单位埋设仪器的进度，为单元工程质量评定提供依据。

b. 观测次数检查

根据提供的监测数据及时检查测点的观测次数，如有遗漏及时反馈查明，同时为核对实施单位是否按期完成观测工作量提供依据。

c. 重复记录检查

为了减少数据库冗余长度，通过重复记录检查，可把实施单位同一时刻的相同观测值多次录入的记录剔除。

d. 观测数据检查(监测成果一致性检查)

利用本监测中心编制的计算程序，对实施单位报来的数据进行计算，其计算成果与实施

单位计算成果及月报上成果是否一致来检查。如监测中心计算成果与实施单位计算成果及月报上成果不一致，立即要求实施单位将原始观测数据重报，进行核实，查出不一致的原因，并加以解决。

e. 观测数据突变检查

为了保证数据的正确性、客观性，监测中心作了观测数据突变方面的检查。利用每个观测点的过程线图，检查该测点是否有突变情况。一旦查出有突变情况，就要求实施单位解释其原因，对解释不清时，本中心监理、总工协助实施单位一起分析查找测值产生突变的客观原因，保证观测数据的正确性。

(3)安全性措施

数据库整理结果存入统计数据库，以便查阅各个时段监测数据入库概况，并把监测数据库及原始监测数据备份到光盘，避免数据丢失；经常对计算机查病毒，预防病毒侵入计算机，而破坏计算机系统；监测数据管理遵循《中华人民共和国保守国家秘密法》及《金沙江向家坝水电站安全监测中心数据及技术资料管理办法》等有关规定；在防火防盗方面也采取了一定措施：严禁易燃物品带入机房及资料室，离开时要锁好门窗。

(4)监测数据分析

a. 基本分析内容

分析与监测项目有关的环境因素变化情况，环境因素可包括枢纽上游水位、下游水位、地下水位、水温、气温、结构及地基温度、降水量、枢纽区开挖、浇筑、地震、爆破振动等。对它们的分析包括数值范围，有无时效变化，其趋势和速率如何，是在加速变化还是收敛变化等。

项目测值空间分布情况，如结构剖面上的温度场、应力场分布，沿建筑物基础扬压力分布。分析测值分布与结构、受力、施工布条件关系，判断分布是否合理，有何规律、有无异常。

测值随时间变化情况，包括变化趋势，周期、幅度、数值范围，同项目各测点变化是否同步或滞后，有无异常突变等。

b. 分析的主要环节

Ⅰ. 原始观测数据检验

对现场观测的数据或自动化仪器所采集的数据，检查作业方法是否合乎规定，各项被检验数值是否在限差内，是否存在误差或系统误差。若判定观测数据超出限差时，通知实施单位重测。

对粗差或系统误差判断，采用了可视化自动连续浏览每个测点过程线图来查出超出限差的点。通过重测、观察周围环境有无变化、检查仪器等方法判断属哪一种误差。并通过分析，进行妥善解决，提高观测精度，提高测值质量。

Ⅱ. 观测基准值

观测基准值将影响每次观测成果值，为了保证成果正确性，监测中心重点对实施单位取的基准值进行检查校核，如有问题，立即要求实施单位检查重新确定基准值。

Ⅲ.监测物理量的计算

经检验合格的监测数据，按照一定方法换算为监测物理量，如位移、应力应变、渗透压力等。采用计算方法合理、公式正确统一。计算时用国际单位制。严格坚持审核制度，计算成果进行校验、合理性检查等几个步骤，以保证成果正确无误。

8.2.2 文档类信息管理

8.2.2.1 仪器资料管理

仪器资料管理主要是对被埋设的监测仪器有关情况及实施过程中的完好情况进行管理，通过管理既可以了解仪器埋设进度，又可以了解已埋仪器实施状况。

监测中心按不同工程部位对已埋设仪器按下述项目存入资料库：测点编号（或测孔编号等）、仪器类型、型号、出厂厂家、仪器技术参数、埋设平面位置、高程、埋设日期、初测日期、完好情况等。

8.2.2.2 文档资料管理

文档资料管理由监测中心安排专人统一负责，其职责为：建立和完善档案管理制度，包括档案的归档、查阅和保管，资料收发、借阅的日常管理和资料的整编，检查和监督各监理部的档案资料归档管理工作及监测实施单位的档案资料的移交工作，安全监测信息的编制反馈等。

（1）文档资料内容

文档资料内容包括业主部门、设计、土建监理、施工等单位传递的文件、通知、设计图纸、会议纪要，监测实施单位的安全简报、月报、年报、报告文件，安全监测中心的监理指令、工作联系函、会议纪要、监理月报、安全监测专题分析报告及与工程相关的各类资料。

（2）文档资料管理办法

文档信息管理严格按“水工建筑物安全监测工作建设监理规划”的要求进行文档资料管理。

监测各项目的承包实施单位，作为监测中心获得数据的来源地，必须严格按照合同的规定和三峡集团及监测中心的要求，确保观测数据的完整、准确，按照监测中心颁布的数据文件格式上报数据。对测次没有达到合同规定或残缺、不合要求的数据将一律返回各实施单位，要求补测并重新整理后再次上报，直到合格为止。

凡工程竣工验收（含单项工程的质量评定），都应包括监测数据质量的评定一项，并必须经过监测中心的质量评定，对数据评定不合格的项目或工程，不得对其进行竣工验收。

监测中心负责原始数据的收集、审查及计算、整理、入库工作。同时负责登记、传送、管理由业主、设计、监理、施工各有关部门发来的有关工程设计图纸、文件等各种技术资料，并负责及时进行数据及技术资料的搜集、积累和整理，以形成完整的数据及技术资料档案。

监测中心按工程的项目和部位负责组织数据及技术资料的建档、归档和归档后的修改补充工作，并对所归档材料的完整、准确、系统负全面管理责任。监测中心各监测监理人员按照各自的岗位职责，配合资料人员做好数据及技术资料的归档工作。

由监测中心传递或转发给有关领导和监测监理人员的数据及技术资料，均由接收人负责保管，并负责其安全。

监测中心一般不向外单位工作人员私自提供任何数据资料的借阅，如有特殊情况须经上级有关部门批准方可提供。外单位人员借阅数据和技术档案，须经有关领导批准，中心无权向外提供数据和技术档案。

对已归档的技术档案需要补充、修改、移交、作废、销毁时，须经有关领导批准。

监测监理人员、资料管理人员调离岗位时必须认真进行数据及技术档案的移交工作。

必须采取切实措施，做好防盗、防火、防破坏等工作。

(3)数据及资料借阅处理

数据及资料借阅遵照《中华人民共和国保守国家秘密法》有关规定。如因工作需要借阅，按《金沙江向家坝水电站安全监测中心数据及技术资料管理办法》中规定的借阅流程来办理。

8.2.3　安全监测成果信息反馈

监测中心对各实施单位提供的监测数据进行入库、整理、统计、分析。对于信息处理结果，以正式的报告向业主及工程建设有关单位汇报，以利于指导工程安全施工。同时，定期以固定形式向上述部门发布。

8.2.3.1　监理月报

监理月报是监测中心的主要监测成果报告之一，综合反映安全监测工程实施概况，其主要包含以下内容：

(1)安全监测工程实施概况

包括监测项目的分布、监测项目及实施单位等。

(2)监测项目工程量形象进度

反映各安全监测工程项目实施进度情况，并对各项目完成情况附以图、表进行形象说明。

(3)监测成果分析

综合反映向家坝工程施工期每月安全监测成果，主要反映建筑物及基础以及高边坡、渗流渗压、应力应变、温度、接缝开合度、裂缝、锚索、锚杆等监测成果。

8.2.3.2　专题报告

对不同施工阶段、工况或出现的监测异常状况等，以专题报告的形式进行专门分析说明，以及对每年度的监测成果进行综合分析，编写年度安全监测质量专题报告，供相关部门及专家检查。

8.2.3.3 简报

根据现场需要，对定期或不定期进行加密观测的资料及时进行整理，并编写安全监测简报，向业主、设计、监理、施工等部门用书面形式发布或网上发布。

8.2.3.4 日报

针对工程施工不同阶段、不同环境或工况，以及各方共同关注的重点部位或重点监测项目等，有特殊要求时，每日按时提供监测日报，以便及时、准确向各相关单位和部门反馈信息。

第 9 章　安全监测项目现场协调

根据向家坝工程的特点，监测中心组织制定了安全监测工作协调程序。为便于安全监测中心熟悉施工程序及了解施工进度安排，配合主体工程施工，在土建施工单位提交施工组织设计方案后，由建设部各相关项目部提供安全监测中心 1 份经审核的文本。

安全监测监理和监测实施单位，应参加每周相关工程的土建施工、监理、设计、业主协调例会，以便及时了解现场施工进度，沟通施工信息，及时协调处理各种问题。安全监测中心每半月组织召开一次现场协调例会，监测实施单位通报监测工程实施进度情况及监测情况，提出需协调解决的问题，相关土建施工和监理单位参加。

由于监测项目实施涉及的施工单位及环节较多，必须建立合理的移交、会签制度：土建施工单位应按时向监测实施单位提交与监测仪器、电缆埋设的相关仓面（或部位），并保证该仓面施工安装的必要条件。土建施工单位在向土建监理提交开仓申请的前 1 天通知监测实施单位进行监测仪器的安装，仪器安装完成合格后，监测实施单位向土建施工单位提交仪埋认可证，由土建监理单位审核、批准进行下道工序施工（指由监测单位负责实施的项目）。

9.1　钻孔施工工程协调

(1)由监测实施单位负责的钻孔

所有工序全部由监测中心负责旁站控制。放样施工均按设计图纸及技术要求进行，所有钻孔必须取芯并进行地质素描，施工时应注意避免打坏锚索等工程构件。仪器安装、灌浆等过程按监测规范执行。

(2)由土建单位负责实施的钻孔

配合主体工程监测项目（设计已明确的系统锚杆、钢筋桩、锚索、正、倒垂孔、声波测试孔）的钻孔，由土建承包单位施工的，则由相关土建监理单位负责旁站控制。在完成造孔程序后，土建施工单位移交给安全监测施工单位签证，监测中心组织监测仪器的安装，并对监测仪器的安装质量负责旁站监理。仪器安装完成后，监测施工单位移交土建施工单位负责实施下一道工序的施工，此时土建监理及监测监理在工序移交签证表上签字。有灌浆程序要求的，以土建监理为主及监测监理进行旁站。

工程后期施工质量检查及施工过程中的补强处理的等钻孔，对有监测仪器的仓位，应避免钻孔打坏监测仪器、电缆及监测设施，合理地调整排水及灌浆等各类钻孔孔位，并将孔位图纸送监测中心签审后，钻孔施工单位才能施工。

9.2　监测设施的保护协调程序

安全监测的仪器仪表、电缆、测量标点等是安全监测系统的基础设施，受国家相关法规保护。工程施工过程中，除监测实施单位应采取有效的保护措施外，各监理单位应要求各施工单位按合同要求对安全监测设施加以保护，防止人为（过失）破坏事件发生。若出现了监测设施遭破坏的问题，本着谁发现谁通知的原则，及时通知监测中心。

若是由安全监测单位引起的损坏，由监测单位自行承担监测仪器的所有费用，并及时进行补埋或相应处理。

若是由土建施工单位引起的损坏，由土建施工单位承担监测仪器的所有费用；对不能确认责任方的事故，由相关项目部及土建监理调查处理，监测单位与土建施工单位配合，并提出处理意见及有效补救措施。

9.3　资料共享协调

各土建单位的施工计划是安全监测工程项目实施的依据，由建设部各相关项目部负责向安全监测中心提供。安全监测中心将组织相关安全监测实施单位，根据土建施工月、周计划，及时列出土建相应部位（仓位）将要埋设的监测仪器（包括监测仪器电缆）详细清单，报安全监测中心审核。安全监测中心审核后，将相应的监测埋设月计划反馈到土建监理单位（周计划在 1 天内），由土建监理单位转发给土建施工单位。

监测设计图纸、文件、资料的发放范围：统一由建设部下发土建监理单位、土建施工单位各 1 份，各单位应加强监测图纸、资料等的管理工作，可根据工作需要自行复印，及时转发有关人员参考。监测月报及监测资料的发送由技术管理部负责，各单位如需要相关监测资料，需征得技术管理部同意签字。

安全监测实施单位应及时将已埋设的监测仪器及其电缆的实际走线竣工图提交给安全监测中心，安全监测中心审核后，提交给总公司有关的项目部，项目部将有关图纸转发给土建监理单位，再由土建监理负责转发给土建施工单位。

9.4　仪埋计划清单及工序交接程序

向家坝安全监测工程涉及的范围广，施工单位多，环节复杂。目前，左岸高边坡、右岸高边坡及地下洞室、建基面质量检测等工作已陆续展开，为了确保各分部工程安全监测仪器及时准确地埋设，做到不错埋、不漏埋，需要土建施工单位、土建监理的大力合作与协调，及时提交工作部位。为此，要求各安全监测实施单位在监测仪器安装前提交相关部位的仪器布置清单，在仪器埋设安装后及时提交监测仪器埋设认可证或工序交接表，经监测监理审查后交土建监理或土建单位（当同一部位有两家监测单位施工时，由后完成监测项目的单位提交），土建监理将以此作为土建实施单位能否实施下道施工程序的依据之一。

第二篇
安全监测成果分析与评价

第10章　安全监测设计简介

10.1　监测设计目的

(1)保障建筑物安全运用

进行监测设计是为了监测建筑物运行状态，确保工程安全运行，以便发现异常现象及时分析处理，防止产生重大事故和灾害。同时根据已经取得的监测资料，可以预测和预报大坝的未来性态及发展趋势，并为大坝安全蓄水、鉴定和加固处理提供科学依据。

(2)充分发挥工程效益

根据监测结果，将建筑物及基础视为一个整体，确定在各种运用条件下的安全度，对工程进行控制运用。

(3)检验设计、提高水平

设计过程中的未知数或不确定因素往往是根据经验或假定作为设计依据，已建工程是真正的原型，通过监测可反馈各种影响因素和检验设计的正确性，求得设计的合理、完善和创新，提高设计的技术水平。

(4)改进施工，加快进度

施工期间的监测结果，反映了施工质量和施工条件，为改进施工提供了信息。大多数施工新技术和新方法，只有当实际应用效果被证明是令人满意时才易于被人们接受和进一步推广。监测资料可以评价所采用的施工技术的适用性和优越性及改进的途径。

10.2　监测设计原则

1)根据本工程的应用功能、规模等级、地质条件、筑坝材料和施工特点等实际情况，以国家有关规程规范和水库大坝安全管理条例为依据，以集中布置、兼顾全面、便于实现自动化观测为基本原则。

2)以保证工程安全运行，全面反映大坝工作状况为主题，在仪器设备布置时突出重点，兼顾全面，力求少而精。

3)根据土建工程进度安排，对监测工作实行统一规划、分期实施的基本工作程序。

4)各部位、各区域的各类监测项目或仪器设备，尽量能够具备相互配合、相互补充、相互校核的功能，确保观测资料的适用性、准确性和可靠性。

10.3 监测设计成果简介

因篇幅所限，笔者仅对大坝工程、地下洞室设计计算成果进行简单介绍。

10.3.1 大坝工程

为了深入了解坝体坝基在非线性状态下的应力变形状态，设计对冲沙孔坝段、左非①、左非④、左非⑥、航运坝段、左厂⑧、左厂②、泄⑥、泄⑩及泄⑫共 10 个坝段对正常蓄水位工况进行平面非线性有限元分析。

分析成果见表 10.3-1 至表 10.3-3(铅直位移以向上为正，反之为负)。

表 10.3-1　冲沙孔坝段、左非①、左非④及左非⑥坝体坝基的应力变形汇总表

项　目	冲沙孔坝段	左非①	左非④	左非⑥
坝体铅直位移最大值(cm)	5.76	4.84	5.05	4.25
坝体顺河向位移最大值(cm)	5.79	7.12	6.68	7.21
坝踵主拉应力最大值(MPa)	2.04	1.85	1.91	1.95
坝趾主压应力最大值(MPa)	3.94	4.19	4.60	4.53
坝踵铅直拉应力宽度百分比(%)	0.00	0.04	0.00	0.00
建基面挤压带处主拉应力最大值(MPa)	0	0	0	0
挤压带主拉应力宽度(m)	0	0	0	0
挤压带处拉应力宽度占建基面宽度的百分比(%)	0.00	0.00	0.00	0.00
上游帷幕处夹层的顶底面相对变位(cm)	0.045	0.053	0.095	0.035
建基面处大于允许拉应力的宽度百分比(%)	2.08	4.38	1.11	2.69

表 10.3-2　航运坝段、左厂⑧及左厂②坝体坝基的应力变形汇总表

项　目	航运坝段	左厂⑧	左厂②
坝体最大顺河向位移 (cm)	7.77	9.95	6.39
坝体最大铅直向位移 (cm)	−12.16	−5.87	−5.15
坝基最大顺河向位移 (cm)	4.57	6.94	5.11
坝基最大铅直向位移 (cm)	−10.50	−5.69	−4.60
坝体最大主拉应力(MPa)	3.69	2.55	0.83
坝体最大主压应力(MPa)	−22.82	−13.71	−5.93

表 10.3-3　泄⑥、泄⑩及泄⑫坝体坝基的应力变形汇总表

项目	泄⑥	泄⑩	泄⑫
坝体铅直位移最大值(cm)	−2.91	−2.48	−3.80
坝体顺河向位移最大值(cm)	6.46	7.74	4.19
坝踵区主拉应力最大值(MPa)	0.32	0.59	1.66
坝趾区主压应力最大值(MPa)	−6.50	−7.35	−6.10
建基面主拉应力区宽度(m)	267.584	35.00	162.7
建基面主拉应力区的宽度百分比(%)	53.78	7.27	38.39

10.3.2　右岸地下引水系统

10.3.2.1　进水口边坡

(1)位移计算成果

在施工期(工况 1),引水隧洞进水口边坡、进水口侧坡以及尾水边坡位移变形都表现为开挖回弹,其中进水口边坡坡面最大合位移为 9.85mm,进水口底板回弹位移为 20mm。在正常蓄水位条件下,大坝蓄水使得进水口边坡位移有所减小,其值为 8.74mm。在下游尾水处,渗流引起的尾水边坡位移与开挖卸荷位移方向一致,使得其变形比不考虑渗流时有所增加,尾水边坡最大合位移可达 13.58mm 左右。

(2)应力计算成果

应力分析结果表明,进水口边坡在各种工况下大多数还是处于压应力状态,仅在边坡马道局部出现较小的拉应力,最大拉应力为 0.85～1.08MPa,边坡开挖卸荷显著的深度为 3～8m。施工开挖时边坡岩体第三主应力仍处于受压状态,坡面处压应力较小,其值为 0.85～3.73MPa,随着坡面深度的增加,压应力值也逐渐增加。从开挖到运行,边坡坡面上岩体的应力变化较小,坡脚的应力变化也只有 0.5MPa 左右。

10.3.2.2　尾水边坡

尾水边坡选取了开挖边坡高度最大的②机尾水洞出口边坡剖面进行了边坡稳定分析。分析结果表明,在各种工况条件下右岸尾水洞出口边坡的安全系数均满足设计要求,但在沿由离坡面较浅的长大卸荷裂隙和下部 JC2—2 软弱夹层组成的滑动面滑动时,边坡岩体的安全系数较小,特别是卸荷裂隙充水对边坡稳定十分不利,应加强排水。

第11章 变形监测控制网稳定性评价

11.1 基准倒垂线监测

为与坝区平面监测网基准值时间同步，基准倒垂线取2009年9月3次观测平均值作为初值，并标定 X、Y 轴向位移方向与平面监测网(点)一致。截至2016年12月，基准倒垂线测点累积变化量均在±1.5mm以内，坝区水平位移监测网起算基准倒垂测点TN01、TN02、TS01的 X 方向、Y 方向水平位移变化量小，控制网的基准点基本处于稳定状态。

监测成果见表11.1-1、表11.1-2，特征值分布图见图11.1-1、图11.1-2。

表11.1-1　基准倒垂线测点 X 方向特征值列表　(单位：mm)

部位	测点	基准日期	最大值	日期	最小值	日期	平均值	变幅	当前值	日期
左岸山顶	TN01	2009-09-01	1.11	2011-10-15	−0.40	2016-3-16	0.26	1.51	0.30	2016-12-26
下游围堰与重大构件路交会处	TN02	2009-09-01	2.54	2016-06-24	−0.54	2009-12-05	0.56	3.08	1.02	2016-12-26
右岸马延坡	TS01	2009-09-01	0.30	2013-03-05	−1.62	2009-06-24	−0.40	1.92	−0.47	2016-12-26

注：水平位移 X 方向向左岸为正，Y 方向向下游为正。反之为负。下同。

表11.1-2　基准倒垂线测点 Y 方向特征值列表　(单位：mm)

部位	测点	基准日期	最大值	日期	最小值	日期	平均值	变幅	当前值	日期
左岸山顶	TN01	2009-09-01	1.12	2012-02-06	−2.90	2009-09-15	−0.45	4.01	0.25	2016-12-26
下游围堰与重大构件路交汇处	TN02	2009-09-01	1.13	2009-09-25	−1.41	2009-07-05	−0.19	2.54	−0.41	2016-12-26
右岸马延坡	TS01	2009-09-01	0.15	2009-10-15	−3.15	2009-07-05	−0.69	3.30	−1.06	2016-12-26

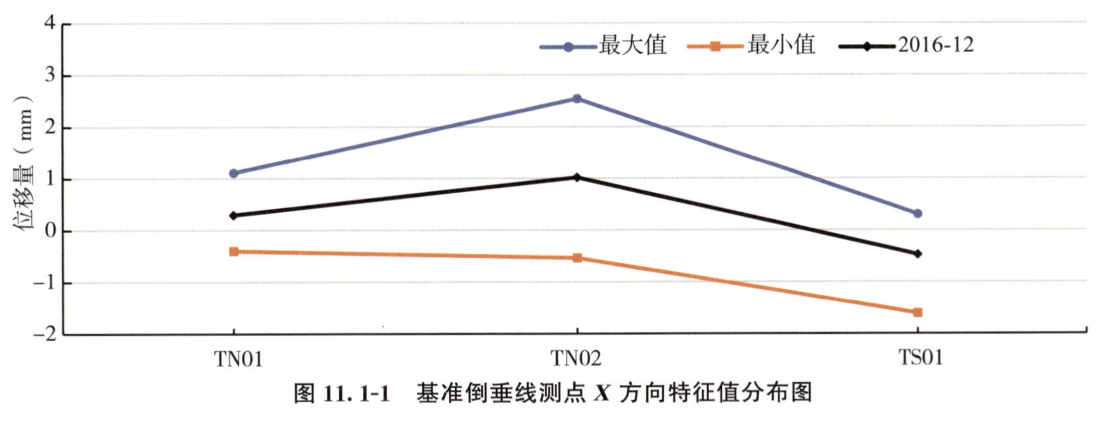

图 11.1-1　基准倒垂线测点 X 方向特征值分布图

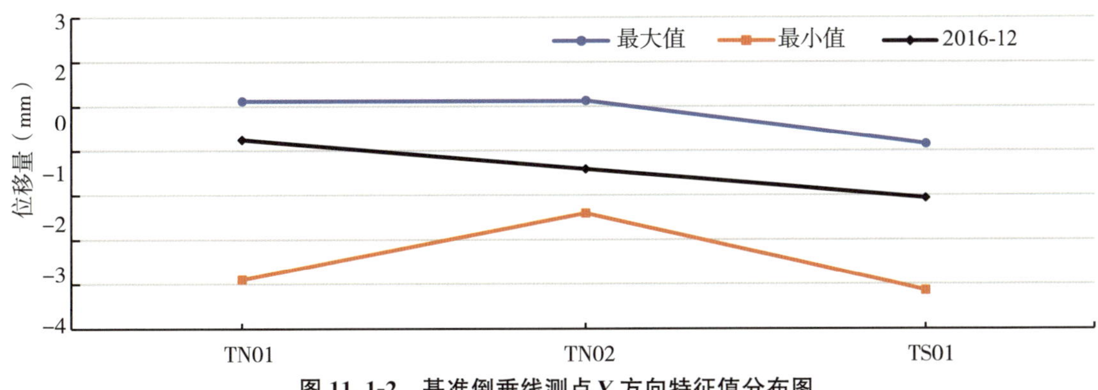

图 11.1-2　基准倒垂线测点 Y 方向特征值分布图

11.2　坝区水平位移监测网

截至 2016 年 12 月，坝区水平位移监测网已完成 14 次复测，TN11A（原 TN11 网点）于 2010 年 6 月取得基准值，TN17A（原 TN17 网点）于 2011 年 10 月取得基准值，TN08（替换网点 TN10）于 2012 年 6 月取得基准值。

（1）观测精度统计

截至 2016 年 12 月，坝区水平位移监测网共进行了 12 次复测，首次观测及历次复测精度统计见表 11.2-1 至表 11.2-3、图 11.2-1 至表 11.2-3。各网点 X 方向观测中误差在±1.38mm 以内，Y 方向观测中误差在±1.36mm 以内，高程联测 H 方向观测中误差在±1.11mm 以内，各方向观测中误差均小于设计要求的±1.44mm，满足设计要求。

（2）观测成果分析

坝区水平位移监测网点左右岸方向位移在－10.15～4.65mm，上下游方向位移在－15.54～12.45mm，大部分测点位移量在 10mm 以内，较稳定。

TN14 位于左岸磨刀溪观景台，该测点右岸方向及上游方向均为临空面，该测点最后一次测值累积向上游位移 12.57mm，左、右岸及沉降量均较小。蓄水后位移量均较小。

TN17A 位于左非 7 坝段坝顶，测点变形相对较大，分析认为测点右岸方向本身为临空面，且左非 1～左非 6 缺口坝段在 2012 年初至 2012 年 6 月期间，浇筑高程由高程 280m 上升至高程 355m，高强度混凝土浇筑可能对该测点位移产生较大影响。该测点于 2012 年 12 月重新取得基准值，蓄水后向右岸方向位移 1.52mm，向下游位移 15.16mm，沉降 2.92mm。

测点 TN05-1 在 2011 年 10 月测网后，在后续改算时作为不稳定点计算平差，成果显示该测点水平位移自 2010 年 10 月至今，向左岸位移 1.86mm，向上游位移 9.46mm，垂直位移自 2009 年 9 月至今，沉降 2.28mm，初步分析测点变形可能与左岸边坡个别部位开挖爆破施工有关。蓄水后该测点向左岸方向位移 4.24mm，上下游及沉降量均较小。

测点 TN01 与 TN05-1 类似，在后续全网观测时作为不稳定点进行平差计算，成果显示该测点水平位移向右岸位移 0.63mm，向上游位移 15.54mm，垂直位移自 2009 年 9 月至今，沉降 5.80mm，测点位移较倒垂观测成果偏大，TN01 观测墩临近边坡陡峭临空面，临空面下方为当地居民菜地，观测墩与倒垂装置距离约 2m，初步分析认为可能 TN01 观测墩与倒垂测点装置未连接成一整体，因此 TN01 观测墩变形较倒垂观测成果变形略大，蓄水后该测点变化量较小。

其余测点位移变形相对较小。

表 11.2-1　坝区水平位移监测网点 X 方向特征值列表　（单位：mm）

部位	测点	基准日期	最大值	日期	最小值	日期	平均值	变幅	当前值 2016 年 11 月
左岸变电站山顶	TN01	2009-09-01	1.68	2015-11	−5.95	2011-09	−1.37	7.63	−0.63
下游围堰与重大构件路交会处	TN02	2009-09-01	1.68	2014-06	−0.21	2011-09	0.62	1.89	1.03
右岸马延坡	TS01	2009-09-01	0.00	2009-09	−0.79	2012-06	−0.42	0.79	−0.50
左岸缆机平台山顶	TN05-1	2009-09-01	1.24	2015-11	−7.28	2012-06	−2.01	8.52	−1.86
右岸开关站	TN10	2009-09-01	25.95	2012-12	0.00	2009-09	15.57	25.95	/
下游围堰与重大构件路交会处	TN12	2009-09-01	0.00	2009-09	−10.15	2016-12	−5.34	10.15	−10.15
重大构件路旁	TN13	2009-09-01	5.99	2014-06	0.00	2009-09	2.70	5.99	4.65
磨刀溪观景台	TN14	2009-09-01	0.77	2014-06	−5.44	2011-09	−1.83	6.21	/
左岸 L0704	TN15	2009-09-01	0.00	2009-09	−5.80	2011-09	−2.50	5.80	/
右岸 384 坝肩	TN16	2009-09-01	7.72	2011-07	0.00	2009-09	5.16	7.72	/
右岸进水口边坡	TN17	2009-09-01	4.59	2011-07	0.00	2009-09	3.08	4.59	/
葛洲坝拌合站外	TN11A	2009-09-01	15.87	2012-12	−6.77	2011-07	5.23	22.64	/

续表

部位	测点	基准日期	最大值	日期	最小值	日期	平均值	变幅	当前值 2016年11月
坝顶左非7坝段	TN17A	2009-09-01	0.00	2012-12	−5.34	2016-12	−3.50	5.34	−5.34
右岸开关站	TN08	2009-09-01	1.13	2012-08	−4.36	2014-06	−2.11	5.49	−2.40
左岸上坝公路岔路口	HWJ	2009-09-01	−0.33	2014-06	−4.03	2014-11	−2.47	3.70	−2.88

注：水平位移 X 方向向左岸为正，Y 方向向下游为正，H 方向沉降为正。反之为负。下同。

表 11.2-2　　坝区水平位移监测网点 Y 方向特征值列表　　(单位：mm)

部位	测点	基准日期	最大值	日期	最小值	日期	平均值	变幅	当前值 2016年11月
左岸变电站山顶	TN01	2009-09-01	0.00	2009-09	−15.54	2016-12	−7.68	15.54	−15.54
下游围堰与重大构件路交会处	TN02	2009-09-01	0.00	2009-09	−1.20	2012-06	−0.38	1.20	−0.40
右岸马延坡	TS01	2009-09-01	0.00	2009-09	−1.26	2016-12	−0.71	1.26	−1.26
左岸缆机平台山顶	TN05-1	2009-09-01	0.77	2010-06	−13.84	2012-06	−7.02	14.61	−9.46
右岸开关站	TN10	2009-09-01	8.45	2010-09	−0.63	2011-09	3.93	9.08	/
下游围堰与重大构件路交会处	TN12	2009-09-01	12.45	2016-12	0.00	2009-09	6.25	12.45	12.45
重大构件路旁	TN13	2009-09-01	1.10	2010-06	−1.08	2014-06	−0.31	2.18	0.36
磨刀溪观景台	TN14	2009-09-01	0.00	2009-09	−14.76	2014-06	−7.46	14.76	/
左岸 L0704	TN15	2009-09-01	0.43	2010-06	−9.32	2014/06	−4.52	9.75	/
右岸384坝肩	TN16	2009-09-01	15.12	2010-09	0.00	2009-09	11.36	15.12	/
右岸进水口边坡	TN17	2009-09-01	12.50	2011-07	0.00	2009-09	7.99	12.50	/
葛洲坝拌合站外	TN11A	2009-09-01	2.49	2011-07	−0.52	2011-09	1.05	3.01	/
坝顶左非7坝段	TN17A	2009-09-01	9.68	2013-11	−7.70	2013-06	3.47	17.38	7.46

续表

部位	测点	基准日期	最大值	日期	最小值	日期	平均值	变幅	当前值2016年11月
右岸开关站	TN08	2009-09-01	1.22	2016-12	−2.59	2012-12	−1.29	3.81	1.22
左岸上坝公路岔路口	HWJ	2009-09-01	2.05	2013-08	−2.02	2016-12	−0.56	4.07	−2.02

表 11.2-3　坝区水平位移监测网点 *H* 方向特征值列表　(单位:mm)

部位	测点	基准日期	最大值	日期	最小值	日期	平均值	变幅	当前值2016年11月
左岸变电站山顶	TN01	2009-09-01	6.38	2015-11	−4.84	2010-09	1.97	11.22	5.80
下游围堰与重大构件路交会处	TN02	2009-09-01	4.82	2011-07	−0.57	2012-08	2.43	5.39	0.61
右岸马延坡	TS01	2009-09-01	6.44	2013-11	−3.68	2012-12	1.20	10.12	−0.21
左岸缆机平台山顶	TN05-1	2009-09-01	7.12	2011-09	−4.92	2010-09	2.44	12.04	2.28
右岸开关站	TN10	2009-09-01	14.81	2011-09	0.00	2009-09	8.29	14.81	/
下游围堰与重大构件路交会处	TN12	2009-09-01	13.40	2013-11	0.00	2009-09	7.72	13.40	11.46
重大构件路旁	TN13	2009-09-01	5.60	2013-11	0.00	2009-09	2.75	5.60	2.72
磨刀溪观景台	TN14	2009-09-01	5.77	2013-11	−1.53	2010-09	1.81	7.30	/
左岸 L0704	TN15	2009-09-01	0.00	2009-09	−6.32	2014-11	−1.76	6.32	/
右岸 384 坝肩	TN16	2009-09-01	5.36	2011-09	−1.51	2010-09	1.60	6.87	/
右岸进水口边坡	TN17	2009-09-01	2.33	2010-09	0.00	2009-09	0.92	2.33	/
葛洲坝拌合站外	TN11A	2009-09-01	22.26	2012-12	0.00	2010-06	12.48	22.26	/
坝顶左非 7 坝段	TN17A	2009-09-01	0.36	2013-11	−4.39	2013-06	−1.42	4.75	−1.47
右岸开关站	TN08	2009-09-01	0.47	2013-06	−8.62	2015-11	−3.94	9.09	−5.64
左岸上坝公路岔路口	HWJ	2009-09-01	4.26	2013-11	0.62	2014-11	1.94	3.64	0.68

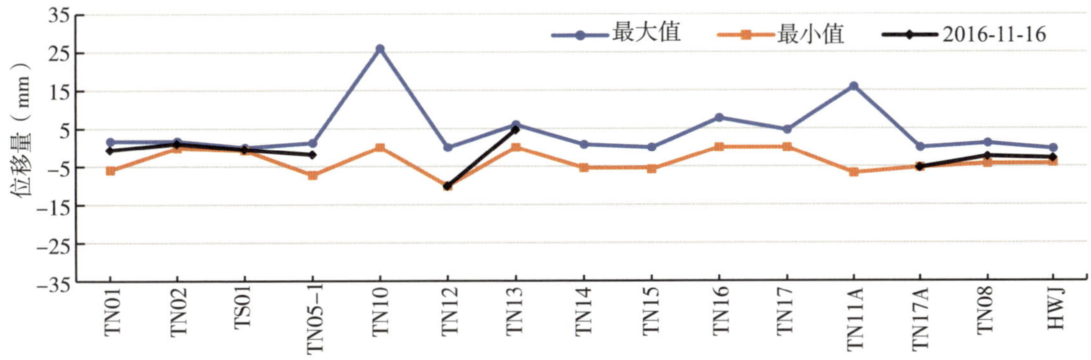

图 11.2-1　坝区典型网点 *X* 方向特征值分布图

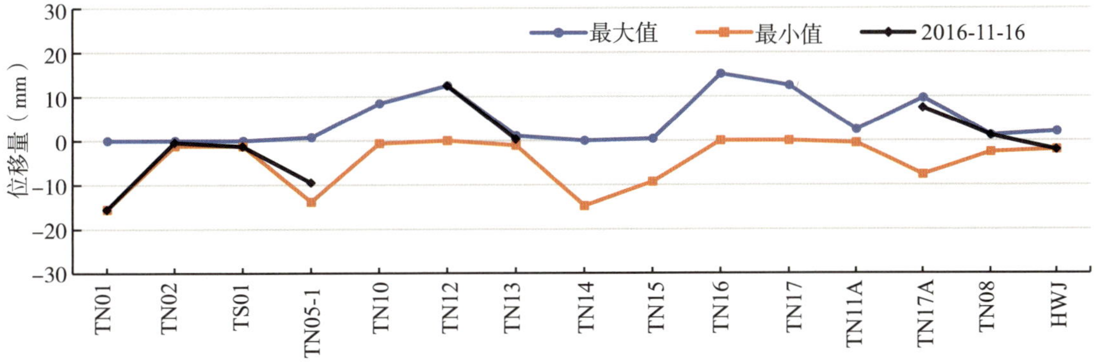

图 11.2-2　坝区典型网点 *Y* 方向特征值分布图

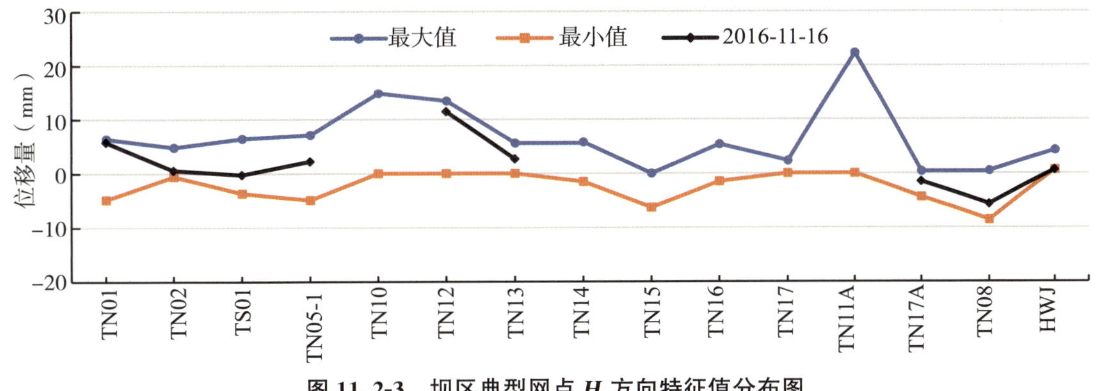

图 11.2-3　坝区典型网点 *H* 方向特征值分布图

11.3　坝区垂直位移监测网

2016 年 12 月对坝区垂直位移监测网进行了第十次复测，观测方案及计算方案与首次值时相同，均以 XS-4 双金属标作为起算点。

坝区垂直位移监测网历次观测成果表明，高程方向观测中误差在±1.25mm 以内，小于设计要求的±1.44mm，满足设计要求。

坝区垂直位移监测网网点高程变化量在－10.58～5.97mm，其中 XLB11 抬升 10.58mm，XLB5 下沉 5.97mm；以双金属标 XS－4 为起算数据，其他 3 座双金属标变化量在 1.71mm 以内，稳定性较好。坝区垂直位移监测各网点累积沉降变形均较小，5 个测点累积沉降超过 2mm，3 个测点抬升超过 2mm，15 个测点垂直位移在 2mm 以内，垂直位移监测网点较稳定。监测成果见表 11.3-1。

表 11.3-1　　坝区垂直位移监测网点 *H* 方向累积位移

点名	标石类型	等级	首次值 2009 年 9 月	复测 2016 年 12 月	累计位移量(mm)	备注
XS-1钢	双金属标	Ⅰ	376.07702	376.07587	1.15	
XS-2钢	双金属标	Ⅰ	381.18418	381.18247	1.71	
XS-3钢	双金属标	Ⅰ	357.65777	357.65927	－1.50	
XS-4钢	双金属标	Ⅰ	300.67090	300.67090	0.00	起算数据
XLB1	岩石嵌标	Ⅰ	380.94508	380.94633	－1.25	2012 年 8 月停测
XLB2	岩石嵌标	Ⅰ	365.90502	365.90364	1.38	
XLB3	岩石嵌标	Ⅰ	424.02568	424.02256	3.12	
XLB4	岩石嵌标	Ⅰ	308.64857	308.65474	－6.17	
XLB5	岩石嵌标	Ⅰ	446.80781	446.80184	5.97	
XLB6	岩石嵌标	Ⅰ	535.29899	535.29834	0.65	
XLB7	岩石嵌标	Ⅰ	477.87853	477.87311	5.42	
XLB8	岩石嵌标	Ⅰ	490.81432	490.81738	－3.06	
XLB9	岩石嵌标	Ⅰ	303.26724	303.26569	1.55	
XLB10	岩石嵌标	Ⅰ	297.08835	297.08639	1.96	
XLB11	岩石嵌标	Ⅰ	384.23318	384.24376	－10.58	基准值 2010 年 10 月
XLE1	岩石嵌标	Ⅰ	363.10770	363.10962	－1.92	
XLE2	岩石嵌标	Ⅰ	310.24438	310.24449	－0.11	
XRB1	岩石嵌标	Ⅰ	289.98623	289.98540	0.83	2013 年 11 月停测
XRB2	岩石嵌标	Ⅰ	316.58348	316.58188	1.60	2013 年 11 月停测
XRB3	岩石嵌标	Ⅰ	279.42256	279.42146	1.10	
XRB4	岩石嵌标	Ⅰ	314.14430	314.14365	0.65	
XRB5	岩石嵌标	Ⅰ	322.94892	322.94838	0.54	2013 年 6 月停测
BM01	岩石嵌标	Ⅰ	569.12378	569.12100	2.78	基准值 2015 年 11 月
BM02	岩石嵌标	Ⅰ	537.64098	537.63934	1.64	
BM03	岩石嵌标	Ⅰ	379.52124	379.51894	2.3	
BM04	岩石嵌标	Ⅰ	350.13629	350.13475	1.54	基准值 2015 年 11 月
XLS01	岩石嵌标	Ⅰ	341.00024	340.99957	0.67	

注：垂直位移 *H* 方向下沉为正，反之为负。

第 12 章　大坝工程监测成果分析与评价

12.1　监测仪器布置

12.1.1　水平位移与扰度监测

（1）垂线

为保证对重点坝段及大坝整体监测的需要，基于大坝工程的结构特点与地质情况，并考虑航运坝段的工作特性，在左非⑭坝段、左非⑦坝段、左非①坝段、泄①坝段、泄⑬坝段各布置倒垂线 1 条。为兼顾泄洪坝段和厂房坝段坝基可能的深层抗滑监测的需要，在泄⑥、泄④、泄⑩、左厂④、左厂⑥和左厂⑧坝段各布置 2 条倒垂线形成倒垂组，后续又在泄⑥、泄⑩及左厂⑧坝段增加 1 组倒垂组。泄①、泄④、泄⑥坝段倒垂止于 210m 高程廊道，并通过正垂线交接引至上层廊道，其余倒垂均止于基础廊道。航①两边墩、泄①坝段、泄⑬坝段倒垂线均通过正倒交接垂引至坝顶，泄④坝段和泄⑩坝段倒垂线通过正倒交接垂引至 346m 高程廊道。垂线历经的廊道均设 1 测站，二期主体工程共布倒垂线 23 条，正垂线 29 条。

倒垂用于观测坝基水平位移，正倒垂线结合观测坝体及基础挠度。垂线观测采用人工与自动并存方式，以自动观测为主，人工观测为辅。自动观测采用遥测垂线仪，人工观测采用光学垂线仪。

（2）引张线

引张线用于坝体顺河方向水平位移自动化观测，大坝各高程廊道及坝顶均有布设，大坝共布引张线 9 条，测点 74 个。

高程 384m 坝顶布设引张线 3 条，左非①与左非⑦之间布设 1 条，泄①与航①右之间布设 1 条，泄①与泄⑫之间布设 1 条，共计 24 个测点。

高程 322m(328.5m)廊道布设引张线 3 条，结合廊道及垂线布置情况，位于航①与泄⑫的引张线通过设于泄①垂线分割为 2 条，另在冲①与左非⑦之间布设 1 条引张线，共计 24 个测点。

高程 260m 廊道布设引张线 2 条，引张线分别位于泄⑬与泄④、泄③与航①之间，共计 18 个测点。

基础廊道布设引张线1条，结合廊道及垂线布置情况，引张线位于泄①与航①之间，共计8个测点。

引张线的端点(或邻近测点)由垂线控制，历经的坝段布置1个测点。引张线观测同样采用人工与自动并存方式，以自动观测为主、人工观测为辅。自动观测采用遥测引张线仪，人工观测采用光学显微镜。

(3)变形观测墩

变形观测墩主要布置在坝顶及消力池导墙部位，坝顶左非⑧坝段～左非⑮坝段、右非①坝段～右非⑥坝段每个坝段布置1个测墩，消力池左右导墙各布置3个测墩。

12.1.2 垂直位移与倾斜监测

垂直位移与倾斜观测主要通过精密水准、静力水准进行观测。

1)垂直位移观测布置以坝顶、高程322m(328.5m)廊道和基础三层为主，高程287.0m与高程260.0m两层廊道为辅。

观测层历经的每个坝段均布设1个人工垂直位移观测点，重点观测层的每个坝段均结合人工垂直位移观测点，布设1台静力水准仪进行自动观测，辅助观测层高程260.0m廊道基本采用坝段跳间方式结合人工垂直位移观测点布置，以保证重点或代表性坝段自动监测，其中高程287.0m廊道垂直位移为纯人工观测。

高程384.0m坝顶共布置静力水准58台，人工沉降点78点，高程322.0m(328.5m)廊道共布置静力水准54台，人工沉降点49点，高程282.0m廊道共布置静力水准54点，人工沉降点53点，高程260.0m廊道共布置静力水准23台，人工沉降点36点，高程210.0m廊道布设静力水准24点，人工沉降点40点。

大坝基础最大底宽愈160.0m，廊道呈台阶状，其上游帷幕灌浆廊道所布航①至右非②间的静力水准测段采用高低墩方式连接成静力水准测量路线，并在每个坝段布置一人工沉降点。此外对基础较宽的河床中部坝段，在其第二排纵向辅助排水廊道与坝趾处的灌浆排水廊道内，采用跳间方式布置静力水准仪，每条廊道每个坝段各布置一人工沉降点。3条纵向廊道内的静力水准测量线路通过横向廊道内的倾斜观测静力水准仪组成静力水准测量网，以监测坝基的不均匀沉降。大坝基础共布置静力水准51台，人工沉降点79点。

此外，在消力池帷幕灌浆廊道及排水廊道内布置人工沉降点，当消力池检修或其他适当时候进行观测，以了解消力池地板的不均匀沉降，共布置人工沉降点34点，高程247.0m廊道水轮机操作廊道层布设人工沉降点16点。

2)对于基础深层沉降采用钢管标组进行观测，分别在泄⑥坝段、泄⑫坝段、左厂⑦坝段各布置1组钢管标，钢管标用于观测基础深层沉降。

3)左岸坝后式厂房尾水平台布置有人工沉降观测，每个机组段布设2个测点，计8测点，观测路线起闭于工作基点LS03并形成环线，路线总长约400m。

4）在大坝共设置3组双金属标作为坝内沉降观测工作基点，DS1位于航①通航槽左边墩，主要用于航①以左沉降观测基准，DS2位于右非②，主要用于航①以右沉降观测基准，DS3位于泄③坝趾处的灌浆排水廊道，主要用于消力池内廊道检修沉降观测基准。其中DS3止于坝趾处的灌浆排水廊道底板，DS1与DS2在历经的观测层（高程350.0m廊道除外）设置高程传递测点，以作为该廊道垂直位移观测的工作基点，其中DS1与DS2在坝顶的出露点作为水准点联入坝区垂直位移监测网，用于监测基岩深层垂直位移。

坝顶人工沉降观测以LS01、LS02为工作基点，采用自动水准仪按国家一等水准测量要求进行。自动垂直位移观测以双金属标为工作基点，通过检测系统控制执行。

5）在坝顶布置激光准直系统3条，左非①坝段～左非⑥坝段1条，厂①坝段～厂⑧坝段1条，泄②坝段～泄⑫坝段1条，共计25测点。

6）倾斜观测结合垂直位移观测进行，高程260.0m廊道布置5组，其中基础部分的3条纵向廊道的沉降观测点，高程282.0m坝体纵向排水廊道与并缝廊道的人工沉降点及高程322.0m（328.5m）廊道坝体纵向排水廊道与交通廊道的沉降观测点，因在河流方向存在两两组合的条件，因而可同期用于倾斜观测。

12.1.3　内部监测仪器布置

左岸主体工程共布置6个监测断面：左非⑬坝段A—A监测断面（坝左0+413.322m）；左非⑦坝段B—B监测断面（坝左0+329.720m），该坝段基岩条件较差，坝基软弱层进行了挖除和混凝土回填置换，坝体横向伸缩缝需进行并缝灌浆，确定为重点监测断面；左非③坝段C-C监测断面（坝左0+258.400m），该断面基岩条件较差，建基面局部开挖较深，坝体底部设有导流底孔，中上部为导流缺口，确定为重点监测断面；冲①坝段D-D监测断面（坝左0+198.400m），该断面基岩条件差，下游段建基面存在地质缺陷，为地质不良体，开挖较深，确定为重点监测断面；左非⑭坝段（坝左0+433.322m）、左非⑭坝段（坝左0+465.822m）。典型监测断面剖面布置见图12.1-1至图12.1-4。

二期纵向围堰：根据二期纵向围堰结构设计及地形地质条件，共布置2个监测断面，监测断面编号及具体部位分别为：1-1监测断面布置在二纵0—027.500m；2-2监测断面布置在二纵0—103.500m。其中，1-1监测断面为重点监测断面。

主体二期工程监测范围为右岸非溢流坝段（右非①～右非⑧）、泄水坝段（泄①～泄⑬）及消力池、厂房坝段（厂①～厂⑧）及坝后式厂房、升船机坝段及升船机建筑物等部位。

主体二期工程安全监测布置共有8个主要监测断面，其分别为：E-E和F-F监测断面布置在厂⑧坝段和厂④坝段（包括坝后厂房）；G-G、H-H、I-I、L-L和M-M分别布置在泄④、泄⑩、泄⑧、泄⑥和泄⑤坝段（包括消力池）；J-J、K-K监测断面布置在右非②和右非⑦坝段；右非②坝段、泄⑩坝段、泄④坝段、左厂⑧坝段为重点监测坝段，综合布置各种监测项目和仪器设备。

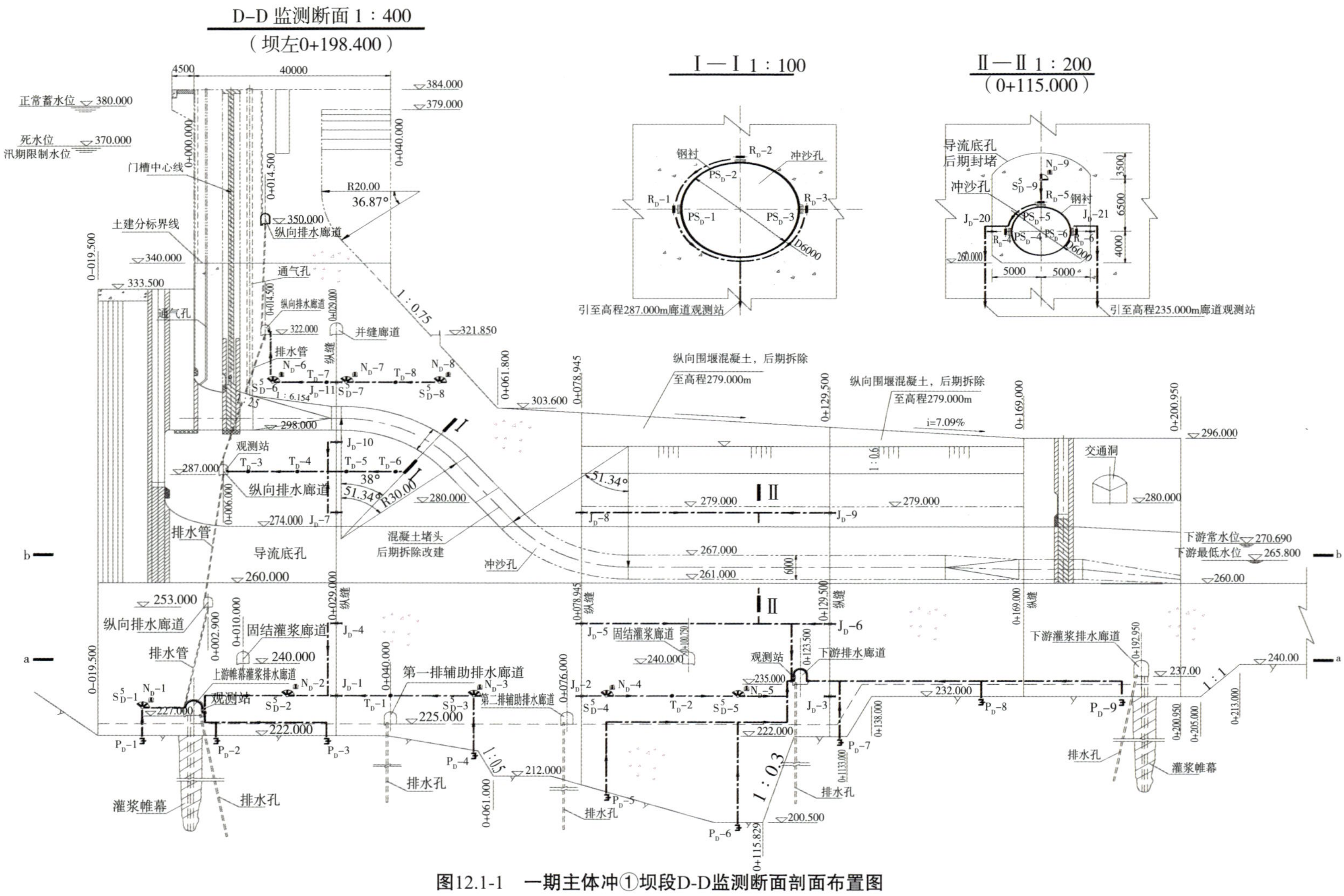

图12.1-1 一期主体冲①坝段D-D监测断面剖面布置图

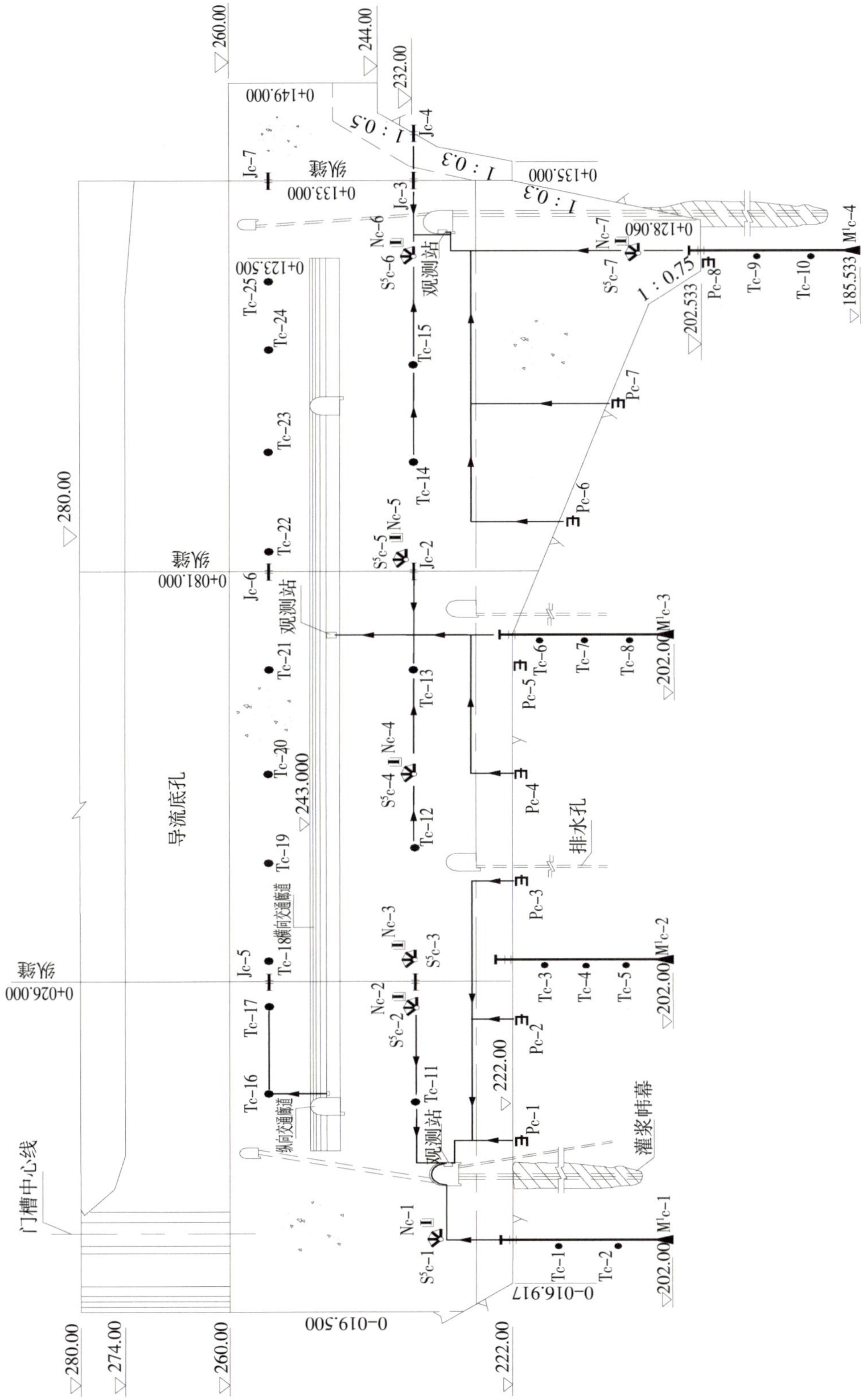

图12.1-2　一期主体左非③坝段C-C监测断面剖面布置图

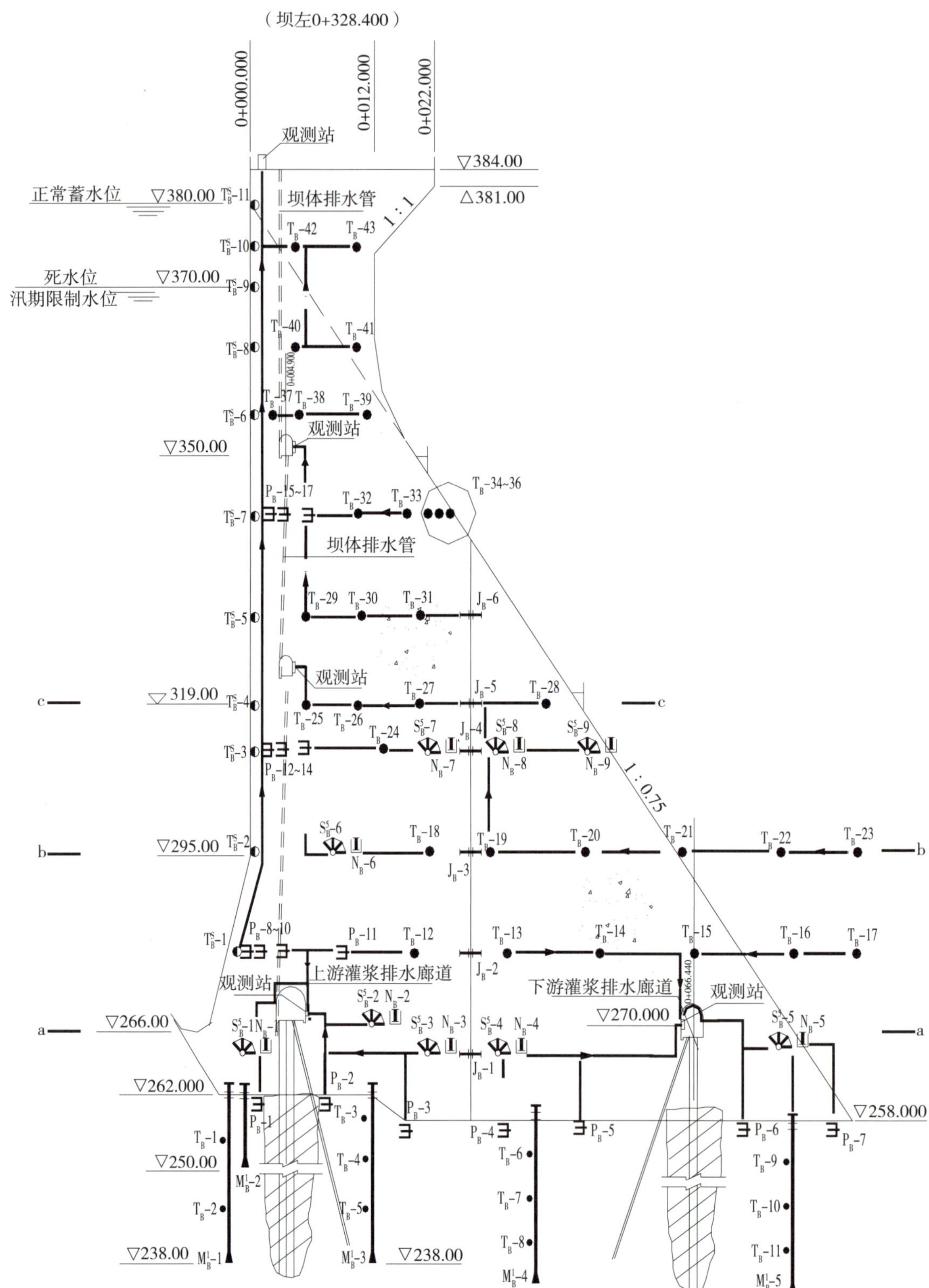

图 12.1-3 一期主体左非⑦坝段 D-D 监测断面剖面布置图

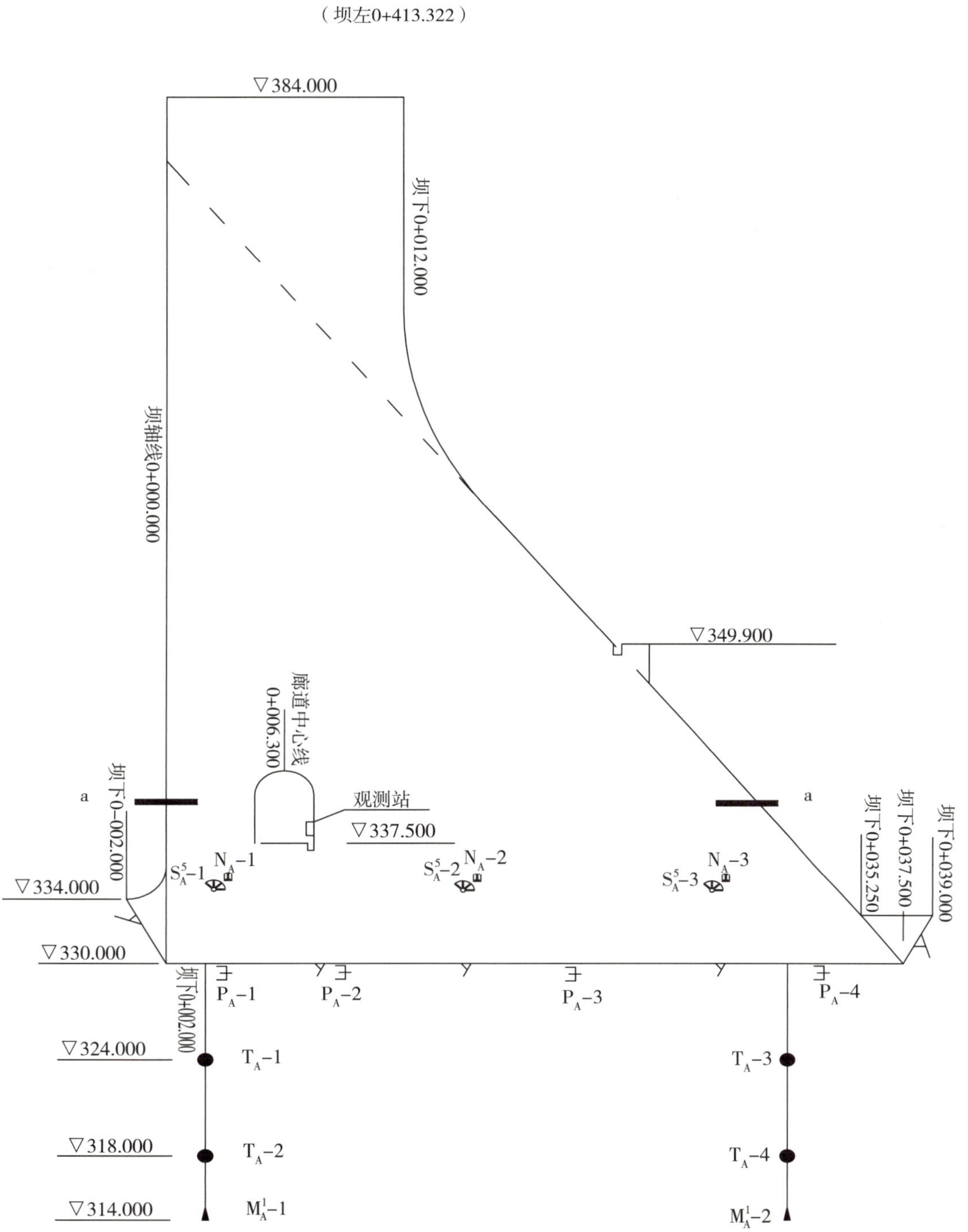

（坝左0+413.322）

▽384.000

坝下0+012.000

坝轴线0+000.000

▽349.900

廊道中心线
0+006.300

观测站

▽337.500

a

坝下0−002.000

▽334.000

S_A^5−1　N_A−1

S_A^5−2　N_A−2

S_A^5−3　N_A−3

坝下0+035.250

坝下0+037.500

坝下0+039.000

▽330.000

坝下0+002.000

P_A−1　P_A−2　P_A−3　P_A−4

▽324.000　T_A−1　T_A−3

▽318.000　T_A−2　T_A−4

▽314.000　M_A^1−1　M_A^1−2

图 12.1-4　一期主体左非⑬坝段 A-A 监测断面剖面布置图

绕坝渗流监测：左、右坝肩及防渗帷幕灌浆平洞内沿洞内轴线，按 30～50m 的间距布设地下水位观测孔，孔深一般控制在 50m 内。

大坝渗压监测：为了监测坝基扬压力及坝基排水状况，根据不同坝段基础地质条件和防渗排水控制措施，在坝基排水基础廊道中以纵、横布置相结合，突出重点，兼顾一般，构成纵、横向基础扬压力监测网络。

从右岸非溢流坝段至左岸非溢流坝段，沿坝基上游帷幕灌浆廊道、坝基第一、二排纵向辅助排水廊道、坝基下游帷幕排水廊道、泄水坝段及厂房坝段坝基齿槽基础廊道、大坝坝基下游帷幕排水廊道在每个坝段布置一个测压管；从右岸非溢流坝段至左岸非溢流坝段分别在坝右 0＋205.150m、坝右 0＋146.000m、坝右 0＋109.600m、坝右 0＋009.000m、坝左 0＋198.400m、坝左 0＋258.400m 等桩号处的横向排水廊道内，沿廊道轴线从上游至下游布置 1～6 个测压管，在右岸灌浆平洞内，沿洞轴线方向每隔一定间距布置 1 个测压管。

消力池及坝后厂房基础的扬压力测压管的布置，根据坝基扬压力监测布置情况，形成纵横向扬压力监测网络。厂房分缝处扬压力的影响因素相对较多，因此在厂房基础部位从下游向上游布置 4 支渗压计，上游靠近分缝处基础布置 1 支渗压计，以较全面地监测厂房扬压力和伸缩缝处渗压力的变化。

水质监测：渗流水质分析取样点分别布设在每层廊道，以及选取的重点坝段的排水孔，对析出的裂隙水、帷幕渗水、环境水、地下水分别取样分析，了解其化学变化情况和变迁过程，分析坝体析出物对混凝土大坝结构的影响，客观评价大坝在不同时期的工作状态。

强震监测：为了确定重点监测大坝枢纽建筑物、结构受振动的强度和动力响应，迅速评价受振后建筑物或结构的振动特征，及时对工程安全运行作出决策，保证大坝及工程的安全，选取左非①坝段、升船机、泄⑥坝段、厂④坝段及右非②坝段分不同高程布置了 13 个三分量强震反应监测台阵。

结合地震输入机制与场地效应台阵布置，在两岸坝肩及边坡、右岸地下引水发电系统进水口塔台、出口边坡以及左岸边坡下游布置了 5 个三分量强震反应监测台阵。

监测断面仪器埋设布置见图 12.1-5 至图 12.1-10。

12.2 大坝挡水一线监测成果

12.2.1 变形监测

12.2.1.1 水平位移监测

大坝挡水坝段共计安装正垂线 40 条、倒垂线 25 条，正、倒垂线均在安装完成后取得基准值。挡水坝段倒垂、正垂监测成果一致，与坝体受力及坝址地质条件相对应，较好地反映了坝体蓄水期的变形规律。蓄水初期因水位缓慢上升，坝体高部位变形滞后于低部位，随着水位的上升，高部位变形逐渐增大。蓄水到位后，高部位变形大于低部位，在水位稳定后，变形趋于稳定，并小幅回弹。监测成果显示：截至 2016 年 12 月底，大坝基础部位倒垂线测点左右岸方向最大累积位移为－3.46mm（TL6，泄⑩坝段，245m 高程，孔深 135m），上下游方

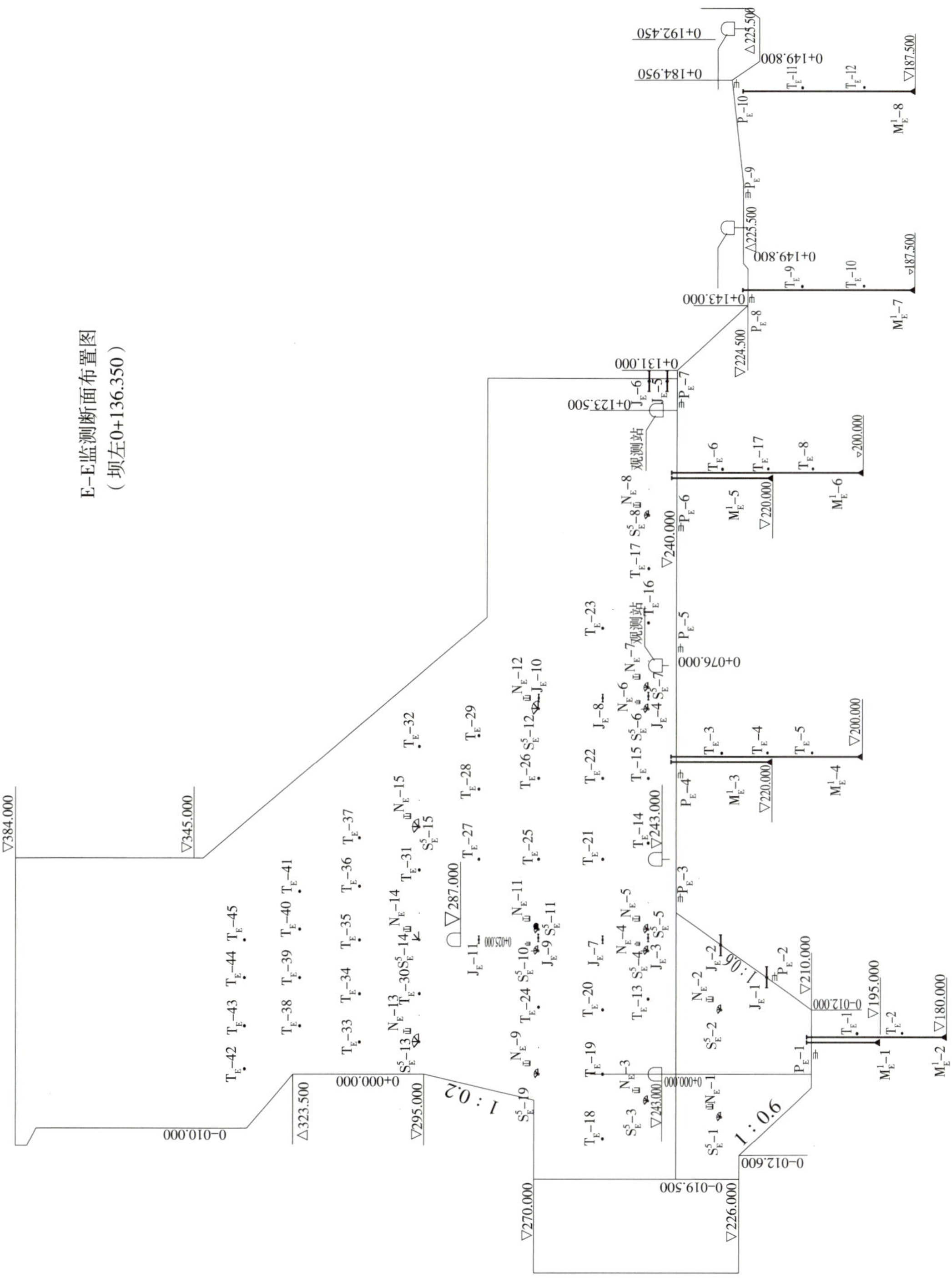

E-E监测断面布置图
（坝左0+136.350）

图12.1-5　厂⑧坝段监测断面仪器埋设布置图

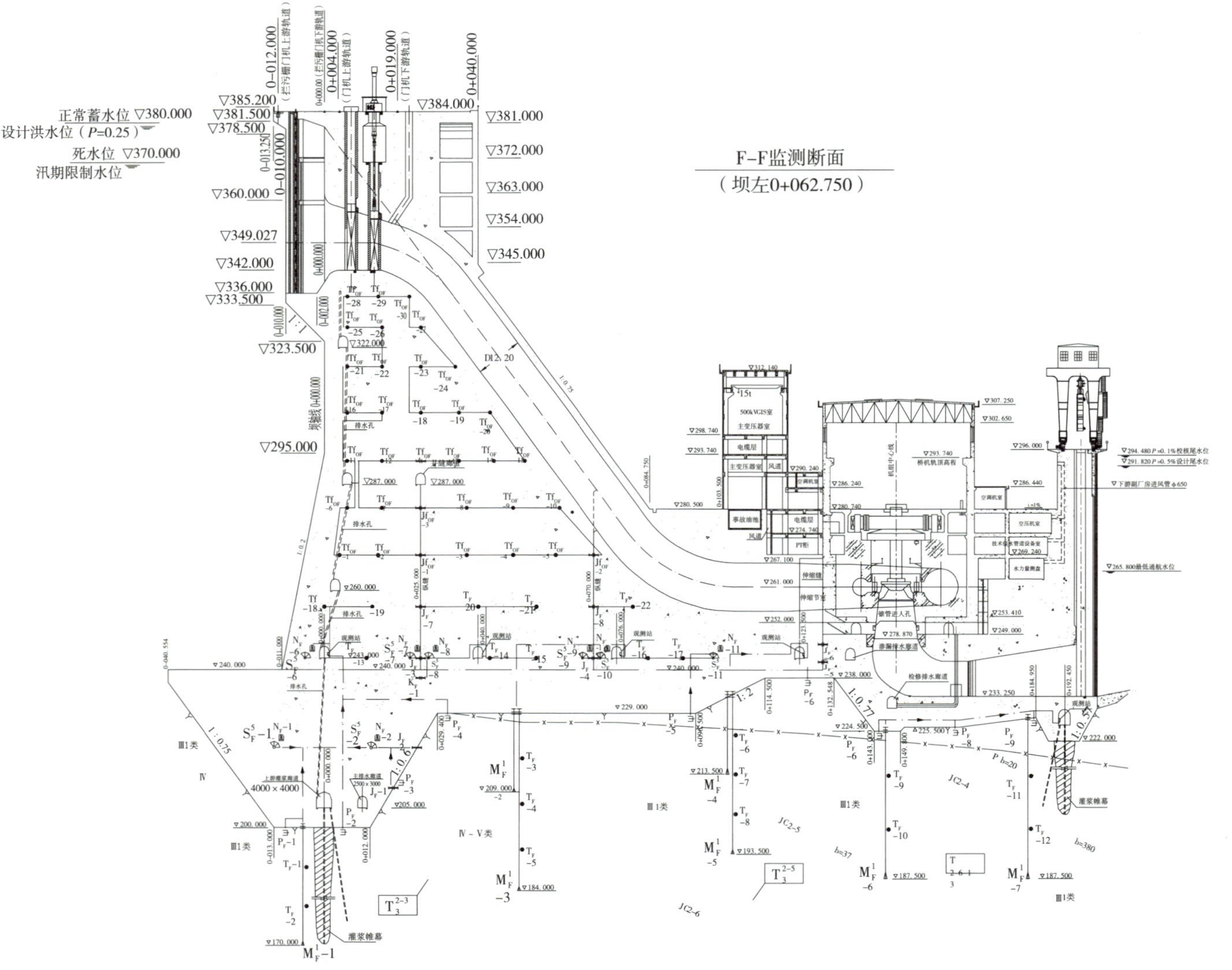

图12.1-6 厂④坝段监测断面仪器埋设布置图

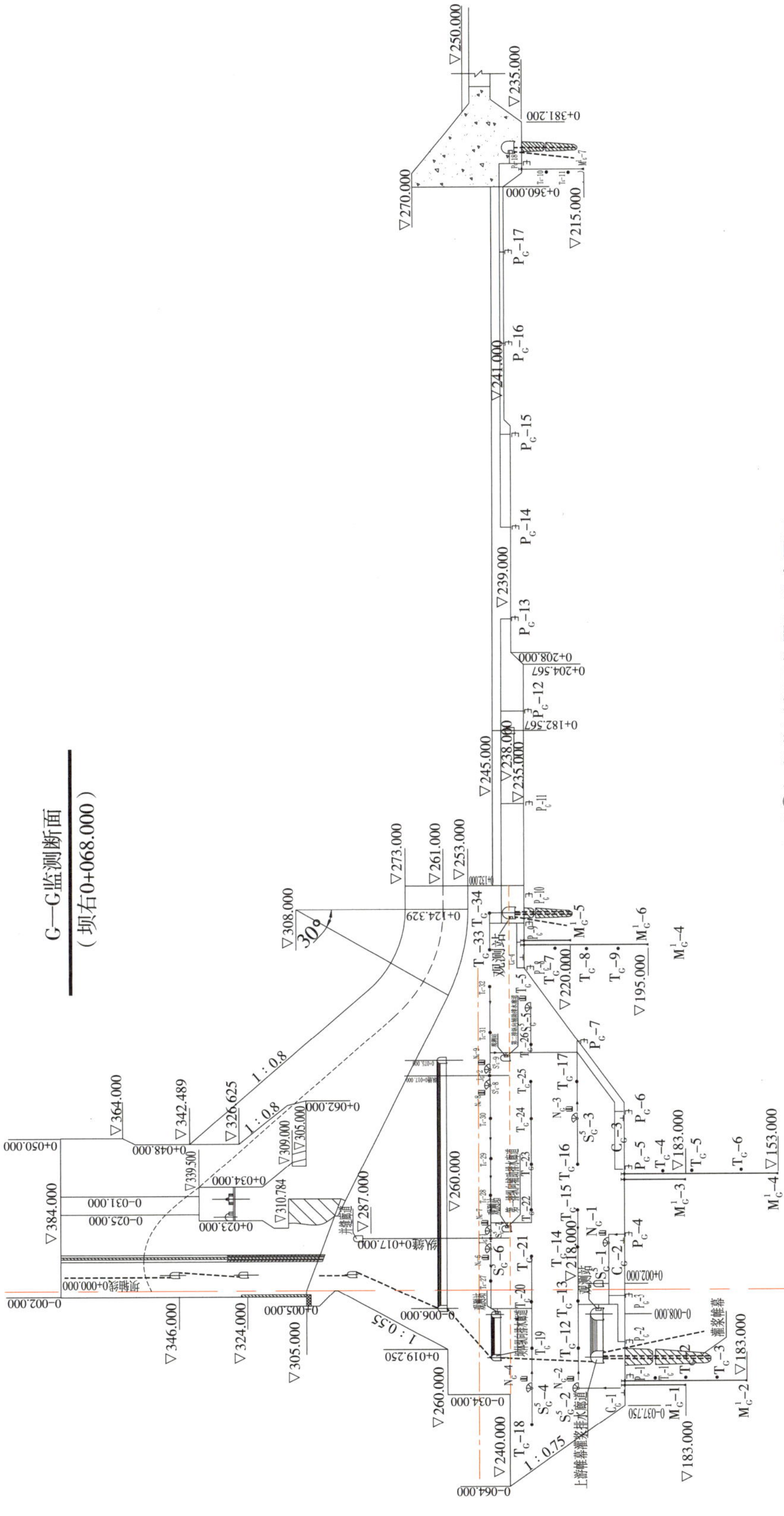

G—G监测断面
（坝右0+068.000）

图12.1-7 泄④坝段监测断面仪器埋设布置图

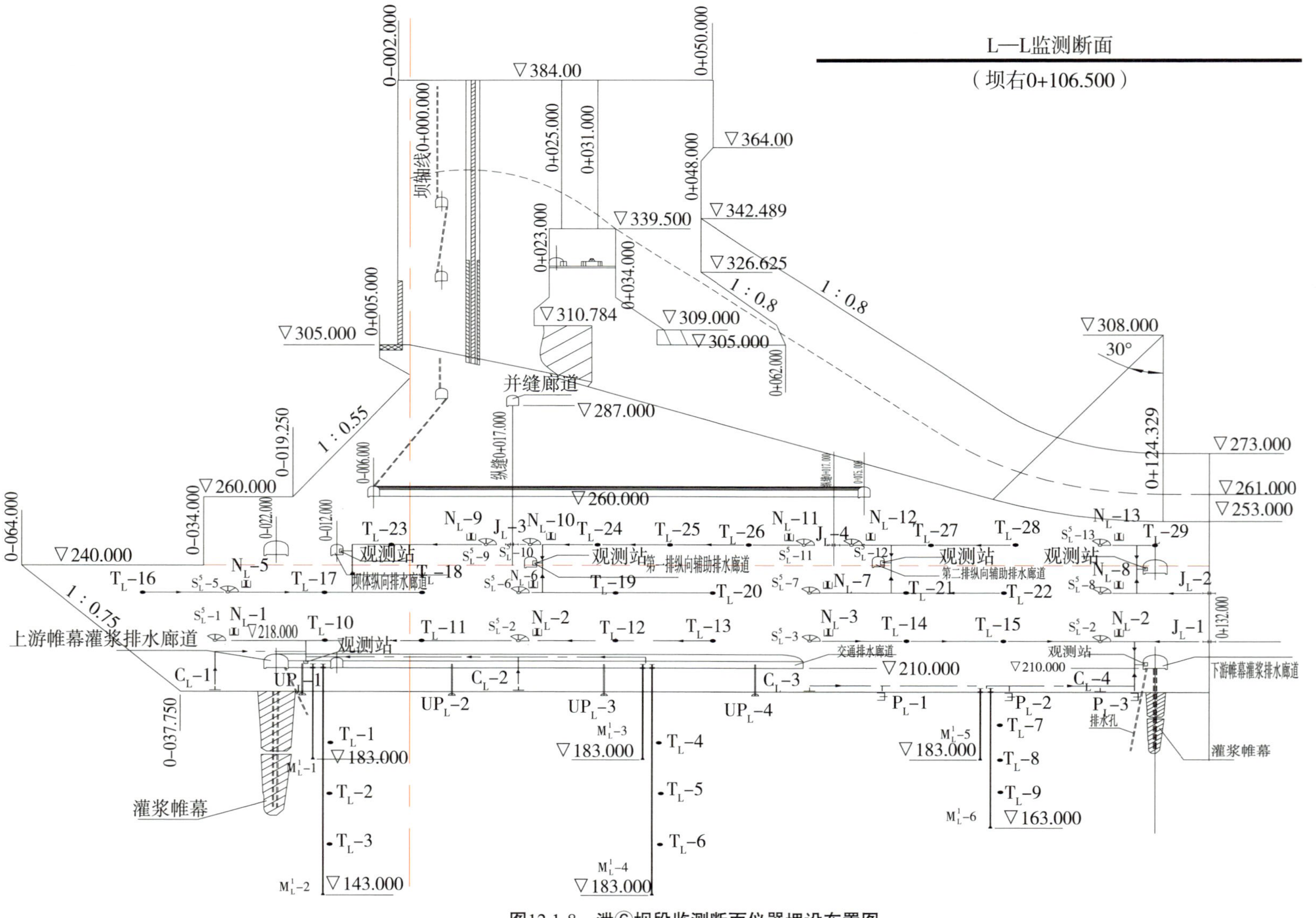

图12.1-8 泄⑥坝段监测断面仪器埋设布置图

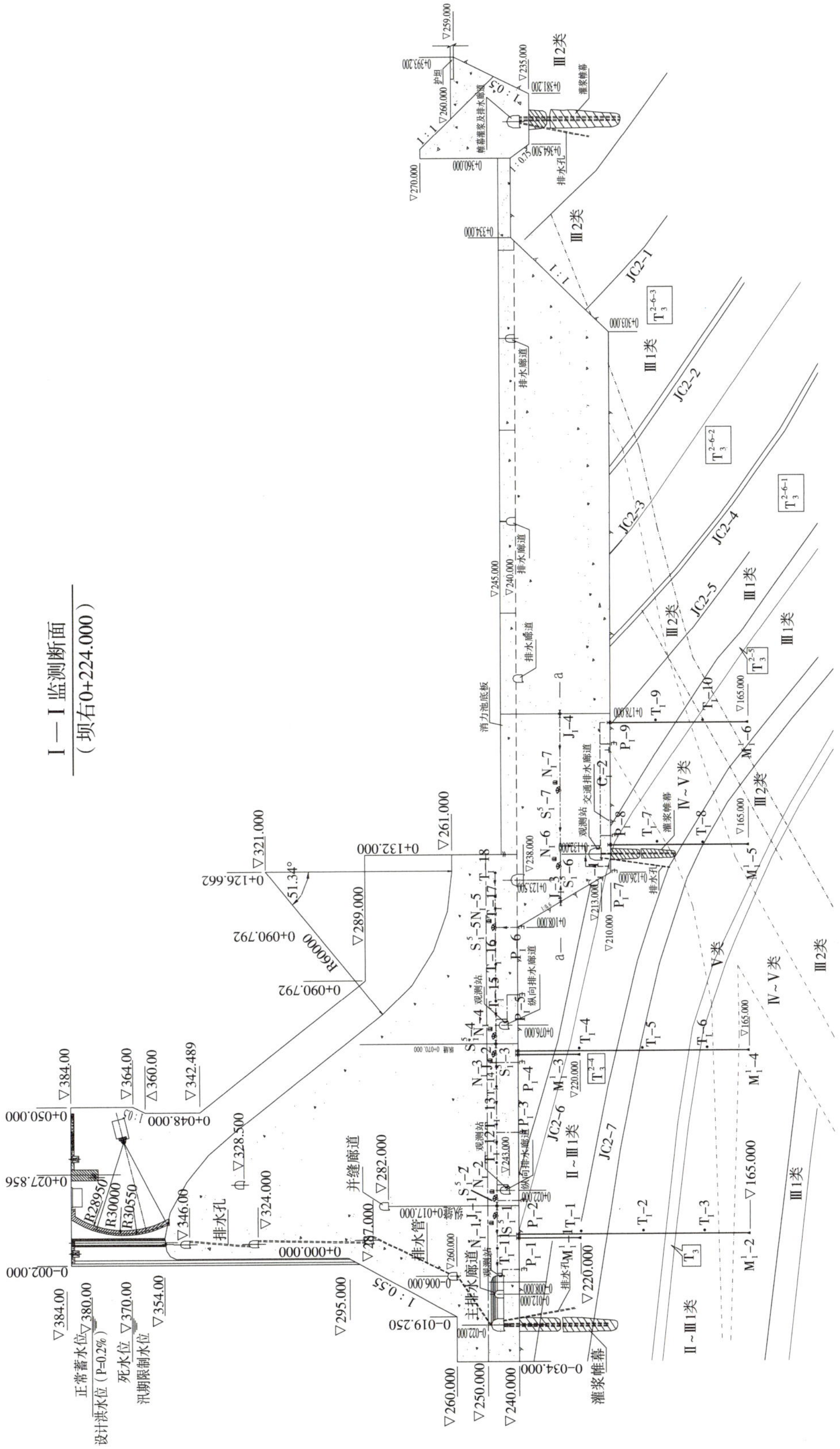

I—I 监测断面
（坝右0+224.000）

图12.1-10　泄⑫坝段监测仪器埋设布置图

向最大累积位移为10.39mm(TL3,泄⑥坝段,210.0m高程,孔深89.7m),主要表现为随着库水位的抬高向下游、右岸位移。挡水坝段正垂线各测点左右岸方向累积位移量在-8.96(PL3-4,左非①坝段,350.0m高程)~2.55mm,除泄1坝段外其他坝段各测点主要表现为向右岸位移;上下游方向累积位移量在3.86~14.86mm(PL3-5,航①左坝段,384m高程),均表现为向下游位移。

大坝主体共安装9条引张线,共计74个测点。各高程引张线测点变形规律一致,变形主要受上游水位及温度影响,水位上升时向下游变形,反之向上游变形;温度上升时向上游变形,温度下降时向下游变形。监测结果显示:截至2016年12月,243.0m基础廊道引张线测点累积位移量为2.80~5.64mm(测点1EXC0801);260.0m廊道引张线各测点累积位移量为5.24~8.33mm(测点2EXX0501);322.0~328.5m廊道引张线各测点累积位移量为6.52~11.45mm(测点4EXX1101);384.0m坝顶引张线各测点累积位移量为9.65~13.77mm(测点5EXL0601)。大坝坝体引张线各测点累积位移主要表现为向下游位移趋势。

左非坝顶(左非8~左非15坝段)、右非坝顶(左非1~左非6坝段)共设计14座变形观测墩,目前已全部埋设,分别于2013年10月、2013年11月取得首次值。采用三边前方交会观测,工作基点为H3、TN17ZN、TN08、TN14,以2016年12月复测工作基点网点成果起算。监测成果显示:截至2016年12月,左右岸方向累积位移量在-5.55(测点TSL1)~-0.05mm,上下游方向累积位移量在1.67~6.51mm(测点TSR3),累积位移均表现为向右岸、下游位移。从其变化历时来看,坝顶平面测点变形与上游水位及温度关系明显,水位上升左非坝段向左岸、下游变形,右非坝段向右岸、下游变形,水位下降则反之。温度上升左非坝段向右岸、上游变形,右非坝段向左岸、上游变形,温度下降则反之。

(1)坝基水平位移规律

大坝坝基水平位移监测主要通过倒垂线进行,坝基典型倒垂线测点特征值见表12.2-1、表12.2-2,典型倒垂线测点分布和过程线见图12.2-1至图12.2-4。

监测结果显示:

1)大坝坝基水平位移主要受上游水位影响,且变形主要发生在首次蓄水期间,受气温影响较小。

2)大坝坝基左右岸方向主要表现为向右岸位移,蓄水期间变化量在-3.03(航1右坝段)~0.44mm,蓄水后年变化量在±1.07mm以内,变化量较小。

3)大坝坝基上下游方向主要表现为向下游位移,蓄水期间变化量在3.08~8.83mm(泄6坝段),蓄水后年变化量在±1.13mm以内,变化量较小。

4)大坝基础上下游方向水平位移变化量呈逐年减小趋势,表明大坝基础逐渐趋于稳定。

5)泄6坝段基础部位相较于其他坝段上下游方向位移较大,蓄水后平均年变化量为0.59mm,应注意其后续变化。

表 12.2-1　　坝基典型倒垂测点水平位移(*X* 方向)特征值表

部位	测点	孔深(m)	高程(m)	基准日期	最大值(mm)	日期	最小值(mm)	日期	平均值(mm)	变幅(mm)	当前值(mm)	日期
左非 7	IP1	70.7	270.0	2012-08-21	0.40	2012-10-10	−3.04	2016-3-2	−1.89	3.44	−2.24	2016-12-22
左非 1	IP2	55.0	227.0	2012-06-14	0.06	2012-06-22	−3.31	2015-11-02	−2.40	3.37	−2.73	2016-12-22
航 1 左	IP3	70.5	227.0	2012-06-14	0.36	2012-10-11	−2.81	2016-01-28	−1.21	3.17	−2.48	2016-12-22
航 1 右	IP4	64.0	220.0	2012-06-14	0.06	2012-07-11	−3.41	2013-08-26	−2.54	3.47	−3.00	2016-12-22
厂 4	IP7	33.3	243.0	2012-10-09	0.21	2012-10-15	−2.94	2016-03-11	−1.16	3.15	−3.02	2016-12-22
厂 8	IP9	28.8	243.0	2012-10-09	0.23	2012-10-13	−3.14	2016-06-06	−1.60	3.37	−3.01	2016-12-22
泄 1	IP5	40.3	210.0	2012-06-14	1.74	2015-12-14	−0.33	2012-07-11	1.09	2.07	1.32	2016-12-22
泄 4	TL1	13.2	210.0	2012-09-11	0.92	2014-07-21	−1.35	2016-06-13	−0.07	2.27	−1.14	2016-12-22
泄 6	TL3	89.7	210.0	2012-10-09	0.07	2012-10-11	−3.53	2016-03-02	−2.05	3.60	−3.38	2016-12-22
泄 10	TL5	50.0	245.0	2012-10-09	0.01	2012-10-10	−3.45	2016-02-14	−1.93	3.46	−3.26	2016-12-22
泄 13	IP6	100.0	245.0	2012-06-25	0.26	2012-08-08	−2.17	2016-02-24	−1.09	2.43	−2.03	2016-12-22

表 12.2-2　　坝基典型倒垂测点水平位移(Y 方向)特征值表

部位	测点	孔深（m）	高程（m）	基准日期	最大值（mm）	日期	最小值（mm）	日期	平均值（mm）	变幅（mm）	当前值（mm）	日期
左非 7	IP1	70.7	270.0	2012-08-21	5.76	2014-03-01	−0.24	2012-10-11	4.23	6.00	4.76	2016-12-22
左非 1	IP2	55	227.0	2012-06-14	5.87	2014-03-21	−0.10	2012-08-21	4.08	5.97	4.82	2016-12-22
航 1 左	IP3	70.5	227.0	2012-06-14	4.85	2016-03-20	−0.07	2012-10-10	3.14	4.92	3.80	2016-12-22
航 1 右	IP4	64	220.0	2012-06-14	6.60	2014-06-11	0.00	2012-06-14	4.86	6.60	5.99	2016-12-22
厂 4	IP7	70	243.0	2012-06-14	6.67	2016-03-11	0.00	2012-06-14	4.54	6.67	6.17	2016-12-22
厂 8	IP9	78.4	243.0	2012-06-14	6.92	2014-05-01	−0.28	2012-10-10	4.81	7.20	6.30	2016-12-22
泄 1	IP5	40.3	210.0	2012-06-14	3.86	2015-04-22	−0.70	2012-10-10	2.44	4.56	3.36	2016-12-22
泄 4	TL1	13.2	210.0	2012-09-11	8.65	2015-04-22	0.02	2012-10-10	6.50	8.63	7.58	2016-12-22
泄 6	TL3	89.7	210.0	2012-10-09	10.72	2016-01-12	−0.13	2012-10-10	8.10	10.85	10.39	2016-12-22
泄 10	TL5	50.0	245.0	2012-10-09	5.13	2015-10-18	0.00	2012-10-09	3.22	5.13	4.30	2016-12-22
泄 13	IP6	100	245.0	2012-06-25	5.60	2015-03-21	−0.26	2012-07-11	3.97	5.86	4.80	2016-12-22

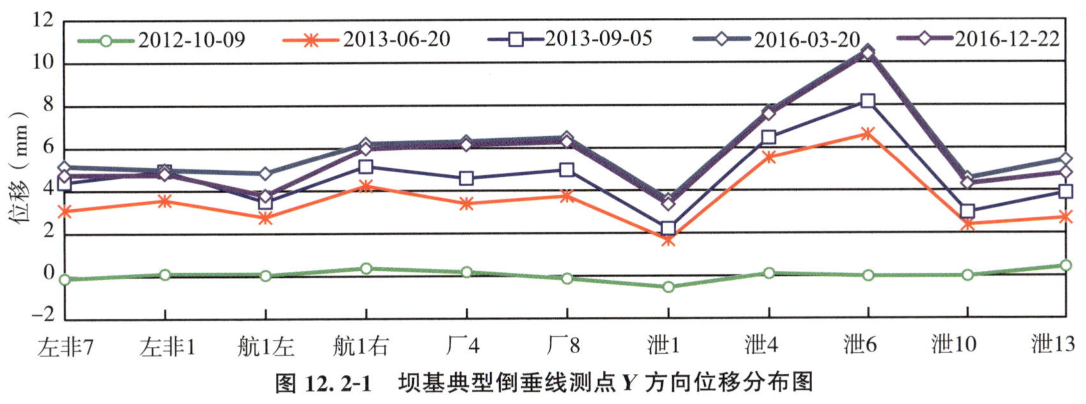

图 12.2-1　坝基典型倒垂线测点 Y 方向位移分布图

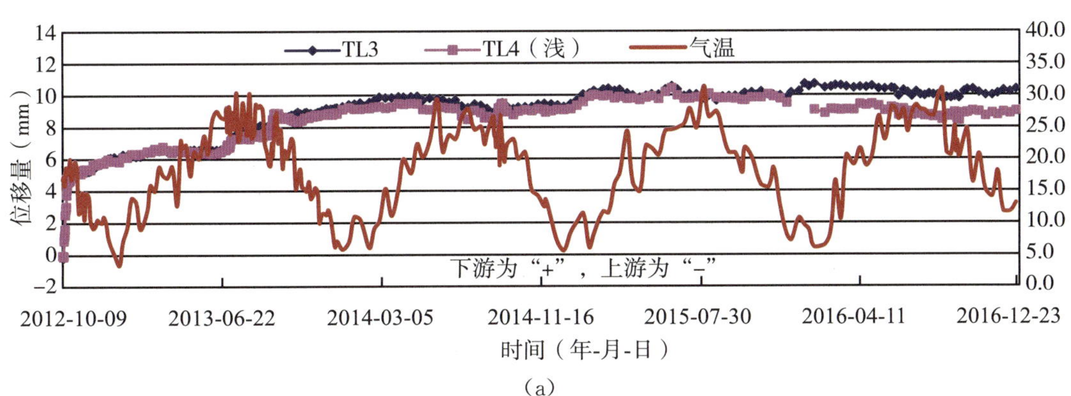

(a)

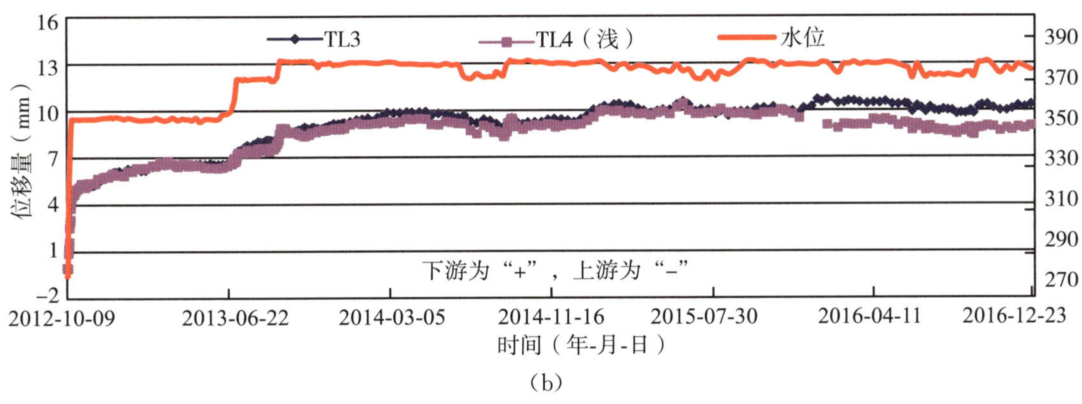

(b)

图 12.2-2　泄 6 坝段倒垂线测点 Y 方向位移过程线图

6)泄 1 坝段基础部位左右岸方向表现为向左岸位移，累积位移量为 1.32mm，蓄水后位移量为 0.76mm，其余坝段均向右岸位移，应注泄 1 坝段后续变化。

(2)大坝挠曲度分析

大坝挠曲度是混凝土重力坝监测资料分析的重点之一，向家坝大坝共安装有 6 条安装至坝顶的垂线，分别位于左非 7、左非 1、航 1 左、航 1 右、泄 1、泄 13，其分布见图 12.2-5 至图 12.5-9。

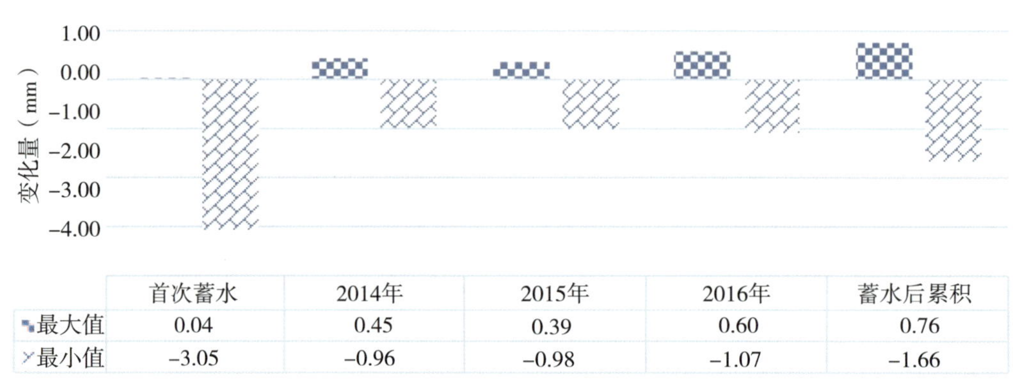

	首次蓄水	2014年	2015年	2016年	蓄水后累积
最大值	0.04	0.45	0.39	0.60	0.76
最小值	-3.05	-0.96	-0.98	-1.07	-1.66

图 12.2-3 大坝基础左右岸方向位移变化时序分布图

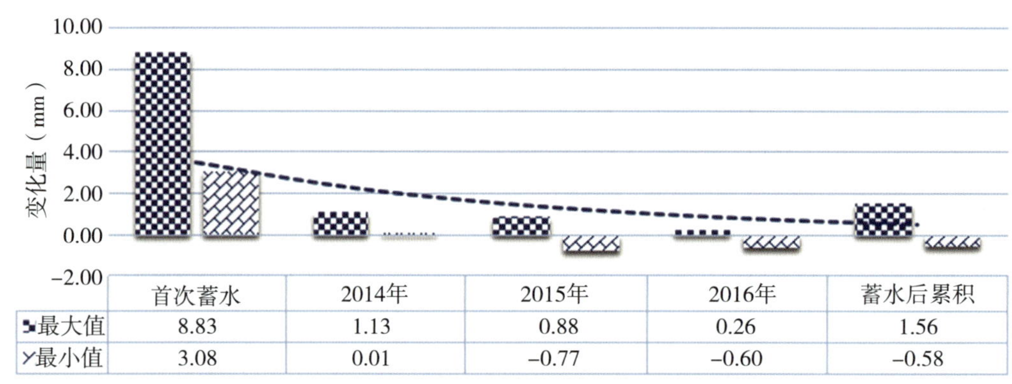

	首次蓄水	2014年	2015年	2016年	蓄水后累积
最大值	8.83	1.13	0.88	0.26	1.56
最小值	3.08	0.01	-0.77	-0.60	-0.58

图 12.2-4 大坝基础上下游方向位移变化时序分布图

监测结果显示：

1)大坝蓄水到位后，高部位变形大于低部位，符合正常变形规律。

2)蓄水后大坝挠曲度变化不大，表明大坝整体水平位移变形已趋于稳定。

3)高程 220.0m～60.0m 上下游方向分段位移较小，在－0.95～1.36mm；高程 260.0m～322.0m 上下游方向分段位移较大，在 2.11～5.54mm(泄 13 坝段)；高程 322 到坝顶之间上下游方向分段位移较大，在 0.76～6.96mm(左非 7 坝段)。

4)坝顶相对于坝基上下游方向位移量在 7.61～11.06mm(航 1 左坝段)，航 1 坝段向下游位移最大，为 11.06mm，其余各坝段在 8mm 左右。

(3)坝顶水平位移分析

坝顶典型正垂线测点水平移位特征值见表 12.2-3、表 12.2-4，典型坝顶正垂线测点分布和过程线见图 12.2-10 至图 12.2-13。

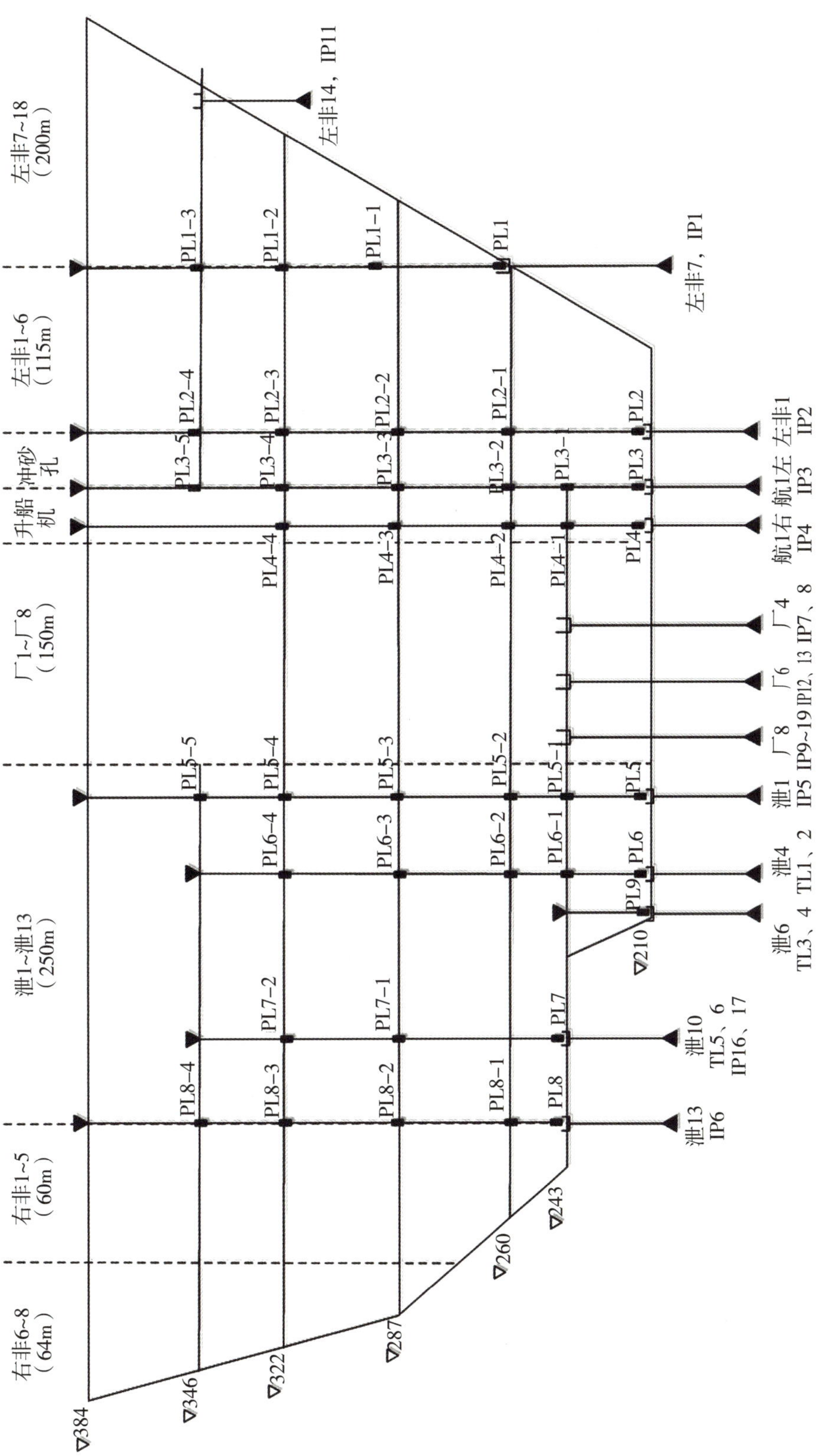

图12.2-5　大坝垂线分布示意图

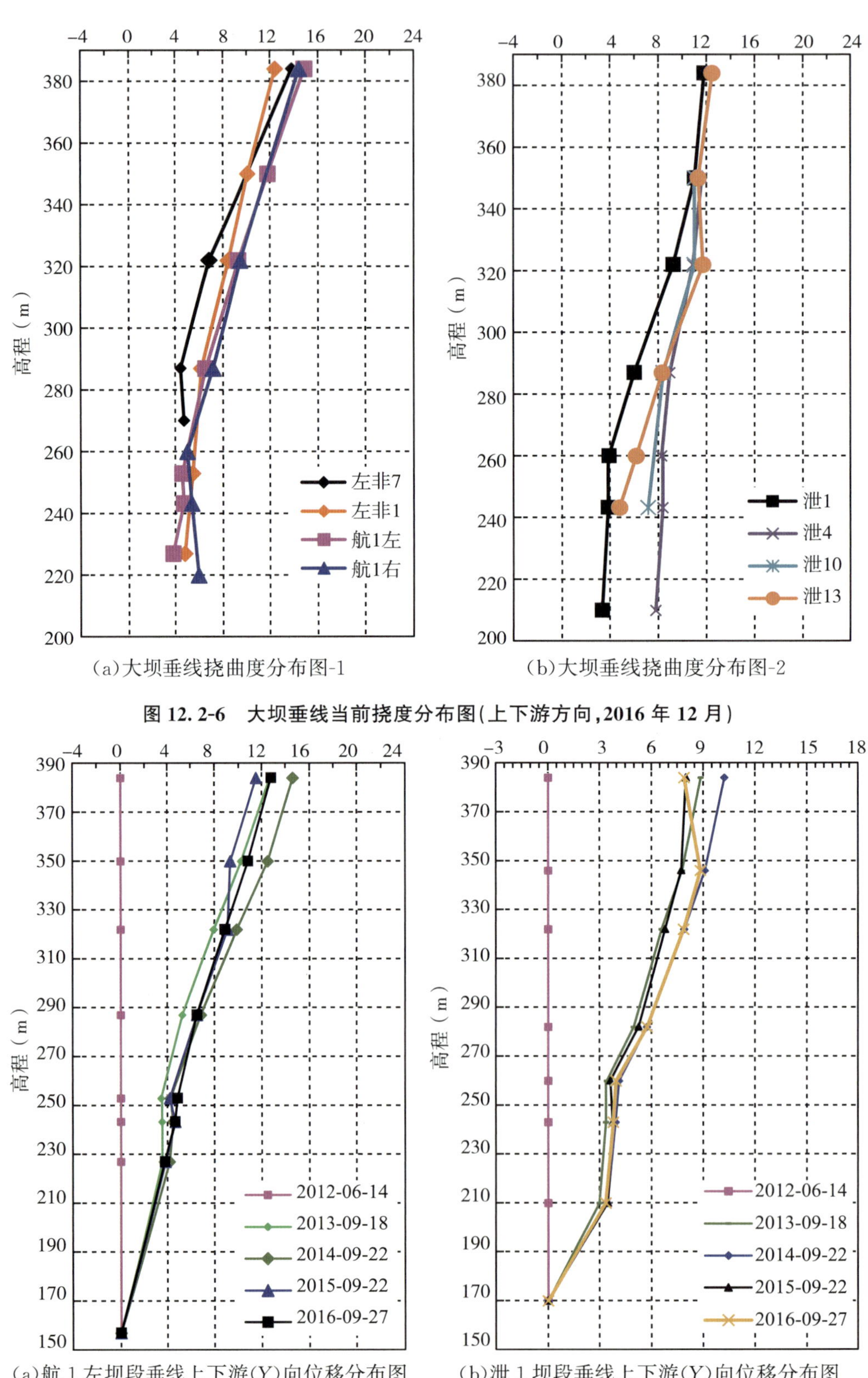

(a)大坝垂线挠曲度分布图-1

(b)大坝垂线挠曲度分布图-2

图 12.2-6 大坝垂线当前挠度分布图(上下游方向,2016 年 12 月)

(a)航 1 左坝段垂线上下游(Y)向位移分布图

(b)泄 1 坝段垂线上下游(Y)向位移分布图

图 12.2-7 蓄水后典型坝段扰度分布图(上下游方向)

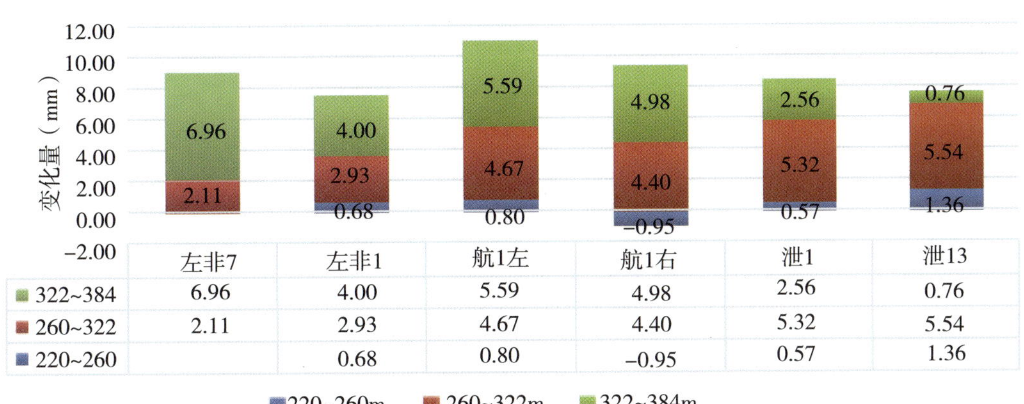

图 12.2-8 同一坝段不同高程上下游方向分段位移分布图

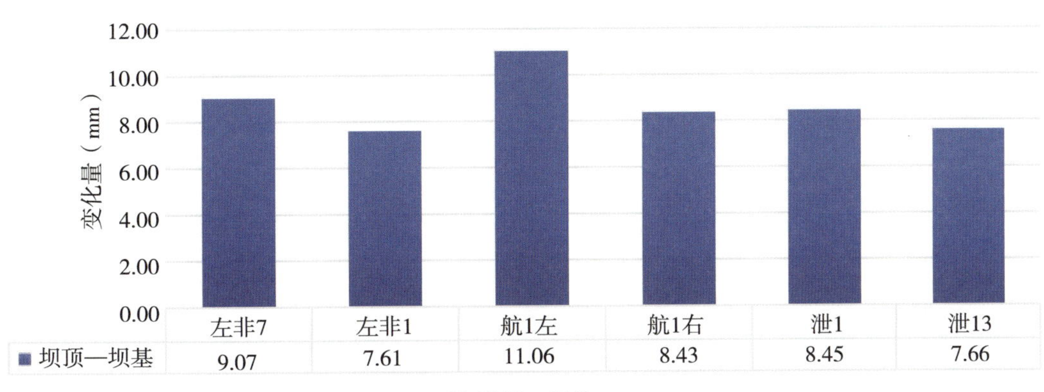

图 12.2-9 坝顶—坝基上下游方向位移分布图

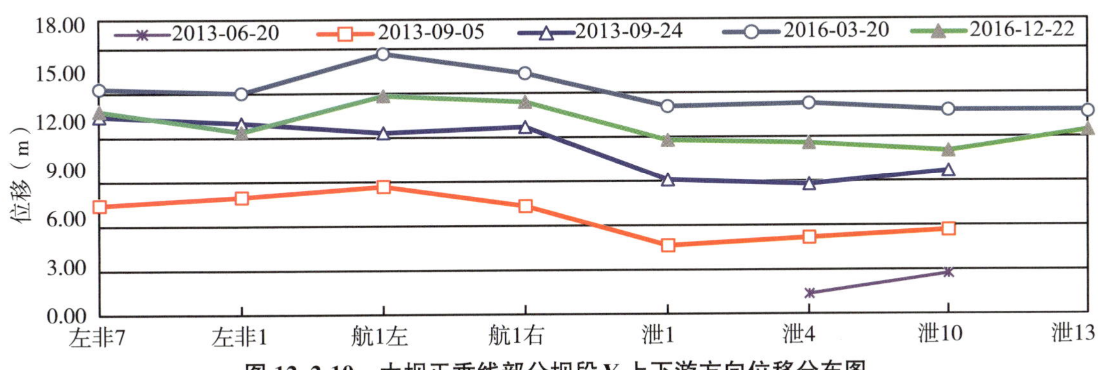

图 12.2-10 大坝正垂线部分坝段 Y 上下游方向位移分布图

表 12.2-3 坝顶典型正垂测点水平位移(*X* 方向)特征值表

部位	测点	孔深(m)	高程(m)	基准日期	最大值(mm)	日期	最小值(mm)	日期	平均值(mm)	变幅(mm)	当前值(mm)	日期
左非 7	PL1-3	34.0	384.0	2013-06-28	−3.52	2013-09-17	−8.00	2016-04-01	−5.44	4.48	−6.01	2016-12-22
左非 1	PL2-4	34.0	384.0	2013-08-15	−6.58	2013-08-15	−10.48	2015-03-3	−8.62	3.90	−8.27	2016-12-22
航 1 左	PL3-5	34.0	384.0	2013-06-28	−1.91	2013-09-15	−9.66	2016-07-26	−3.95	7.75	−8.78	2016-12-22
航 1 右	PL4-4	62.0	384.0	2013-06-28	−4.34	2015-08-23	−7.69	2016-04-01	−5.83	3.35	−5.65	2016-12-22
泄 1	PL5-5	34.5	384.0	2013-09-06	5.49	2015-05-22	0.71	2013-09-27	3.04	4.78	2.50	2016-12-22
泄 4	PL6-4	14.8	346.0	2012-12-31	1.68	2014-05-01	−1.23	2013-07-02	−0.08	2.91	−0.55	2016-12-22
泄 10	PL7-2	14.8	346.0	2012-10-09	0.74	2015-05-11	−2.21	2015-01-12	−0.88	2.95	−1.84	2016-12-22
泄 13	PL8-4	34.5	384.0	2013-11-08	2.08	2014-08-01	−4.21	2016-04-01	−0.74	6.29	−2.50	2016-12-22

表 12.2-4 坝顶典型正垂测点水平位移(*Y* 方向)特征值表

部位	测点	孔深(m)	高程(m)	基准日期	最大值(mm)	日期	最小值(mm)	日期	平均值(mm)	变幅(mm)	当前值(mm)	日期
左非 7	PL1-3	34	384.0	2013-06-28	19.24	2015-02-01	3.02	2013-06-29	12.56	16.22	13.83	2016-12-22
左非 1	PL2-4	34	384.0	2013-08-15	17.45	2014-03-11	7.71	2015-08-03	12.66	9.74	12.43	2016-12-22
航 1 左	PL3-5	34	384.0	2013-06-28	18.79	2015-02-01	3.83	2013-06-29	13.49	14.96	14.86	2016-12-22
航 1 右	PL4-4	62	384.0	2013-06-28	17.26	2014-03-11	3.26	2013-07-01	12.23	14.00	14.42	2016-12-22
泄 1	PL5-5	34.5	384.0	2013-09-06	16.13	2014-01-29	4.68	2013-09-05	10.89	11.45	11.81	2016-12-22
泄 4	PL6-4	14.8	346.0	2012-12-31	14.89	2015-02-08	1.39	2013-06-20	9.25	13.50	11.60	2016-12-22
泄 10	PL7-2	14.8	346.0	2012-10-09	15.15	2016-02-24	−0.62	2012-10-11	9.17	15.77	11.06	2016-12-22
泄 13	PL8-4	34.5	384.0	2013-11-08	14.68	2016-02-24	4.92	2014-08-01	9.60	9.76	12.46	2016-12-22

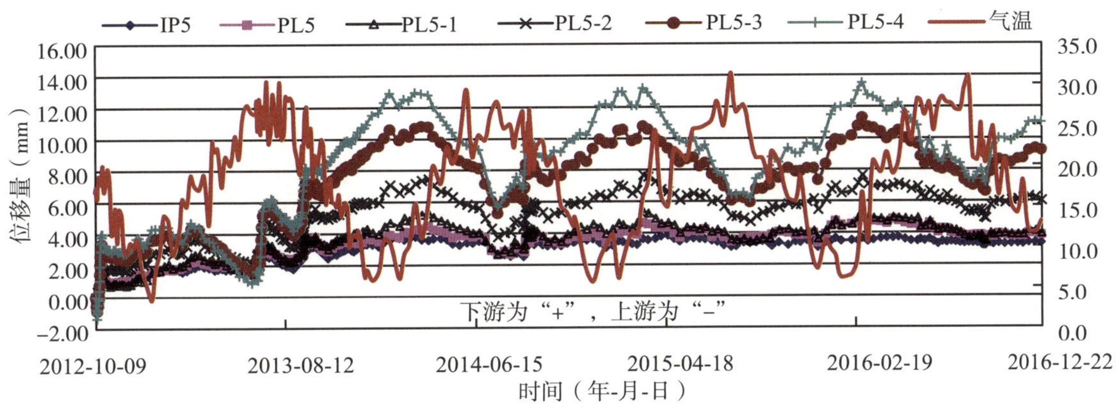

(a)泄 1 坝段垂线测点上下游方向位移过程线图

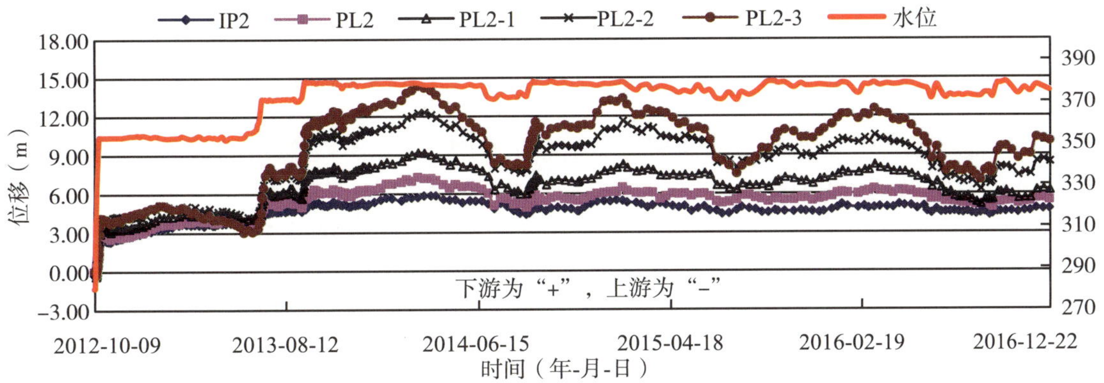

(b)左非 1 坝段垂线测点上下游方向位移过程线图

图 12.2-11 大坝正垂线部分坝段上下游方向位移过程线图

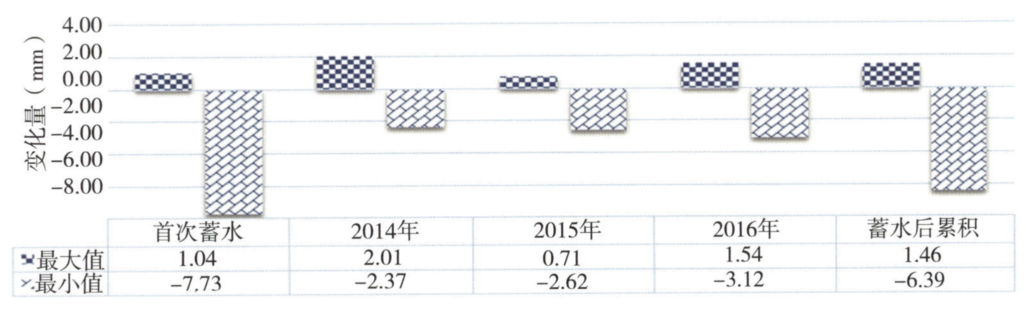

	首次蓄水	2014年	2015年	2016年	蓄水后累积
最大值	1.04	2.01	0.71	1.54	1.46
最小值	-7.73	-2.37	-2.62	-3.12	-6.39

图 12.2-12 大坝坝顶左右岸方向位移变化时序分布图

监测结果显示：

1)大坝坝顶水平位移主要发生在首次蓄水前，蓄水后测值呈周期性变化，与温度变化呈负相关性。

2)大坝坝顶左右岸方向主要表现为向右岸位移，首次蓄水期间变化量在－7.73(左非 1 坝段)～1.04mm，首次蓄水后坝顶左右岸水平位移变化在－6.39(航 1 左坝段)～1.46mm。

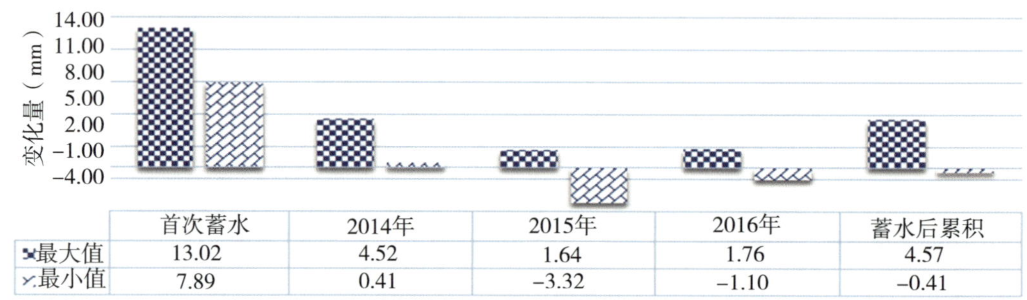

	首次蓄水	2014年	2015年	2016年	蓄水后累积
最大值	13.02	4.52	1.64	1.76	4.57
最小值	7.89	0.41	-3.32	-1.10	-0.41

图 12.2-13　大坝基础上下游方向位移变化时序分布图

3)大坝坝顶上下游方向主要表现为向下游位移，首次蓄水期间变化量在 7.89～13.02mm(左非 7 坝段)，首次蓄水后坝顶上下游水平位移变化在－0.41～4.57mm(泄 13 坝段)。

4)航 1 左坝顶部位相较于其他坝段左右岸方向位移较大，蓄水后平均年变化量为－2.10mm，应注意其后续变化。

5)泄 1 坝顶部位左右岸方向表现为向左岸位移，与其他坝段相反，其累积位移量为 2.50mm，蓄水后位移量为 1.50mm，应注意其后续变化。

(4)深层抗滑稳定分析

为兼顾泄洪坝段和厂房坝段坝基可能的深层抗滑监测的需要，在泄⑥、泄④、泄⑩、左厂④、左厂⑥和左厂⑧坝段各布置 2 条倒垂线形成倒垂线组，后续又在泄⑥、泄⑩及左厂⑧坝段增加 1 组倒垂线组。倒垂线组水平位移(上下游方向)特征值见表 12.2-5，倒垂线组水平位移(上下游方向)深层抗滑分析见图 12.2-14、图 12.2-15。

监测结果显示：

1)大坝倒垂线组均表现为深孔位移大于浅孔位移，未有明显深层滑动。

2)同一坝段上下游不同倒垂线组之间，上游侧倒垂线测点位移略大于下游侧倒垂线测点，下游倒垂线测点安装后至今位移在 2mm 以内，位移变化较小。

(5)蓄水期大坝水平位移变形

大坝历次 380.0m 蓄水期间水平位移特征值见表 12.2-6、表 12.2-7，蓄水期间水平位移变化见图 12.2-16 至图 12.2-19。

监测结果显示：

挡水坝段倒垂、正垂监测成果一致，与坝体受力及坝址地质条件相对应，较好地反映了坝体蓄水期的变形规律。蓄水初期因水位缓慢上升，坝体高部位变形滞后于低部位，随着水位的上升，高部位变形逐渐增大；蓄水到位后，高部位变形大于低部位；在水位稳定后，变形趋于稳定，并小幅回弹。

表 12.2-5　倒垂线组水平位移(上下游方向)特征值表

测点	部位	上下游桩号	孔深(m)	高程(m)	基准日期	最大值(mm)	日期	最小值(mm)	日期	平均值(mm)	变幅(mm)	当前值(mm)	日期
TL1	泄 4	坝下 0+006.5	13.2	210.0	2012-09-11	8.65	2015-04-22	0.02	2012-10-10	6.50	8.63	7.58	2016-12-22
TL2		坝下 0+005.0	71.3	210.0	2012-09-07	8.35	2015-03-21	−0.11	2012-10-10	6.37	8.46	7.77	2016-12-22
TL3	泄 6	坝下 0−013.5	89.7	210.0	2012-10-09	10.72	2016-01-12	−0.13	2012-10-10	8.10	10.85	10.39	2016-12-22
TL4		坝下 0−015.0	30.5	210.0	2012-10-09	10.45	2015-06-12	−0.07	2012-10-10	7.78	10.52	9.02	2016-12-22
IP14	泄 6	坝下 0+122.8	80.4	210.0	2013-09-06	2.44	2015-03-21	0.00	2013-09-05	1.54	2.44	1.92	2016-12-22
IP15		坝下 0+122.8	40	210.0	2013-09-06	1.62	2016-01-28	−0.10	2013-09-07	0.95	1.72	1.36	2016-12-22
TL5	泄 10	坝下 0+010.5	50	245.0	2012-10-09	5.13	2015-10-18	0.00	2012-10-09	3.22	5.13	4.30	2016-12-22
TL6		坝下 0+009.0	135	245.0	2012-10-09	7.92	2016-01-03	−0.07	2012-10-10	5.63	7.99	7.14	2016-12-22
IP16	泄 10	坝下 0+075.9	105.3	245.0	2013-09-27	1.96	2016-03-02	0.00	2013-09-27	1.26	1.96	1.09	2016-12-22
IP17		坝下 0+075.9	36	245.0	2013-09-27	1.40	2014-06-11	−0.03	2013-09-30	0.63	1.43	0.43	2016-12-22
IP7	厂 4	坝下 0+040.0	70	243.0	2012-06-14	6.67	2016-03-11	0.00	2012-06-14	4.54	6.67	6.17	2016-12-22
IP8		坝下 0+040.0	23.3	243.0	2012-06-14	6.57	2014-06-02	0.00	2012-06-14	4.42	6.57	5.62	2016-12-22
IP9	厂 8	坝下 0+040.0	78.4	243.0	2012-06-14	6.92	2014-05-01	−0.28	2012-10-10	4.81	7.20	6.30	2016-12-22
IP10		坝下 0+040.0	18.7	243.0	2012-06-14	6.20	2016-03-11	−0.25	2012-10-10	4.26	6.45	5.53	2016-12-22
IP18	厂 8	坝下 0+123.5	113.2	243.0	2014-03-11	0.71	2015-02-23	−0.93	2015-08-23	−0.07	1.64	−0.28	2016-12-22
IP19		坝下 0+123.5	33	243.0	2014-03-11	0.78	2015-02-23	−0.78	2015-09-02	0.03	1.56	−0.38	2016-12-22
IP12	厂 6	坝下 0+123.5	12.1	243.0	2012-06-14	0.91	2013-09-14	−0.07	2013-03-06	0.34	0.98	0.23	2016-12-22
IP13		坝下 0+123.5	23.5	243.0	2012-06-14	1.95	2013-09-15	0.00	2012-06-14	1.21	1.95	1.36	2016-12-22

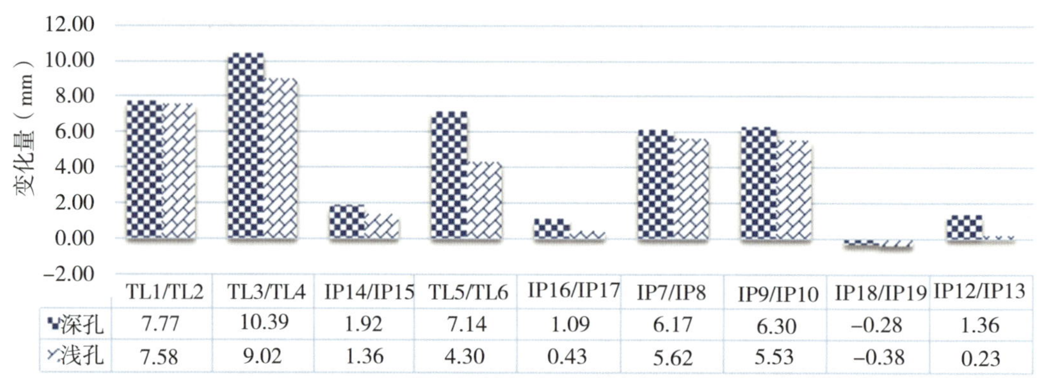

	TL1/TL2	TL3/TL4	IP14/IP15	TL5/TL6	IP16/IP17	IP7/IP8	IP9/IP10	IP18/IP19	IP12/IP13
深孔	7.77	10.39	1.92	7.14	1.09	6.17	6.30	−0.28	1.36
浅孔	7.58	9.02	1.36	4.30	0.43	5.62	5.53	−0.38	0.23

图 12.2-14　倒垂组上下游方向变形对比分析图

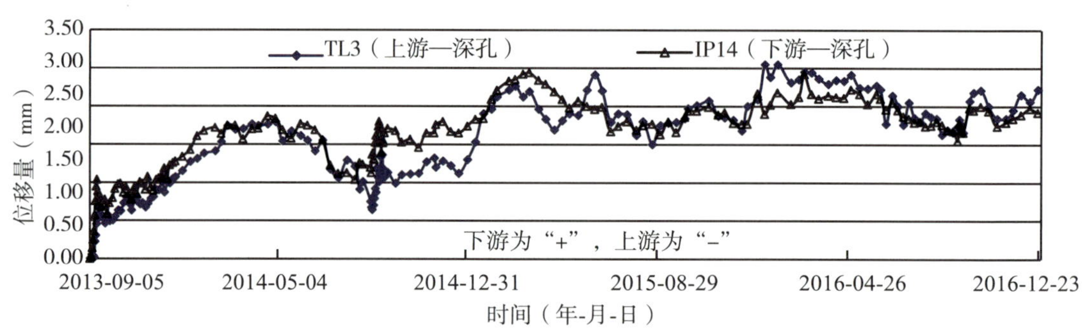

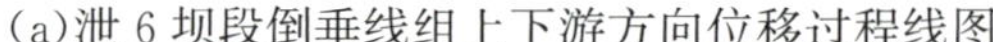

(a)泄 6 坝段倒垂线组上下游方向位移过程线图

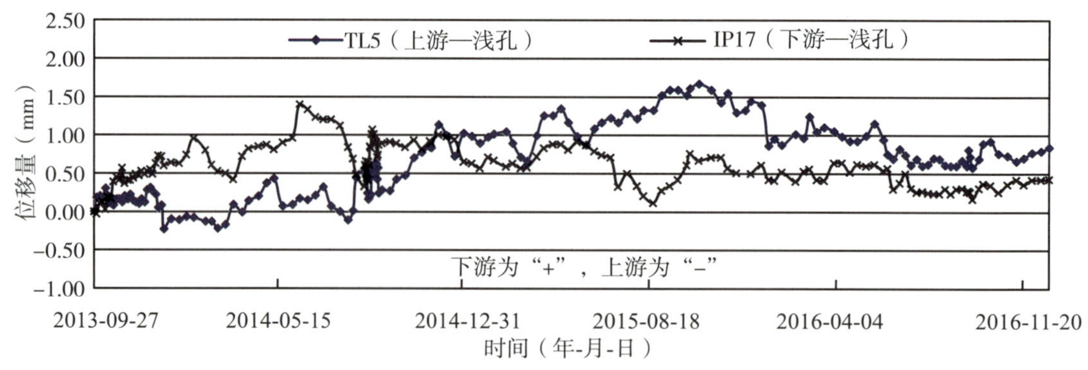

(b)泄 10 坝段倒垂线组上下游方向位移过程线图

图 12.2-15　同一坝段上下游两组倒垂线上下游方向变形过程线图

表 12.2-6　　大坝历次 380.0m 蓄水期间水平位移（X 方向）特征值表

部位		测点	孔深 (m)	高程 (m)	基准日期	首次蓄水 (mm)	13 年蓄水 (mm)	14 年蓄水 (mm)	15 年蓄水 (mm)	16 年蓄水 (mm)
坝顶	左非 7	PL1-3	34.0	384.0	2013-06-28	−3.8	0.1	−0.6	0.2	−0.2
	左非 1	PL2-4	34.0	384.0	2013-08-15	−7.7	−0.5	−0.1	0.7	−0.6
	航 1 左	PL3-5	34.0	384.0	2013-06-28	−2.4	1.0	0.0	0.3	0.0
	航 1 右	PL4-4	62.0	384.0	2013-06-28	−6.0	−0.9	−0.2	0.0	0.2
	泄 1	PL5-5	34.5	384.0	2013-09-06	1.0	−0.3	1.3	−0.3	0.7
	泄 4	PL6-4	14.8	346.0	2012-12-31	−0.7	0.4	0.3	1.1	0.2
	泄 6	PL9	28.8	243.0	2012-10-9	−1.5	0.1	−0.1	0.1	−0.1
	泄 10	PL7-2	14.8	346.0	2012-10-09	−1.4	−0.7	−0.6	−0.4	0.2
	泄 13	PL8-4	34.5	384.0	2013-11-08			−0.4	0.1	−1.2
坝基	左非 7	IP1	70.7	270.0	2012-08-21	−2.2	−0.1	0.0	0.1	−0.1
	左非 1	IP2	55.0	227.0	2012-06-14	−2.7	−0.5	−0.3	0.0	0.0
	航 1 左	IP3	70.5	227.0	2012-06-14	−1.8	0.1	0.0	0.0	−0.1
	航 1 右	IP4	64.0	220.0	2012-06-14	−3.1	0.0	−0.4	−0.1	0.0
	厂 4	IP7	33.3	282.0	2012-10-09	−1.4	−0.4	−0.3	−0.3	0.0
	厂 8	IP9	28.8	243.0	2012-10-09	−1.5	0.1	−0.1	0.1	−0.1
	泄 1	IP5	40.3	210.0	2012-06-14	0.0	−0.3	0.1	0.1	0.0
	泄 4	TL1	13.2	210.0	2012-09-11	0.0	0.1	−0.1	0.4	0.0
	泄 6	TL3	89.7	210.0	2012-10-09	−1.9	0.0	−0.2	0.1	−0.3
	泄 10	TL5	50.0	245.0	2012-10-09	−2.2	−0.3	−0.3	−0.5	0.0
	泄 13	IP6	100.0	245.0	2012-06-25	−1.1	−0.2	−0.4	−0.1	0.0

注：首次蓄水指首次 354.0sm 蓄水前至 2013 年 9 月蓄水至 380.0m 期间；13～16 年蓄水均值当年汛后的 370.0～380.0m 蓄水期间。

表 12.2-7 历次 380.0m 蓄水期间水平位移(Y 方向)特征值表

部位		测点	孔深	高程(m)	基准日期	首次蓄水(mm)	13 年蓄水(mm)	14 年蓄水(mm)	15 年蓄水(mm)	16 年蓄水(mm)
坝顶	左非 7	PL1-3	34	384.0	2013-06-28	13.02	5.56	2.83	1.51	1.33
	左非 1	PL2-4	34	384.0	2013-08-15	12.84	4.83	3.75	1.22	1.88
	航 1 左	PL3-5	34	384.0	2013-06-28	12.69	3.98	3.25	1.42	1.88
	航 1 右	PL4-4	62	384.0	2013-06-28	12.85	5.48	2.48	0.74	1.17
	泄 1	PL5-5	34.5	384.0	2013-09-06	8.85	4.17	3.43	2.05	1.75
	泄 4	PL6-4	14.8	346.0	2012-12-31	9.00	3.80	2.26	0.92	1.28
	泄 6	PL9	28.8	243.0	2012-10-09	8.02	1.01	0.49	0.01	0.52
	泄 10	PL7-2	14.8	346.0	2012-10-09	9.42	3.72	3.11	1.06	0.83
	泄 13	PL8-4	34.5	384.0	2013-11-08			1.98	2.26	1.27
坝基	左非 7	IP1	70.7	270.0	2012-08-21	5.17	0.68	0.48	−0.17	0.39
	左非 1	IP2	55	227.0	2012-06-14	5.26	0.45	0.49	−0.22	0.00
	航 1 左	IP3	70.5	227.0	2012-06-14	3.47	0.03	0.25	−0.22	0.13
	航 1 右	IP4	64	220.0	2012-06-14	5.54	0.79	0.26	−0.11	0.02
	厂 4	IP7	70	243.0	2012-06-14	5.23	0.85	0.52	0.16	0.32
	厂 8	IP9	78.4	243.0	2012-06-14	6.11	1.03	0.10	0.32	0.29
	泄 1	IP5	40.3	210.0	2012-06-14	3.50	0.80	0.80	0.10	0.00
	泄 4	TL1	13.2	210.0	2012-09-11	6.80	0.40	0.50	−0.10	0.20
	泄 6	TL3	89.7	210.0	2012-10-09	8.80	0.70	0.40	0.00	0.40
	泄 10	TL5	50.0	245.0	2012-10-09	3.10	0.10	−0.30	0.10	0.00
	泄 13	IP6	100	245.0	2012-06-25	3.84	0.39	0.24	0.22	0.12

注：首次蓄水指首次 354.0m 蓄水前至 2013 年 9 月蓄水至 380.0m 期间；13～16 年蓄水均值当年汛后的 370.0～380.0m 蓄水期间。

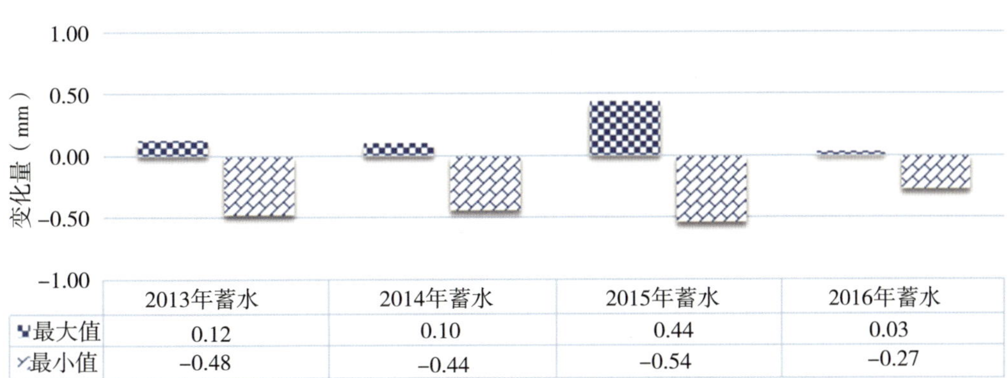

	2013年蓄水	2014年蓄水	2015年蓄水	2016年蓄水
最大值	0.12	0.10	0.44	0.03
最小值	−0.48	−0.44	−0.54	−0.27

图 12.2-16　历次 380.0m 蓄水期间坝基左右岸方向位移变化

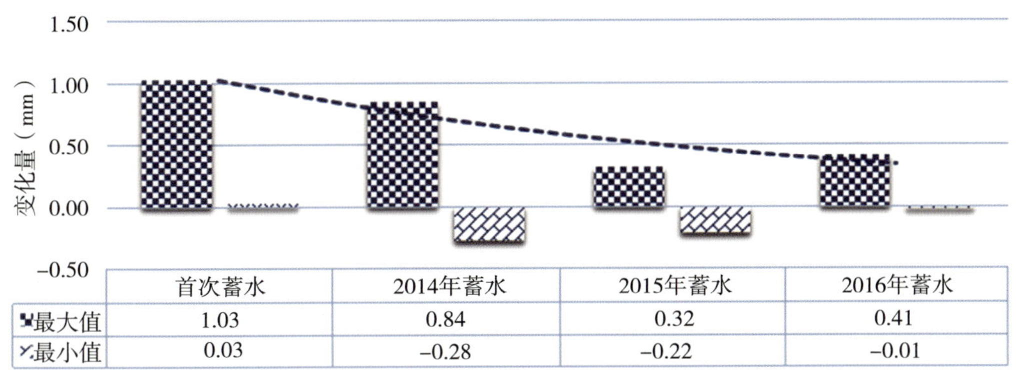

	首次蓄水	2014年蓄水	2015年蓄水	2016年蓄水
最大值	1.03	0.84	0.32	0.41
最小值	0.03	−0.28	−0.22	−0.01

图 12.2-17　历次 380.0m 蓄水期间坝基上下游方向位移变化

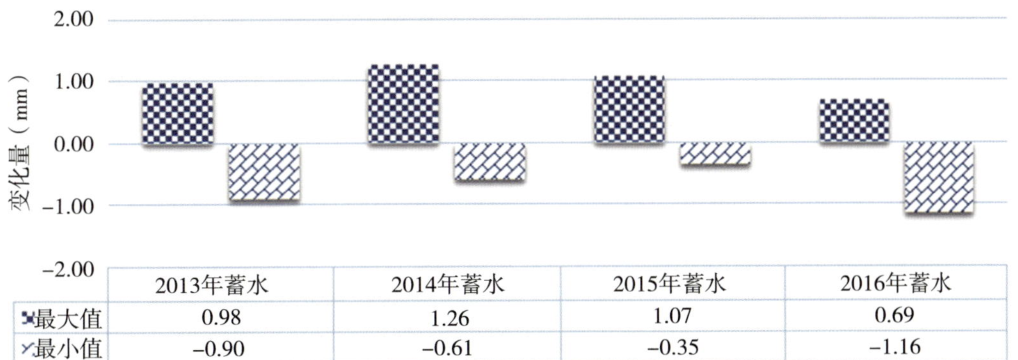

	2013年蓄水	2014年蓄水	2015年蓄水	2016年蓄水
最大值	0.98	1.26	1.07	0.69
最小值	−0.90	−0.61	−0.35	−1.16

图 12.2-18　历次 380.0m 蓄水期间坝顶左右岸方向位移变化

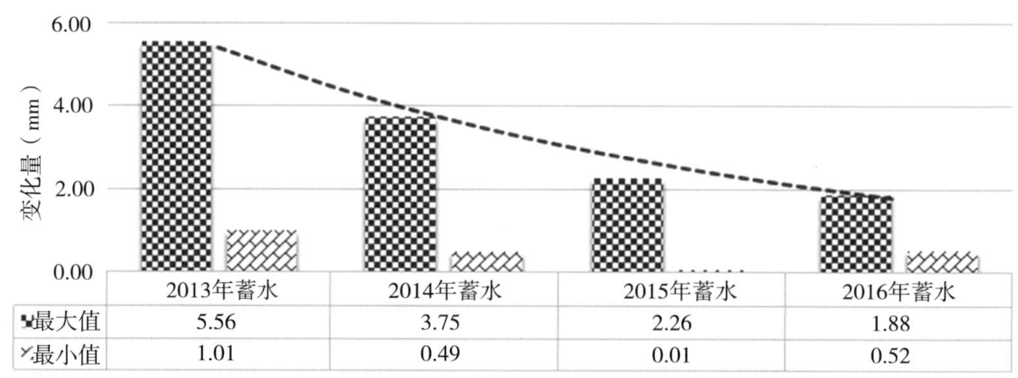

	2013年蓄水	2014年蓄水	2015年蓄水	2016年蓄水
最大值	5.56	3.75	2.26	1.88
最小值	1.01	0.49	0.01	0.52

图 12.2-19　历次 380.0m 蓄水期间坝顶上下游方向位移变化

比较 2013—2016 年历次 380.0m 蓄水期间水平位移监测成果，坝顶上下游方向最大位移由 5.56mm 降低到 1.88mm，坝基上下游方向最大位移由 1.03mm 降低至 0.41mm。大坝水平位移在蓄水期间的变化量呈逐年递减趋势，表明大坝变形逐渐趋于稳定。

12.2.1.2　垂直位移监测

位移量符号规定：垂直位移 H 下沉为正；反之为负。

大坝挡水一线各高程垂直测点累积位移主要表现为沉降变形，累积最大沉降量 64.06mm，位于高程 210m 廊道厂 1 坝段。

航①～泄⑪坝段高程 210.0m～220.0m 基础廊道共安装 24 个静力水准点，用 L40 的精密水准成果对其进行改正，静力水准当前值是与之对应精密水准测点数据衔接后的累积位移量。截至 2016 年 12 月，各监测点累积位移均表现为向下沉降位移，累积最大沉降量为 64.06mm(测点 0SLC0101，厂 1 坝段，2010 年 12 月取基准值)。

航①～右非②坝段高程 238.0～245.0m 基础廊道共安装 51 个静力水准点，用 1LDR0201 的精密水准成果对其进行改正，静力水准当前值是与之对应精密水准测点数据衔接后的累积位移量。截至 2016 年 12 月，各监测点累积位移均表现为向下沉降位移，累积最大沉降量为 31.56mm(测点 1SLC0602，厂 6 坝段，2011 年 9 月取基准值)。

左非⑤～右非②坝段高程 253.0～260.0m 基础廊道共安装 23 个静力水准点，于 2013 年 6 月 24 日取得基准值，分别用 2LDH0102 和 2LDR0201 的精密水准成果对其进行改正，静力水准当前值是与之对应精密水准测点数据衔接后的累积位移量。截至 2016 年 12 月，各监测点均表现为向下沉降位移，累积最大位移量为 12.72mm(测点 2SLC0602，厂 6 坝段，2012 年 9 月取基准值)。

左非⑧～右非②坝段高程 282.0～287.0m 基础廊道共安装 54 个静力水准点，于 2014 年 7 月 4—11 日取得基准值，分别用 3LDH0101 和 3LDR0101 的精密水准成果对其进行改正，静力水准当前值是与之对应精密水准测点数据衔接后的累积位移量。截至 2016 年 12

月，各监测点累积位移均表现为向下沉降位移，累积最大位移量为 16.20mm（测点 3SLC0602，厂 6 坝段，2012 年 9 月取基准值）。

左非⑩～右非③坝段高程 322.0～328.5m 基础廊道共安装 54 个静力水准点（▽328.5m 中孔操作廊道安装 12 个测点，于 2015 年 10 月 4 日取得基准值），其他部位测点于 2013 年 6 月 24 日取得基准值，分别用 4LDH0102 和 4LDR0201 的精密水准成果对其进行改正，静力水准当前值是与之对应精密水准测点数据衔接后的累积位移量。截至 2016 年 12 月，各监测点累积位移主要表现为向下沉降位移，累积最大位移量为 9.77mm（测点 4SLK0101，冲 1 坝段，2012 年 10 月取基准值）。

高程 384.0m 坝顶左非 18～右非 8 坝段共安装 58 个静力水准点，目前航 1 右～右非 8 坝段静力水准点已于 2014 年 7 月 21 日取得基准值（测点 5SLC0402 取消安装），左非 18～航 1 左坝段静力水准点于 2015 年 12 月安装完成，于 2015 年 12 月 5 日取得基准值。高程 384.0m 坝顶静力水准分别用测点 5LDX1201 和 5LDH0102 的精密水准成果对其进行改正，静力水准当前值是与之对应精密水准测点数据衔接后的累积位移量。截至 2016 年 12 月，当前高程 384.0m 坝顶各监测点累积位移主要表现为向下沉降位移，累积最大位移量为 14.89mm（测点 5SLL0701，左非 7 坝段，2011 年 10 月取基准值）。

(1)坝基沉降分析

坝基廊道包括 210.0m 廊道和 243.0m 廊道，典型测点特征值见表 12.2-8、表 12.2-9，典型测点过程线和沉降变化见图 12.2-20 至图 12.2-26。

监测结果显示：

1)高程 210.0m 廊道于 2010 年 12 月取得基准值，坝踵最大沉降量为 64.06mm（厂 1 坝段）；高程 243.0m 廊道于 2011 年 9 月取得基准值，坝踵最大沉降量为 29.47mm（厂 1 坝段）。

2)沉降变形主要发生在大坝浇筑期间，大坝浇筑结束后，210.0m 基础廊道沉降量变化在±2.84mm 以内，243.0m 基础廊道沉降量变化在±3.88mm 以内，变化量均较小。

3)大坝浇筑到顶之后至 2014 年底，坝踵表现出较小的向上位移趋势，抬升量在 −0.75～−4.84mm，分析认为可能与蓄水有关。此后，大坝主要表现为沉降位移趋势，年平均沉降量在 1.8mm 以内。

4)沉降分布主要表现为河床部位最大，往岸坡坝段沉降量逐渐减小的趋势。

5)基础坝踵部位相邻坝段间不均匀沉降较小，除 210.0m 廊道航 1 坝段和厂 1 坝段间沉降差为 3.38mm 以外，其余坝段间沉降差均在 2.35mm 以内。

6)坝踵沉降量略大于坝趾，差值在 0.82～3.37mm。

(2)坝顶沉降分析

坝顶沉降位移特征值见表 12.2-10，沉降位移分布图和沉降变化见图 12.2-27 至图 12.2-31。

表 12.2-8　　210.0m 基础廊道坝踵部位沉降位移特征值表

位置	沉降点	基准时间	最大值（mm）	日期	最小值（mm）	日期	平均值（mm）	当前值（mm）	日期	相邻坝段沉降差（mm）
航 1	L40	2010-12-30	49.08	2014-01-09	0.00	2010-12-30	45.92	47.74	2016-12-12	/
厂 8	L39	2010-12-30	51.52	2016-07-23	0.00	2010-12-30	47.52	51.12	2016-12-12	3.38
厂 7	L38	2010-12-30	53.19	2014-01-09	0.00	2010-12-30	50.59	52.04	2016-12-12	0.92
厂 6	L37	2010-12-30	55.09	2014-01-09	0.00	2010-12-30	51.78	53.97	2016-12-12	1.92
厂 5	L36	2010-12-30	57.41	2014-01-09	0.00	2010-12-30	54.12	56.27	2016-12-12	2.30
厂 4	L35	2010-12-30	59.47	2013-11-25	0.00	2010-12-30	56.33	58.32	2016-12-12	2.06
厂 3	L34	2010-12-30	61.72	2014-01-09	0.00	2010-12-30	58.47	60.58	2016-12-12	2.25
厂 2	L33	2010-12-30	64.07	2013-09-08	0.00	2010-12-30	61.56	62.92	2016-12-12	2.35
厂 1	L32	2010-12-30	66.59	2013-09-08	0.00	2010-12-30	62.49	64.06	2016-12-12	1.13
泄 1	L31	2013-04-05	2.70	2013-09-09	−7.48	2013-06-10	−1.20	−2.30	2016-12-12	/
泄 2	L30	2011-03-10	59.99	2013-08-28	0.00	2010-12-30	57.09	58.46	2016-12-12	−0.80
泄 3	L4	2011-03-10	59.63	2013-08-28	0.00	2010-12-30	55.91	58.47	2016-12-12	0.01
泄 4	L5	2011-03-10	60.51	2013-08-28	0.00	2010-12-30	54.31	58.28	2016-12-12	−0.20
泄 5	L6	2011-03-10	58.93	2014-01-09	0.00	2010-12-30	48.78	57.46	2016-12-12	−0.81
泄 6	L7	2011-03-10	58.86	2013-08-28	0.00	2010-12-30	50.73	56.16	2016-12-12	−1.30

表 12.2-9　**243.0m 基础廊道坝踵部位沉降位移特征值表**　(单位:mm)

位置	沉降点	基准时间	最大值(mm)	日期	最小值(mm)	日期	平均值(mm)	当前值(mm)	日期	相邻坝段沉降差(mm)
泄 7	1LDX0701	2011-10-15	29.10	2013-12-16	0.00	2011-10-01	25.57	26.30	2016-12-12	/
泄 6	1LDX0601	2011-10-15	30.28	2013-08-30	0.00	2011-10-01	26.15	26.38	2016-12-12	0.08
泄 5	1LDX0501	2013-04-17	31.25	2013-08-30	0.00	2011-10-01	27.49	27.24	2016-12-12	0.85
泄 4	1LDX0401	2011-10-15	31.08	2013-08-30	0.00	2011-10-01	27.39	27.25	2016-12-12	0.02
泄 3	1LDX0301	2011-10-15	30.73	2013-03-14	0.00	2011-10-01	26.41	26.13	2016-12-12	−1.12
泄 2	1LDX0201	2013-04-17	30.95	2016-07-12	0.00	2011-10-01	27.84	27.77	2016-12-12	1.63
泄 1	1LDX0101	2011-10-15	30.52	2013-08-30	0.00	2011-10-01	27.24	27.60	2016-12-12	−0.17
厂 1	1LDC0101	2011-09-18	32.78	2013-03-14	0.00	2011-09-01	29.02	29.47	2016-12-12	1.87
厂 2	1LDC0201	2011-09-18	32.33	2013-03-14	0.00	2011-09-01	28.83	29.25	2016-12-12	−0.21
厂 3	1LDC0301	2011-09-18	31.20	2014-01-10	0.00	2011-09-01	28.20	28.45	2016-12-12	−0.80
厂 4	1LDC0401	2011-09-18	31.08	2013-09-03	0.00	2011-09-01	27.62	28.11	2016-12-12	−0.34
厂 5	1LDC0501	2011-09-18	29.92	2014-01-10	0.00	2011-09-01	26.82	27.32	2016-12-12	−0.79
厂 6	1LDC0601	2011-09-18	29.44	2014-01-10	0.00	2011-09-01	26.23	26.79	2016-12-12	−0.54
厂 7	1LDC0701	2011-09-18	28.98	2014-01-10	0.00	2011-09-01	25.59	25.29	2016-12-12	−1.50
厂 8	1LDC0801	2011-09-18	28.66	2014-01-10	0.00	2011-09-01	25.49	26.27	2016-12-12	0.99
航 1	1LDH0101	2011-09-18	29.16	2014-01-10	0.00	2011-09-01	26.08	26.83	2016-12-12	0.55

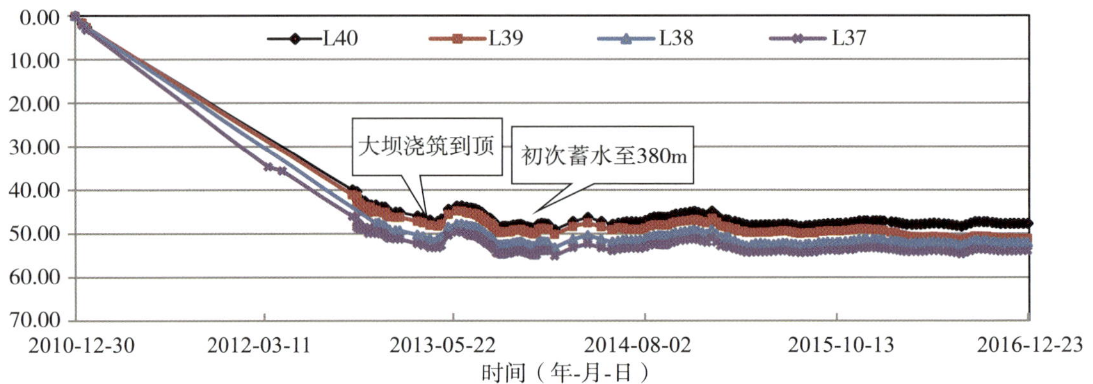

图 12.2-20　210.0m 廊道典型坝段坝踵部位沉降位移过程线

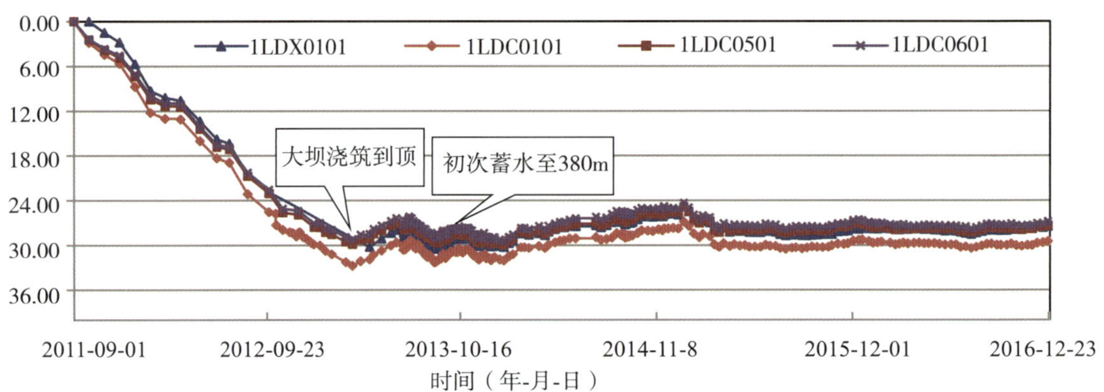

图 12.2-21　243.0m 廊道典型坝段坝踵部位沉降位移过程线

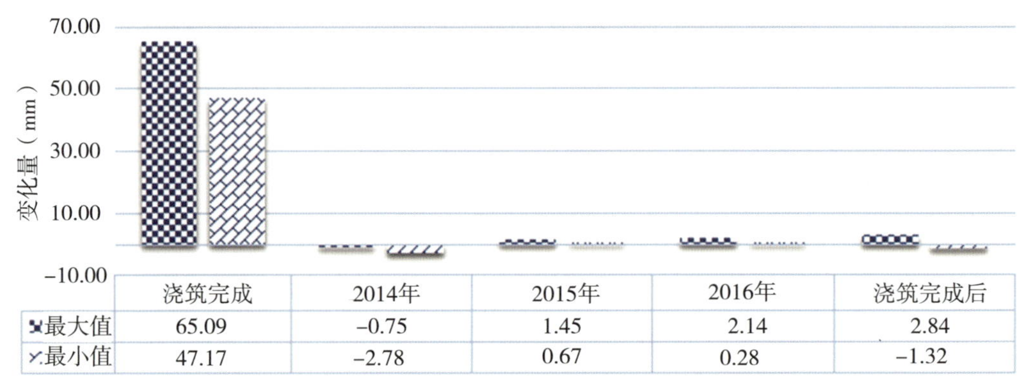

	浇筑完成	2014年	2015年	2016年	浇筑完成后
最大值	65.09	-0.75	1.45	2.14	2.84
最小值	47.17	-2.78	0.67	0.28	-1.32

图 12.2-22　大坝浇筑完成后 210.0m 廊道沉降时序分布

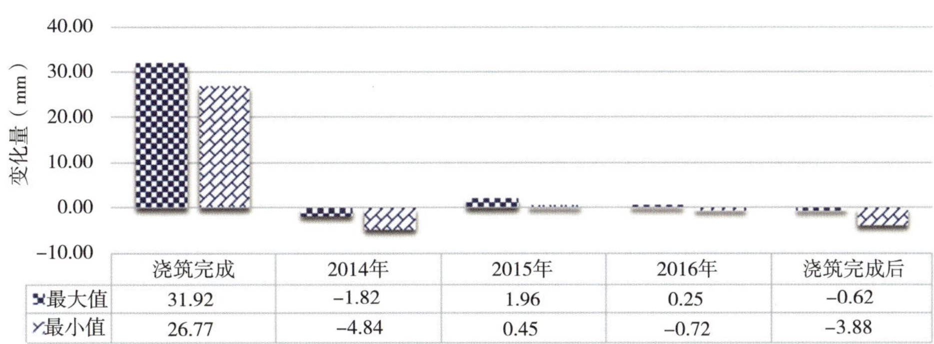

	浇筑完成	2014年	2015年	2016年	浇筑完成后
最大值	31.92	-1.82	1.96	0.25	-0.62
最小值	26.77	-4.84	0.45	-0.72	-3.88

图 12.2-23　大坝浇筑完成后 243.0m 廊道沉降时序分布

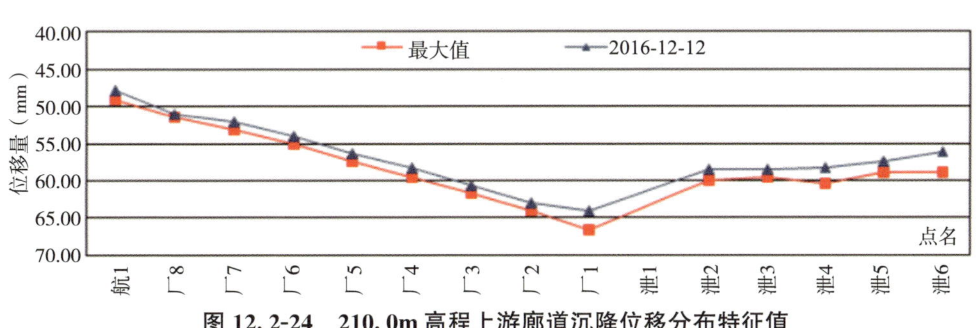

图 12.2-24　210.0m 高程上游廊道沉降位移分布特征值

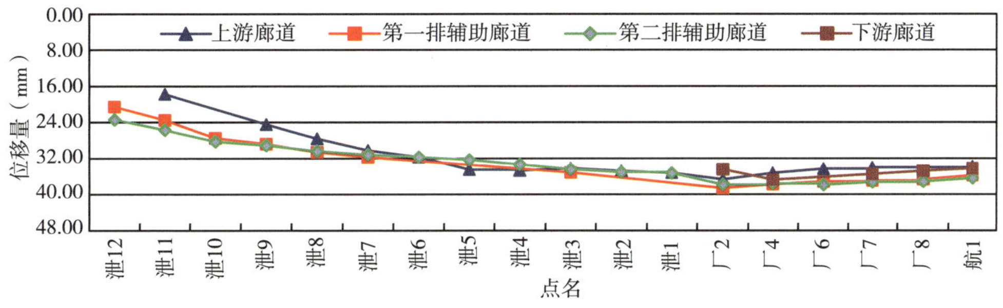

图 12.2-25　大坝 243.0m 坝基上下游各层廊道垂直位移分布

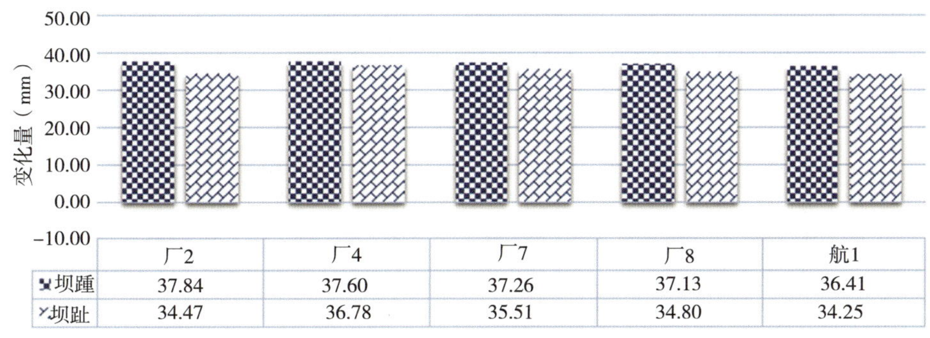

	厂2	厂4	厂7	厂8	航1
坝踵	37.84	37.60	37.26	37.13	36.41
坝趾	34.47	36.78	35.51	34.80	34.25

图 12.2-26　大坝坝基廊道坝踵—坝趾沉降分布

表 12.2-10　坝顶沉降位移特征值表

位置	精密水准测点	基准时间	最大值(mm)	日期	最小值(mm)	日期	平均值(mm)	当前值(mm)	相邻坝段沉降差(mm)	日期
左坝头	5LDL1901	2011-10-07	2.30	2012-04-14	−5.62	2013-05-22	−0.23	−3.73	/	2016-12-28
左非 18	5LDL1801	2011-10-07	3.34	2012-10-14	−3.39	2013-05-28	1.11	−1.41	2.32	2016-12-28
左非 17	5LDL1701	2011-10-07	4.33	2012-10-14	−2.26	2013-06-27	1.91	0.15	1.56	2016-12-28
左非 16	5LDL1601	2011-10-07	5.39	2012-10-12	−0.90	2013-06-29	2.82	1.69	1.54	2016-12-28
左非 15	5LDL1501	2011-10-07	6.04	2012-10-12	−0.04	2013-06-27	3.59	3.71	2.02	2016-12-28
左非 14	5LDL1401	2011-10-07	6.66	2012-10-14	0.00	2011-10-07	4.13	3.71	0.00	2016-12-28
左非 13	5LDL1301	2011-10-07	7.49	2012-10-14	0.00	2011-10-07	4.73	3.43	−0.28	2016-12-28
左非 12	5LDL1201	2011-10-07	7.82	2012-10-14	0.00	2011-10-07	4.76	2.79	−0.64	2016-12-28
左非 11	5LDL1101	2011-10-07	8.88	2012-10-14	0.00	2011-10-07	5.39	2.76	−0.03	2016-12-28
左非 10	5LDL1001	2011-10-07	10.60	2012-10-14	0.00	2011-10-07	6.51	3.96	1.20	2016-12-28
左非 9	5LDL0901	2011-10-07	12.20	2012-10-14	0.00	2011-10-07	7.77	7.13	3.17	2016-12-28
左非 8	5LDL0801	2011-10-07	14.43	2012-10-14	0.00	2011-10-07	9.41	10.33	3.20	2016-12-28
左非 7	5LDL0701	2011-10-07	16.81	2012-10-14	0.00	2011-10-07	11.14	13.49	3.16	2016-12-28
左非 6	5LDL0601	2013-03-25	3.30	2015-08-21	−1.60	2013-07-06	0.71	1.26	1.26	2016-12-28
左非 5	5LDL0501	2013-03-25	3.38	2015-08-21	−1.67	2013-07-06	0.74	1.35	0.09	2016-12-28
左非 4	5LDL0401	2013-03-25	3.59	2015-08-21	−1.58	2013-07-06	0.86	1.60	0.26	2016-12-28
左非 3	5LDL0301	2013-03-25	3.64	2015-08-21	−1.71	2013-07-06	0.89	1.94	0.34	2016-12-28
左非 2	5LDL0201	2013-03-25	4.35	2015-08-21	−1.48	2013-07-06	1.17	2.66	0.72	2016-12-28
左非 1	5LDL0101	2013-03-25	4.78	2015-07-23	−1.35	2013-07-06	1.34	3.14	0.47	2016-12-28
冲 1	5LDK0101	2013-03-25	4.70	2015-08-21	−1.27	2013-07-12	1.06	3.29	0.16	2016-12-28
航 1 左	5LDH0102	2013-03-25	4.82	2015-08-21	0.00	2011-10-07	3.18	2.72	−0.57	2016-12-28

续表

位置	精密水准测点	基准时间	最大值（mm）	日期	最小值（mm）	日期	平均值（mm）	当前值（mm）	相邻坝段沉降差（mm）	日期
航 1 右	5LDH0101	2013-06-18	5.04	2015-08-21	−1.03	2013-07-06	1.83	3.07	0.35	2016-12-28
厂 8	5LDC0801	2013-06-18	4.80	2015-07-23	−0.97	2013-07-06	1.54	3.35	0.27	2016-12-28
厂 7	5LDC0701	2013-06-18	4.74	2015-07-23	−1.03	2013-07-06	1.43	3.02	−0.33	2016-12-28
厂 6	5LDC0601	2013-06-18	4.57	2015-07-23	−1.15	2013-07-06	1.38	2.93	−0.09	2016-12-28
厂 5	5LDC0501	2013-06-18	4.46	2015-07-23	−0.94	2013-07-06	1.35	2.85	−0.07	2016-12-28
厂 4	5LDC0401	2013-06-18	4.30	2015-07-23	−1.04	2013-07-06	1.22	2.16	−0.69	2016-12-28
厂 3	5LDC0301	2013-06-18	4.30	2015-07-23	−1.15	2013-07-06	1.21	2.39	0.23	2016-12-28
厂 2	5LDC0201	2013-06-18	4.43	2015-07-23	−1.03	2013-07-06	1.27	2.42	0.03	2016-12-28
厂 1	5LDC0101	2013-06-18	3.50	2014-07-23	−1.07	2013-07-06	1.05	/	/	/
泄 1	5LDX0101	2013-06-18	4.48	2015-07-23	−0.97	2013-07-06	1.16	1.91	/	2016-12-28
泄 2	5LDX0201	2013-06-18	3.91	2015-07-23	−1.00	2013-07-06	1.01	1.33	−0.58	2016-12-28
泄 3	5LDX0301	2013-06-18	3.60	2015-07-23	−0.81	2013-07-06	1.05	1.23	−0.10	2016-12-28
泄 4	5LDX0401	2013-06-18	3.35	2015-07-23	−0.79	2013-07-06	0.97	0.99	−0.24	2016-12-28
泄 5	5LDX0501	2013-06-18	2.93	2015-07-23	−0.81	2013-07-06	0.90	0.64	−0.35	2016-12-28
泄 6	5LDX0601	2013-06-18	3.03	2015-07-23	−0.84	2013-07-06	0.87	0.67	0.04	2016-12-28
泄 7	5LDX0701	2013-06-18	3.28	2015-07-23	−0.70	2013-07-06	1.20	1.17	0.50	2016-12-28
泄 8	5LDX0801	2013-06-18	2.51	2015-07-23	−0.88	2013-07-06	0.75	0.26	−0.91	2016-12-28
泄 9	5LDX0901	2013-06-18	2.22	2014-04-15	−0.86	2013-07-06	0.61	−0.16	−0.42	2016-12-28
泄 10	5LDX1001	2013-06-18	1.94	2014-06-28	−0.95	2013-07-06	0.51	−0.24	−0.08	2016-12-28
泄 11	5LDX1101	2013-06-18	1.71	2014-04-15	−0.88	2016-12-28	0.37	−0.88	−0.64	2016-12-28
泄 12	5LDX1201	2013-06-18	1.76	2015-08-21	−1.32	2014-11-24	0.49	−0.50	0.38	2016-12-28

续表

位置	精密水准测点	基准时间	最大值（mm）	日期	最小值（mm）	日期	平均值（mm）	当前值（mm）	相邻坝段沉降差（mm）	日期
泄 13	5LDX1301	2013-06-18	2.61	2015-08-21	−0.75	2013-07-06	1.07	0.36	0.86	2016-12-28
右非 1	5LDR0101	2013-06-18	2.41	2015-07-23	−0.63	2013-07-06	1.18	1.07	0.71	2016-12-28
右非 2	5LDR0201	2013-06-18	2.72	2013-11-25	−0.21	2013-06-19	1.46	1.49	0.42	2016-12-28
右非 3	5LDR0301	2013-06-18	3.02	2013-11-09	−0.41	2013-07-06	1.58	1.66	0.17	2016-12-28
右非 4	5LDR0401	2013-06-18	3.18	2013-11-25	−0.49	2013-07-06	1.72	1.77	0.11	2016-12-28
右非 5	5LDR0501	2013-06-18	3.13	2013-11-25	−0.47	2013-07-06	1.52	1.43	−0.34	2016-12-28
右非 6	5LDR0601	2013-06-18	2.81	2013-11-25	−0.40	2013-07-06	1.43	0.98	−0.45	2016-12-28
右非 7	5LDR0701	2013-06-18	2.48	2013-11-09	−0.23	2013-06-19	1.14	−0.16	−1.14	2016-12-28
右非 8	5LDR0801	2013-06-18	2.47	2013-11-25	−0.37	2013-07-06	1.14	−0.18	−0.02	2016-12-28

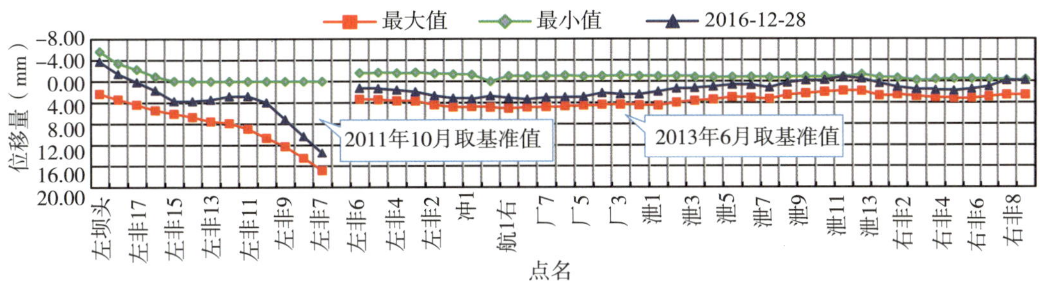

图 12.2-27　384.0m 坝顶沉降位移分布图

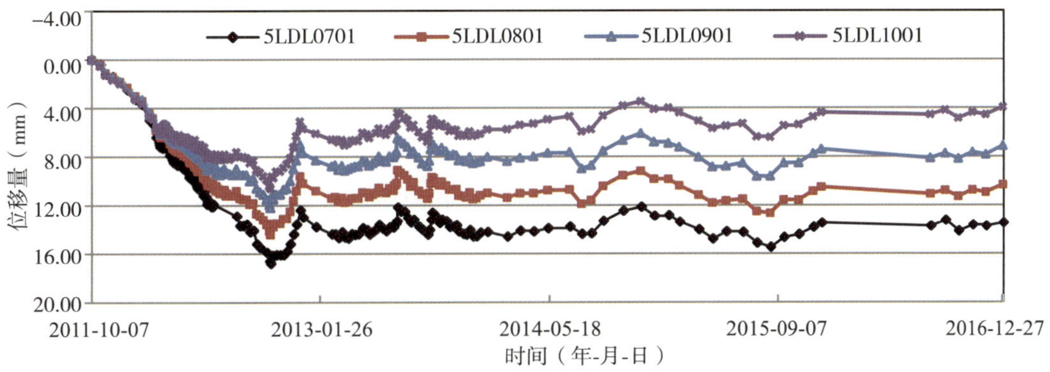

图 12.2-28　左非 18～左非 7 坝顶典型测点过程线图

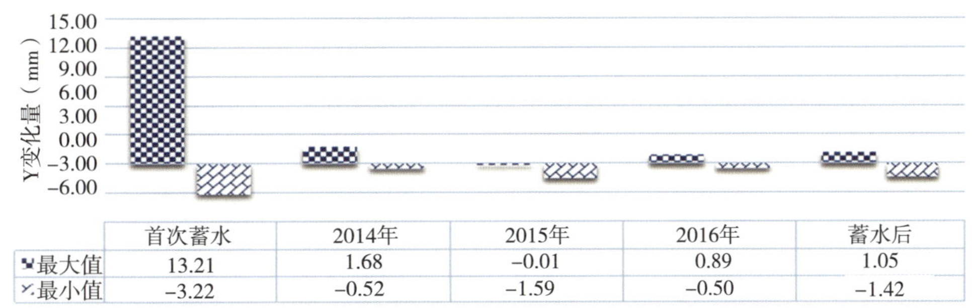

	首次蓄水	2014年	2015年	2016年	蓄水后
最大值	13.21	1.68	-0.01	0.89	1.05
最小值	-3.22	-0.52	-1.59	-0.50	-1.42

图 12.2-29　左非 18～左非 7 坝顶沉降时序分布图

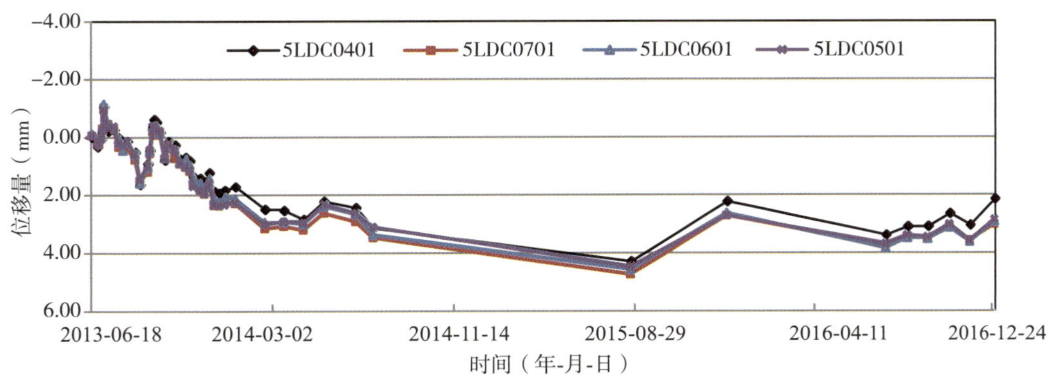

图 12.2-30　左非 18～左非 7 坝顶典型测点过程线图

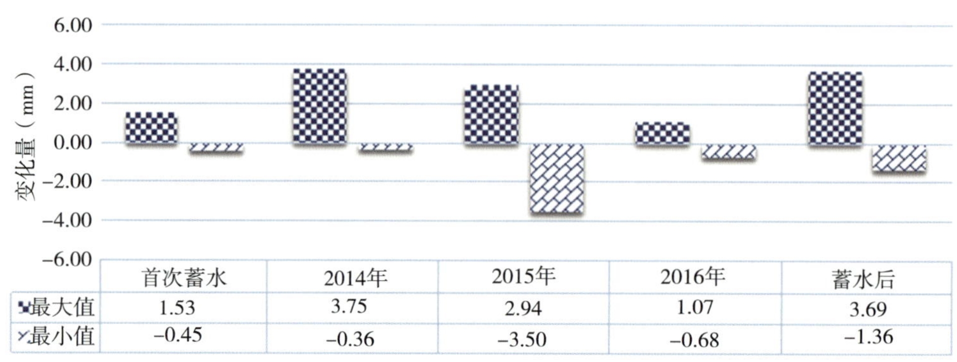

	首次蓄水	2014年	2015年	2016年	蓄水后
最大值	1.53	3.75	2.94	1.07	3.69
最小值	-0.45	-0.36	-3.50	-0.68	-1.36

图 12.2-31　左非 6～右非 8 坝顶沉降时序分布图

监测结果显示：

1）左非 18～左非 7 坝顶垂直位移于 2011 年 10 月取得基准值，当前累计沉降量在－3.73～13.49mm，除左非 18 和左坝头外，均表现为沉降变形，且沉降变形主要发生在施工结束后初期。

2）左非 6～右非 8 坝顶垂直位移于 2013 年 6 月取得基准值，当前累计沉降量在－0.88～3.35mm，变化量较小。

3）总体来说，蓄水后至今坝顶沉降量较小，变化量在－1.42～3.69mm。

4）坝顶部位相邻坝段间不均匀沉降较小，其中左非 18～左非 7 坝顶相邻坝段沉降差在－0.64～3.20mm，左非 6～右非 8 坝顶相邻坝段沉降差在－1.14～1.26mm。

（3）坝体倾斜分析

高程 384.0m 坝顶左非③～左坝头坝段倾斜位移监测点布置以坝段为单元，沿坝段中线各布设 1 组（2 点）水准点，坝体前排水准点用于沉降观测，配合后排进行倾斜观测。按设计要求倾斜观测采用单站同尺到点方式进行，位移量符号规定：向下游倾斜为正。

高程 384.0m 坝顶倾斜观测特征值统计见表 12.2-11，典型测点过程线见图 12.2-32，监测点特征值分布见图 12.2-33。

监测结果显示：

截至 2015 年 12 月（2016 年停测），高程 384.0m 坝顶左非③～左坝头坝段倾斜监测点位移各坝段变形均较小，因左坝头为与岸坡结合坝段，盖重较薄，受前期补强灌浆施工影响较大，其倾斜量略大，为－96.99″（5LDL1901～5LDL1902，左坝头，2011 年 10 月首测），倾斜变形主要发生在 2013 年以前，灌浆施工结束后，倾斜变形稳定；其他测点倾斜变化量在－30.44″～34.30″，倾斜较小。

表 12.2-11　　高程 384.0m 坝顶倾斜观测特征值统计表

测点	部位	基准日期	最大值(mm)	日期	最小值(mm)	日期	平均值(mm)	变幅(mm)	当前值(mm)	日期	备注
5LDL1901～5LDL1902	左坝头	2011-10-07	8.93	2011-10-25	−100.06	2014-12-21	−50.18	108.99	−96.99	2015-12-22	停测
5LDL1801～5LDL1802	左非⑱	2011-10-07	7.19	2011-10-25	−27.47	2012-10-06	−8.51	34.66	−19.34	2015-12-22	停测
5LDL1701～5LDL1702	左非⑰	2011-10-07	29.12	2012-07-03	−2.43	2012-01-20	16.22	31.55	20.38	2015-12-22	停测
5LDL1601～5LDL1602	左非⑯	2011-10-07	42.80	2015-02-12	−2.38	2012-01-20	23.79	45.19	30.16	2015-12-22	停测
5LDL1501～5LDL1502	左非⑮	2011-10-07	46.09	2015-02-12	−1.79	2012-01-06	22.51	47.87	34.30	2015-12-22	停测
5LDL1401～5LDL1402	左非⑭	2011-10-07	41.86	2013-02-26	0	2011-10-07	30.36	41.86	28.25	2015-12-22	停测
5LDL1301～5LDL1302	左非⑬	2011-10-07	31.53	2015-02-12	−2.89	2012-02-11	8.87	34.43	20.11	2015-12-22	停测
5LDL1201～5LDL1202	左非⑫	2011-10-07	37.16	2015-02-12	−2.93	2012-04-30	9.24	40.08	25.75	2015-12-22	停测
5LDL1101～5LDL1102	左非⑪	2011-10-07	19.79	2015-02-12	−22.95	2013-03-18	−3.67	42.74	8.89	2015-12-22	停测
5LDL1001～5LDL1002	左非⑩	2011-10-07	7.48	2015-02-12	−37.40	2013-03-18	−11.20	44.88	−1.01	2015-12-22	停测
5LDL0901～5LDL0902	左非⑨	2011-10-07	19.10	2013-12-24	−28.73	2013-06-05	−5.19	47.83	6.32	2015-12-22	停测
5LDL0801～5LDL0802	左非⑧	2011-10-07	26.86	2015-02-12	−18.80	2013-06-05	−0.38	45.66	11.95	2015-12-22	停测
5LDL0701～5LDL0702	左非⑦	2011-10-07	16.58	2012-03-04	−62.50	2013-06-05	−11.62	79.08	−30.44	2015-12-22	停测
5LDL0601～5LDL0602	左非 6	2013-07-02	30.73	2015-02-12	−0.83	2015-05-21	12.60	31.56	17.58	2015-12-22	停测
5LDL0301～5LDL0302	左非 3	2013-07-02	29.64	2015-02-12	−2.21	2015-05-21	12.01	31.85	15.72	2015-12-22	停测

注：位移方向向下游倾斜为正。

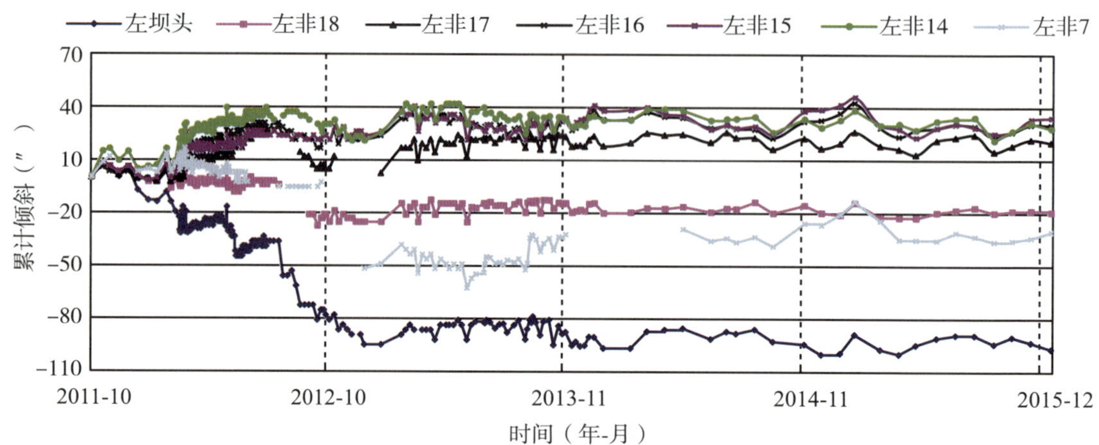

图 12.2-32　高程 384.0m 坝顶左非③～左坝头坝段倾斜监测典型测点过程线图

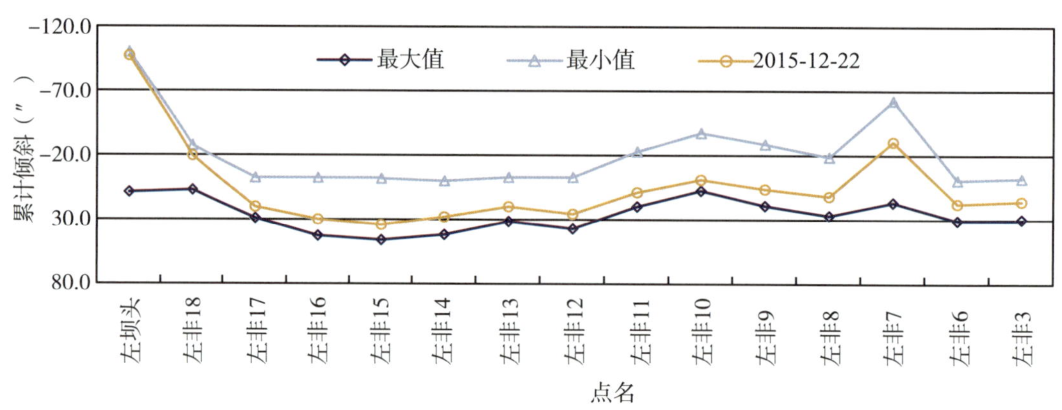

图 12.2-33　高程 384.0m 坝顶左非③～左坝头坝段倾斜监测点特征值分布图

(4)蓄水期沉降监测分析

从历次蓄水期间沉降变形过程来看，历次蓄水期间主要表现为沉降变形，354.0m 蓄水期间，各坝段沉降量在 2mm 以内；370.0m 蓄水期间，各坝段沉降量在 3.2mm 以内；380.0m 蓄水期间，各坝段沉降量在 1mm 以内。从蓄水期间沿水流方向沉降分布规律来看，坝址沉降量略大于坝踵沉降量，规律正常。历次蓄水期间坝踵、坝址垂直位移变化分布见图 12.2-34、图 12.2-35。

大坝历次 380.0m 蓄水期间各层廊道垂直位移变化量统计见表 12.2-12。

监测结果显示：

1)354.0m 及 370.0m 蓄水后大坝沉降趋势明显，且沉降存在一定的滞后性，导致 370.0m 蓄水沉降量较 354.0m 蓄水沉降量大，坝址沉降量较坝踵略大。

2)历次 380.0m 蓄水期间，大坝基础廊道垂直位移变化均较小，变化量在±0.98mm 以内；坝顶垂直位移变化量在－1.94～1.14mm。

3)蓄水至 380.0m 后至今，历年汛后 380.0m 蓄水大坝垂直位移变化基本在±1mm 以内，说明库水位变化对垂直位移基本没有影响。

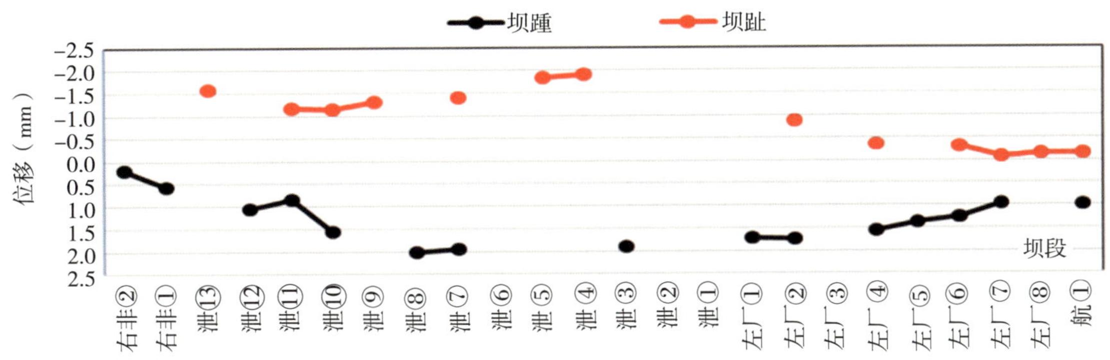

图 12.2-34　354m 蓄水后(2012 年 9 月至 2013 年 6 月)坝踵、坝趾垂直位移变化分布图

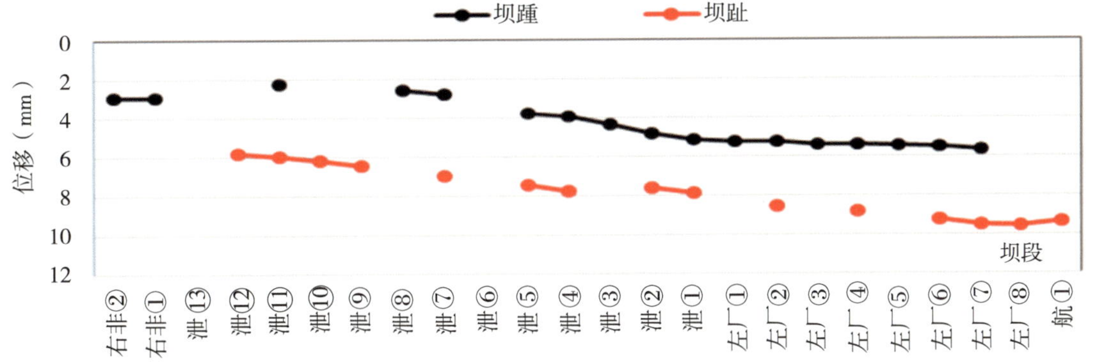

图 12.2-35　370m 蓄水后(2013 年 6 月至 2014 年 3 月)坝踵、坝趾垂直位移变化分布图

表 12.2-2　　大坝历次 380.0m 蓄水期间各层廊道垂直位移变化量统计表　　(单位:mm)

部位	基准值日期	2013 年蓄水	2014 年蓄水	2015 年蓄水	2016 年蓄水
210.0 基础廊道	2014-05-20	—0.38～0.92	0.02～0.98	—0.67～—0.07	—0.15～0.28
243.0 基础廊道	2013-06-24	—0.88～0.91	0.00～0.95	—0.40～—0.90	—0.05～—0.68
260.0 廊道	2013-06-24		—0.03～0.33	—0.38～—0.08	—0.81～—0.08
282.0 廊道	2014-07-04	—0.46～0.31	—0.23～0.30	—0.65～—0.15	—0.76～0.11
322.0 廊道	2013-06-24		—0.19～0.41	—0.56～0.31	—0.62～0.61
384.0 坝顶	2014-07-21	—1.94～—0.13	—0.37～1.09	—1.06～—0.09	—0.67～1.14

注:垂直位移下沉为“+”,反之为“—”。

12.2.1.3　内部变形监测

(1)坝基回弹

在左非④、冲①、厂⑥、泄④、泄⑩坝段共布置 10 套回弹仪,监测坝基开挖过程中岩体回填变形。而在大坝浇筑和水库蓄水过程中,该部分仪器可用于监测坝基在坝体自重荷载和水荷载加载过程中坝基的沉降变形情况。

根据回弹仪 2016 年 8 月运行情况来看,坝体浇筑和蓄水过程中仍保持仪器完好的监测仪器仅剩厂⑥的 2 支回弹仪。

结合水库蓄水过程，整理得到的厂⑥坝段蓄水过程坝基变形特征值见表 12.2-13，厂⑥坝段实测坝基变形过程线见图 12.2-36 和图 12.2-37。为便于分析水库蓄水过程对坝肩的变形影响，表中测值以蓄水前坝基深部测点设为零点进行了位移换算，"－"号表示坝基为沉降压缩变形。坝基回弹监测成果分析如下：

表 12.2-13　　厂⑥坝段坝基回弹仪监测成果表　　（单位：mm）

部位	厂⑥			
测点编号	LR-5		LR-6	
高程(m)	240.0		240.0	
桩号	坝左	坝下	坝左	坝下
	0+106.55	0+051.46	0+106.55	0+116.00
观测日期	坝基面	坝基以下 18m 处	坝基面	坝基以下 25m 处
2012-10-03 蓄水前	0	0	0	0
2012-10-20 初蓄后	−0.06	−0.01	−2.89	0.01
2013-6-20370 蓄水前	−0.03	−0.07	−3.06	0.02
2013-7-10370	−0.05	−0.09	−6.72	0.03
2016-08-23	−0.15	−0.53	−10.03	−0.17

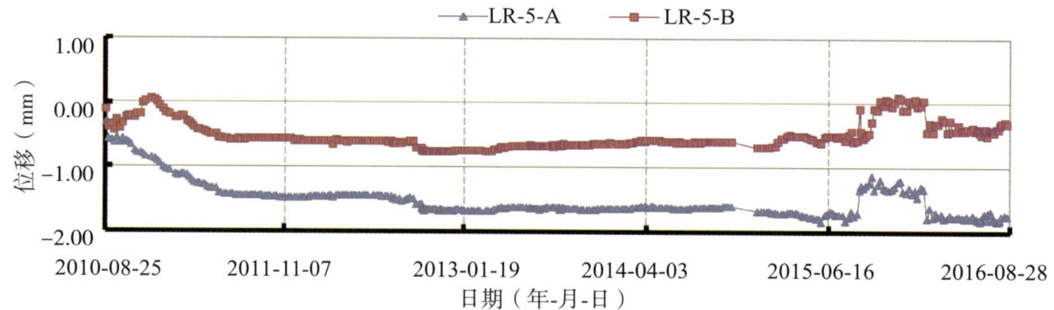

图 12.2-36　厂⑥坝基上游侧回弹仪位移—时间历时曲线

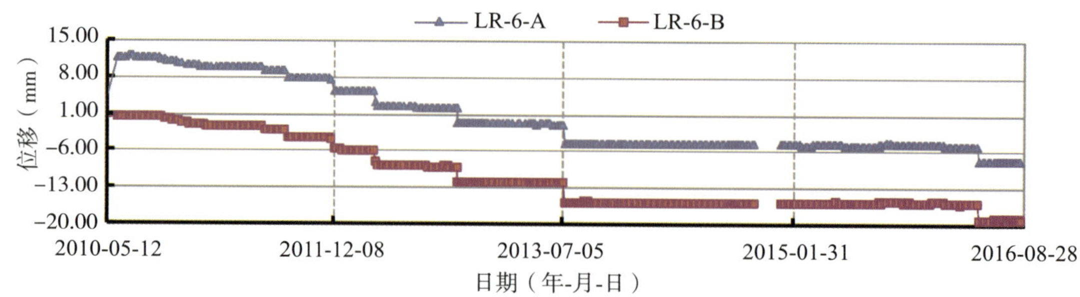

图 12.2-37　厂⑥坝基下游侧回弹仪位移—时间历时曲线

1)厂⑥坝段监测资料成果显示,水库于 2012 年 10 月与 2013 年 7 月经历两次约 10 天的蓄水过程中,水位分别抬高了 70m、15m 左右,受大坝上游侧水压荷载加大及坝基作用面力矩加大影响,坝基出现了一定幅度的沉降变形。

2)从上下游方向坝基变形规律来看,下游侧坝基沉降变形明显,且与水库蓄水过程明显正相关,即坝前水位抬高,坝基沉降变形加大;而上游侧坝基则表现为略有沉降变形,说明上游近坝踵部位在水位抬升过程中,坝踵部位坝基岩体荷载仍主要体现为压力增大趋势,该受力状况总体来说对坝踵部位应力状态是较为有利的。

3)从坝基岩体深度方向来看,水库蓄水过程导致的基岩变形主要产生在近基岩面部位,水库蓄水对坝基面以下 25m 以下扰动影响较小。

4)回弹仪测值时间过程显示,坝基岩体变形在水位荷载持续加载情况下,基岩阶段变形较为稳定,蠕变影响较小。

5)两次蓄水过程,厂⑥坝段基岩面下游侧实测基岩面沉降变形约为－2.89mm 和－3.66mm,累计沉降变形约为－10.03mm。

(2)基岩变形

在坝基开挖、坝体混凝土浇筑和水库蓄水的过程中,坝基均会产生不同程度的垂直(沉降)变形。为了解其变化规律,在所确定的每个监测断面处的基础部位,分前部、中部和后部垂直布置基岩变位计,基岩变形典型特征曲线见图 12.2-38。

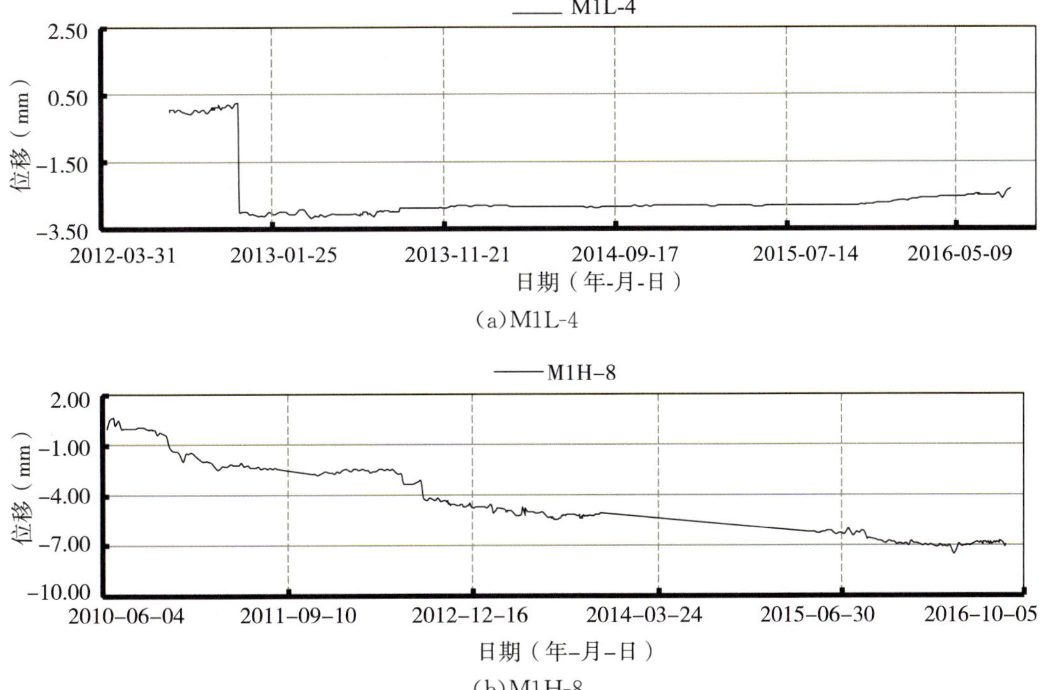

(a)M1L-4

(b)M1H-8

图 12.2-38　典型基岩变位计位移—时间历时曲线

统计分析大坝蓄水后坝基变形相对位移监测成果，大部分监测仪器基岩变形测值变化在±0.3mm内变化，仅15%的基岩变形计实测位移量大于0.30mm，且多表现为压缩变形，其中相对位移变化量大于1.0mm监测仪器仅5支。

结合水库阶段蓄水及运行过程，大坝初蓄期间坝前水位抬升70m，大部分测点基岩变形量小于0.1mm(压缩变形)，最大变形量产生在左非③坝段上游侧(坝下0－009.5)，其蓄水期基岩压缩变形量增大约0.75mm。水库蓄水至370.0m以上时，基岩变形变化量均在0.20mm范围内。上述数据显示，水库蓄水过程对坝基基岩变形影响有限。

2013年7月中旬以来，库水位维持在高程370.0m以上稳定运行，大部分测点显示基岩变形变化量多在0.20mm范围内变化。其中泄⑥坝段M1L-4测点测值在2012年12月28日出现了突变，其位移测值由0.26mm变化为－2.98mm，但其后基岩变形测值保持了相对稳定。

综上所述，向家坝水电站水库蓄水至高程370.0m的过程中，坝基基岩变形总体较小，蓄水期间基岩变形量一般小于0.20mm，且多为压缩变形；大坝蓄水运行以来基岩变形一般在0.50mm范围内，局部实测最大变形量约－3.00mm，且大部分坝段上、下游侧基岩变形较为均衡，水库高水位运行过程中基岩变形稳定。

(3)缝开合变形

为了解混凝土与基岩的结合面是否脱开，检查坝体和岩体的连接情况及为边界接触缝灌浆提供依据，在较陡部位的混凝土与基岩面的结合面上布置了测缝计。坝体结构缝在温度变化和其他因素的影响下，均会产生伸缩变形。为了解这种变化规律，在主体(一期)监测坝段的伸缩缝处分层分组布置了88支测缝计。主体(二期)监测坝段的伸缩缝处分层分组布置了测缝计146支。

a. 导流洞底孔测缝计监测成果分析

3#导流洞和6#导流洞底孔监测成果见表12.2-14，表中数据以2013年6月大坝从350～370m高程蓄水前测值作为缝面开合度基准值，反映了水库蓄水以来时间段内导流洞底孔接触缝开合情况。

监测成果显示，大坝在坝前水位抬升过程中，导流洞接触缝开合最大变化量为位于坝左0＋193.40、坝下0＋010.0的Jd6-7测缝计，实测其缝面张开约0.08mm，可以认为导流洞底孔在二次蓄水期间接触缝基本无变化。2013年7月至2016年8月，实测导流洞接触缝实测缝面略有变化，其测值变化量最大值仅为0.44mm，如考虑测缝计剪切方向相邻介质的位移影响，可认为缝面开度基本无变化。上述数据显示，导流洞底孔在坝前水位抬升加载过程中混凝土结合面胶结良好，无明显张开现象。

表 12.2-14　　导流河底孔测缝计监测成果表　　（单位：开合度—mm；温度—℃）

部位	3# 导流洞底孔							
测点编号	Jd3-1		Jd3-2		Jd3-3		Jd3-4	
高程(m)	270.613		274		270.613		270.613	
桩号	坝左	坝下	坝左	坝下	坝左	坝下	坝左	坝下
	0+263.40	0+010.00	0+258.40	0+010.00	0+253.40	0+010.00	0+263.40	0+034.00
观测日期	开合度	温度	开合度	温度	开合度	温度	开合度	温度
2013-06-20	0.00	18.8	0.00	20.9	0.00	19.4	0.00	19.9
2013-07-10	0.02	18.9	0.00	20.9	0.00	19.4	0.00	19.9
2016-08-23	0.29	17.5	0.23	17.1	0.02	18.4	0.24	23.0
当前累计	1.24	17.5	1.16	17.1	0.79	18.4	1.21	23.0
测点编号	Jd3-5		Jd3-6		Jd3-7		Jd3-8	
高程(m)	274.000		270.613		270.613		274.000	
桩号	坝左	坝下	坝左	坝下	坝左	坝下	坝左	坝下
	0+258.40	0+034.00	0+253.40	0+034.00	0+263.40	0+062.00	0+258.40	0+062.00
观测日期	开合度	温度	开合度	温度	开合度	温度	开合度	温度
2013-06-20	0.00	14.8	0.00	20.4	/	/	/	/
2013-07-10	0.00	15.4	0.00	20.0	/	/	/	/
2016-08-23	0.15	18.0	0.27	20.4	/	/	/	/
当前累计	1.35	18.04	0.81	20.4	1.35	21.2	0.88	25.2
测点编号	Jd3-9		Jd3-10					
高程(m)	267.0		272.5					
桩号	坝左	坝下	坝左	坝下				
	0+253.40	0+010.00	0+258.40	0+029.00				
观测日期	开合度	温度	开合度	温度				
2013-06-20	0.00	16.3	0.00	22.7				
2013-07-10	0.00	16.2	0.00	21.3				
2016-08-23	−0.08	17.9	0.24	19.3				
当前累计	0.42	17.90	1.09	19.3				
部位	6# 导流底孔							
测点编号	Jd6-1		Jd6-4		Jd6-5		Jd6-6	
高程(m)	270.613		270.613		274.000		270.613	

续表

桩号	坝左	坝下	坝左	坝下	坝左	坝下	坝左	坝下
	0+203.40	0+010.00	0+203.40	0+034.00	0+198.40	0+034.00	0+193.40	0+034.00
观测日期	开合度	温度	开合度	温度	开合度	温度	开合度	温度
2013-06-20	0.00	22.2	0.00	17.8	0.00	19.7	0.00	19.9
2013-07-10	0.02	20.9	0.00	18.6	0.02	19.8	0.00	19.4
2016-08-23	0.32	19.6	0.18	20.4	0.35	21.9	0.30	20.9
当前累计	0.02	19.6	0.55	20.4	1.39	21.9	2.50	20.9
测点编号	Jd6-7		Jd6-8					
高程(m)	270.613		272.500					
桩号	坝左	坝下	坝左	坝下				
	0+193.40	0+010.00	0+201.40	0+029.00				
观测日期	开合度	温度	开合度	温度				
2013-06-20	0.00	21.0	0.00	20.6				
2013-07-10	0.08	20.4	−0.02	20.8				
2016-08-23	0.36	18.4	0.44	20.9				
当前累计	1.20	18.4	3.53	20.9				

b. 坝体纵、横缝监测

考虑到坝体混凝土施工浇筑过程中受基础温差及内外温差的影响，坝体内部可能产生危害性裂缝的风险，为使坝体结构更有利于混凝土温控防裂，坝体内部设置了施工纵缝，工程蓄水前全部纵缝已完成接缝灌浆施工。同时为有利于坝体结构的温度和沉降变形，不同坝段之间设置了横缝结构。

Ⅰ. 纵缝结构变形情况。

从大坝首次蓄水以来监测成果来看，坝体 2012 年 10 月至 2016 年 8 月，坝体测缝计显示大坝纵缝结构在两次蓄水加载过程中实测缝面开合变化幅度很小，其变化幅度基本在 0.10mm 内。此外，测缝计温度测值显示坝体纵缝结构温度处于 20℃左右，水库蓄水导致的坝体温度下降趋势不明显，且坝体内部年平均气温变化幅度不大，温度分布较均匀。目前接缝开合情况及温度环境的变化情况对大坝结构后期温度、应力调整与变形协调较为有利。

Ⅱ. 横缝结构变形情况。

根据坝体横缝监测成果显示，坝体分阶段蓄水期间，坝体左岸非溢流坝段、厂房坝段、泄洪坝段、右岸非溢流坝段，及通航建筑物连接段等部位横缝变形总体稳定，两次蓄水期间缝面开合度变化一般在 0.20mm 内，2013 年 7 月水位达到高程 370m 后运行至今，大部分横缝测缝计实测开合度变化量约在 0.50mm 范围内。但局部坝段，横缝开合度相对来说略有变化。

①左非⑥坝段和⑦坝段之间横缝。

左非⑥坝段和⑦坝段之间横缝上 JB—7（高程 266m，坝下 0+010.0）和 JB—10（高程 295m，坝下 0+010.0），两支传感器位于同纵轴线不同高程，仪器于 2009 年埋设安装开始观测，目前 JB—7 仪器已失效，B—10 在 2012 年 10 月至 2015 年 3 月期间数据有缺失，但两支仪器于 2013 年 8 月前数据较为可靠。前期监测数据显示，左非⑥坝段和⑦坝段相邻坝段之间坝体横缝有一定变化，但蓄水对坝体横缝变形影响不明显。该部位由于相邻坝段体型变化较为明显，导致坝基承载有一定差异，因而也是坝体横缝观测的重点。

②右非⑥坝段和⑦坝段之间横缝。

右非⑥坝段和⑦坝段之间横缝上 JK—1（高程 338.00，坝下 0+011.0）和 JK—2（高程 338.00，0+025.0）两支测缝计监测成果显示，坝体横缝在水库 2012 年初蓄期间库水位抬升约 355m，坝体横缝张开幅度达 0.62mm 和 0.88mm，随后库水位稳定在 350～355m 高程，坝体横缝变形情况较为稳定，略呈张开趋势；2013 年二次蓄水期间，库水位抬升 15～20m，坝体横缝约有 0.10mm 张开，至 2016 年 8 月，库水位维持在 370～375m 运行，坝体横缝张开约 0.30mm 后维持稳定，目前 JK—1 和 JK—2 测缝计蓄水以来右非⑥坝段和⑦坝段坝体横缝累计张开幅度为 1.34mm 和 1.72mm。该部位横缝变形与右非⑥坝段和⑦坝段相邻坝段体型变化及建基面接触面积差异较大有一定关系。

③泄⑬右边墩接触缝。

水库蓄水以来，泄　右边墩与右非坝段接触缝有一定变形，至 2016 年 8 月，蓄水后累计变形 1.02～1.90mm，其变形主要在 2012 年初蓄水位抬升后产生，其接触缝变形相比水荷载加载过程有一定滞后。

c. 机组蜗壳接触缝

蜗壳接触缝主要表现以下特征：

①蜗壳接触缝变形主要产生在混凝土施工期，且变形主要表现为张开变形，分析其变形主要由混凝土干缩变形及温度变化产生。

②自蜗壳混凝土浇筑以来，蜗壳接触缝累计张开幅度多在 0.50mm 内，局部区域张开幅度略大，最大缝宽 3.64mm（不计受灌浆施工影响的 J08—4 测缝计）。张开幅度略大部位包括，位于 3# 机蜗壳的 J06—4（高程 252.40m；坝左 0+063.25；坝下 0+148.60）测缝计，2016 年 8 月实测接触缝张开幅度为 1.84mm，位于 3# 蜗壳的 J06—8（高程 254.10m；坝左 0+040.25；坝下 0+148.60）测缝计，2016 年 8 月底接触缝张开幅度为 1.98mm；位于 3 机蜗壳的 J06—12（高程 252.80m；坝左 0+050.75；坝下 0+160.00）测缝计，2016 年 8 月底接触缝张开幅度为 3.34mm，位于 1# 机蜗壳的 J08—8（高程 253.80m；坝左 0+113.95；坝下 0+148.60）测缝计，2016 年 8 月底接触缝张开幅度为 2.89mm；位于 1# 机蜗壳的 J08—12（高程 252.80m；坝左 0+124.60；坝下 0+160.10）测缝计，2016 年 8 月底接触缝张开幅度为 3.64mm。此外从 1# 机和 3# 机观测结果看，接触缝张开幅度的分布规律较为相近。

③大坝蓄水、发电冲水及机组运行过程中接触缝开合度变化量较小，其变形量一般在

0.20mm 范围内。

④机组开始发电至今，1# 机蜗壳 J08－2（高程 263.20m；坝左 0＋138.70；坝下 0＋148.60）和 J08－6（高程 262.00m；坝左 0＋111.900；坝下 0＋148.600）部位接触缝呈闭合态势，发电运行以来接触缝累计闭合量 1.91mm 和 4.58mm。

⑤位于 3# 机 J08－4（高程 252.0m；坝左 0＋136.000 坝下 0＋148.000）2012 年受灌浆影响，在灌浆施工期间接触缝最大张开幅度为 32.84mm，随后至今该部位接触缝变形稳定。

d. 诱导缝监测

施工诱导缝变化不明显，至目前施工诱导缝最大实测开度为 1.35mm，且主要在混凝土施工期间产生，大坝 2012 年初蓄至今诱导缝变形稳定。

(4)裂缝变形

左非坝段埋设了 6 支表面裂缝计，目前 5 支完好，完好率 83.3%。典型坝段裂缝计开合度—时间历时曲线见图 12.2-39。

裂缝计观测成果显示，库蓄水期间各坝段表面裂缝略有变化，于 2014 年末期间，裂缝变形基本稳定。自裂缝开始观测以来，其裂缝变化量累计测值在－0.70～0.75mm，且无异常变化。

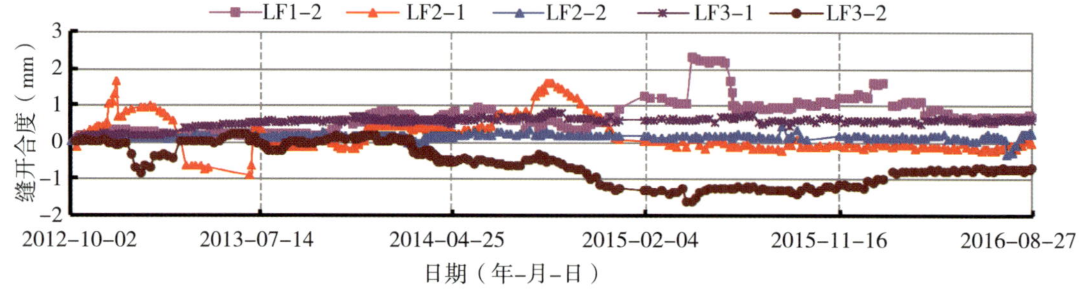

图 12.2-39 典型坝段裂缝计开合度—时间历时曲线

(5)位错变形

为监测坝段横缝开合度其变化状态，左非⑥～⑬坝段埋设 10 套表面位错计，在泄⑬～右非④坝段埋设 4 套表面位错计。典型部位位错变形情况见图 12.2-40。位错计变化特征如下：

1)位错计横缝缝宽变化主要受温度影响呈年周期变化，冬季受低温影响混凝土收缩表现为缝宽加大，夏季受高温影响混凝土膨胀表现为缝缩小。

2)位错计横缝位移年平均测值较为稳定，左非⑨/⑩受温度影响导致的缝宽年变化量在 4.00mm 内，左非其他坝段受温度影响导致的缝宽年变化量在 2.00mm 内，右非坝段受温度影响导致的缝宽年变化量在 1.00mm 内。

3)受坝体混凝土大体积内部温度场及库水温度与外界气温的滞后影响，主要表现为低

温季节横缝缝宽变化总体滞后约 1 个月，高温季节滞后效应不明显。

4）大部分监测坝段顺水流方向位错变化量在 1.00mm 范围内，且测值变化稳定。仅左非⑨/⑩坝段顺水流方向位错变化量超 1.00mm，2016 年 8 月实测做大测值 1.17mm，且略呈缓慢增大趋势。

5）相邻坝段沉降差于 2014 年 9 月基本趋于稳定，实测相邻坝段沉降差一般在 1.00mm 范围内。

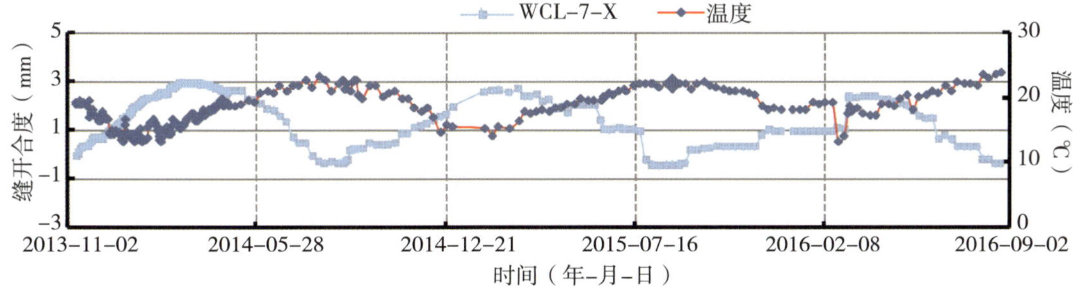

(a)位错计 WCL-7-X(左非⑨/⑩，坝左 0+363.361，坝下 0+035.000，高程 323.50m)

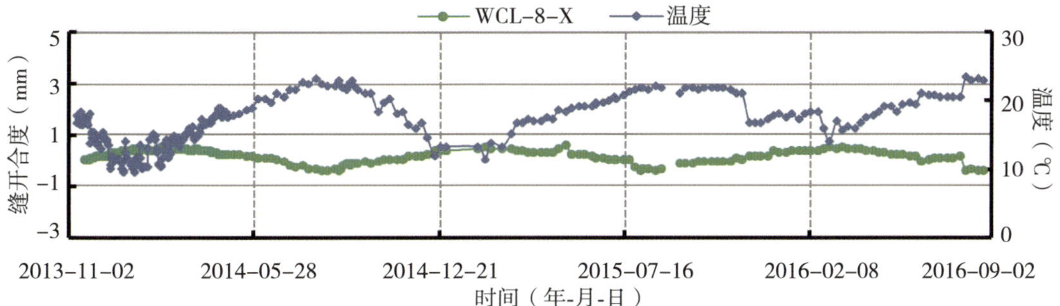

(b)位错计 WCL-8-X(左非⑨/⑩，坝左 0+350.041，坝下 0+004.000，高程 323.50m)

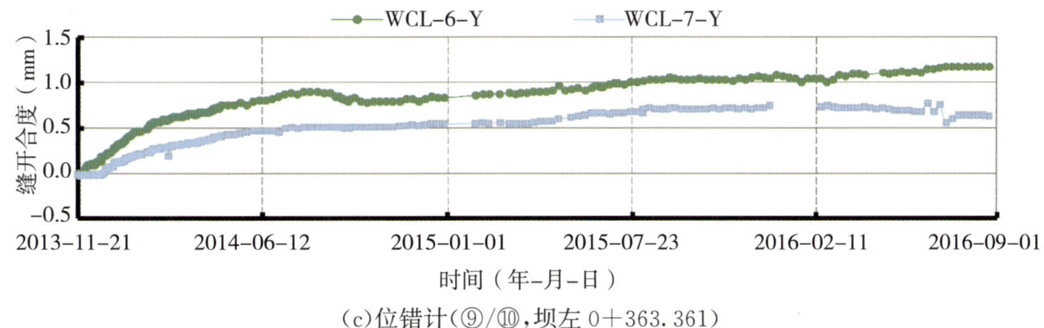

(c)位错计(⑨/⑩，坝左 0+363.361)

图 12.2-40　典型位错计开合度历时曲线

（6）多点位移计

为监测左岸非溢流坝段坝基和坝前边坡变形，在左非⑭、⑯坝段布设有 5 套多点位移计，其中 M4LF-3、M4LF-4 测点蓄水期被淹后失效，M4LF-1 测点电缆被齐根剪断并被混凝土封堵。目前仅剩 2 套完好。

多点位移计监测成果显示，左非坝基岩体基岩位移稳定，其中左非⑭坝段基岩变形约在 5.00mm 内，左非⑯坝段基岩变形约在 2.00mm 内，且变形主要产生在坝基建基面以下 8.0m 范围内。典型多点位移计的深度位移—时间历时曲线见图 12.2-41。

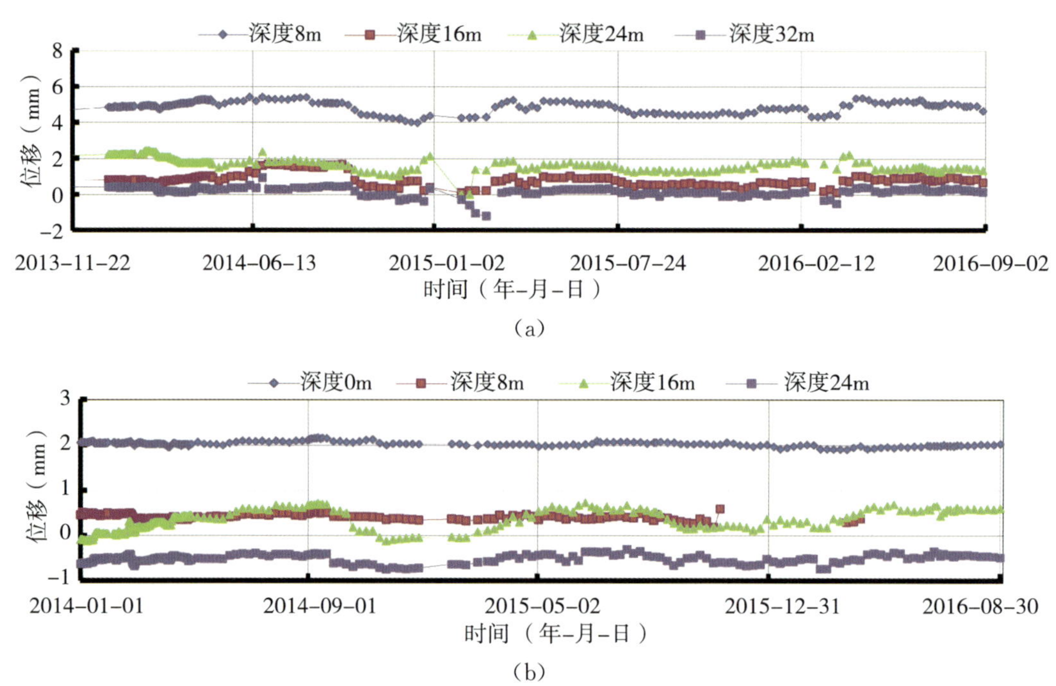

图 12.2-41　多点位移计位移—时间历时曲线

(7)基础深部位移

为监测坝基岩体深部水平位移，在左非①和左非④坝段坝基廊道(225m 高程)沿上下游分布各布置了 3 个测斜孔(两个监测断面)，目前左非①坝段(桩号左 0+227.75m)已埋设完成 3 个测斜孔，即 IN1-1、IN1-2、IN1-3；左非①坝段已埋设完成 2 个测斜孔，即 IN2-2、IN2-3。左非坝段坝前边坡各布置了 4 个测斜孔 INLF-1、INLF-2、INLF-3 和 INLF-4，2012 年 10 月 10 日蓄水后，坝前坡测斜孔被淹没，无法观测，测值截至 2012 年 9 月 30 日；在厂⑥坝段坝基基础廊道(243.0m 高程)各布置 1 个测斜孔，在厂④坝段和厂⑧坝段基础廊道沿上下游各布置了 3 个测斜孔(2 个监测断面)，泄⑤坝段、泄⑨坝段上下游各布置了 3 个测斜孔(2 个监测断面)，IN6-3 卡测头无法观测，IN6-1 因中南水建在其位置建废浆池，暂时无法观测。

测斜仪水平位移监测成果见表 12.2-15，合位移分布曲线见图 12.2-42。

在考虑测斜仪孔口位移累计误差影响，重点分析测斜仪深部位移分布特征与发展趋势来看，测斜仪实测坝基岩体深部水平位移较稳定，未见坝基岩体深层滑动迹象。

表 12.2-15　　测斜仪水平位移监测成果表　　（单位：mm）

测点编号	桩号	测孔深度（m）	日期	A 向位移（mm）	B 向位移（mm）	合位移（mm）
IN_E-1	坝左 0+136.350 坝下 0+123.500(35m)	0.5(孔口)	2015-10-22	6.77	14.29	15.81
			2016-01-15	7.46	15.51	17.21
			2016-05-23	7.08	14.10	15.78
			2016-08-18	7.07	15.36	16.91
IN_E-2	坝左 0+099.550 坝下 0+123.500(28m)	0.5(孔口)	2015-10-22	0.33	−4.40	4.41
			2016-01-15	2.08	−4.93	5.35
			2016-05-23	2.38	−4.80	5.36
			2016-08-18	3.13	−5.55	6.37
IN_1-1	坝左 0+227.750 坝下 0+017.000(70m)	0.5(孔口)	2016-04-25	17.70	19.91	26.64
			2016-05-23	23.12	21.79	31.77
			2016-07-14	18.84	12.33	22.52
			2016-08-18	20	22.84	30.36
IN_1-2	坝左 0+227.750 坝下 0+54.000(35m)	0.5(孔口)	2015-10-22	6.54	0.14	6.54
			2016-01-15	11.40	11.37	16.10
			2016-05-23	3.20	2.61	4.13
			2016-08-18	3.45	0.70	3.52
IN_2-2	坝左 0+269.050 坝下 0+054.000(41m)	0.5(孔口)	2015-10-22	15.85	15.57	22.22
			2016-01-15	10.80	23.41	25.78
			2016-05-23	17.04	21.92	27.76
			2016-08-18	15.93	20.12	25.66
IN_2-3	坝左 0+269.050 坝下 0+091.000(53.5m)	0.5(孔口)	2015-10-22	4.84	4.50	6.61
			2016-01-15	11.40	27.43	29.70
			2016-05-23	16.84	26.67	31.54
			2016-08-18	14.75	26.18	30.05
IN_3-2	坝左 0+123.700 坝下 0+065.150(45m)	0.5(孔口)	2015-10-22	4.84	4.50	6.61
			2016-01-15	5.41	2.32	5.89
			2016-05-23	5.08	6.30	8.09
			2016-08-18	5.97	4.57	7.52
IN_4-1	坝左 0+050.10 坝下 0+010.650(23m)	0.5(孔口)	2015-10-22	4.03	2.77	4.89
			2016-01-01	0.87	1.55	1.78
			2016-05-23	2.34	1.35	2.70
			2016-08-18	3.00	0.65	3.07

续表

测点编号	桩号	测孔深度(m)	日期	A向位移(mm)	B向位移(mm)	合位移(mm)
IN_4-2	坝左 0+050.100 坝下 0+060.500(79.5m)	0.5(孔口)	2015-10-22	9.05	−10.10	13.56
			2016-01-15	20.39	−12.41	23.87
			2016-05-23	19.37	−2.58	19.54
			2016-08-11	22.71	−8.75	24.34
IN_4-3	坝左 0+050.100 坝下 0+110.500(68.5m)	0.5(孔口)	2015-10-22	44.70	18.27	48.29
			2016-01-15	44.62	13.53	46.63
			2016-05-23	44.60	12.06	46.20
			2016-08-11	42.95	22.33	48.41
IN5-3	坝右 0+088.650 坝下 0+115.500(43m)	0.5(孔口)	2015-10-22	14.39	13.49	19.72
			2016-01-15	14.45	6.86	16.00
			2016-05-23	11.41	8.69	14.34
			2016-08-11	15.25	7.47	16.98
IN6-2	坝右 0+166.650 坝下 0+056.000(64.5m)	0.5(孔口)	2015-10-22	−5.56	−7.46	9.30
			2016-01-15	−10.20	−7.91	12.91
			2016-05-23	−7.62	−2.16	7.92
			2016-08-11	−1.55	3.07	3.44

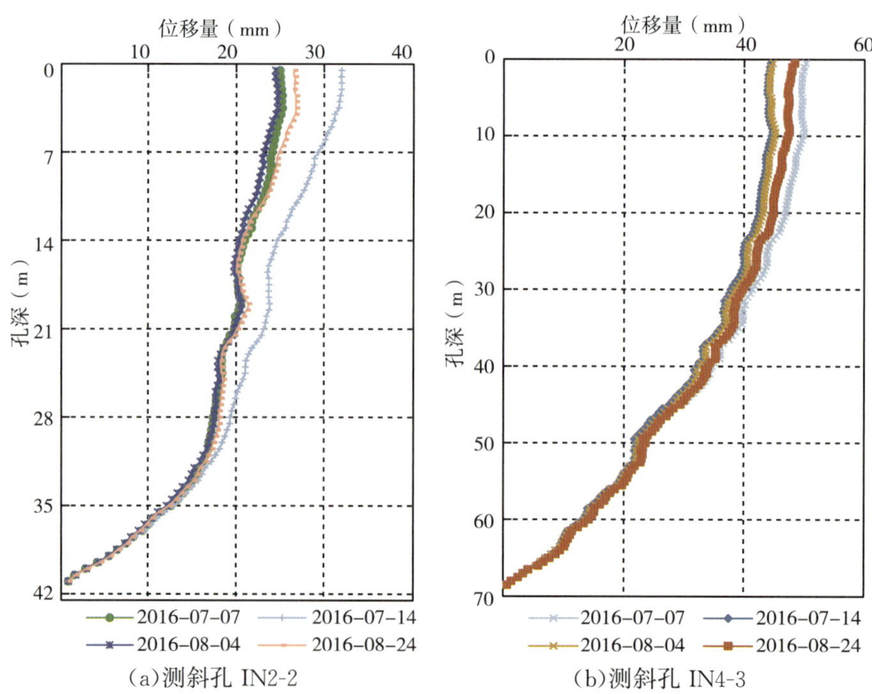

图 12.2-42 典型测斜仪合位移分布曲线

12.2.2　渗流渗压监测

12.2.2.1　坝基建基面渗压

向家坝大坝下游水深较大，一般情况下河床坝段建基面水深有 50m 左右，为有利于减小坝基扬压力，坝基渗控体系采用了封闭抽排和常规帷幕排水相结合的方式。为监测坝基渗压状态，大坝主体共埋设坝基渗压计 119 支。典型坝段渗压折算水位—时间历时曲线见图 12.2-43。折算水位分布见图 12.2-44，典型坝段坝基扬压力分布见图 12.2-45。

坝基渗压实测监测成果显示：

1）坝基建基面上下游帷幕之间实测渗透压力在 0～30m 范围，大部分区域建基面渗透压力在 10m 范围内，且坝基渗透压力受坝前水位抬升影响较小，说明坝基渗控体系及坝基排水系统总体工作正常。

2）冲①、左非③和左非⑬幕前渗压计观测成果来看，幕前扬压力相比坝前水位而言，有近 10m 幅度的减少，体现了坝后排水对幕前的泄压效果，这种情况对于坝基总扬压力的减小较为有利。

3）对照实际建基面、实测坝基扬压力分布曲线以及基于设计期间概化建基面扬压力规范取值，可看出坝基实测扬压力基本在规范取值范围内，局部区域虽有超出，但对坝基总扬压力影响不大。从目前运行情况来看，坝基扬压力控制对坝体整体抗滑稳定安全较为有利。

4）从监测成果看，局部坝基扬压力相对较大，主要分布在排水孔幕之间区域，对这些部位应注意保持排水系统通畅，及时根据监测成果进行控制性排水。

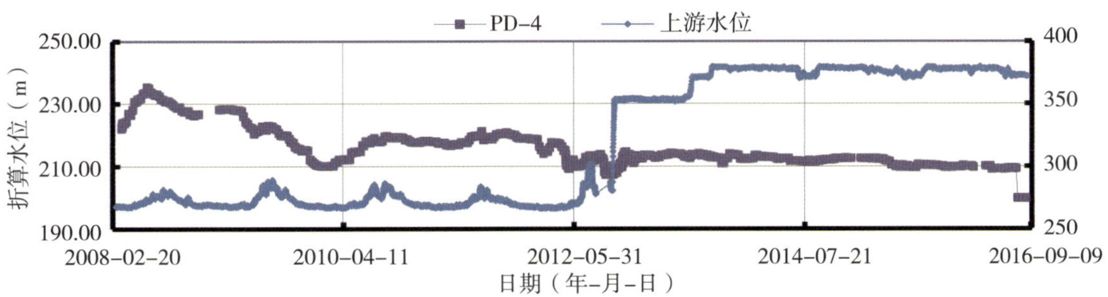

（a）冲①PD-4（坝左 0+198.40，0+057.00，高程 207.00m）渗压折算水位历时曲线

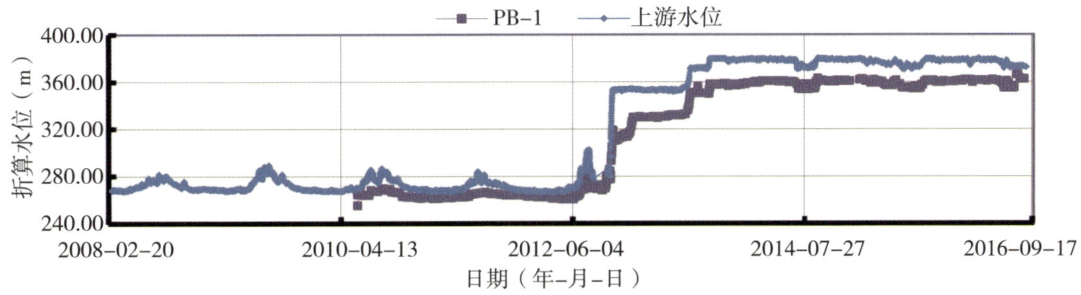

（b）左非⑦PB-1（坝左 0+328.40，0+0.90，高程 262.00m）渗压折算水位历时曲线

图 12.2-43　典型坝段渗压折算水位—时间历时曲线

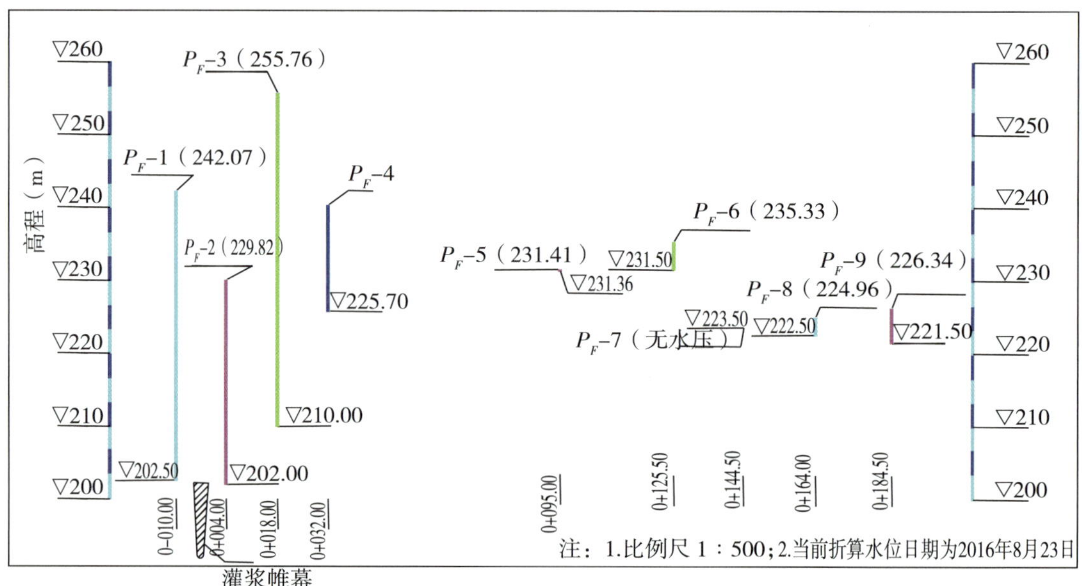

（a）厂④坝段坝基渗压折算水位分布

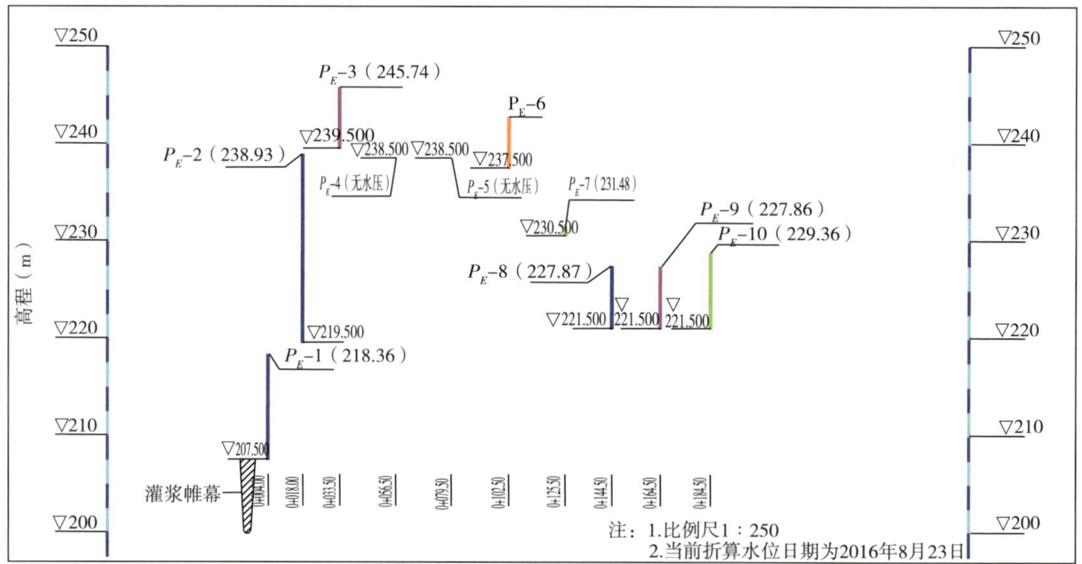

（b）厂⑧坝段坝基渗压折算水位分布

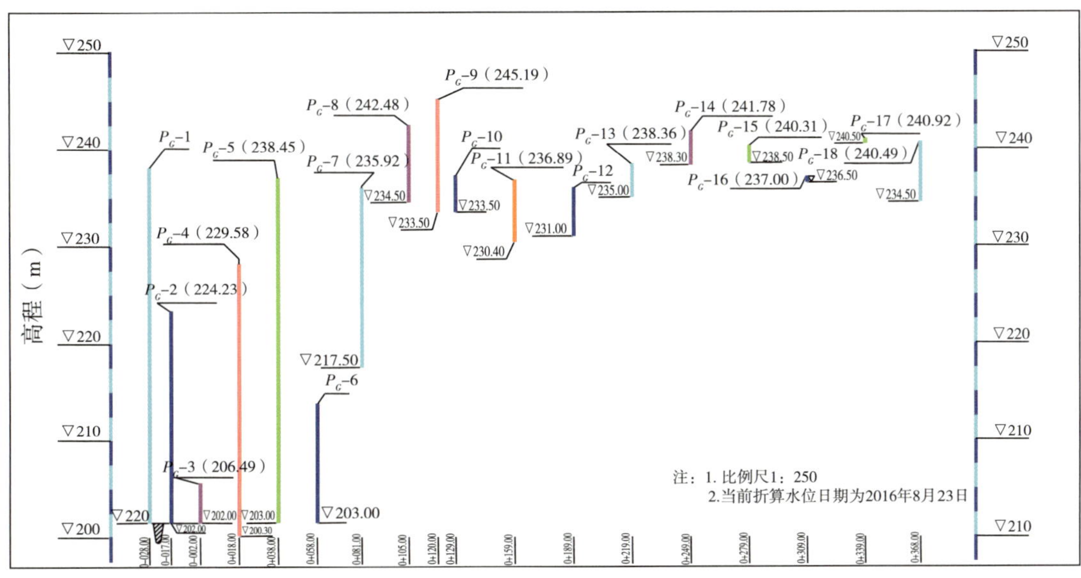

（c）泄④坝段坝基渗压折算水位分布

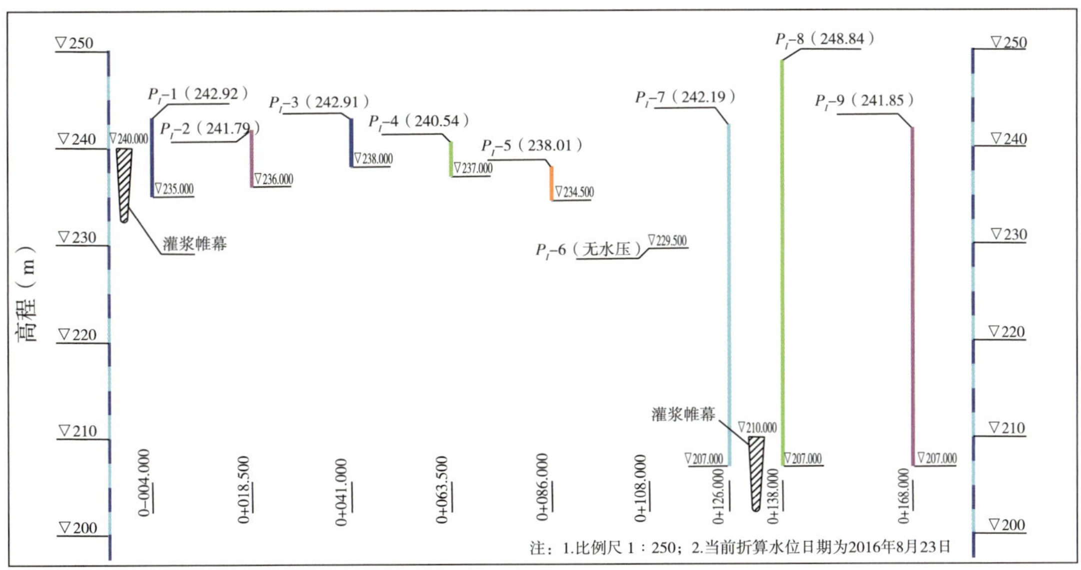

（d）泄⑫坝段坝基渗压折算水位分布

表 12. 2-44　典型坝段坝基渗压折算水位分布图

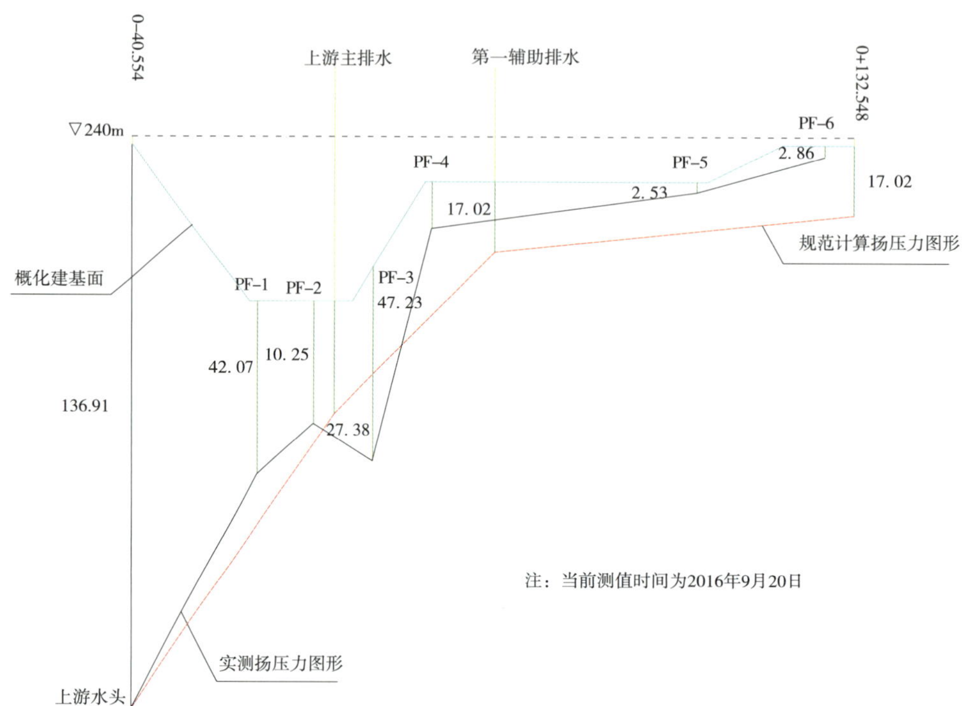

(a)厂④坝段基扬压力分布

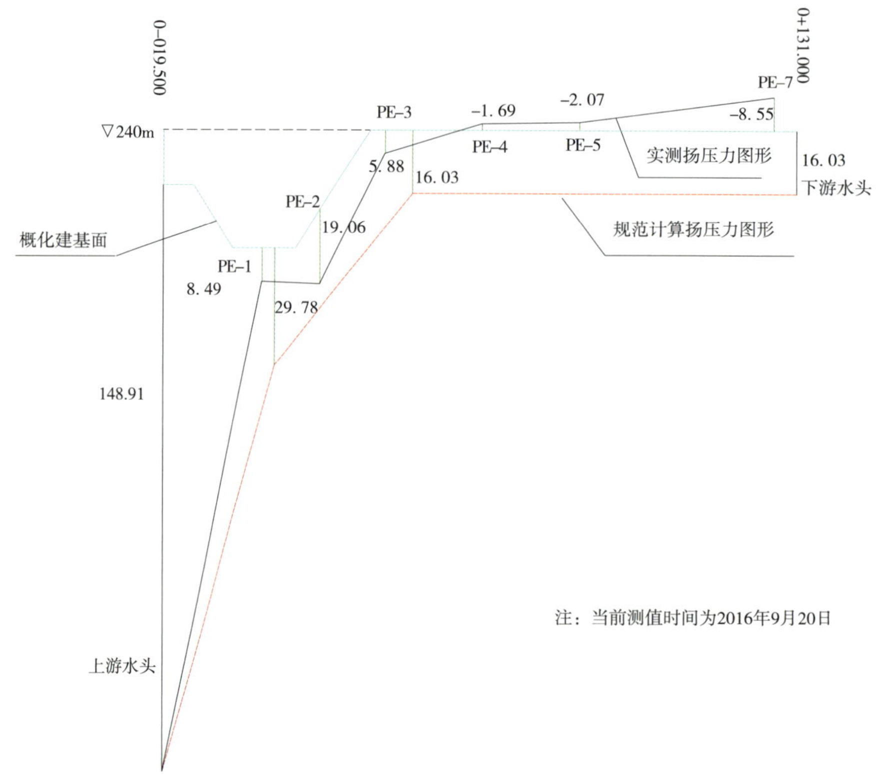

(b)厂⑧坝段基扬压力分布

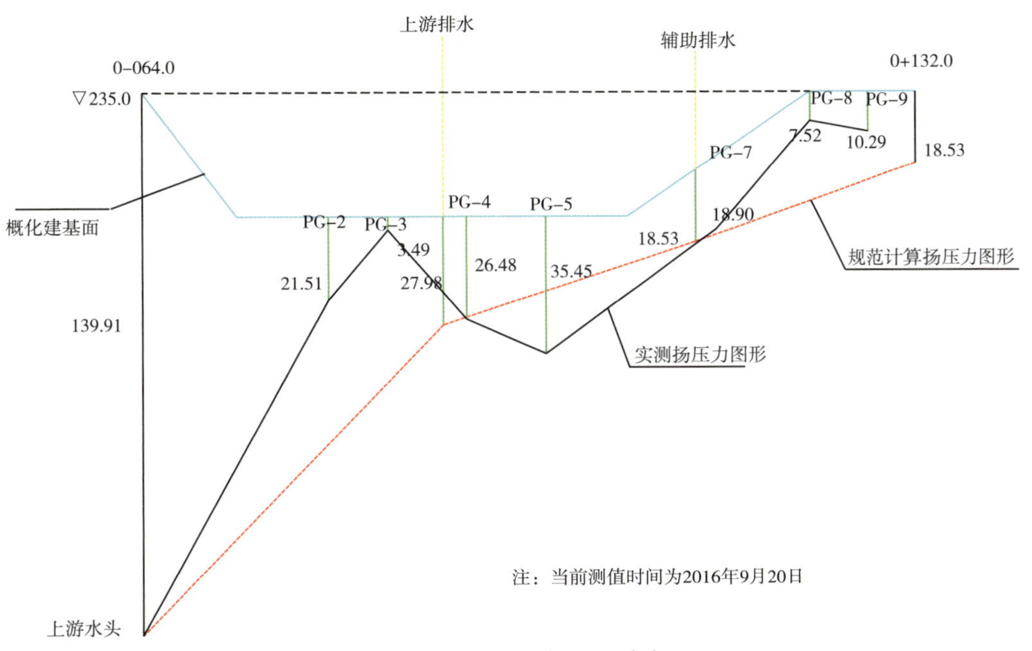

(c)泄④坝段坝基扬压力分布

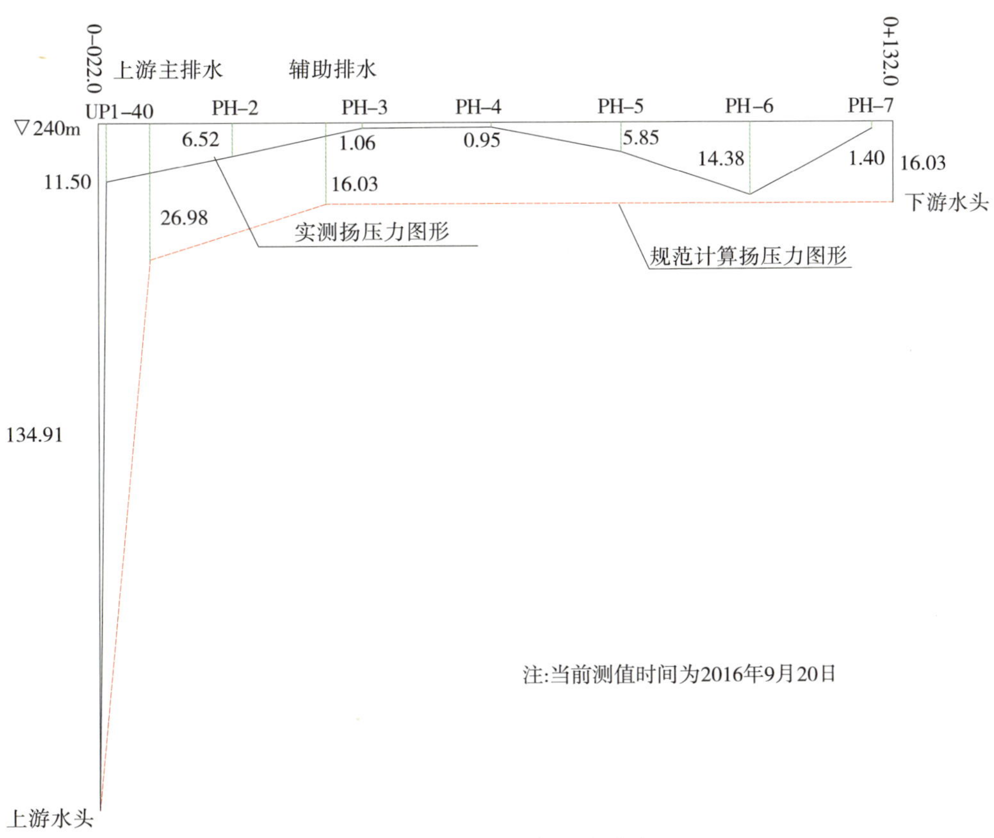

(d)泄⑩坝段坝基扬压力分布

图 12. 2-45　典型坝段坝基扬压力分布

12.2.2.2 坝基深部渗压

针对向家坝水电站上游防渗帷幕采用悬挂式的设计特点，为了解大坝基础深部的渗压状态，在重点坝段不同深度和防渗墙部位共埋设深孔渗压计 84 支，典型坝段坝基深孔渗压折算水位—时间历时曲线见图 12.2-46，典型坝段深孔渗压折算水位分布见图 12.2-47，基础防渗墙渗压计折算水位分布见图 12.2-48。

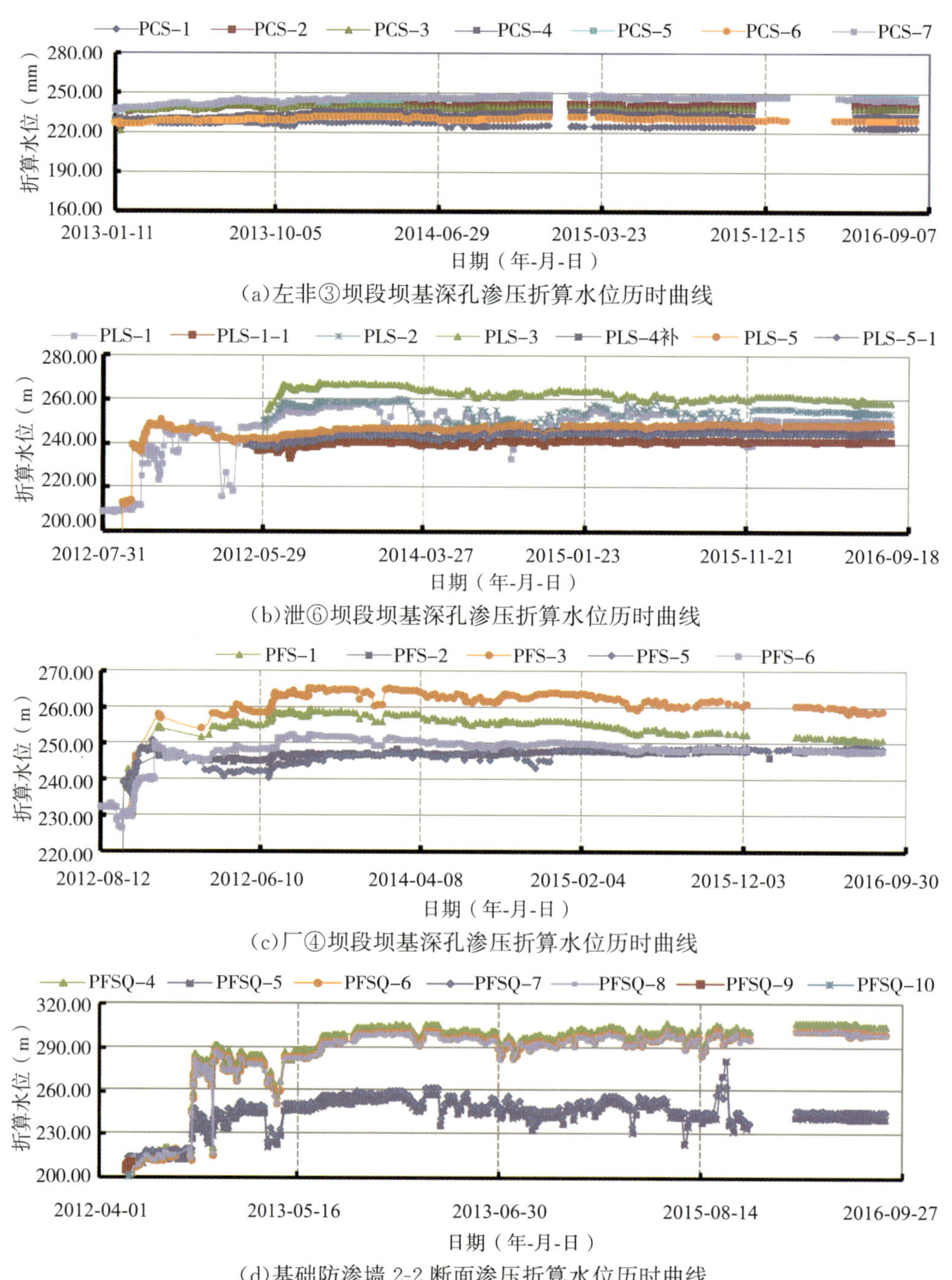

图 12.2-46 典型坝段坝基深孔渗压折算水位—时间历时曲

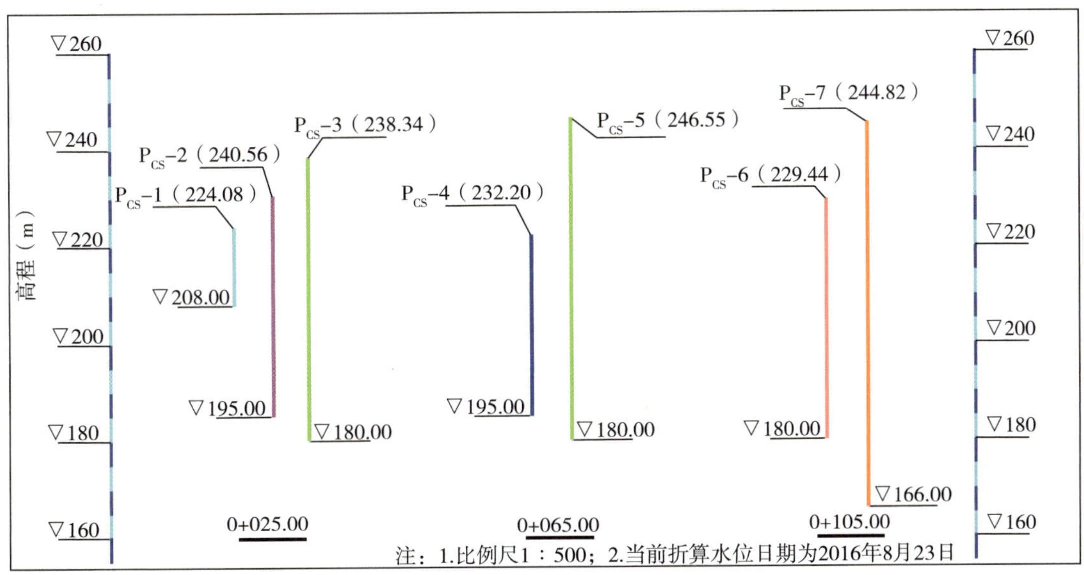

(a)左非③坝段坝基深孔渗压折算水位分布

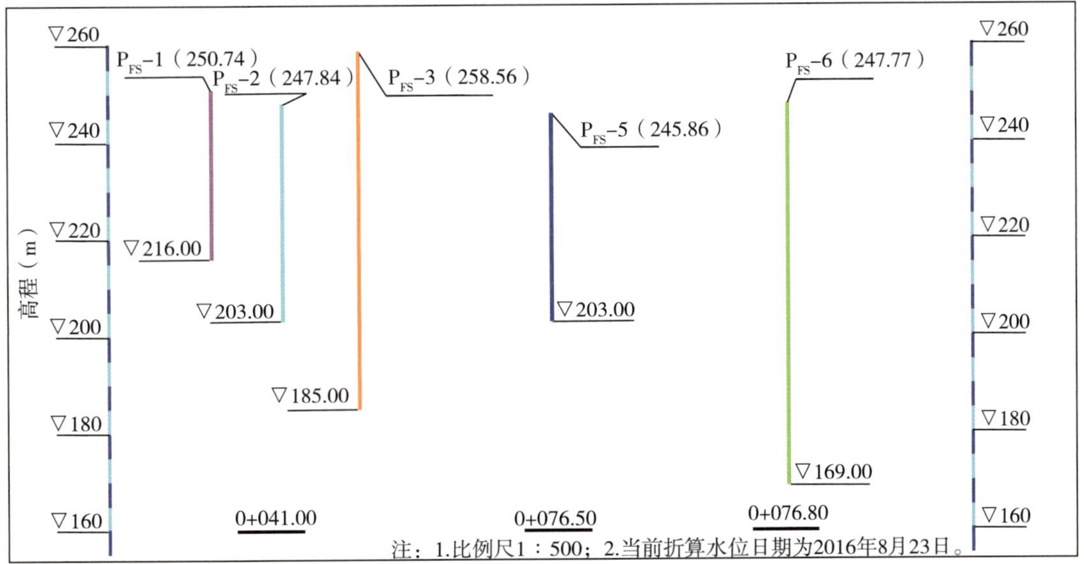

(b)厂④坝段坝基深孔渗压折算水位分布

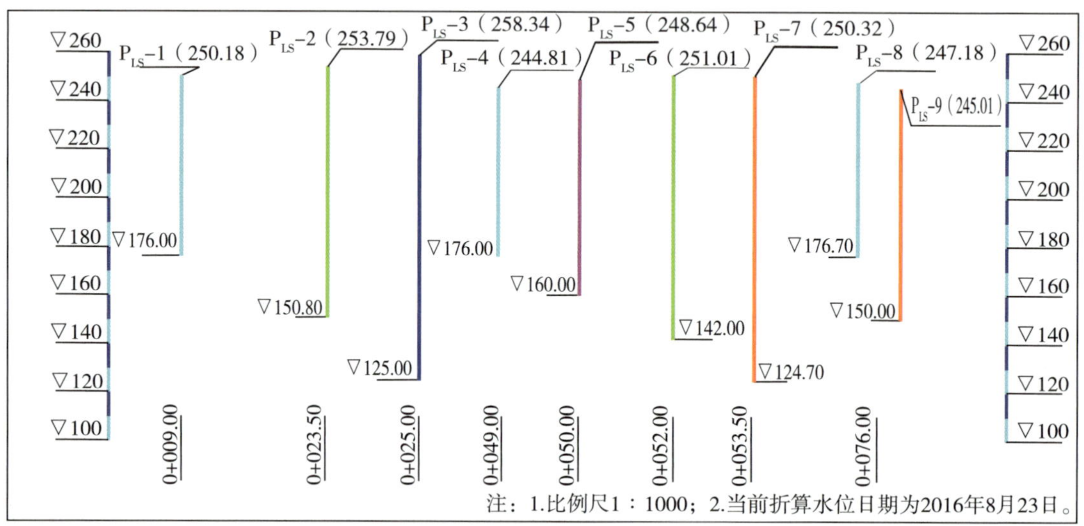

（c）泄⑥坝段坝基深孔渗压折算水位分布

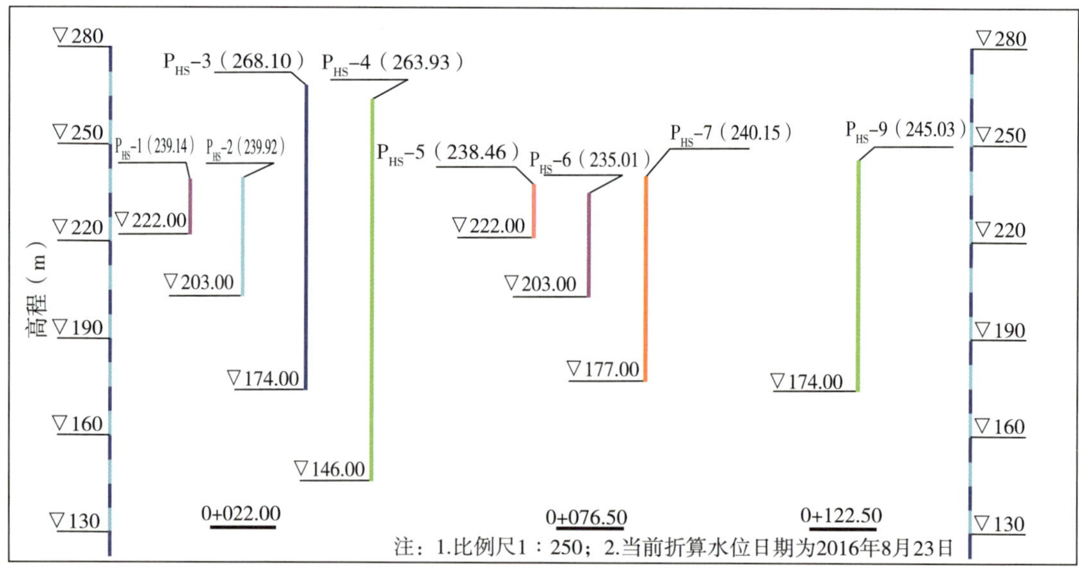

（d）泄⑩坝段深孔渗压折算水位分布

图 12.2-47　典型坝段深孔渗压折算水位分布图

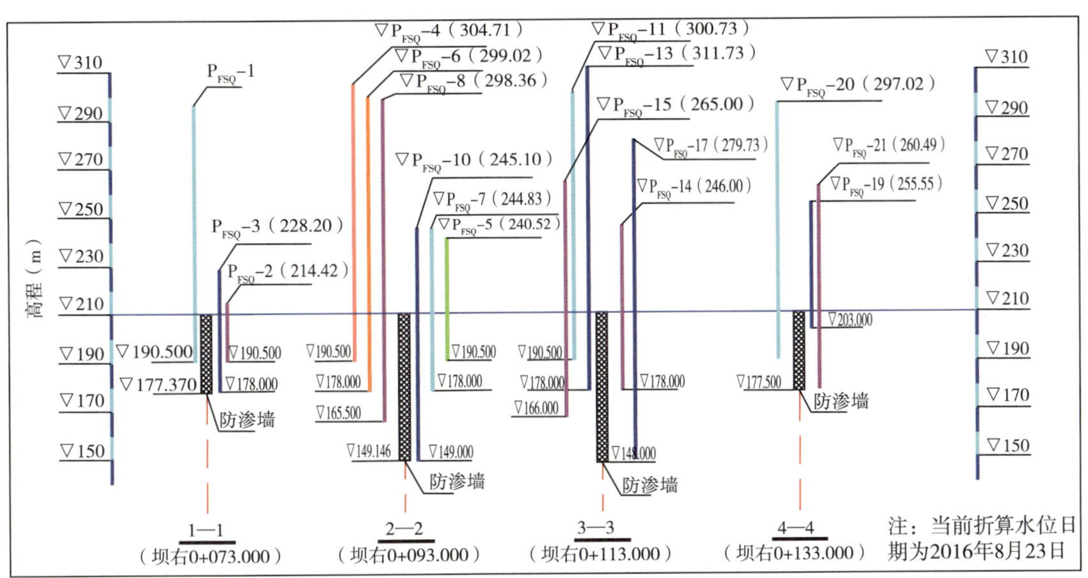

图 12.2-48　基础防渗墙渗压计折算水位分布

从坝基深部渗压观测成果来看，坝基深部岩体渗流场整体稳定，实际观测过程中水位月变化量均较小。针对向家坝水电站渗控措施，结合左非③、厂⑩、泄⑥、泄⑩坝段以及基础防渗墙渗压监测分布，就各坝段深孔渗压分布形成初步分析意见如下：

1）泄⑥坝段坝基下伏的Ⅳ～Ⅴ类挠曲核部破碎带厚度大，埋藏较浅，在上游防渗帷幕采用了防渗墙结合防渗帷幕的阻渗措施，但由于幕后坝基透水性相对较强，因而体现出坝基深孔实测渗透压力基本接近，从 2016 年 8 月观测数据看，目前上游防渗体后坝基渗透压力换算为位置水头约为 250m。坝基水头分布均匀，坝基上下游之间以及深层和浅层之间基本不存在水头差等情况，必然导致坝基渗流量较小。但从另一方面来说，上游帷幕的阻水效果越明显，必然削弱了排水孔对幕前的泄压效果，从而增大幕前扬压力；且帷幕后渗流量减小，必然导致帷幕深度以下的渗流量也会一定程度的增加。

2）从厂④坝段渗控渗压分布情况看，存在排水孔幕情况下坝基深孔实测渗压最大水头差在 13m，相对来看厂④坝段渗控渗压分布对位置分布不敏感。这说明厂④坝段深部渗流情况与泄⑥坝段基本接近。

3）从左③和泄⑩坝段渗控渗压分别特征基本一致，一定程度上反映出幕后排水对坝基渗压的泄压效果明显，且可侧面反映坝基岩体相对完整，相互之间可局部形成隔水层，但这种情况对向家坝大断面重力坝的坝基扬压力的降低并不一定有利。

12.2.2.3　坝基扬压力监测

为监测坝基扬压力的情况，安全监测测压管分别布置在上游注帷幕幕后以及下游坝趾区封闭帷幕幕前，主体（一期）共布设测压管 40 支，全部完好；主体（二期）共埋设测压管 163 支，目前完好 142 支。

向家坝水电站左非 1～左非 9 坝段、冲沙孔坝段、航运坝段、厂房坝段、泄水坝段、右非①～右非⑦坝段的大坝建基面基本处于下游校核水位以下，坝基渗控体系采用封闭抽排系统。坝体坝踵部位布置了上游主帷幕和主排水幕，坝体坝趾部位布置了封闭帷幕和封闭排水幕，左非⑨坝段、右非⑦坝段顺流向布置了横向帷幕和横向排水幕，坝体中部布置了纵、横向辅助排水幕，形成独立的封闭抽排系统。右非⑧坝段、左非⑩～左非⑱坝段为岸坡坝段，建基面高程均在下游校核水位以上，采用常规防渗帷幕及排水方案，在坝踵部位布置主帷幕和主排水幕，构成常规的防渗、排水系统。

由于向家坝坝基相对隔水层埋藏较深且性质变化较大，设计中上游防渗帷幕采用悬挂式方案，上游帷幕下游侧布置一排主排水孔，在封闭帷幕内侧布置封闭排水孔。

在封闭抽排区基础纵横向排水廊道内布置辅助排水幕，与分隔帷幕配合，进一步细化坝基渗流分区，将封闭抽排区规整为大小不同的“井”形地下封闭体系。顺水流方向，纵向排水幕间距约 40m；垂直水流方向，横向排水幕间距为 60.0～100.0m；排水孔间距一般为 3.0m。为解决泄④～泄⑧坝段坝基下伏的Ⅳ～Ⅴ类挠曲核部破碎带厚度大，埋藏较浅，防渗和渗透稳定问题，该部位防渗体系采用“防渗墙结合防渗帷幕”的方案。

向家坝水电站坝前水位蓄水至高程 370.0m 以上运行以来，绘制 2016 年 8 月坝轴线方向实测坝踵上游防渗帷幕幕后扬压力分布见 12.2-49 至图 12.2-51，坝轴线方向实测坝趾下游封闭帷幕幕前扬压力分布见 12.2-52 至图 12.2-54。

从分布图中可以得出如下结论及建议：

1）从 2016 年 8 月坝踵区上游帷幕幕后扬压力分布情况看，大部分坝段坝踵部位约承受 20m 水头大小的扬压力，局部坝段扬压力水头达到近 50m。其中扬压力水头超 30m 部位有左非⑥、冲①、泄②、泄⑤～泄⑧坝段（上游幕幕后测压管一般安装在坝基开挖面以下 1.0～1.2m 处，分析中未计入仪器埋设高程的影响）。

2）大坝稳定渗流情况下，上游防渗帷幕的深度及防渗效果决定了主排水孔涌水量和总涌水量，同时也影响帷幕后测压管水头的高低，而排水系统的工作情况，反过来也会影响幕后水位高低。因此幕后水位偏高虽不至于影响大坝渗透稳定，但会增大坝基总扬压力，参考向家坝水电站初阶段有关计算参数取值，建议坝体上游帷幕幕后扬压力宜控制在 30.0m 以内。

3）建议根据各坝段实测渗透压力情况、实际坝基面高程，对坝基排水系统进行有针对性的控制运行，尽可能保证坝基扬压力不大于设计计算取值。

4）除左非③、左非⑥、左非⑦和泄⑤坝段外，坝趾封闭帷幕幕前实测坝基扬压力均不大于 30m，且大多数坝段实测扬压力在 10～20m 范围内。与上游帷幕类似，下游坝趾区排水建议按照实际建基面高程结合测压管水位测值进行排水控制。

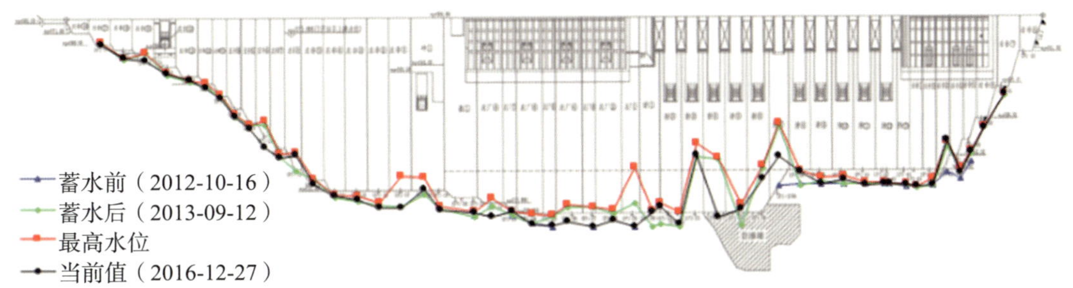

图 12.2-49　上游一线测压管折算水位分布

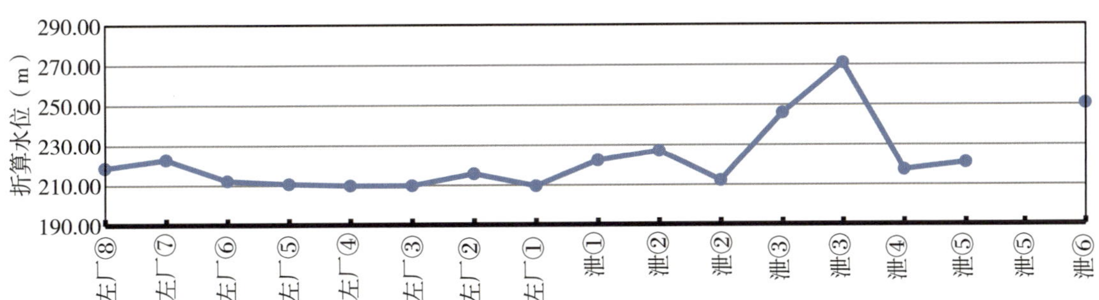

图 12.2-50　上游帷幕灌浆 210.0m 廊道测压管折算水位分布

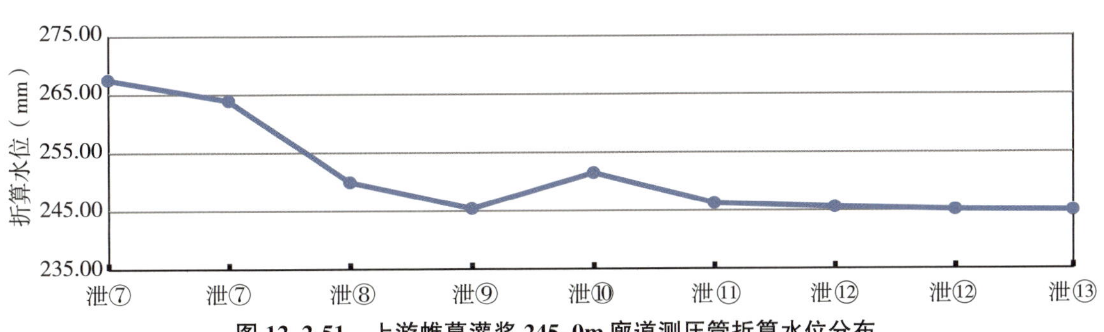

图 12.2-51　上游帷幕灌浆 245.0m 廊道测压管折算水位分布

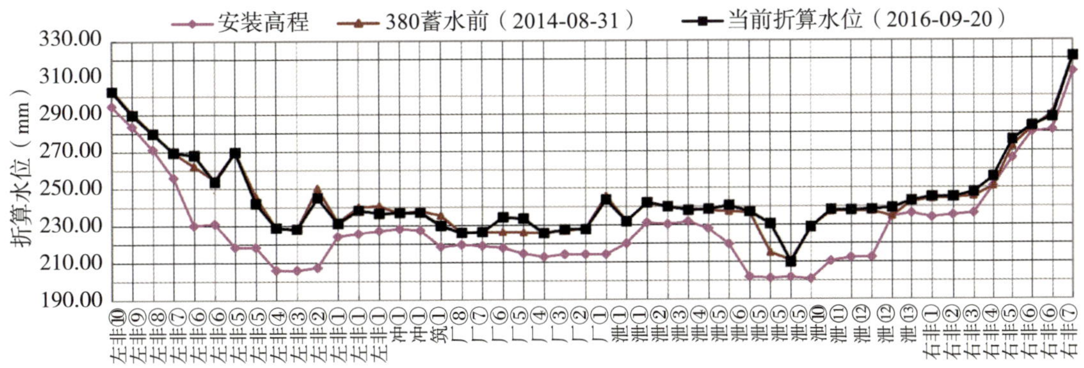

图 12.2-52　下游一线测压管折算水位分布

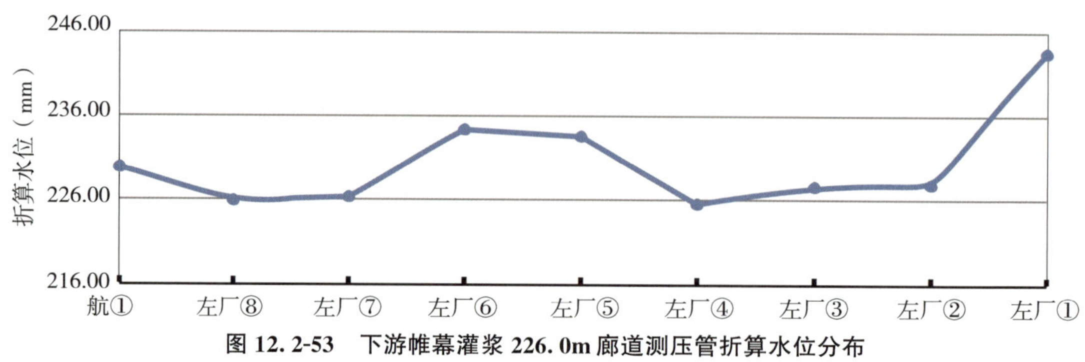

图 12.2-53 下游帷幕灌浆 226.0m 廊道测压管折算水位分布

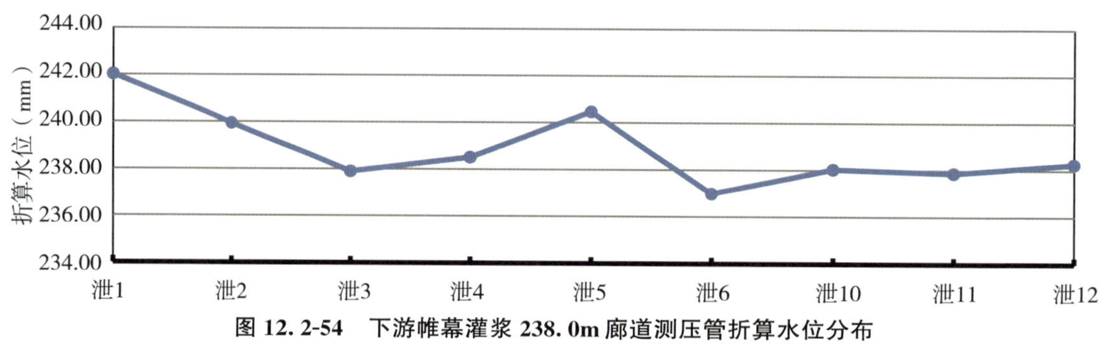

图 12.2-54 下游帷幕灌浆 238.0m 廊道测压管折算水位分布

12.2.2.4 绕坝渗流监测

为监测大坝左右岸水文地质的地下水位状态，在左坝肩布置了 24 个水位孔，目前完好 22 个，右坝肩布置了 27 个水位孔，目前全部完好。

从向家坝水电站左右岸防渗体系的施工措施来看，右非 8 坝段、左非 10～左非 18 坝段为岸坡坝段，建基面高程均在下游校核水位以上，在坝踵部位布置主帷幕和主排水幕，构成常规的防渗、排水系统。左坝肩绕坝渗流控制在左岸坝顶灌浆平洞布置帷幕与左非 18 坝段上游帷幕相接，从左岸坝头向山体内延伸 330m 左右。右坝肩绕坝渗流控制则在右岸岸坡的 384.0m、322.0m、273.0m 高程灌浆平洞，分别布置搭接帷幕并与地下厂房厂区帷幕相衔接。左岸绕坝渗流折算水位特征值统计见图 12.2-55，右岸绕坝渗流折算水位特征值统计见图 12.2-56，左岸绕坝渗流水位孔典型测点折算水位过程线见图 12.2-57，右岸绕坝渗流水位孔典型测点折算水位过程线见图 12.2-58。

1）左岸绕坝渗流监测成果初步分析如下：

①左岸坝顶灌浆平洞帷幕与左非 18 坝段坝前水位与坝前水位基本同步；坝前水位 370.0m 以上时，左岸坝顶灌浆平洞帷幕终端 30m 范围内幕后地下水位约为 360.0m，其水力坡降约为 0.5m，参考向家坝水电站初设报告有关左岸挤压带和挠曲核部破碎带内碎屑结构岩体的允许比降为 4～5，碎块结构岩体的允许比降为 2～3，认为水力坡降测值在设计允许范围之内。

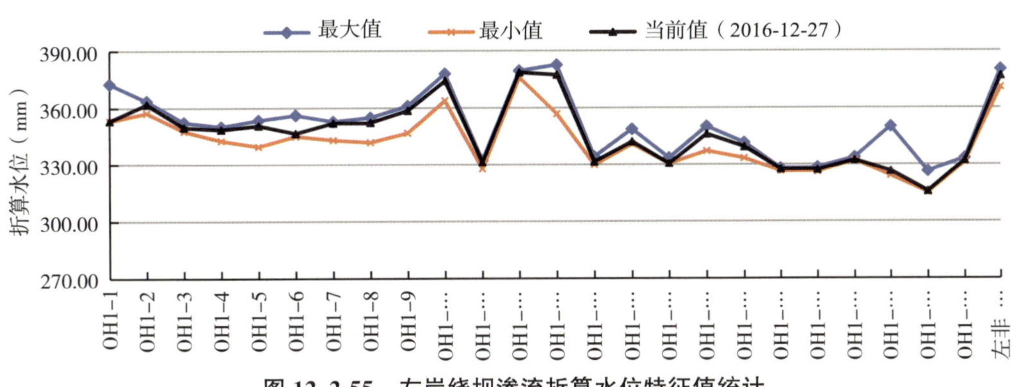

图 12.2-55　左岸绕坝渗流折算水位特征值统计

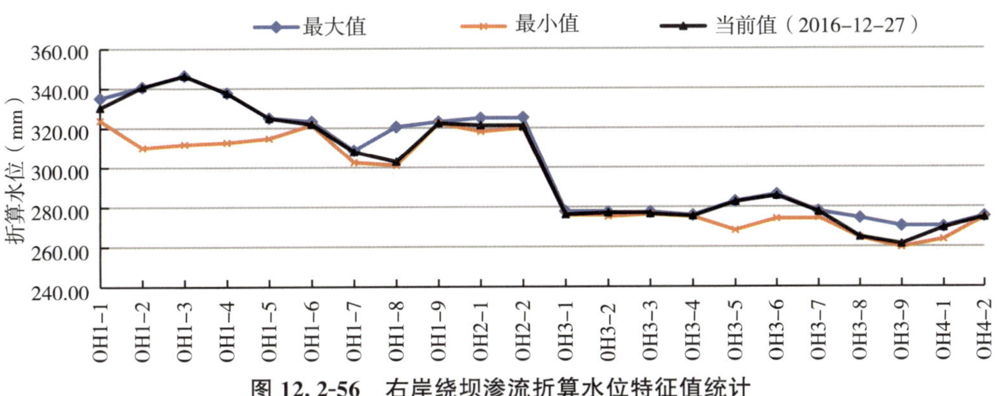

图 12.2-56　右岸绕坝渗流折算水位特征值统计

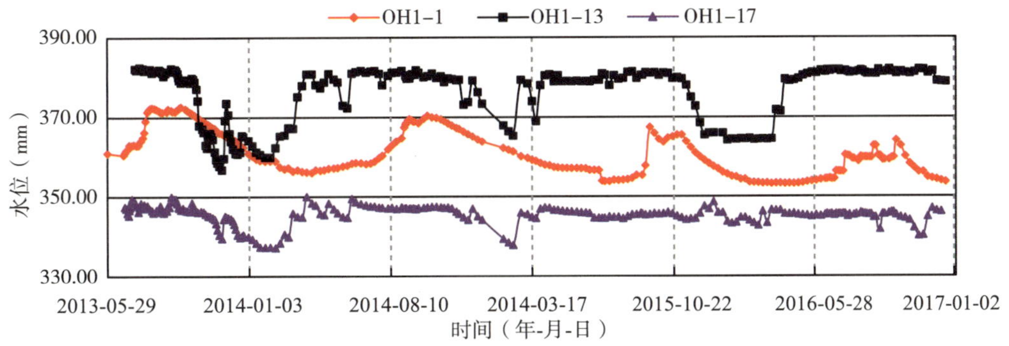

图 12.2-57　左岸绕坝渗流水位孔典型测点折算水位过程线

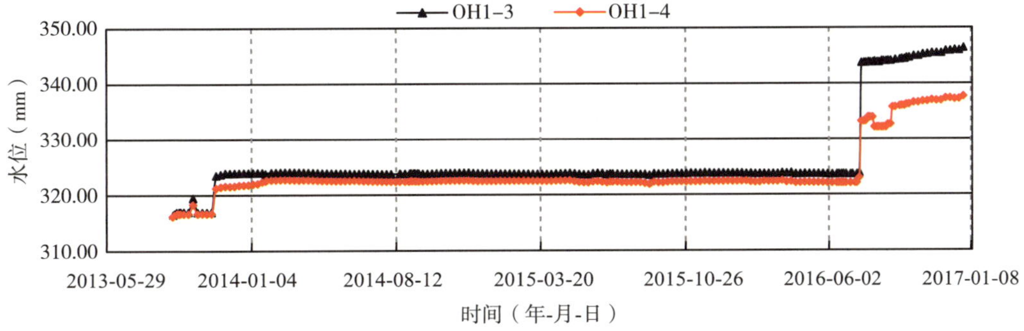

图 12.2-58　右岸绕坝渗流水位孔典型测点折算水位过程线

②除左岸坝头坝顶灌浆平洞帷幕终端，帷幕后实测地下水位一般为 347.0～352.0m，且水位常年稳定，基本无水头差，左岸坝头帷幕后基本不会产生绕坝渗漏情况。

③坝头连接段挡墙后 OH1-13 测孔，位于边坡排水沟附近，从最近实测值看，其地下水位仅低于地面 3.47m，且明显高于坝前水位及周边测孔地下水位，该测孔测值可能受地表水影响，导致测量偏差。

④从左非⑰坝段垂直布设的地下水位测孔监测数据显示，垂直坝轴线方向坝后山体实测水力坡降约为 0.35，地下水位测值显示该部位无绕坝渗漏的异常情况。

⑤左岸坝后 384.0m 平台布置的地下水位测孔，水位测值常年保持在 326.0～333.0m，且水位常年稳定，基本无水头差，左非坝段坝后未发现异常绕坝渗漏情况。

2)右岸绕坝渗流监测成果初步分析如下：

①右岸高程 290.0m 灌浆廊道共埋设 9 支测压管，相邻测孔之间平均孔距约 40.0m，各测孔地下水位相对稳定，地下水位年变化约在 15m 范围内。分析地下水位连线可见，冬季少雨月份各测孔之间实测地下水位较为接近，相邻测孔之间实测地下水位连线趋势平缓，实测相邻测孔之间最大水位差值约 14.0m；夏季多雨季节相邻测孔之间实测地下水位连线稍有波动，但相邻测孔之间最大水位差也仅为 21.0m，据此换算为水力坡降约为 0.5，上述测值可认为右岸高程 290.0m 以下山体未见异常渗流情况。

②垂直灌浆廊道的相邻测孔之间地下水位基本接近。如位于灌浆廊道下游侧的 OH2-1 和 OH2-1 测孔于 2016 年 8 月实测相邻水位差不到 1.0m。该数据显示，垂直廊道方向基本无渗水情况。

③右岸 245.0m 灌浆廊道共埋设 11 支测压管，各测孔之间最大水位差为 24.0m，相邻测孔之间最大水位差 12.0m，从测孔之间水力坡降可知，右岸 245.0m 以下山体未见异常渗流情况。

综上所述，实际观测未见异常渗流情况，左、右岸山体渗控措施整体有效。

12.2.2.5 地质水文监测

向家坝工程 2012 年 10 月开始蓄水，截至 2012 年 12 月，左岸边坡监测资料表明：左坡 0＋141～0＋400、高程 420m 以下边坡测点发生部分抬升变形，为了查明变形原因及形成机制，特在上游围堰支洞、左非⑧～左非⑨坝后及左坝头上游增加 12 个水文地质观测孔；为了进一步探明左岸挤压破碎带上、下盘岩体中地下水的变化特征及左坝头的绕坝渗漏情况，于 2013 年 7 月新增加 2 支水文地质观测孔，目前全部监测仪器完成。

2013 年 6 月 20 日至 7 月 10 日期间，库区降水量为 227.6mm，水库二次蓄水坝前水位由 350.0m 抬升至 370.0m 高程。从左岸山体两次观测数据的对比结果看，山体地下水位抬升情况分布不均，部分区域地下水位基本无变动，水位降雨敏感区地下水位抬升量约为 5.0m，局部区域地下水位最大抬升量约 10m，山体地下水位的抬升主要受降雨影响，但坝前水位的抬升也略有顶托作用。

从水库蓄水至370.0m高程运行至今的长系列观测数据来看，左岸山体地下水位总体是较稳定的，其水位变动仅受大气降水影响，枯水季与丰水季地下水位变化一般不超过10.0m，且局部区域常年保持恒定。

从上述观测成果来看，山体地下水位的变化对山体变形及绕坝渗流未见明显不利的趋势性影响。水文孔折算水位特征值统计见图12.2-59，左坡300m马道水文孔折算水位过程线见图12.2-60。

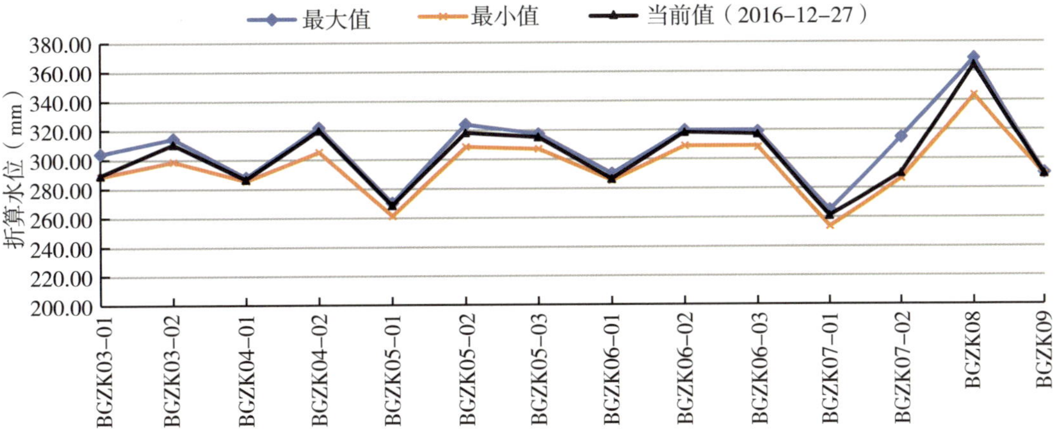

图12.2-59　水文孔折算水位特征值统计

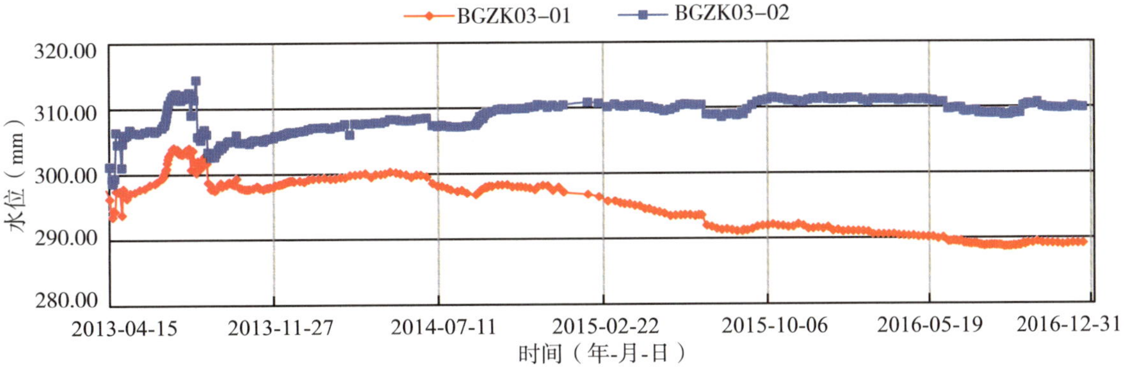

图12.2-60　左坡300m马道水文孔折算水位过程线

12.2.2.6　坝基渗流量监测

向家坝排水系统由坝基和消力池两大排水系统组成，坝基排水系统由右非坝段排水廊道，泄水坝段210m排水廊道、238～245m排水廊道，厂房坝段210m排水廊道、243～245m排水廊道，坝后厂房226m排水廊道，左岸一期左非坝段排水廊道组成；消力池排水系统由左消力池排水廊道、右消力池排水廊道、中导墙排水廊道及尾坎排水廊道组成。

(1)2012年蓄水至高程354m排水孔观测情况

向家坝水电站初期蓄水自2012年10月10日开始至2012年10月16结束，分别在2012年10月25日、2012年11月3日、2012年11月11日对坝基排水孔和消力池部位的排水量和压力进行全面的观测和控制。

蓄水前期坝基、消力池排水孔出水孔数 742 个，出水量为 13799.5m^3/min。蓄水期间坝基、消力池排水孔出水孔数 869 个，出水量为 16787.8L/min，相比蓄水前新增出水孔 127 个，增加率为 15.5%，出水量增加 2988.3L/min，增加率为 21.7%。蓄水后坝基、消力池排水孔出水孔数 861 个，出水量为 17655.4L/min，相比蓄水前新增出水孔 119 个，增加率为 13.8%，出水量增加 3855.9L/min，增加率为 27.9%。

蓄水后对部分排水量较大的排水孔进行调节控制，共进行了三个阶段的调节，第三阶段调节于 2012 年 11 月 11 日，2012 年 11 月 18 日稳定后总排水量为 14465.0L/min，相比蓄水期减少 3190.4L/min，减幅在 18.0%。

从总体上来说，蓄水至高程 354.0m 时坝基排水孔新增出水孔和出水量有明显增加，出水量增加 45.9%，其中左岸一期排水孔增加最为突出，增加 101.2%。有排水孔出水浑浊挟沙的情况，共计 40 个排水孔，主要集中在高程 210.0m 廊道。通过三个阶段的调节控制出水量，经过后期观测发现坝基排水孔出水量均呈下降趋势，总下降幅度 31.5%；其中下降幅度最大的部位在泄水坝段，下降幅度 62.2%。消力池出水量减少主要受帷幕灌浆施工的影响。

(2)2013 年蓄水至高程 370m 排水孔观测情况

蓄水前(2013 年 6 月 25 日)坝基排水孔总出水孔数 382 个，出水量为 5862.5L/min。2013 年 7 月 5 日蓄水高程达到 370m，该期间坝基出水孔数 394 个，出水量为 6133.0L/min，与蓄水前(2013 年 6 月 25 日)对比出水量增加 270.5L/min，增幅为 4.61%。

蓄水后(2013 年 7 月 20 日)坝基排水孔总出水孔数 406 个，出水量为 6334.9L/min，与蓄水前(2013 年 6 月 25 日)对比出水量增加 472.4L/min，增幅为 8.06%。

从总体上来说，蓄水至高程 370.0m 时坝基排水孔总出水量增加 8.0%，其中泄水坝段高程 238～245m 的排水孔、坝后厂房封闭排水、左岸一期冲 1～左非 5 坝段的排水孔出水量增幅较突出，分别增加 20.0%、13.0%、14.9%。消力池排水孔新增出水孔较大多，增加 41 个，出水量增加 24.2%。排水孔出水浑浊挟沙的情况减少 1 个。

(3)2013 年蓄水至高程 380m 排水孔观测情况

蓄水前(2013 年 9 月 6 日)坝基排水孔总出水孔数 426 个，出水量为 6486.6L/min。2013 年 9 月 12 日蓄水高程达到 380m，坝基出水孔数 435 个，出水量为 6369.9L/min，与蓄水前(2013 年 9 月 6 日)对比出水量增加 289.9L/min，增幅为 4.8%。

蓄水稳定后(2013 年 9 月 18 日)坝基排水孔总出水孔数 431 个，出水量为 6486.6L/min，与蓄水前(2013 年 9 月 6 日)对比出水量增加 406.6L/min，增幅为 6.7%。

从总体上来说，蓄水至高程 380.0m 时坝基排水孔总出水量增加 6.7%，泄水坝段高程 238～245m 的排水孔增幅 31.6%，其中泄 1～泄 13 封闭排水增幅较大，增幅为 35.4%。左

岸一期出水量的增幅集中在冲1～左非5坝段，增幅7.7%，其中冲1～左非5坝段上游主排水增幅较大，增幅13%。坝后厂房封闭排水单次观测的出水量波动较大，增减幅度在-4.7%～7.3%。消力池排水孔新增出水孔数较多，新增44个，出水量增幅7.6%。未发现排水孔出水浑浊挟沙的情况。

(4)埋设至今排水孔观测情况

2016年12月30日，坝基排水孔排水量总计为4961.6L/min，消力池排水量为880.2L/min。其中，泄水坝段排水量为863.4L/min，左厂坝段排水量为526.5L/min，左岸冲1～左非5坝段排水量为1459.9L/min，坝后厂房排水量为872.5L/min。坝基排水孔排水量统计见表12.2-16，坝基排水孔出水量过程线见图12.2-61，坝基排水孔排水量与上游水位过程线见图12.2-62。

表12.2-16　坝基排水孔排水量统计　(单位:L/min)

观测部位	最大值	日期	最小值	日期	变幅	当前值 2016-12-30
右非坝段	246.6	2012-11-20	0.2	2013-07-13	246.4	41.0
泄洪坝段主排及辅排水廊道	3816.3	2012-09-30	803.0	2013-06-09	3013.3	863.4
左厂坝段主排及辅排水廊道	2138.2	2012-10-13	505.3	2016-09-15	1632.9	526.5
坝后厂房高程266m排水廊道	1844.8	2012-10-30	822.5	2016-05-31	1022.3	872.5
左岸一期主排及辅排冲1～左非5	3897.3	2012-10-25	1046.7	2012-09-29	2850.6	1459.9
左岸一期主排及辅排左非6～左非18	1429.4	2012-10-19	114.4	2012-09-29	1315.0	318.1
消力池	7270.9	2012-10-25	802.7	2016-09-15	6468.2	880.2

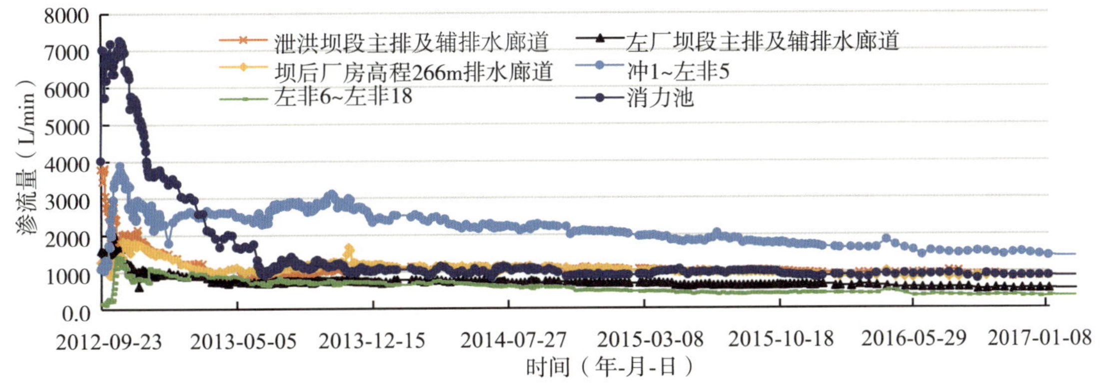

图12.2-61　坝基排水孔排水量过程线

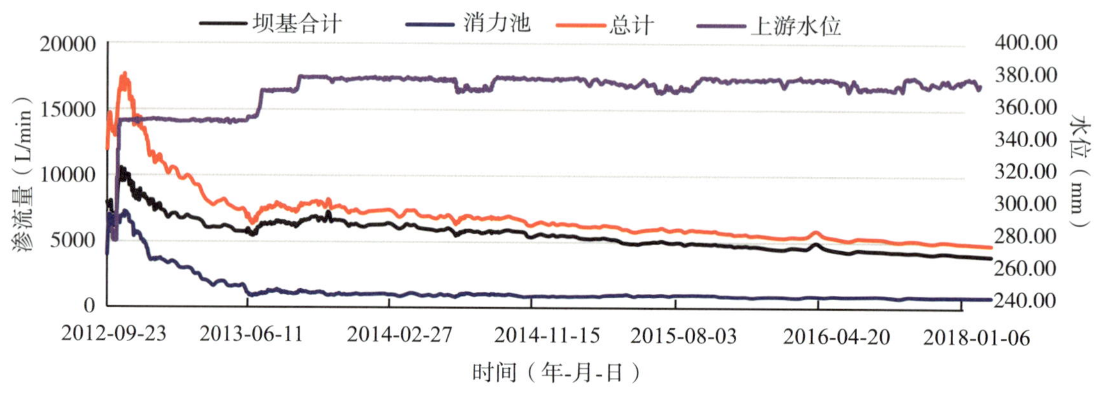

图 12.2-62 坝基排水孔排水量与上游水位过程线图

12.2.3 应力应变监测

12.2.3.1 钢筋应力

为监测坝体钢筋应力及其变化状态，在主体（一期）布置了 16 支钢筋计，在主体（二期）布置了 435 支钢筋计。钢筋应力变化特征如下：

1）坝体内大部分钢筋应力在 30MPa 范围内，应力总体较稳定，受温度影响钢筋应力波动幅度不大。

2）消力池左右导墙钢筋应力一般在 40MPa 范围内，实测最大压应力 31.85 MPa，最大拉应力 62.94 MPa。

3）升船机筒体结构钢筋应力一般在 20MPa 范围内，但局部有应力集中现象，最大拉应力超 200 MPa，已导致 3 支钢筋应力计超量程失效。

4）溢流坝段钢筋应力一般在 30MPa 范围内，且主要处于受压状态，如泄⑬右边墩钢筋计拉应力达 269.86MPa；泄⑩表孔中墩局部钢筋计压应力实测值达 125.04MPa；泄④表孔中墩局部钢筋压应力达到 151.06MPa。测值相对较大钢筋计应力变化过程线见图 12.2-63。

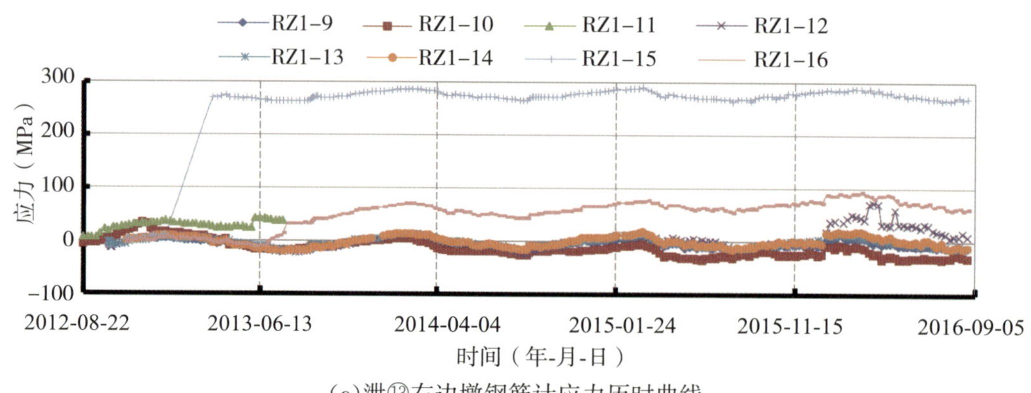

（a）泄⑬右边墩钢筋计应力历时曲线

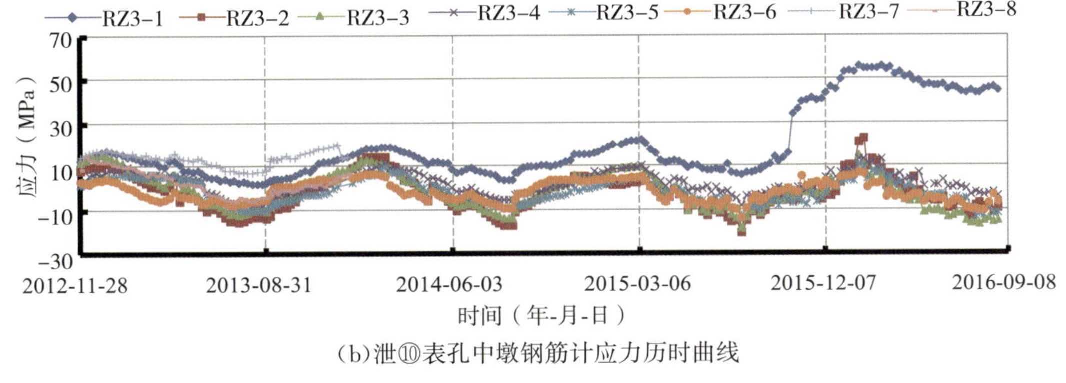

(b)泄⑩表孔中墩钢筋计应力历时曲线

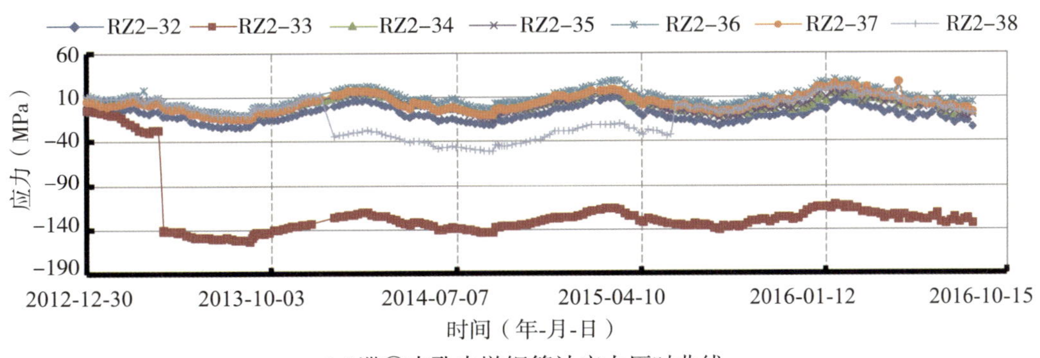

(c)泄④表孔中墩钢筋计应力历时曲线

图 12.2-63 典型钢筋计应力变化过程线

12.2.3.2 坝基接触压应力

为了解坝基基岩与上部混凝土之间的接触压力，目前在坝基岩基面共埋设压应力计 24 支，目前在二期工程建基面共埋设压应力计 24 支，其中，厂⑧坝段 4 支，厂④坝段 4 支，泄④坝段 4 支，泄⑥坝段 4 支，泄⑩坝段 6 支，泄⑫坝段 2 支。典型坝段接触压应力—时间历时曲线见图 12.2-64 和图 12.2-65。

目前，建基面均处于受压状态，测值变化趋势总体平稳。压应力主要发生在混凝土浇筑期间，自蓄水以来坝踵和坝中压应力变化不明显。当前坝基坝踵压应力计测值分别为－1.20MPa(厂 4 坝段 CF-2)、－0.23MPa(泄 4 坝段 CG-2)，坝趾压应力计测值分别为－2.81MPa(厂 4 坝段 CF-4)、0.08MPa(泄 4 坝段 CG-4)，水位抬升期间压应力略有增加，坝基中部压应力计当前测值在－1.20～－0.82MPa，变化量较小，测值均较稳定。

结合压应力计工作特征，压应力计测值虽不能全部反映坝基基岩与上部混凝土之间接触压力，但从其变化量可以看出坝体在蓄水运行、厂房冲水过程中外部荷载的影响过程中，未对坝体和坝基应力重分配造成影响，坝基结合面受力状态稳定。

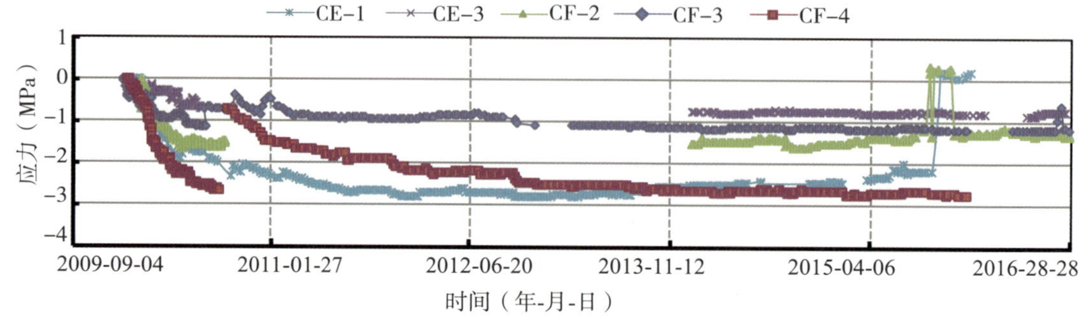

图 12.2-64　厂房坝段典型坝基接触压应力—时间历时曲线

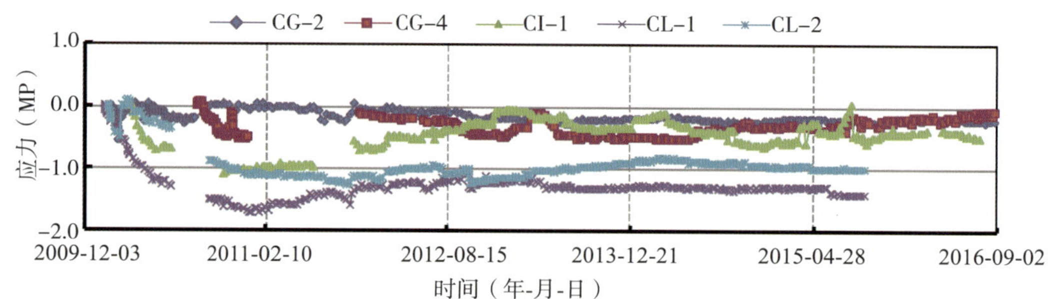

图 12.2-65　泄流坝段典型坝基接触压应力—时间历时曲线

12.2.3.3　钢板应力

为监测泄水状态下钢板应力变化，在冲①及泄④坝段布置有钢板应力计。监测成果表明：

1)未充水自由工况下，冲①坝段钢板主要承受混凝土压应力，导致过流钢管主要承受压应力，目前实测压应力约为 100MPa，但从环向应力分布看，存在管周钢板应力分布不均现象。从 PSD—1 和 PSD—6 钢板应力估算，冲①坝段钢板温度变化导致的应力变化影响为 3.0～5.0MPa/℃。

2)泄④坝段过流钢管管周钢板应力在 40MPa 范围内，最大实测钢板环向应力 63.06MPa，且目前钢板应力较为稳定，受温度影响钢板应力年波动幅度约为 20MPa。

12.2.3.4　坝体应力监测

(1)无应力计监测成果

为监测坝体混凝土的应力应变及其变化状态，目前主体(一期)总计埋设了 46 支无应力计，二期主体工程目前在坝体共埋设了 131 支无应力计。无应力计变化特征如下：

无应力计监测成果显示，混凝土无应力计实测自生体积变形以压应力为主，其压应变测值一般在 90.00$\mu\varepsilon$ 内；少部分无应力计实测自生体积变形为拉应力，除左非⑦/⑧横缝并缝 NH—3 测值较大实测拉应变达 160.89$\mu\varepsilon$ 外，其拉应变一般在 40$\mu\varepsilon$ 内。目前，混凝土无应力计测值已稳定，混凝土自生体积应变约在 20$\mu\varepsilon$ 内波动变化。

(2)材料力学法应力估算

1)基本假定。

①坝体混凝土为均质、连续、各向同性的弹性体材料。

②视坝段为固结于地基上的悬臂梁,不考虑地基变形对坝体应力的影响,并认为各坝段独立工作,横缝不传力。

③假定坝体上水平截面上的正应力按直线分布,不考虑廊道对坝体应力的影响。

④不考虑扬压力的计算。

一般情况下,坝体的最大应力和最小应力都出现在坝面,参考重力坝设计规范,采用如下方法计算坝体边缘应力。

2)水平截面上的正应力。

上游边缘应力 σ_{yu} 和下游边缘应力 σ_{yd} :

$$\sigma_{yu}=\frac{\sum W}{B}+\frac{6\sum M}{B^2}$$

$$\sigma_{yd}=\frac{\sum W}{B}-\frac{6\sum M}{B^2}$$

式中:$\sum W$ ——作用于计算截面以上的全部荷载的铅直分力的总和,kN;

$\sum M$ ——作用于计算截面以上的全部荷载对截面垂直水流流向的力矩总和,kN·m;

B ——计算截面的长度,m。

3)剪应力。

上游边缘剪应力 τ_u 和下游截面剪应力 τ_d :

$$\tau_u=(p_u-\sigma_{yu})n$$

$$\tau_d=(\sigma_{yd}-p_d)m$$

式中:p_u ——上游面水压力强度,kPa;

p_d ——下游面水压力强度,kPa;

n——上游坝坡破率,$n=\tan\varphi_u$;

m——下游坝坡破率,$m=\tan\varphi_d$ 。

4)水平正应力。

上游边缘的水平正应力 σ_{xu} 和下游正应力 σ_{xd} :

$$\sigma_{xu}=p_u-\tau_u n$$

$$\sigma_{xd}=p_d+\tau_d m$$

5)主应力。

$$\sigma_{1u}=(1+n^2)\sigma_{yu}-p_u n^2$$

$$\sigma_{1d}=(1+m^2)\sigma_{yd}-p_d m^2$$

坝面水压力强度也是主应力：

$$\sigma_{2u}=p_u$$

$$\sigma_{2d}=p_d$$

6)荷载计算。

a. 自重

$$w=\gamma_c\times V$$

式中：V ——坝体体积，m^3，以单位长度的坝段为单位，通常把其断面分成若干个简单的几何图形分别计算；

γ_c ——坝体混凝土的重度，一般取 $24kN/m^3$。

b. 静水压力

静水压力是作用在上、下游坝面的主要荷载，计算时分解为水平水压力 P 和垂直水压力 W 两种。

水平水压力 P 的计算公式：

$$P=(1/2)\gamma_w H^2$$

式中：H ——计算点处的作用水头，m；

γ_W ——水的重度取 $9.81kN/m^3$。

7)水位条件。

上游水位为 372.48m，下游水位为 270.69m。

8)计算结果。

一般来说，不考虑孔洞和拐点因素带来的应力集中影响，大坝的边缘应力应为极值，按照上述方法计算得厂⑧、泄④、右非②和左非⑦等四个坝段的边缘应力如下(表 12.2-17)：

表 12.2-17　　材料力学方法坝踵、坝趾区应力计算成果

坝段名称	上游 y 向应力最大值(MPa)	下游 y 向应力最大值(MPa)	上游 x 向应力最大值(MPa)	下游 x 向应力最大值(MPa)
厂⑧坝段	2.78	1.22	1.76	1.77
泄④坝段	2.24	2.36	0.35	0.35
右非②坝段	1.43	2.31	1.30	2.46
左非⑦坝段	1.59	2.98	1.09	0.48

注：表中应力为正，表示混凝土受压。

同时采用结合坝体内部测点的实测应力，采用材料力学方法计算得边缘应力分别绘制了厂⑧、泄④、右非②和左非⑦等四个坝段的应力等值线。等值线分布见图 12.2-66 至图 12.2-70。

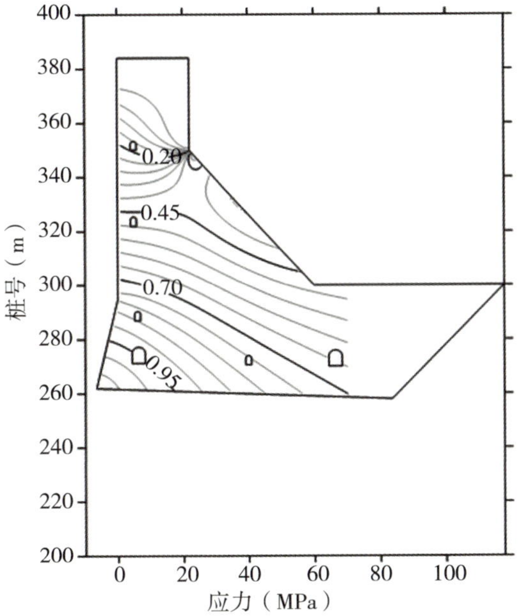

图 12.2-66　左非⑦坝段 σ_x 应力等值线

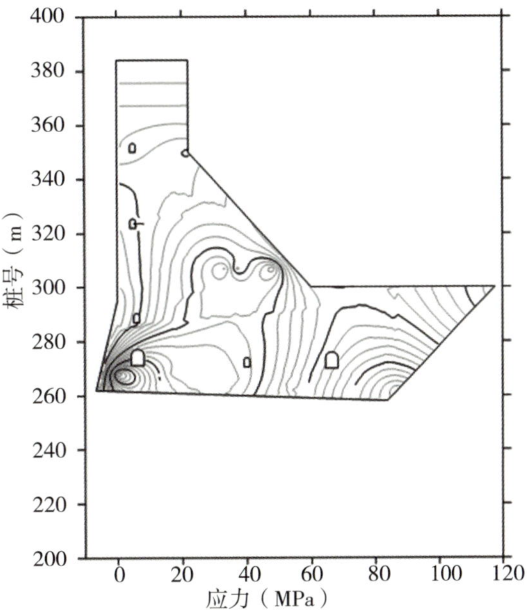

图 12.2-67　左非⑦坝段 σ_y 应力等值线

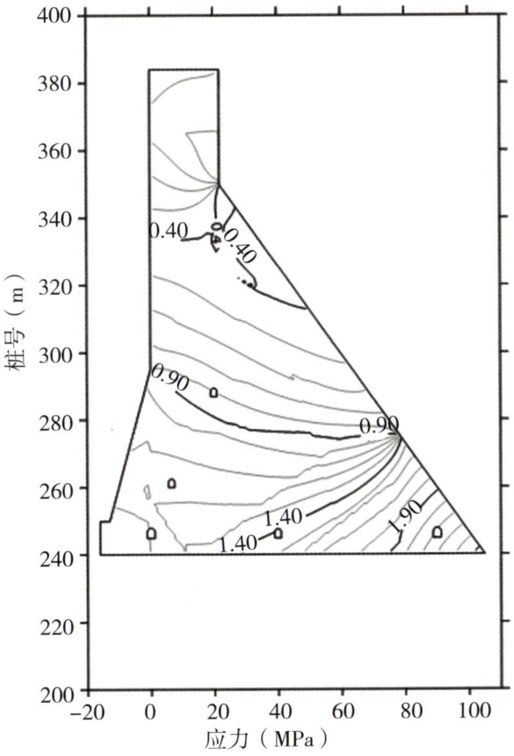

图 12.2-68　右非②坝段 σ_x 应力等值线

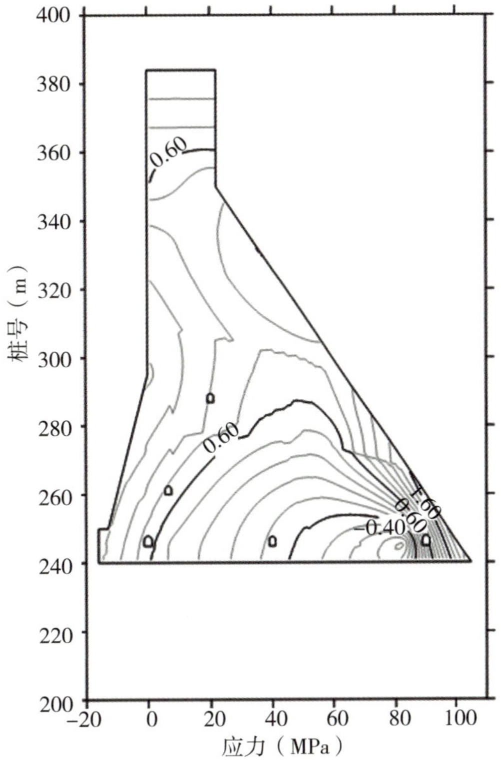

图 12.2-69　右非②坝段 σ_y 应力等值线

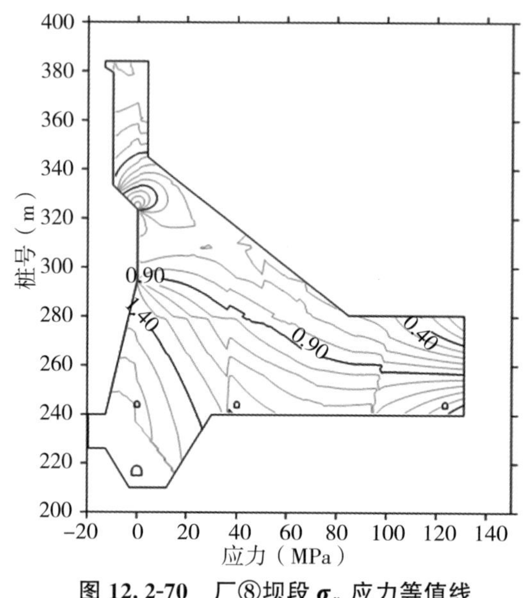

图 12.2-70　厂⑧坝段 σ_x 应力等值线

(3)有限元法应力估算

为有利于对比分析，本次资料分析过程中利用 ANSYS 数值分析软件，结合现阶段大坝运行工况，对大坝变形情况及应力场进行了简分析。

1)计算过程中考虑的基本情况。

①初始应力场按自重应力场计算；

②正常蓄水位坝体上游水位为 372.48m；

③下游水位为 270.69m。

计算荷载主要包括坝体自重、水压力、扬压力。

2)选用本构关系及屈服准则。

向家坝水电站工程地质条件复杂，涉及的工程地质范围大、地层多、岩石质量分级多，且含有多级结构面。各级别岩石和结构面的本构关系差异很大，在达到屈服状态后各材料的力学参数变化趋势也各不相同。因为用数值模拟方法仔细模拟向家坝这种复杂工程地质条件每种材料的本构关系有很大困难，所以本次监测资料简分析过程中对坝基岩体进行概化，采用理想弹塑性模型模拟各种材料的本构关系。对于理想弹塑性材料，屈服函数和塑性势相等，对于一个单元，理想弹塑性材料达到屈服后，塑性应变增量的大小没有限制。

分析中采用 Mohr-Coulomb 屈服准则作为评判坝体、坝基是否进入塑性状态的标准。公式如下：

$$\sigma_1-\sigma_3=(\sigma_1+\sigma_3)\sin\varphi+2c\cos\varphi$$

3)边界条件。

采用平面应变模型，模型的左右边界采用水平方向约束，模型底边界采用水平、竖直方向约束。

4)坝基初始地应力。

在建坝前基岩中已存在初始地应力，主要由构造地应力和岩体自重应力组成。由于地应力的模拟比较复杂，在目前缺乏准确的地应力资料的条件下，假定地应力主要是由于坝基岩体自重产生的，忽略构造应力的影响。本书通过施加初始地应力的方法(计算中坝基单元存在初始地应力，但此初始地应力不产生任何变形)考虑地应力的影响。

5)坝体自重。

不同坝体自重施加的步数对坝体本身的变形和分布有较大的影响，而对坝基软弱结构面的最大塑性应变和塑性区分布模式影响不大，本书主要目的是对坝体结构与实测值进行对比分析。因此，本书采用一次施加坝体自重荷载的方式模拟建坝过程，且对于坝体中泄水洞和阀门槽等位置未进行细部模拟。

6)水荷载。

虽然目前对于用有限元方法分析重力坝坝基深层抗滑稳定中水荷载施加方式的影响有很多不同见解。本次分析采取简便方法，假定坝体混凝土不透水，而坝基岩体透水。将坝体内原本实际存在的顺河流向的渗透体积力简化成为坝体上游面和坝体下游面(相应的水位以下)线性分布的表面力，而竖直方向的渗透体积力简化为建基面的扬压力施加在坝体底面上，因此坝体的容重仍然取天然容重，坝基取浮容重。

计算过程中选取了厂⑧、泄④、右非②和左非⑦四个坝段进行对比计算，并整理应力分布成果见图12.2-71至图12.2-78。

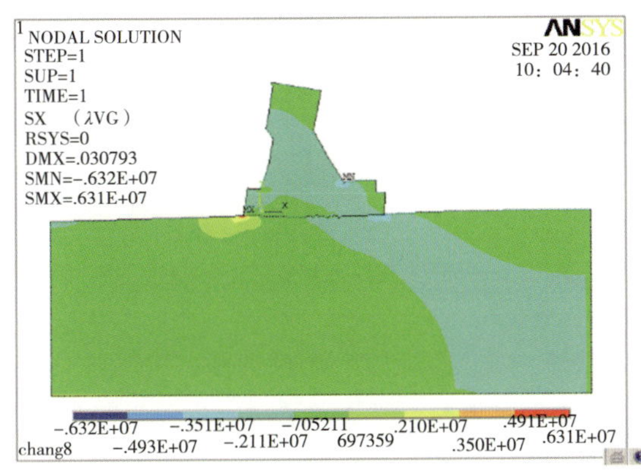

图12.2-71　厂⑧坝段水平向应力应力分布等彩色伪图

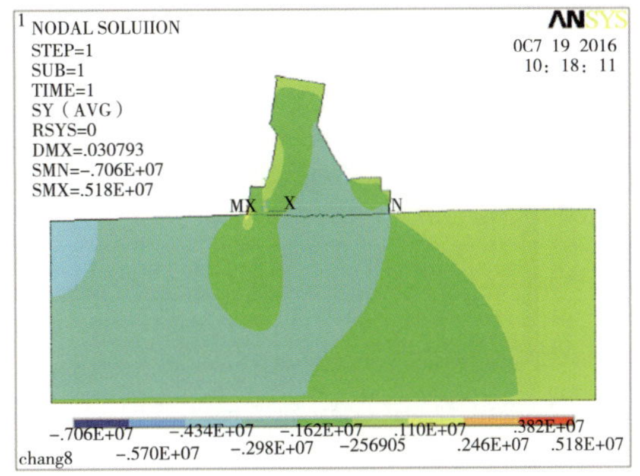

图12.2-72　厂⑧坝段竖直向应力应力分布等彩色伪图

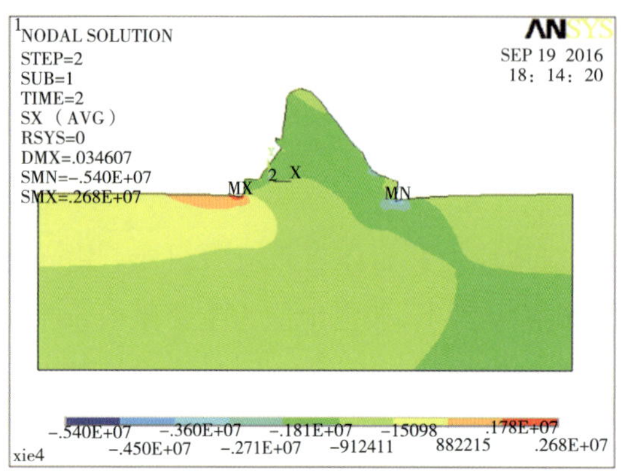

图 12.2-73　泄④坝段水平向应力应力分布等彩色伪图

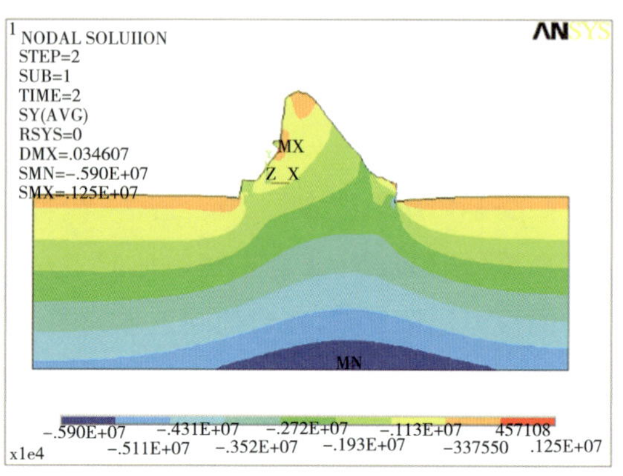

图 12.2-74　泄④坝段竖直向应力应力分布等彩色伪图

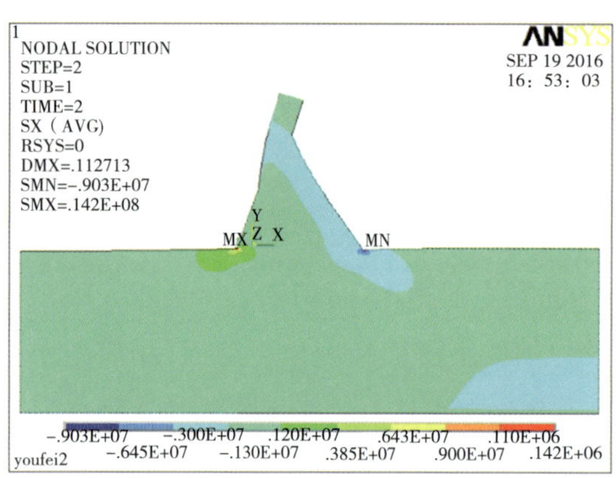

图 12.2-75　右非②坝段水平向应力应力分布等彩色伪图

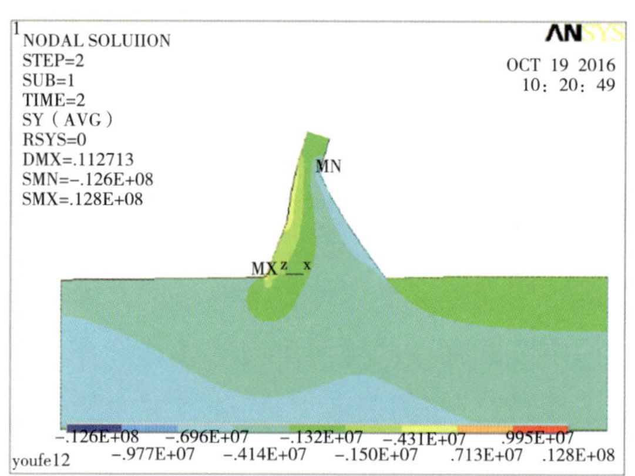

图 12.2-76　右非②坝段竖直向应力应力分布等彩色伪图

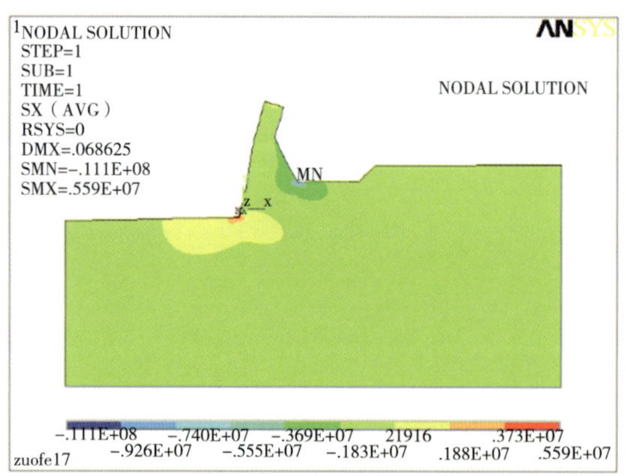

图 12.2-77　左非⑦坝段水平向应力应力分布等彩色伪图

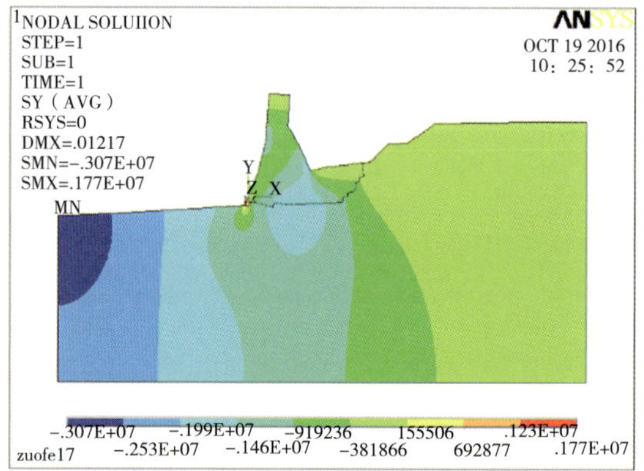

图 12.2-78　左非⑦坝段竖直向应力应力分布等彩色伪图

(4)混凝土应力应变监测成果分析

对比分析材料力学、有限元计算方法,对照应力监测实际成果综合分析,对坝体结构应力初步分析如下:

1)按照材料力学以及有限元方法计算,左非坝段、右非坝段以及厂房坝段和泄洪坝段就坝体内部而言,坝趾及坝踵区均没有出现拉应力,坝体上下游水头差产生的水荷载对位于左右岸非溢流坝段的影响稍大,而对于体型宽大的河床坝段影响稍小。

2)对比理论分析与安全监测应力测值,采用理论分析方法坝体高应力区竖向应力均为压应力,其应力水平一般在2.0～3.0MPa;而典型断面坝踵区和坝趾区应力监测成果,大坝实测应力水平多在2.0MPa附近,实测应力以压应力为主。从这个角度而言,向家坝水电站混凝土应力监测总体上还是较合理的。

3)局部坝段局部实测应力为拉应力,但一般来说其拉应力水平不大于3.0MPa。尽管拉应力的产生可能来自混凝土应变监测尺度效应的影响,也可能来自多向应变计组的应力分配计算带来的误差影响,但从其应力水平来说,仍在混凝土抗拉强度范围内。

4)从应力分布特征看,向家坝坝体整体应力水平不高,且应力分布较均匀,应力变化梯度不大,因结构应力急骤变化导致坝体开裂的可能较小。

12.2.4　温度监测

12.2.4.1　基岩温度

为监测坝基不同深度基岩温度及其变化状态,主体(一期)随基岩变形计钻孔埋设了温度计17支,主体(二期)在坝基基岩内共埋设温度计112支,典型温度—时间历时曲线见图12.2-79至图12.2-82。

从总体上来看,自大坝施工以来,坝基基岩温度整体呈缓慢下降趋势,季节因素对坝基温度影响不明显,但由于一期、二期工程施工开工时间差的关系,不同运行年限也导致了坝基基岩温度呈现各自特征。

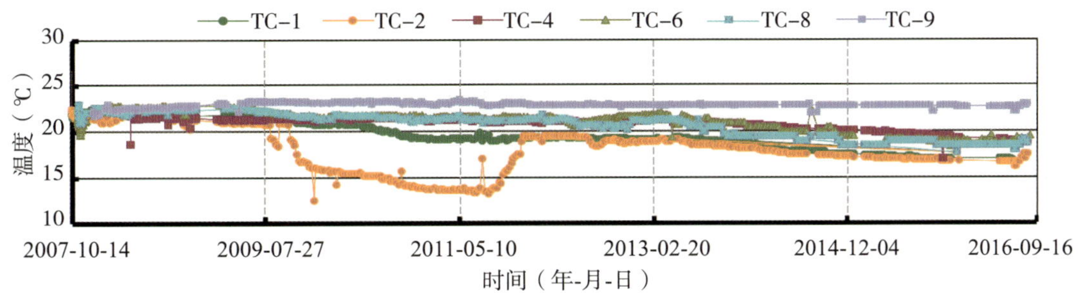

图12.2-79　左非③坝段基岩温度—时间历时曲线

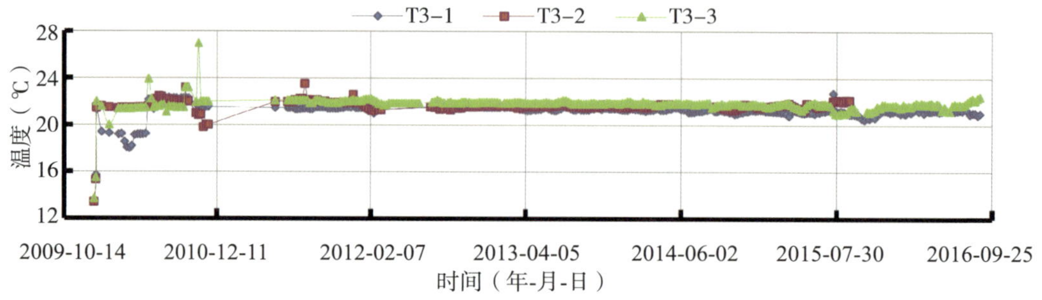

图 12.2-80　航①及升船机渡槽坝段基岩温度—时间历时曲线

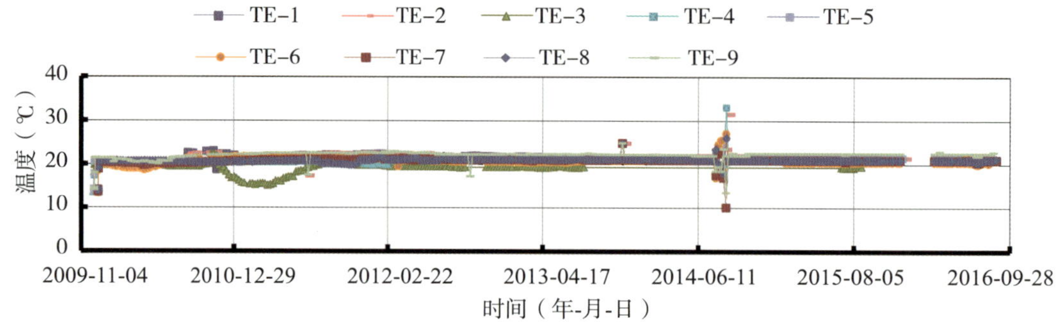

图 12.2-81　厂房坝段基岩温度—时间历时曲线

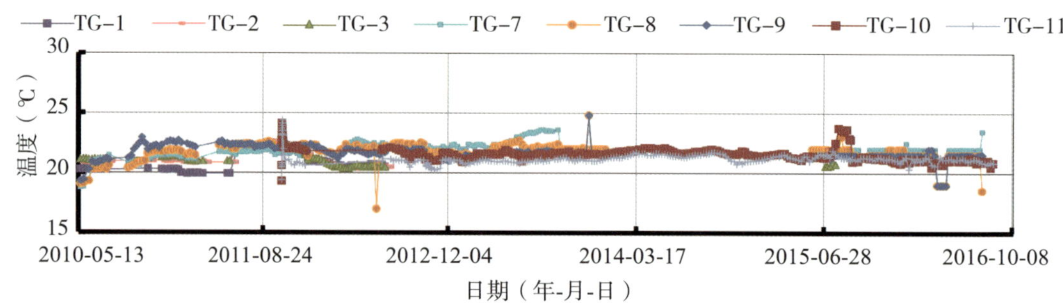

图 12.2-82　泄流坝段基岩典型温度—时间历时曲线

(1)一期工程基岩温度监测成果主要体现的特征

1)受上游库水影响，上游帷幕前基岩温度略低于上游帷幕后基岩温度，从左非③数据来看，上游帷幕前基岩温度低于上游帷幕后基岩温度 2.0℃左右，且帷幕前基岩温度在高程 207.00～214.00 m 范围内温差较小，实测 TC-1 和 TC-2 温差变化在 0.3℃。这种情况说明幕前基岩在坝前水体温度相对恒定且接近地温情况下，坝基幕前基岩温度更早一步趋向稳定。

2)受下游河水影响，坝基下游侧近下游帷幕附近基岩温度略高于其上游侧基岩温度。

3)从基岩深度温度场的水平向温度分布情况看，坝基基岩温度变幅沿顺水流方向变化不大，初步估算上游帷幕后段基岩温度梯度约 0.1℃/10m。

4)从基岩深度温度场的竖直向温度分布情况看，坝基基岩温度变幅沿深度方向呈逐步

降低趋势，其竖直上温度变化梯度约 0.7℃/10m。

5）从坝基基岩整体温度分布情况看，上游库水温度、库底温度可能还有进一步的降低空间，坝基基岩温度略大于周边地区多年平均地温，因而坝基基岩可能还会进一步下降，且达到稳定温度场可能还需要一定时间，但从前几年观测结果看，坝基基岩实测年温差变化较小，2014—2016 年观测数据显示，坝基基岩温度年变化在 1℃/年范围内。

（2）二期工程基岩温度监测成果主要体现的特征

1）二期工程区域坝基基岩温度明显大于一期工程区域坝基基岩温度，从厂⑧坝段、厂④坝段和泄⑩坝段主要温度测点监测数据来看，二期工程坝基基岩温度相比一期工程而言约高 3.0℃。可大致认为二期工程开工时间滞后一期工程约三年，现阶段体现为坝基温差约 3.0℃。

2）从不同坝段坝基温度对比分析来看，不管是二期工程还是一期工程，坝基基岩温度总体来看，同一期施工区域坝基基岩温度基本接近。

3）此外从河床坝段与左非、右非等坝段比较情况来看，河床坝段坝基温度略高于左非、右非坝段，可分析河床坝段坝基温度下降速率是约小于左右岸非溢流坝段的，其原因可能与坝体体型规模大小到来的散热路径长短有一定关系。

4）一期、二期工程的坝基存在温度，也从侧面反映出坝基温度仍未达到稳定状态。

12.2.4.2　坝体温度

为了监测坝体混凝土温度及其变化状态，在主体（一期）坝体布置了温度计 134 支，主体（二期）坝体布置了温度计 236 支。典型温度—时间历时曲线见图 12.2-83、图 12.2-84，坝体局部温度受气温影响较大，月变化量相比基岩温度较大。

在设定大气温度 32℃，以及实测向家坝库区表面水温 23℃，上游水位 372.48m，8 月 23 日所测坝体温度等相关数据情况下，绘制了左非⑦和右非②坝体温度等值线，见图 12.2-85、图 12.2-86。

（1）坝前水温分布特征

1）坝前水温在水深 5m 范围内，库水温度受外界气温影响明显，一般在 15.0～28.0℃范围内变化，库水温度年平均变化幅度约为 10.0℃，一般来说 2—3 月达到最低气温，8—9 月达到最高气温。

2）坝前水深 8m 以上时，库水温度明显受外界气温影响变小，从左非坝段 365.0m 高程温度计实测数据看，坝前水位二次蓄水至 373.0m 附近时，坝前库水温度多在 18.0～24.0℃范围内变化，且库水温度最低值、最高值和近库面处比较，时间周期有 1～2 周滞后。

3）坝前库水进一步加深时，库水温度年变幅减小幅度不大，但库水温度高低气温时间滞后较为明显。如左非⑦坝段水深 60m 处多年测值显示，库水温度达到最低温时一般为 4—5 月，达到最高气温时多为 10 月。

4）从总体上来看，目前各高程库水温度总体较稳定，年均气温下降幅度较小，结合坝基基岩温度及参考其他工程经验，水库库底温度尚处于逐步稳定过程中。

(2)坝体温度场分布特征

1)大坝蓄水后，一、二期工程上游面、坝顶面以及下游面水温和气温边界基本相同，近坝面特别是坝顶面及下游坝面温度分布基本相近，但一、二期工程施工期间建设的坝体结构左下部(上游侧)存在一定温差。从左非⑦坝段和右非②坝段对比分析看，一期工程坝体温度和二期工程比较有 1.0～2.0℃温度差。

2)温度梯度变化大区域主要分布在近坝顶及近下游坝坡区域。在夏季高温情况下，从左非⑦坝段和右非②坝段温度分布等值线分析(测温精度存在的系统误差，导致采用数学方法绘制的等值线，坝体内部温度等值线局部呈蜂窝状不尽合理，但该图仍可一定程度上反映坝内的温度分布阈值)，坝体温度变化区主要分布在近坝顶和下游坝面 20～30m 区域内，一期工程左非⑦坝段由外界气温逐步降低至内部相对稳定温度场 20.0～20.5℃，二期工程右非②坝段由外界气温逐步降低至内部相对稳定温度场 21.0～22.0℃。

3)左非、右非坝段坝体体型相对较小，坝体内部温度场年变化幅度大于河床坝段，且趋近左右岸坝肩这种情况尤明显。

4)受坝前库水影响，近上游面坝体温度较下游面明显稳定，且温度变化周期明显受坝前水温周期控制。

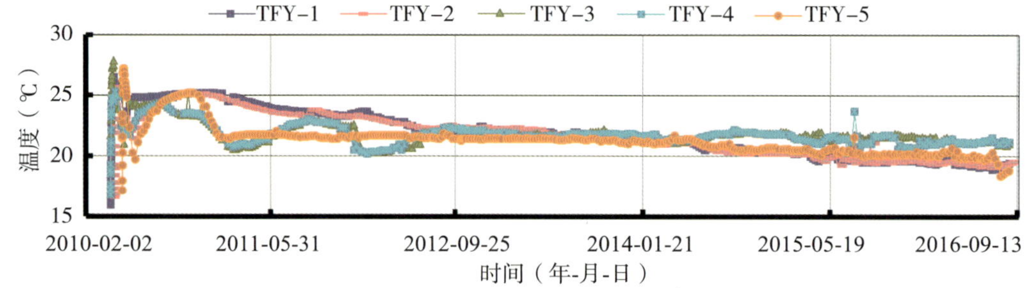

图 12.2-83　厂④、厂⑤诱导缝典型温度—时间历时曲线

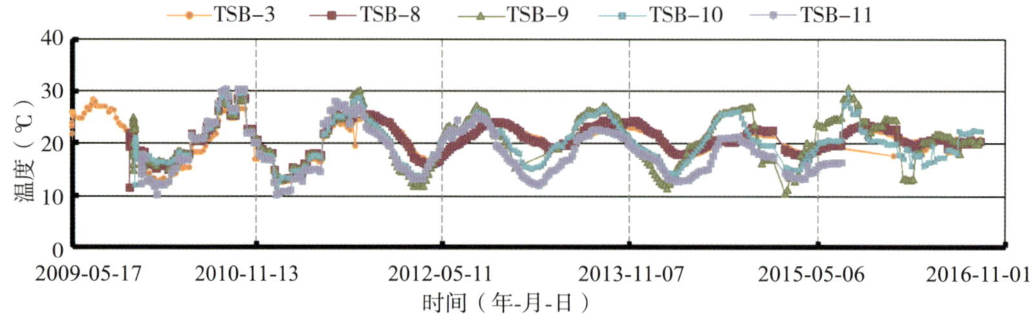

图 12.2-84　左非⑦坝前温度—时间历时曲线

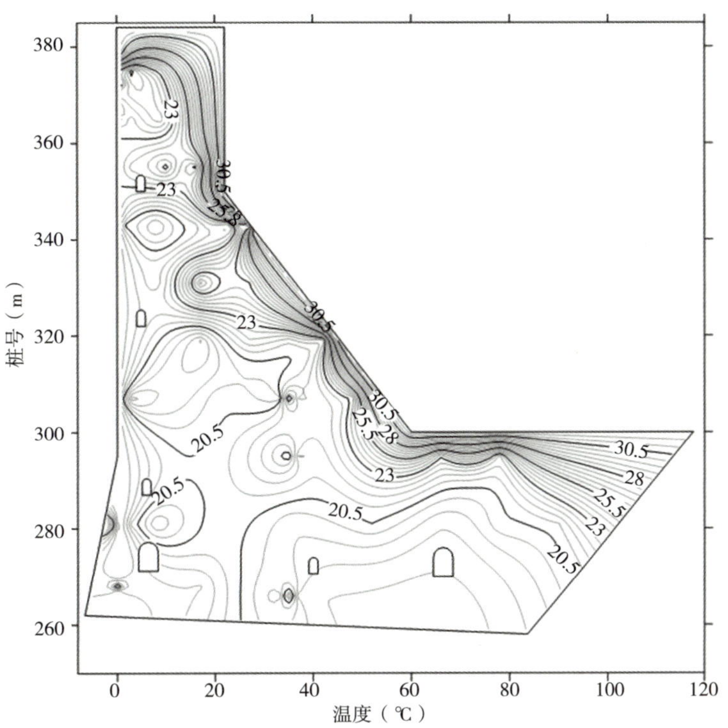

图 12.2-85 左非⑦坝段坝体温度等值线

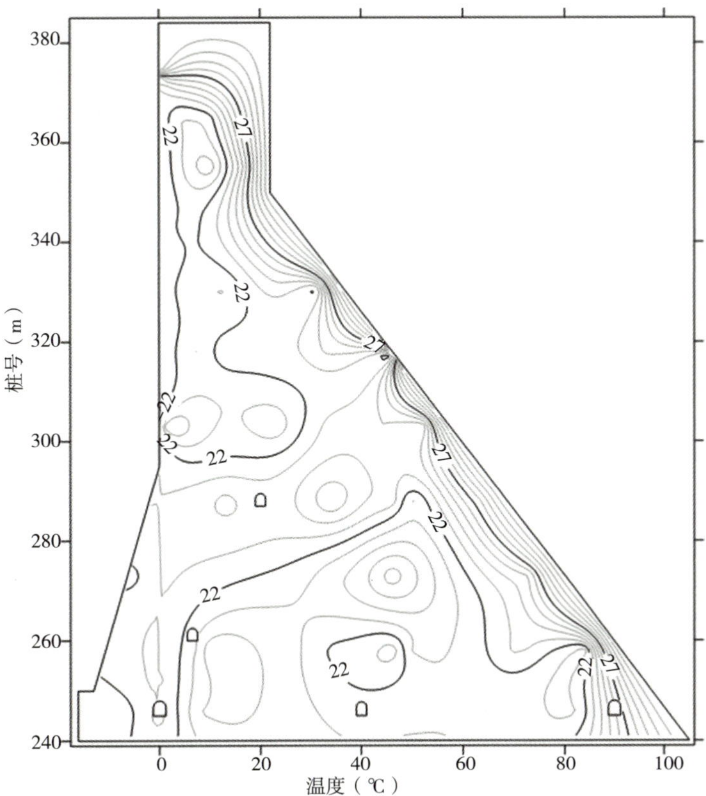

图 12.2-86 右非②坝段坝体温度等值线

左非⑦坝段坝体典型高程温度分布见图 12.2-87，泄④坝段坝体典型高程温度分布见图 12.2-88，厂⑧坝段坝体典型高程温度分布见图 12.2-89，右非②坝段坝体典型高程温度分布见图 12.2-90。

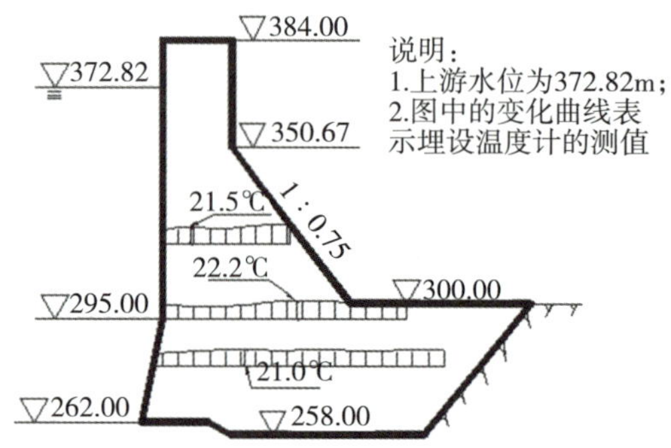

图 12.2-87　左非⑦坝段坝体典型高程温度分布

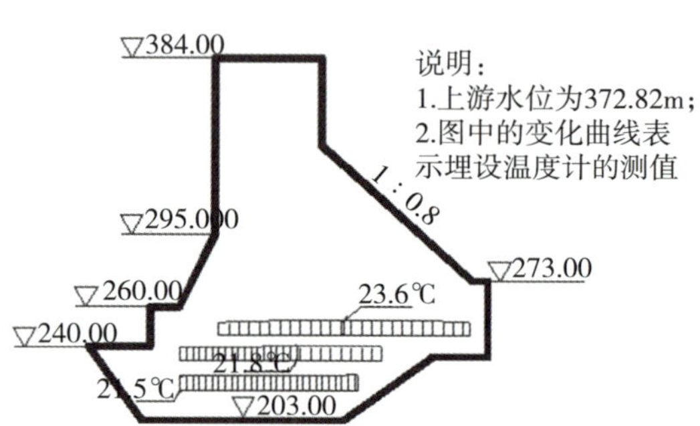

图 12.2-88　泄④坝段坝体典型高程温度分布

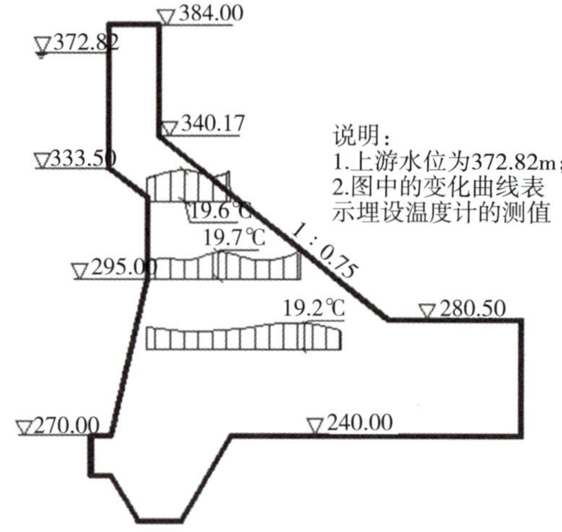

图 12.2-89　厂⑧坝段坝体典型高程温度分布

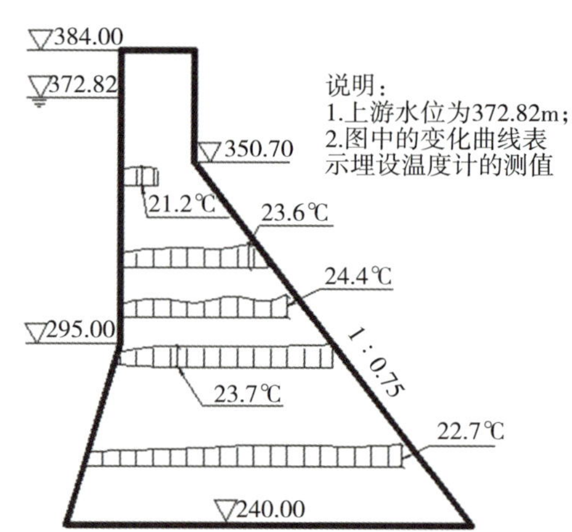

图 12.2-90　右非②坝段坝体典型高程温度分布

12.2.5　水质监测

为检测分析主体二期工程基础廊道内渗漏水在大坝首次蓄水期间的变化情况，中水科技于 2012 年 10 月 6 日（蓄水前）和 10 月 11 日（蓄水后）在主体二期工程 210.0m 高程廊道、243.0m 高程廊道、消力池底板廊道内选取 39 个地点分别进行取样，送至四川省城市供水排水水质监测网宜宾监测站进行水质分析，分析内容包括 pH 值、硫酸根离子浓度、色度、浑浊度和钠离子浓度，评判依据采用《生活饮用水卫生标准》（GB 5749—2006）标准。

将各部位检测样品的检测成果特征值统计见表 12.2-18。从表 12.2-18 可以看出，各部位检测样品的硫酸根离子浓度、钠离子浓度离散性较大，单个样品的各种检测指标有升有降，无规律可循；但从各部位样品的整体均值来看，蓄水后除泄水坝段高程 243m 和 238m 廊道内的硫酸根离子浓度均值增加 0.093mg/L 外，pH 值、硫酸根离子浓度和钠离子浓度均值均有所降低，各部位的浑浊度均值均有所增加。

表 12.2-18 各部位检测样品的检测成果特征值统计表

检测时段	检测项目	高程 210m 廊道			消力池底板廊道			泄水坝段高程 243m 和 238m 廊道		
		最大值	最小值	平均值	最大值	最小值	平均值	最大值	最小值	平均值
蓄水前 2012-10-06	pH 值	9.170	7.120	8.229	9.230	8.110	8.672	9.820	7.630	8.387
	硫酸盐(mg/L)	180.270	80.580	109.054	128.560	79.920	95.274	201.520	79.210	106.363
	浑浊度(NTU)	0.629	0.304	0.420	0.517	0.289	0.401	0.549	0.267	0.370
	钠(mg/L)	138.210	73.670	109.260	148.300	32.620	99.722	116.730	30.830	94.009
蓄水后 2012-10-11	pH 值	9.280	6.960	8.203	9.190	7.960	8.584	9.780	7.750	8.377
	硫酸盐(mg/L)	164.790	73.460	98.272	124.180	71.420	91.673	184.120	73.870	106.457
	浑浊度(NTU)	0.679	0.301	0.433	0.538	0.285	0.410	0.621	0.289	0.402
	钠(mg/L)	133.700	58.270	105.576	135.900	20.260	91.981	113.400	15.230	89.204
蓄水前后变化量	pH 值	0.270	−0.160	−0.026	0.300	−0.400	−0.088	0.330	−0.360	−0.010
	硫酸盐(mg/L)	−2.780	−17.790	−10.782	23.610	−17.600	−3.601	22.490	−17.400	0.093
	浑浊度(NTU)	0.050	−0.027	0.013	0.128	−0.142	0.009	0.073	−0.112	0.032
	钠(mg/L)	6.100	−15.400	−3.684	12.460	−15.080	−7.741	16.670	−15.600	−4.804

(1)高程210m廊道内水样检测结果

在高程210m廊道内厂房坝段和泄水坝段共选取了10组水样，蓄水前后检测结果及分析对比情况如下：

1)所有水样均呈弱碱性，蓄水前各水样的pH值为7.12～9.17，均值为8.229；蓄水后各水样的pH值为6.96～9.28，均值为8.203；蓄水后均值减小0.026。

2)蓄水前硫酸根离子浓度为80.58～180.27mg/L，均值为109.054mg/L；蓄水后硫酸根离子浓度为73.46～164.79mg/L，均值为98.272mg/L；蓄水后均值减小10.782mg/L。

3)蓄水前后各水样的色度均小于5CU。

4)蓄水前各水样的浑浊度为0.304～0.629NTU，均值为0.420NTU；蓄水后各水样的浑浊度为0.301～0.679NTU，均值为0.4331NTU；蓄水后均值增加0.0131NTU。

5)蓄水前各水样钠离子浓度为73.67～138.21mg/L，均值为109.26mg/L；蓄水后各水样的钠离子浓度为58.27～133.7mg/L，均值为105.576mg/L；蓄水后均值减小3.684mg/L。

(2)消力池底板廊道内水样检测结果

在高程240m和238m的消力池底板廊道和左右导墙廊道内共选取了20组水样，蓄水前后检测结果及分析对比情况如下：

1)所有水样均呈弱碱性，蓄水前各水样的pH值为8.11～9.23，均值为8.762；蓄水后各水样的pH值为7.96～9.19，均值为8.584；蓄水后均值减小0.088。

2)蓄水前硫酸根离子浓度为79.92～128.56mg/L，均值为95.274mg/L；蓄水后硫酸根离子浓度为71.42～124.18mg/L，均值为91.673mg/L；蓄水后均值减小3.601 mg/L。

3)蓄水前后各水样的色度均小于5CU。

4)蓄水前各水样的浑浊度为0.289～0.517NTU，均值为0.401NTU；蓄水后各水样的浑浊度为0.285～0.538NTU，均值为0.410NTU；蓄水后均值增加0.009NTU。

5)蓄水前各水样钠离子浓度为32.62～148.30mg/L，均值为99.722mg/L；蓄水后各水样的钠离子浓度为20.26～135.9mg/L，均值为91.981mg/L；蓄水后均值减小7.741mg/L。

(3)泄水坝段廊道内水样检测结果

在泄水坝段高程243m和238m廊道内共选取了9组水样，蓄水前后检测结果及分析对比情况如下：

1)所有水样均呈弱碱性，蓄水前各水样的pH值为7.63～9.82，均值为8.387；蓄水后各水样的pH值为7.75～9.78，均值为8.377；蓄水后均值减小0.010。

2)蓄水前硫酸根离子浓度为79.21～201.52mg/L，均值为106.363mg/L；蓄水后硫酸根离子浓度为73.87～184.12mg/L，均值为106.457mg/L；蓄水后均值增加0.093mg/L。

3)蓄水前后各水样的色度均小于5CU。

4)蓄水前各水样的浑浊度为0.267～0.549NTU之间,均值为0.370NTU;蓄水后各水样的浑浊度为0.289～0.621NTU,均值为0.402NTU;蓄水后均值增加0.032NTU。

5)蓄水前各水样钠离子浓度为30.83～116.73mg/L,均值为94.009mg/L;蓄水后各水样的钠离子浓度为15.23～113.4mg/L,均值为89.204mg/L;蓄水后均值减小4.804mg/L。

12.2.6　监测成果小结

1)大坝在蓄水过程中坝基出现了一定幅度的沉降变形,下游侧坝基沉降变形相对明显,蓄水期实测最大坝基沉降变形为3.66mm,水库蓄水过程导致的基岩变形主要产生在近基岩面部位,水库蓄水对坝基深部基岩变形影响较小,蓄水期间深部基岩变形小于0.5mm,蓄水结束后的水位稳定运行工况下,坝基岩体变形稳定。

2)导流洞底孔在二次蓄水期间坝前水位抬升加载过程中接触缝基本无变化,在混凝土结合面胶结良好,无明显张开现象。

3)大坝纵缝结构在两次蓄水加载过程中实测缝面开合变化幅度基本在0.10mm内,坝体纵缝结构温度处于20℃左右,水库蓄水导致的坝体温度下降趋势不明显,且坝体内部年平均气温变化幅度不大,温度分布较均匀,目前纵缝结构开合情况及温度环境的变化情况对大坝结构后期温度、应力调整与变形协调较为有利。

4)坝体左岸非溢流坝段、厂房坝段、泄洪坝段、右岸非溢流坝段,及通航建筑物连接段等部位横缝变形总体稳定,蓄水期间缝面开合度变化一般在0.20mm内,水位达到高程370.0m运行以来,大部分横缝测缝计实测开合度变化量在0.50mm范围内。但对于右非⑥坝段和⑦坝段相邻坝段体型变化及建基面宽度差异较大区域,坝体横缝仍有一定变形,大坝蓄水以来实测横缝变化幅度约为1.28mm。对于泄⑬右边墩与右非坝段接触缝,蓄水后横缝累计变形1.02～1.90mm,其变形主要受初蓄水位抬升影响产生。施工诱导缝变化不明显,大坝2012年初蓄至今诱导缝变形稳定;坝顶段表面裂缝于2014年末基本稳定。

5)横缝缝宽变化主要受温度影响呈年周期变化,冬季受低温影响混凝土收缩表现为缝宽加大,夏季受高温影响混凝土膨胀表现为缝缩小,横缝位移年平均测值较稳定,缝宽年变化量一般在1.00～2.00mm。顺水流方向位错变化一般在1.00mm内,且测值变化稳定。相邻坝段沉降差一般在1.00mm范围内,已于2014年9月基本趋于稳定。

6)蜗壳接触缝变形主要产生在混凝土施工期,且主要为混凝土干缩变形及温度变化张开变形,接触缝受大坝蓄水、发电冲水及机组运行影响较小。

7)坝体内钢筋应力一般在30MPa范围内,应力总体较稳定,受温度影响钢筋应力波动幅度不大;机组蜗壳混凝土钢筋应力一般在20MPa范围内,且主要处于受拉状态,实测最大钢筋应力为62.36MPa;消力池左右导墙钢筋应力一般在40MPa范围内,实测最大压应力31.85MPa,最大拉应力62.94MPa;升船机筒体结构钢筋应力一般在20MPa范围内,但局部有应力集中现象，最大拉应力超 200MPa，已导致 3 支钢筋应力计超量程失效；溢流坝段钢筋应力一般在 30MPa 范围内，多处于受压状态，但局部钢筋应力偏大，如泄□右边墩、泄⑩、泄④表孔中墩等部位最大钢筋压应力测值 269.86MPa，钢筋应力仍属正常工作范围内。

8)钢板环向应力受温度影响较大，升温期间钢板变形受外部混凝土约束导致钢板压应力增大，温度下降时钢板压应力减小。目前过流钢板应力相对较小，蜗壳钢板应力相对较大，且受力不均匀特征明显。

9)坝基基岩与上部混凝土之间受力状态稳定，坝体蓄水运行、厂房冲水过程未对坝体和坝基应力重分配造成影响。

10)大坝整体应力水平不高，坝趾、坝踵区应力水平一般在 2.0～3.0MPa，且主要为压应力。蓄水过程对位于左右岸非溢流坝段的影响稍大，而对于体型宽大的河床坝段应力影响稍小。坝体局部实测拉应力一般小于 3.0MPa，基本处于混凝土抗拉强度范围内。坝体内部应力变化梯度小，应力分布较均匀。

11)坝基建基面上下游帷幕之间实测渗透压力在 0～30m 范围，大部分区域建基面渗透压力在 10m 范围内，且坝基渗透压力受坝前水位抬升影响较小，坝基渗控体系及坝基排水系统总体工作正常。实际建基面大坝基础实测坝基扬压力分布曲线基本在规范取值范围内，局部虽有超出，但对坝基总扬压力影响较小，目前大坝运行情况及坝基扬压力控制对坝体整体抗滑稳定安全较为有利。

12)坝基深部渗压显示出差异化特征，坝基岩层较好区域防渗帷幕隔渗效果相对较好，体现出幕后水头分布较均匀，坝基底部上下游之间以及深层和浅层之间水力坡度小，但也削弱了排水孔对幕前的泄压效果；对于悬挂式防渗帷幕且深度有限情况下，坝基深部渗透压力主要取决于封闭区域内的排水效果，渗控渗压监测均在一定程度上反映出幕后排水对坝基渗压的泄压效果明显。

13)由于排水孔幕之间可局部形成隔水层，局部坝基扬压力相对较大测点主要分布在排水孔幕之间坝基岩体相对完整区域，建议对这些部位应注意保持排水系统通畅，及时根据监测成果进行控制性排水。

14)左右岸山体绕坝渗流观测未见异常渗流情况，左、右岸山体渗控措施整体有效。

15)受上游库水影响，上游帷幕前基岩温度略低于上游帷幕后基岩温度；受下游河水影响，坝基下游侧近下游帷幕附近基岩温度略高于其上游侧基岩温度。坝基基岩温度变幅沿顺水流方向上游帷幕后段基岩温度梯度约 0.1℃/10m；坝基基岩温度变幅沿深度方向呈逐步降低趋势，竖直上温度变化梯度约 0.7℃/10m。

16)二期工程坝基基岩温度相比一期工程基岩温度约高 3.0℃；受坝体体型规模大小到来的散热路径影响，河床坝段坝基温度略高于左非、右非坝段。一、二期工程的坝基存在温差，侧面反映出坝基温度仍未达到稳定状态，目前坝基基岩温度年变化约 1℃/a。

12.3　消力池监测成果

12.3.1　变形监测

12.3.1.1　水平位移

消力池导墙上共埋设 6 座变形观测墩，左右池导墙各 3 座，右池测点采用边角交会法观测，左池导墙测点以右池测点为基点观测对应两点之间的距离变化。各测点于 2014 年 2 月取得首次值。

监测成果显示：截至 2016 年 12 月 23 日，各测点水平位移较小，左右岸方向累积位移在 −2.13(测点 XID1)～1.11mm，上下游方向累积位移在 −0.33～−0.19mm；消力池左右导墙测距主要表现为收缩变形，累计收缩量在 −0.11～2.48mm(XIS1-XID1)。消力池导墙水平位移监测成果特征值见表 12.3-1、表 12.3-2，典型测点过程线见图 12.3-1。

12.3.1.2　垂直位移

大坝消力池基础廊道共布设 34 座精密水准标，右池水准测点于 2012 年 6 月取得基准值，左池水准测点由于廊道积水较深，于 2012 年 9 月才取得基准值，由于后期钻孔施工，部分测点被毁或被覆盖，该部位起算点为大坝主体高程 245.0m 廊道双金属标 DS2-1。

监测结果显示：截至 2016 年 12 月，大坝消力池基础廊道各测点累积位移量在 −9.65～15.69mm(测点 OLD11)。

右池在消力池进水前取得基准值，受消力池右池进水荷载增加影响，右池主要表现为沉降变形，大部分测点沉降量在 10mm 左右；左池在消力池进水后取得基准值，个别测点受补强灌浆施工影响表现为抬升变形，大部分测点变形较小，沉降变形在 ±5mm 以内。

消力池沉降位移与消力池运行工况密切相关，进水后沉降，抽排水后抬升，符合正常规律。

消力池基础廊道监测点垂直位移过程线见图 12.3-2，垂直位移特征值分布见图 12.3-3。

12.3.2　渗流渗压监测

在消力池左导墙下 0+230m 和右导墙下 0+192m、0+353m 断面的基础面共埋设有渗压计 12 支。

自 2010 年 2 月至 2013 年 10 月起测，2013 年 1 月后折算水位小于 260m，测值基本稳定。截至 2016 年 12 月 27 日，消力池左导墙底板基础渗压水位在 236.21～254.44m，渗压水头变幅在 6.47～21.57m，左导墙帷幕下游测点 P7-2 测值在每年汛期时有上涨现象，汛后回落。消力池右导墙底板基础渗压水位在 235.64～263.82m，埋设高程较高部位折算水位较高。消力池导墙渗压计特征值分布见图 12.3-4，消力池左导墙渗压计过程线见图 12.3-5。

表 12.3-1　　消力池导墙水平位移 *X* 方向监测成果特征值表

测点	部位	基准日期	最大值(mm)	日期	最小值(mm)	日期	平均值(mm)	变幅(mm)	当前值(mm)	日期
XID1	右池	2014-02	4.31	2015-08-20	−5.62	2014-12-17	−1.16	9.93	−2.13	2016-12-23
XID2	右池	2014-02	3.53	2015-07-21	−4.19	2014-07-28	0.02	7.72	1.11	2016-12-23
XID3	右池	2014-02	2.05	2015-02-14	−7.42	2014-07-28	−1.25	9.47	0.61	2016-12-23

注：*X* 方向为左右岸方向，*Y* 方向为上下游方向，位移量向左岸为"正"，向下游为"正"，反之为"负"。

表 12.3-2　　消力池导墙水平位移 *Y* 方向、测距监测成果特征值表

测点	部位	基准日期	最大值(mm)	日期	最小值(mm)	日期	平均值(mm)	变幅(mm)	当前值(mm)	日期
XID1	右池	2014-02	1.95	2014-10-26	−3.82	2015-06-24	−0.57	5.77	−0.28	2016-12-23
XID2	右池	2014-02	2.66	2015-11-20	−2.11	2015-06-24	0.03	4.77	−0.33	2016-12-23
XID3	右池	2014-02	3.57	2014-04-17	−3.40	2016-02-20	0.27	6.97	−0.19	2016-12-23
XIS1-XID1	左右池	2014-02	3.76	2014-12-17	−4.85	2016-08-21	0.05	8.61	2.48	2016-12-23
XIS2-XID2	左右池	2014-02	5.76	2014-05-21	−2.94	2016-06-10	−0.13	8.70	0.16	2016-12-23
XIS3-XID3	左右池	2014-02	4.26	2014-06-22	−2.19	2016-02-20	0.50	6.45	−0.11	2016-12-23

注：*X* 方向为左右岸方向，*Y* 方向为上下游方向，位移量向左岸为"正"，向下游为"正"，反之为"负"。

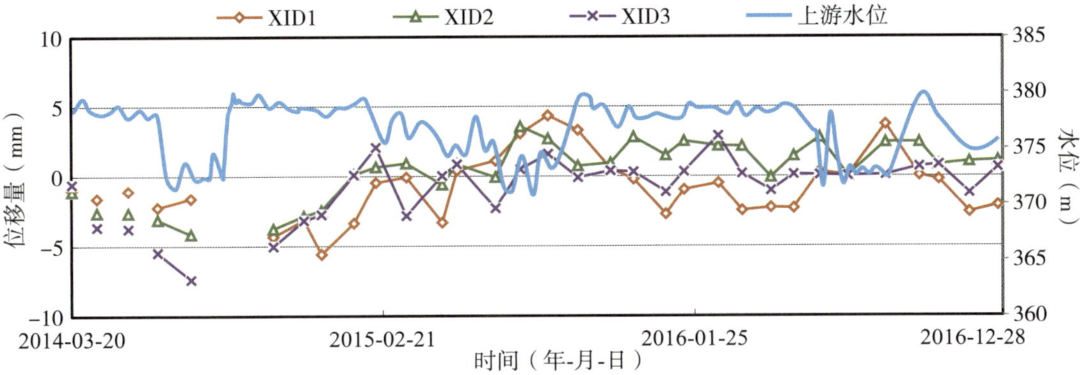

(a)消力池导墙平面测点 X 方向位移变化曲线

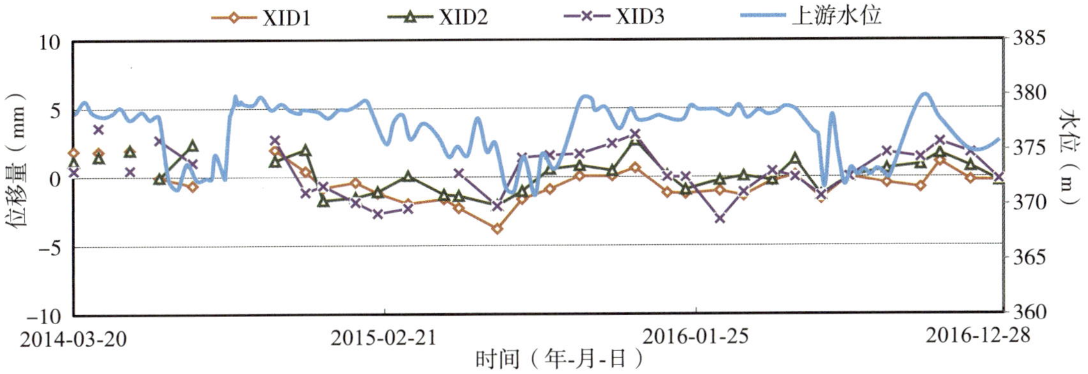

(b)消力池导墙平面测点 Y 方向位移变化曲线

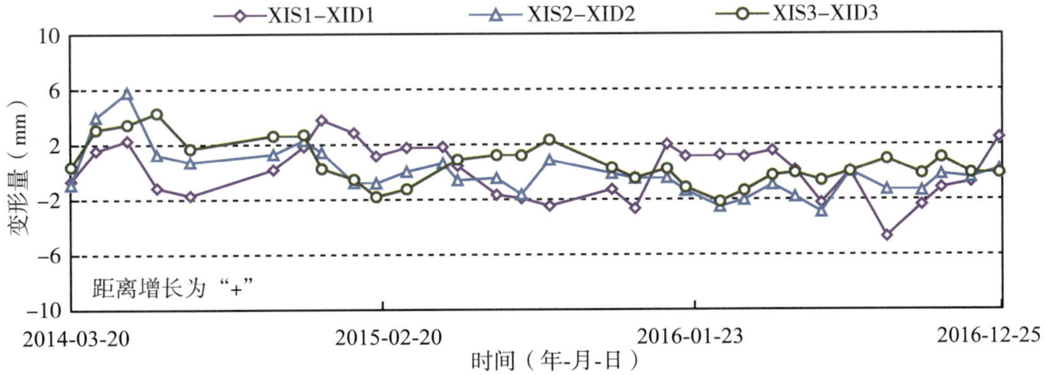

(c)消力池左右导墙测距变化曲线

图 12.3-1　消力池导墙水平位移变形监测典型测点位移过程线图

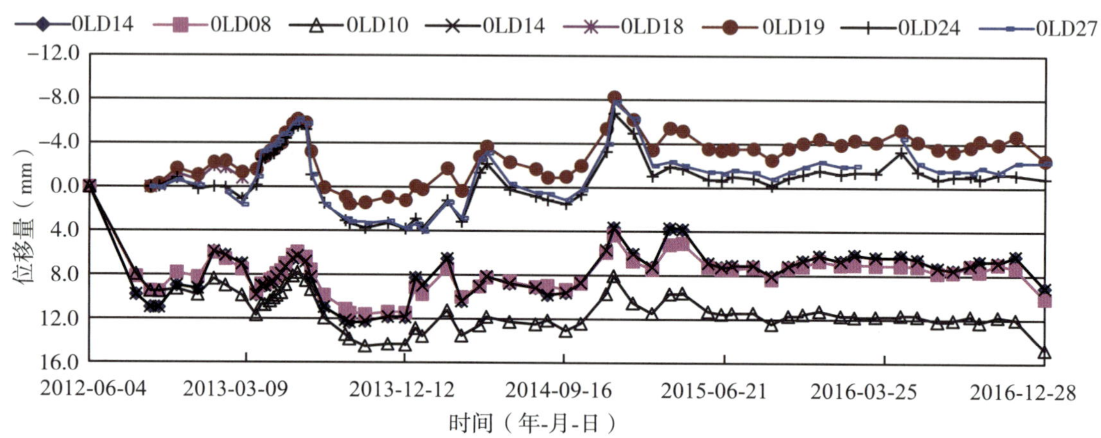

图 12.3-2 消力池基础廊道监测点垂直位移过程线图

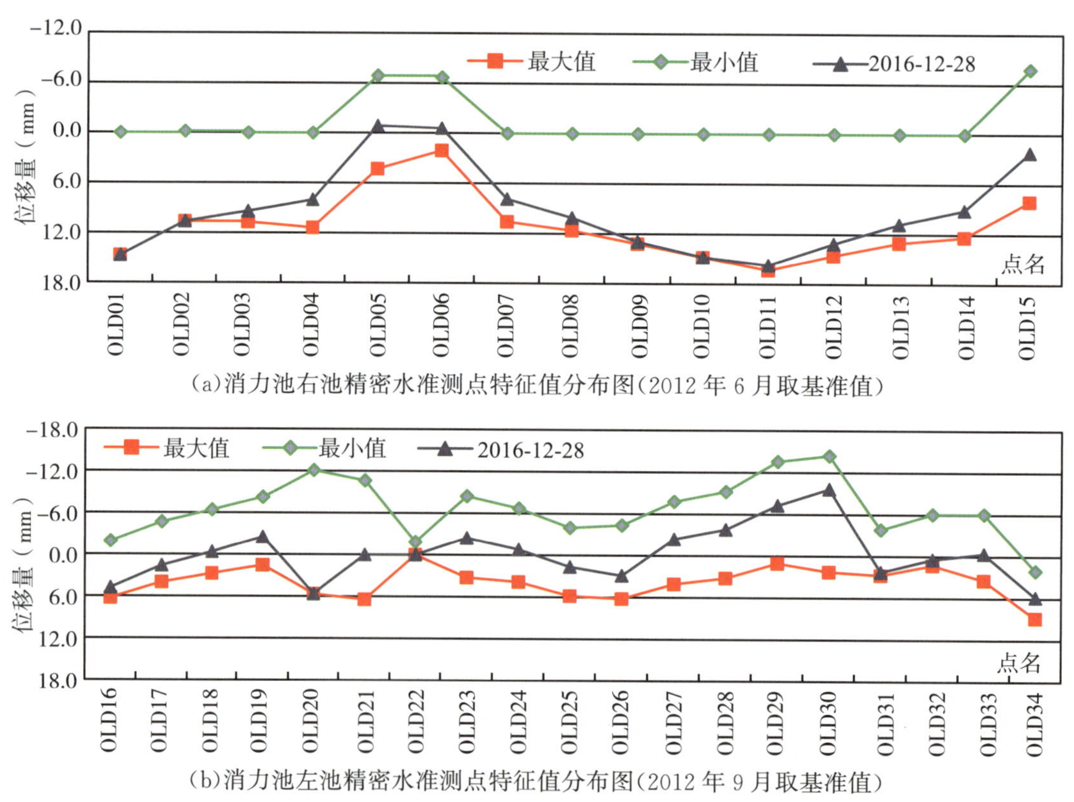

(a)消力池右池精密水准测点特征值分布图(2012 年 6 月取基准值)

(b)消力池左池精密水准测点特征值分布图(2012 年 9 月取基准值)

图 12.3-3 消力池基础廊道监测点垂直位移特征值分布图

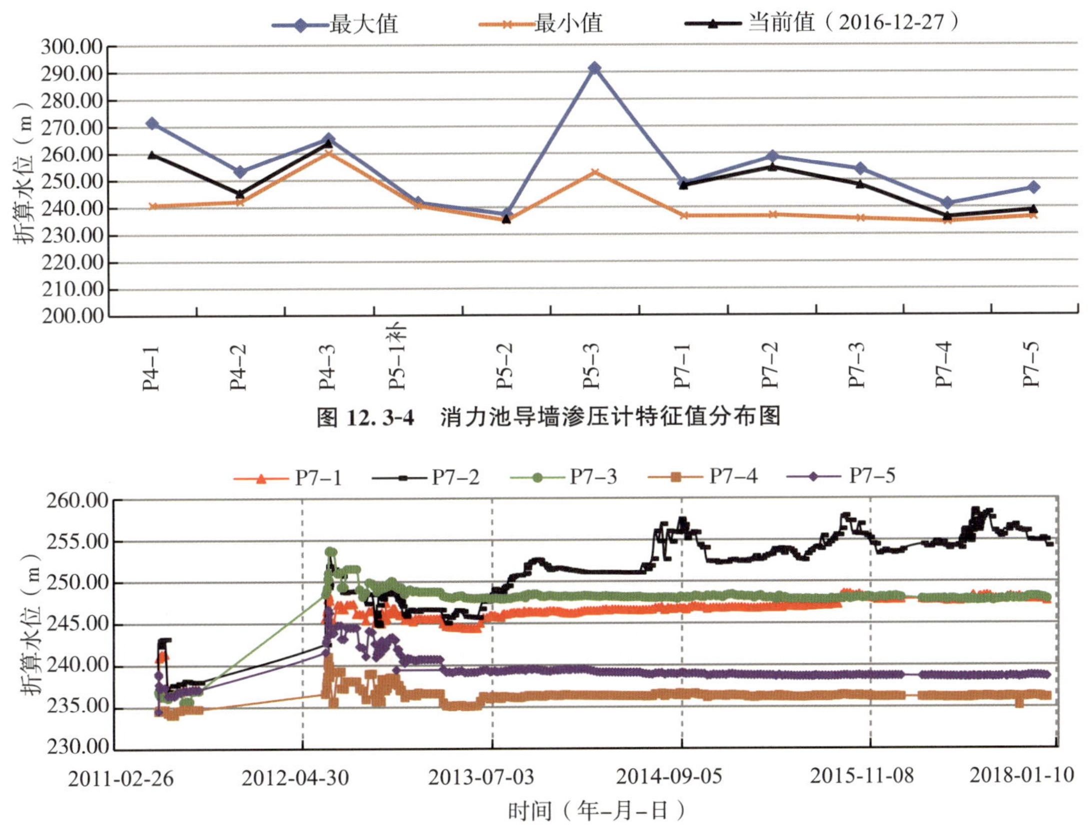

图 12.3-4　消力池导墙渗压计特征值分布图

图 12.3-5　消力池左导墙渗压计过程线图

12.3.3　扬压力监测

在消力池基础廊道布置 35 个测压管，编号为 UP7－1～UP7－16、UP8－1～UP8－19，自 2012 年 8 月起测，消力池基础廊道测压管典型测点过程线见图 12.3-6。

监测成果显示，消力池测压管当前折算水位在 228.26～248.55m，折算水位变化量较小，未发生异常突变现象。

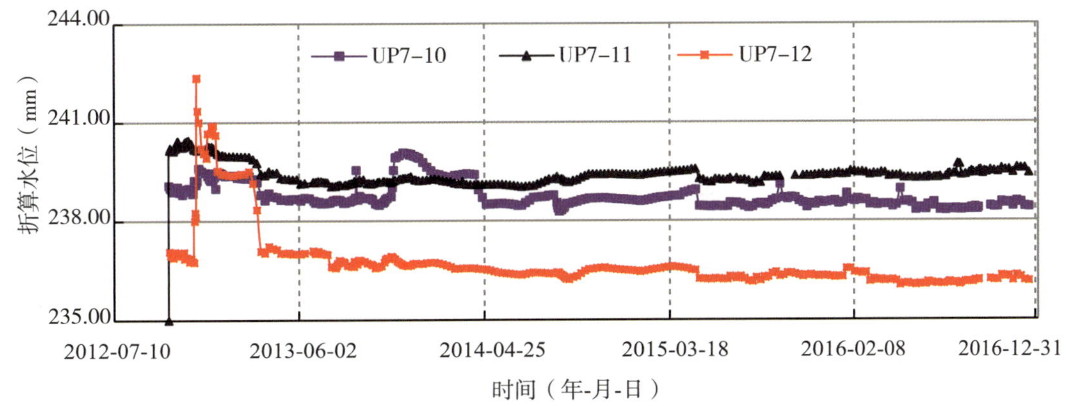

图 12.3-6　消力池基础廊道测压管典型测点过程线图

12.4 坝后厂房监测成果

12.4.1 变形监测

(1)左岸坝后厂房尾水平台

左岸坝后厂房尾水平台监测点累积位移量在－4.36(测点 LDHC0308)～－1.36mm,均表现为上抬升位移。从其变化历时来看,与温度变化呈一定的相关性,温升抬升,温降沉降。测点位移过程线及分布分别见图 12.4-1、图 12.4-2。

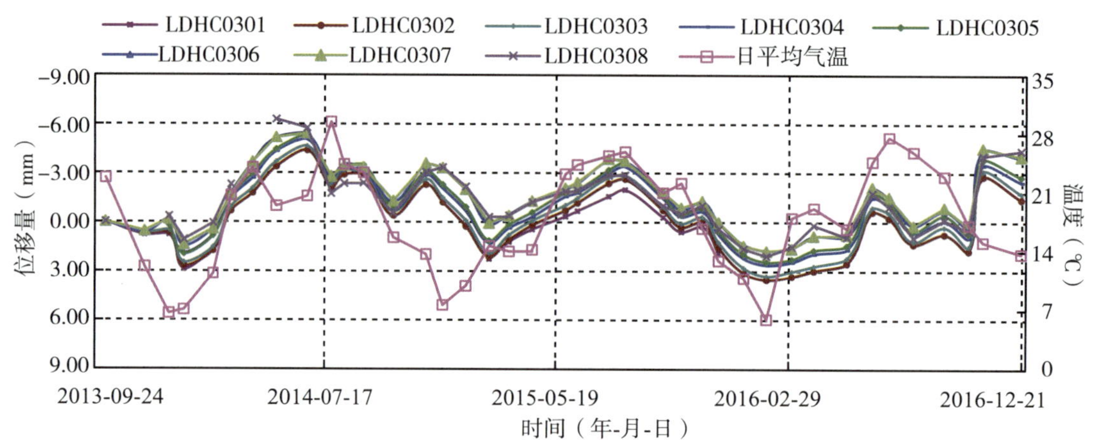

图 12.4-1 左厂尾水平台典型测点垂直位移过程线图

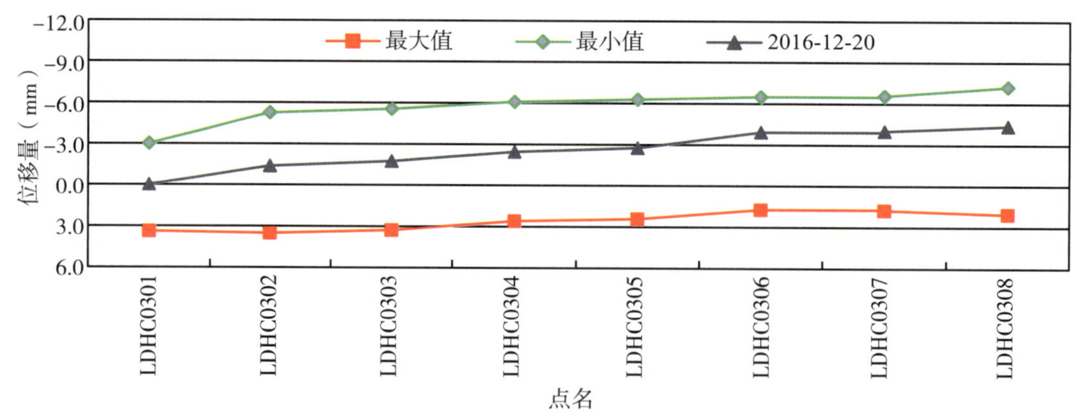

图 12.4-2 左厂尾水平台典型测点垂直位移特征值分布图

(2)左岸坝后厂房操作廊道

左岸坝后厂房尾水平台监测点累积位移量在－0.58(测点 LDHC0308)～1.85mm,各机组周边测点沉降差较小,均在±0.7mm 以内,未发生不均匀沉降。测点位移过程线及分布分别见图 12.4-3、图 12.4-4。

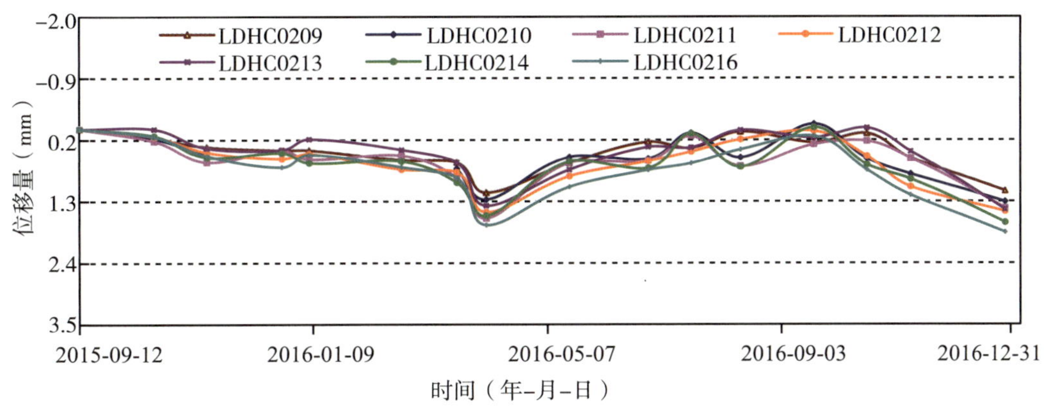

图 12.4-3 左岸坝后厂房操作廊道层精密水准垂直位移过程线

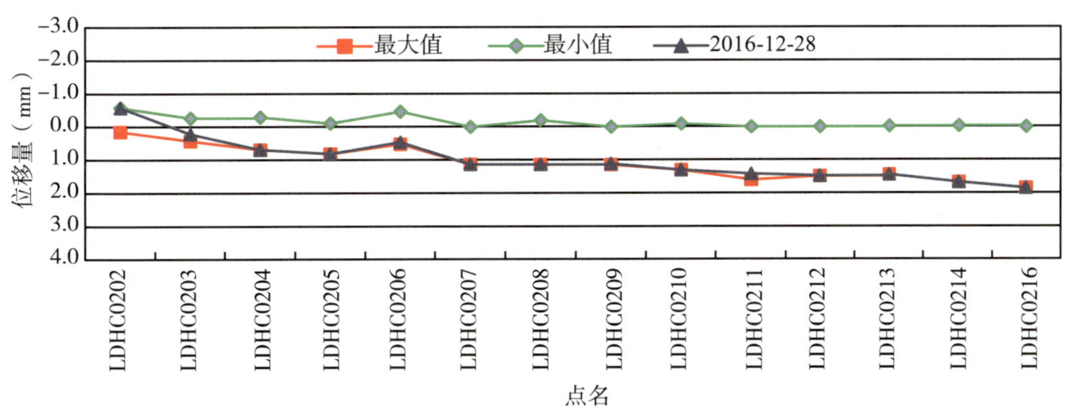

图 12.4-4 左岸坝后厂房操作廊道层典型测点垂直位移特征值分布

12.4.2 应力应变监测

12.4.2.1 钢板应力

为监测坝后厂房引水压力钢管及蜗壳的钢板应力及其变化状态，在引水压力钢管及蜗壳顺水流方向及环向布置了钢板应力计。钢板应力变化特征如下：

1)钢板环向应力受温度影响较大，升温期间钢板变形受外部混凝土约束导致钢板压应力增大，温度下降时钢板压应力减小。

2)1#机和3#机蜗壳钢板受力不均匀，管周拉压应力共现。从前期已取得的测值看，1#机蜗壳钢板应力约在100MPa范围内变化，3#机蜗壳钢板应力约在360MPa范围内变化，但从应力发展趋势看钢板的应力调整是瞬态完成的，一旦应力调整达到变形协调，钢板应力状况相对稳定。

3)厂8引水钢管钢板应力稳定，实测最大拉应力为67.79MPa，最大压应力为30.61MPa。典型钢板应力—时间历时曲线见图12.4-5。

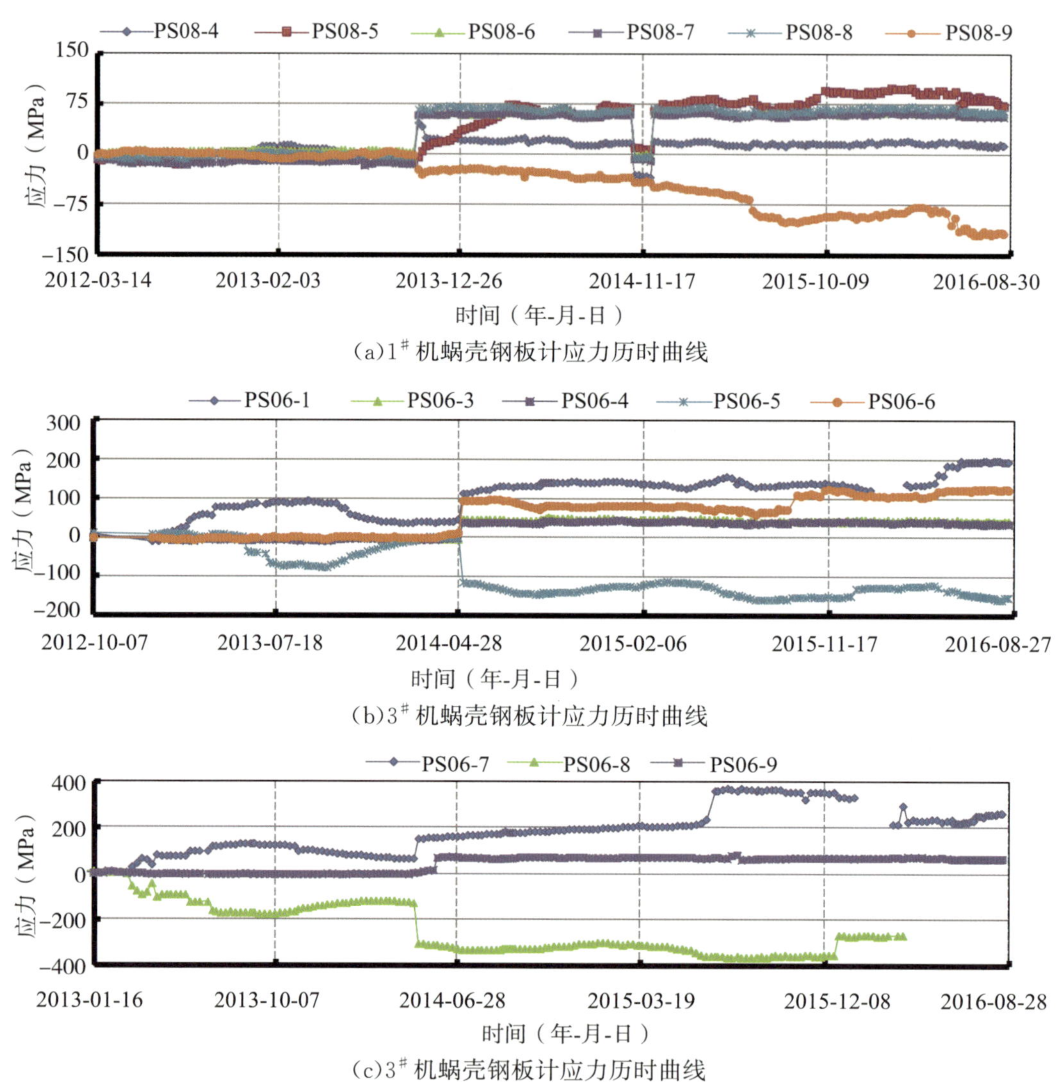

(a)1# 机蜗壳钢板计应力历时曲线

(b)3# 机蜗壳钢板计应力历时曲线

(c)3# 机蜗壳钢板计应力历时曲线

图 12.4-5 典型钢板应力—时间历时曲线

12.4.2.2 钢筋应力

在 1# 机蜗壳、3# 机蜗壳、厂 8 引水钢管及肘管布置钢筋计，共计埋设 57 支，监测钢筋应力大小及变化。钢筋计测值在 －26.50～107.19MPa，仅厂 8 坝段 RE－20 测值较大(107.19MPa)，分析认为该钢筋是斜插入基岩可能承受一定剪应力，2010 年 6 月后趋于平稳略有减小趋势。1# 机、3# 机蜗壳钢筋计特征值分布见图 12.4-6，厂 8 引水钢管及肘管钢筋计特征值分布见图 12.4-7，厂⑧坝段尾水管钢筋应力过程线见图 12.4-8。

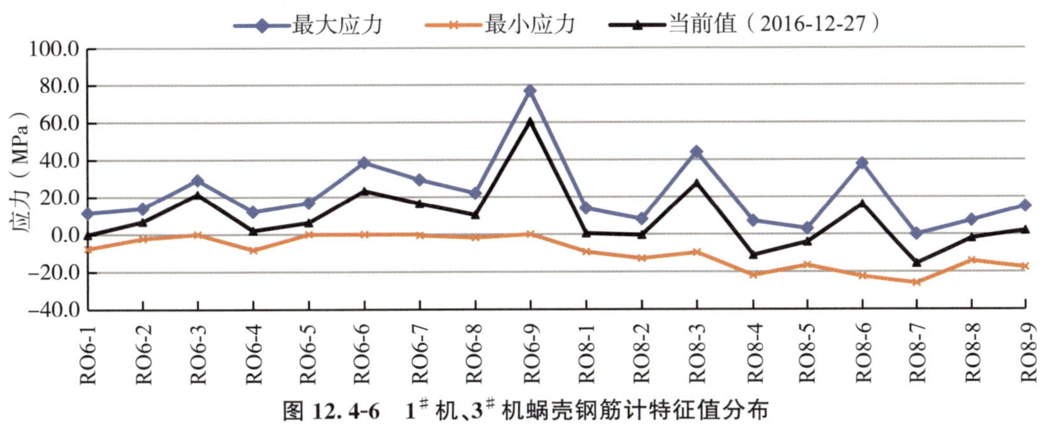

图 12.4-6　1# 机、3# 机蜗壳钢筋计特征值分布

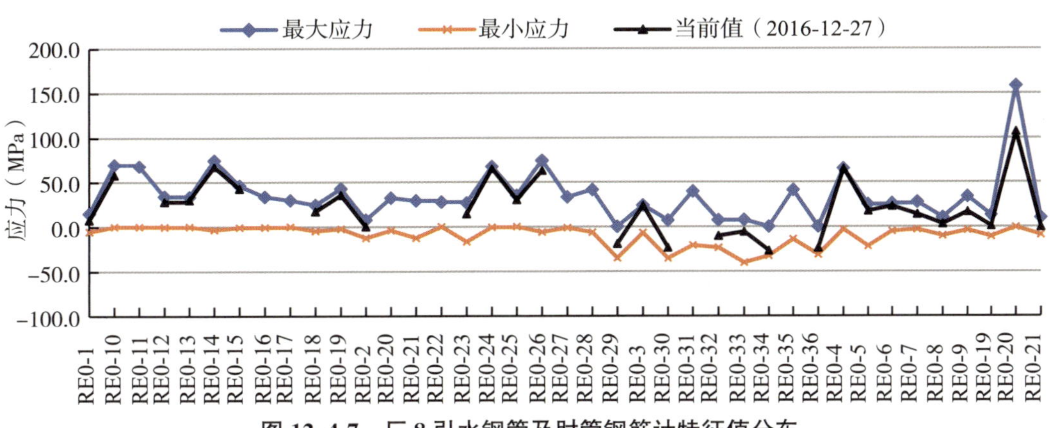

图 12.4-7　厂 8 引水钢管及肘管钢筋计特征值分布

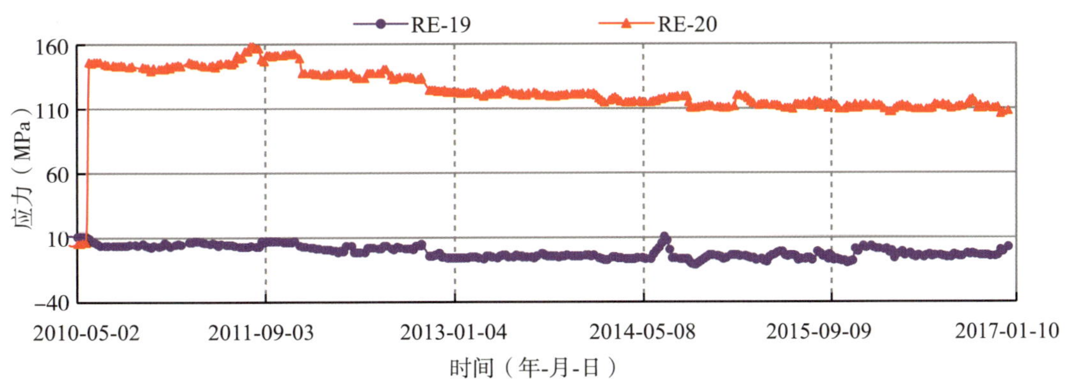

图 12.4-8　厂⑧坝段尾水管钢筋应力过程线

第 13 章 右岸地下引水发电系统监测成果

13.1 引水系统

右岸引水系统监测断面布置见图 13.1-1、图 13.1-2。

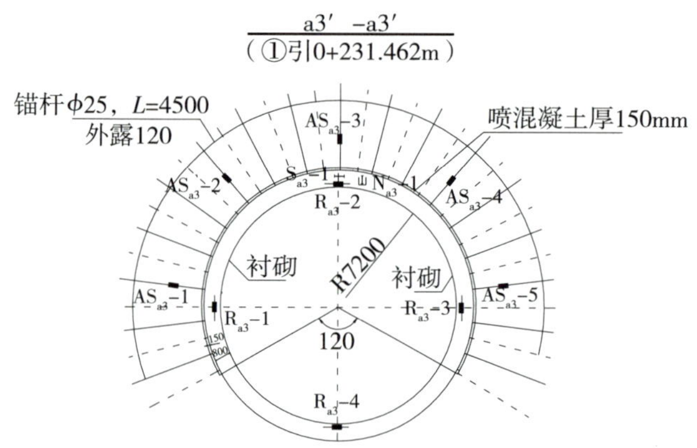

图 13.1-1 引水洞监测仪器布置图

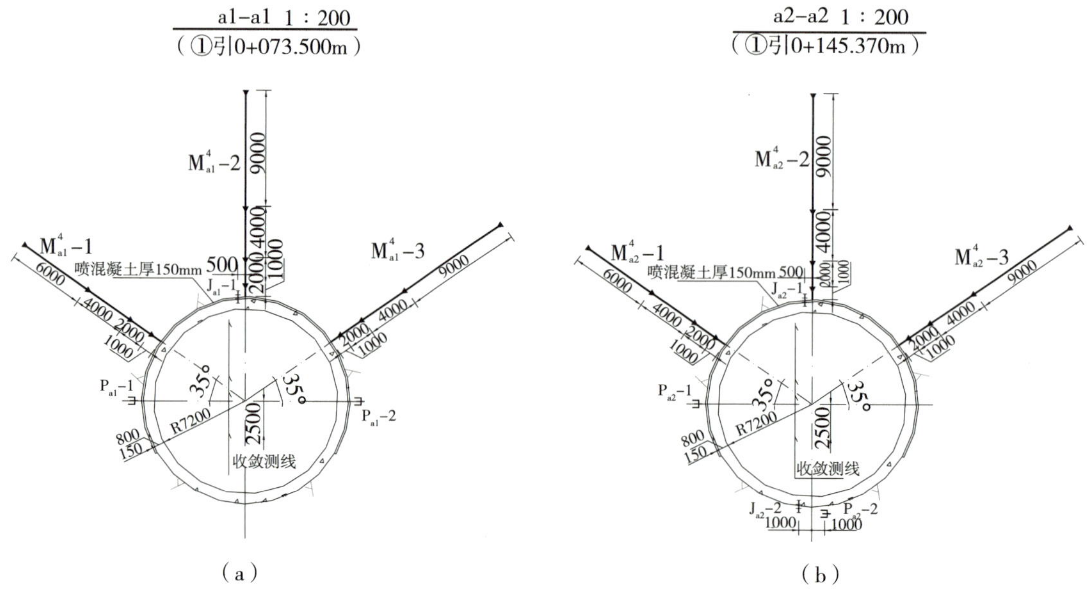

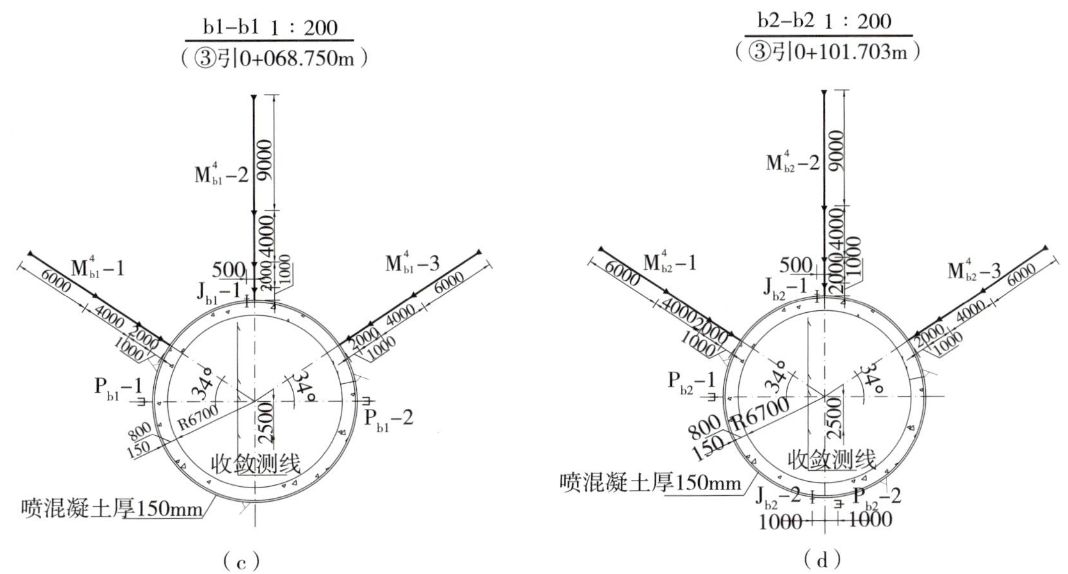

图 13.1-2　引水洞监测仪器布置图

主厂房上游侧 6 机引水洞和 8 机引水洞共布置了 a1—a1(a1′—a1′)～a4—a4(a4′—a4′)、b1—b1(b1′—b1′)～b4—b4(b4′—b4′)等四个监测断面，其中 1—1～4—4 断面为围岩变形、渗压计、测缝计监测断面，每个监测断面布置 3 套多点位移计、2 支渗压计，1—1～4—4 断面共 5 支测缝计；1′—1′～4′—4′断面为锚杆应力、应变计、钢筋计监测断面。内部变形监测成果特征值见表 13.1-1。

表 13.1-1　　地下厂房引水系统内部变形监测成果特征值统计表

监测类型	蓄水前测值(2012-10-09)	354m 蓄水变化量	370m 蓄水变化量	380m 蓄水变化量	当前值(2014-12-28)
多点位移计(mm)	−2.68～3.53	−7.36～1.89	−0.6～0.31	−0.56～0.63	−7.06～4.51
渗压计(m)	255.0～271.20	1.31～77.72	−0.23～32.19	−0.61～23.53	255.88～365.58
钢筋计(MPa)	−6.85～41.47	−7～1.53	−3.83～2.79	0.48～12.40	−17.06～32.52
测缝计(mm)	−0.26～1.85	−2.11～0.44	−0.32～0.03	−0.21～0.02	−0.56～2.40
锚杆应力计(MPa)	−1.25～257.81	−50.9～22.30	−10.97～1.44	−0.37～10.96	−127.16～241.13

13.1.1 围岩变形

围岩变形在蓄水前期(施工期)变化相对较小,围岩位移基本在仪器埋设后 6 个月内达到蓄水前测值的 90%左右,之后基本呈稳定趋势,在历次蓄水中围岩位移变化范围较大是 354.0m 蓄水时,围岩位移变化范围在−7.36(M4a4−2)~1.89mm,之后在 370.0m 蓄水和 380.0m 蓄水时围岩位移变化均在 0.7mm 以内,当前围岩位移在−7.06~4.51mm。围岩位移变化最大的为 M4a4−2,在 354.0m 蓄水时围岩位移压缩了 7.36mm,但该测点在之后的两次蓄水过程中均呈稳定趋势,分析原因可能在流道充水时动水压力对浅层岩体产生压应力,从而使多点位移计产生压缩变形。多点位移计位移—时间变化曲线见图 13.1-3。

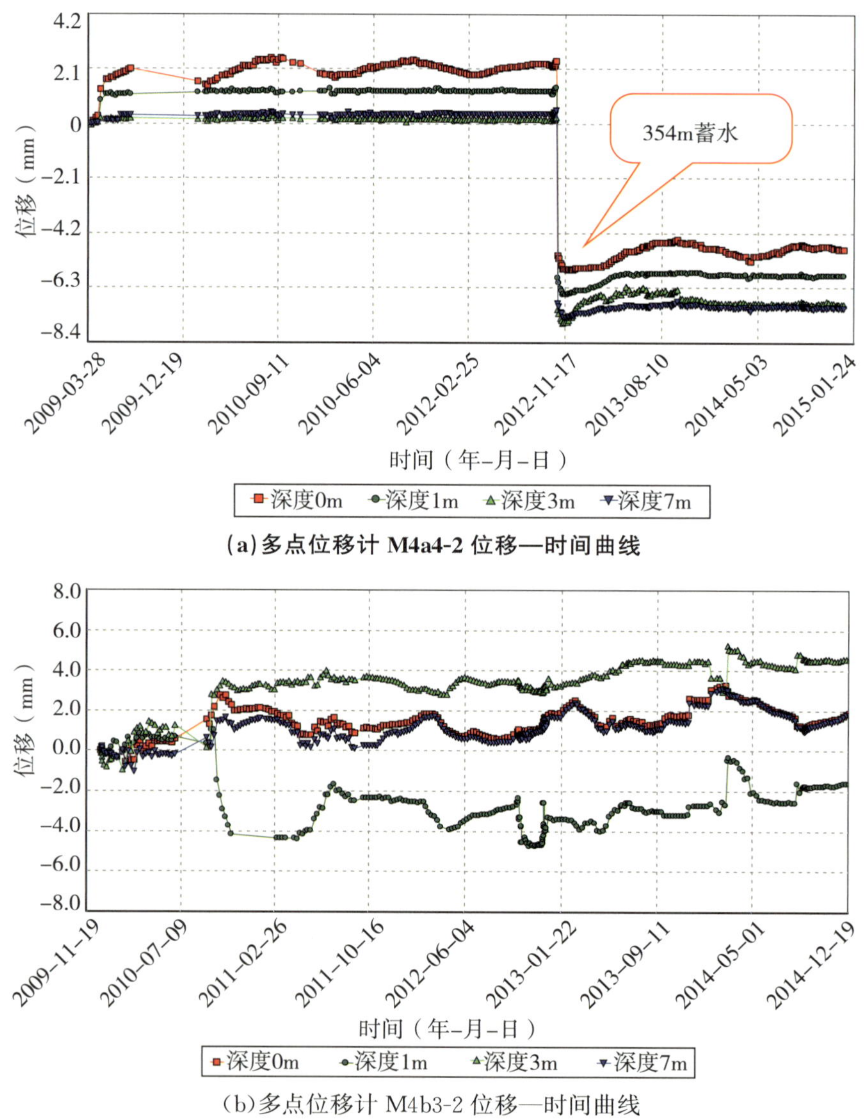

(a)多点位移计 M4a4-2 位移—时间曲线

(b)多点位移计 M4b3-2 位移—时间曲线

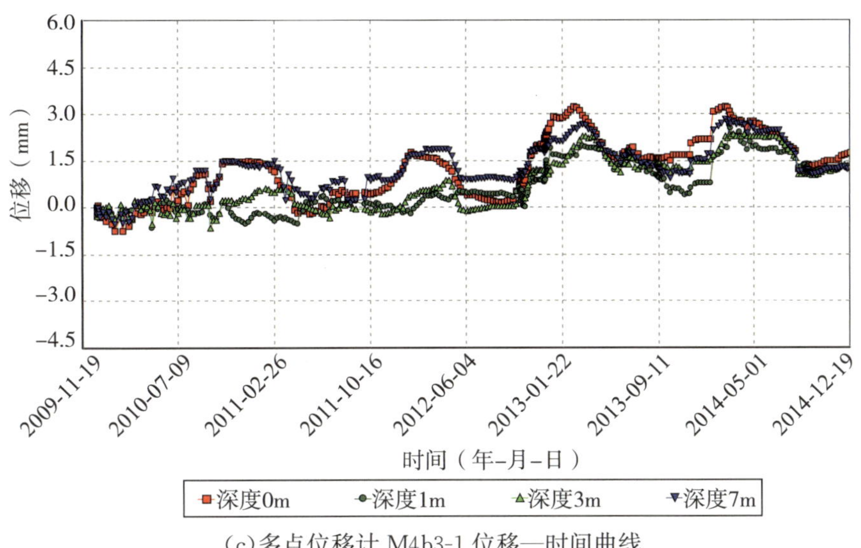

(c)多点位移计 M4b3-1 位移—时间曲线

图 13.1-3 引水隧洞多点位移计位移—时间变化曲线

13.1.2 渗压监测

引水隧洞共布置监测断面 4 个，最后一个监测断面在帷幕下游，6# 机渗压计布置位置与 8# 机基本相同。

引水系统渗压计在蓄水前均呈无水压或有微小水压，354.0m 蓄水过程中引水洞帷幕前后渗压计折算水位均有所增加，帷幕前渗压计折算水位增加幅度在 70m 左右，帷幕后渗压计折算水位出现左右侧水位差较大，右侧折算水位增加幅度与帷幕前相当，分析原因可能是引水隧洞钢衬段在喷混凝土后就进行固结灌浆，然后再安装钢衬和浇筑素混凝土，喷混凝土与素混凝土之间可能存在收缩缝。在衬砌混凝土段有裂缝的情况下，可能存在内水沿喷混凝土与衬砌混凝土界面向下游渗漏的通道，故帷幕后渗压较高。8# 机、6# 机引水系统渗压折算水位时间过程线见图 13.1-4。380.0m 蓄水前 2014 年 8 月 31 日帷幕前后渗压对比见图 13.1-5。380m 蓄水后 2014 年 9 月 21 日帷幕前后渗压对比见图 13.1-6。

引水隧洞渗压计主要受引水隧洞水位影响，在充水状态下，围岩受到库水位水头的作用，渗压计折算水位较高；当引水隧洞放空检修时，引水隧洞处于无水状态时，围岩渗压计折算水位立刻下降，说明渗压计对水压的反应较灵敏。引水隧洞最大渗压发生在 6# 机引水隧洞上弯段，渗压水位基本和库水位基本持平，这也符合向家坝地下电站库内式厂房的布置特点。

8# 机引水洞于 2013 年 11 月 25 日至 2014 年 1 月 18 日进行检修，经过帷幕灌浆补强施工后，8# 机引水洞帷幕后右侧渗压计折算水位大幅降低，且左右侧渗压计折算水位较均衡，防渗效果明显；6# 机引水洞于 2014 年 2 月 18 日至 2014 年 4 月 13 日进行帷幕灌浆补强，灌浆施工后，帷幕后右侧渗压水头与左侧渗压水头相差约 20m，说明帷幕灌浆取得一定成效。

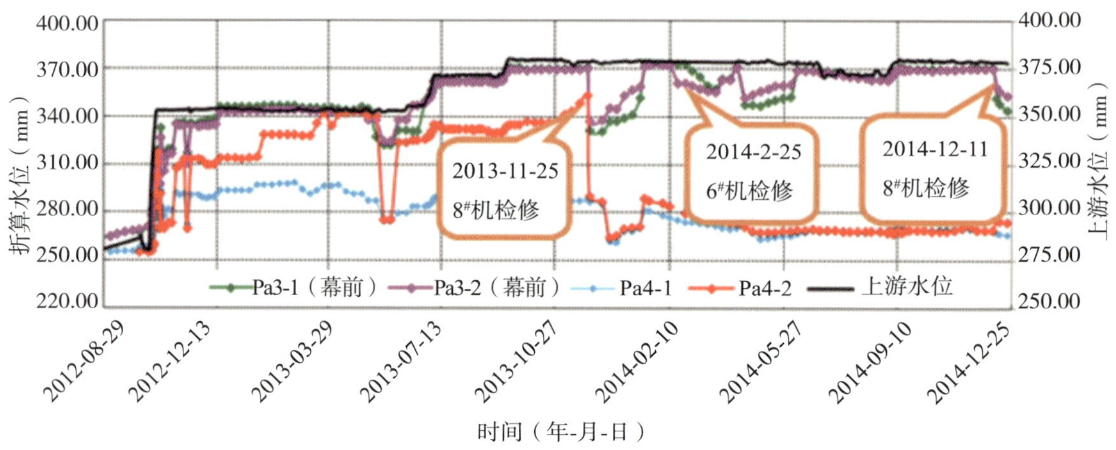

(a)地下厂房 8# 引水洞围岩渗压折算水位—时间过程线

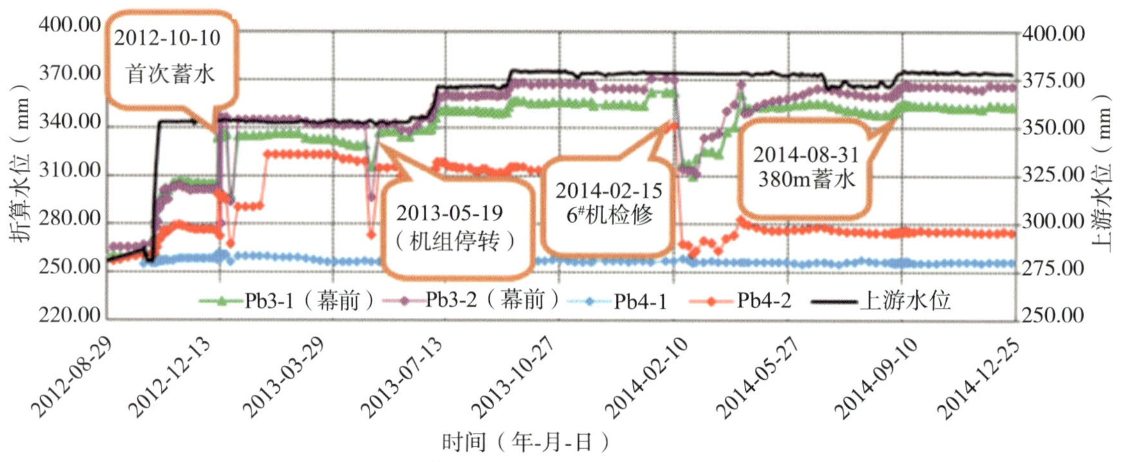

(b)地下厂房 6# 引水洞围岩渗压折算水—时间过程线

图 13.1-4 8# 机、6# 机引水系统渗压计折算水位—时间过程线

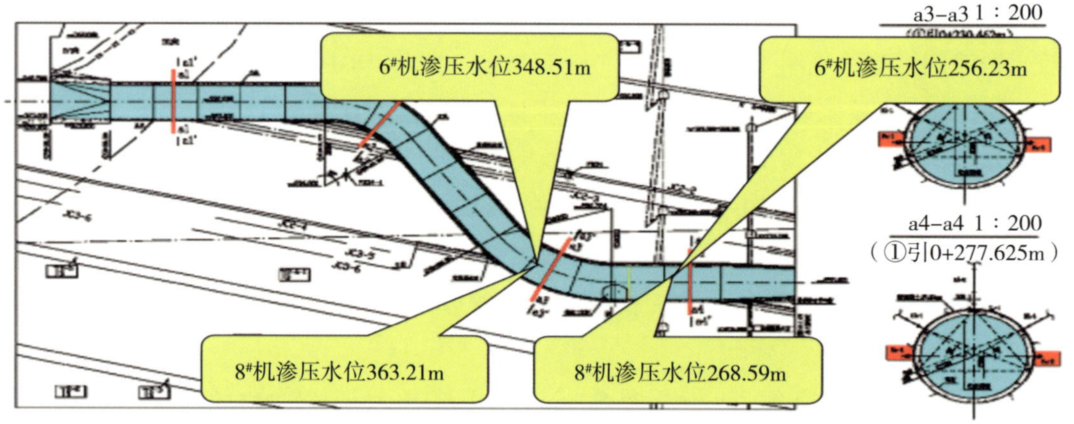

1. 括号内为断面右侧渗压数据；括号外为断面左测渗压数据；均为 2014 年 9 月 21 日数据。

2. 红色为新⑧机数据，黑色为新⑥机数据。

图 13.1-5 380m 蓄水前 2014 年 8 月 31 日帷幕前后渗压对比

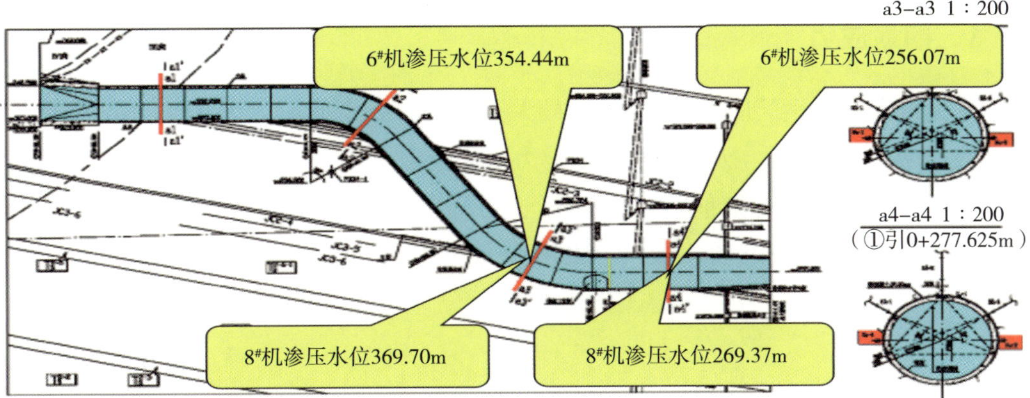

1. 括号内为断面右侧渗压数据；括号外为断面左测渗压数据；均为 2014 年 9 月 21 日数据。2. 红色为新⑧机数据，黑色为新⑥机数据。

图 13.1-6　380m 蓄水后 2014 年 9 月 21 日帷幕前后渗压对比

380.0m 蓄水后，帷幕前观测断面渗压增值明显，较帷幕后断面上升幅度大，说明帷幕起到了一定作用。引水隧洞帷幕后充水前、后渗压见图 13.1-7、图 13.1-8。

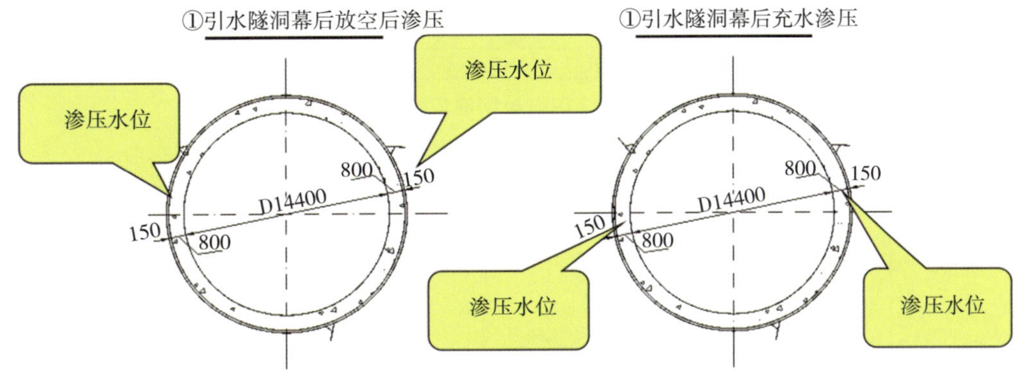

8# 机引水隧洞帷幕后充水前左、右侧断面渗压差 1.12m，充水后相差 0.50m

图 13.1-7　8# 引水隧洞帷幕后充水前、后渗压

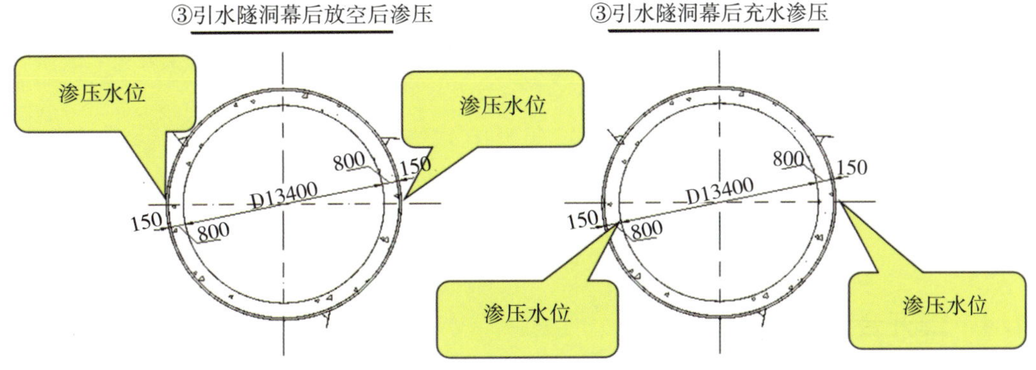

6# 机引水隧洞帷幕后充水前左、右侧断面渗压差 16.61m，充水后相差 19.37m

图 13.1-8　6# 引水隧洞帷幕后充水前、后渗压

13.1.3 钢筋应力

引水隧洞钢筋计钢筋应力总体不大，最大测点 Ra3-2 钢筋应力为 41.47MPa，受温度影响钢筋应力呈周期性变化，历次蓄水钢筋应力变化范围均未超过 13MPa，钢筋应力总体呈稳定态势，表明历次蓄水对钢筋结构影响不大。水系统钢筋计钢筋应力—时间过程线见图 13.1-9。水系统钢筋计钢筋应力—温度过程线见图 13.1-10。

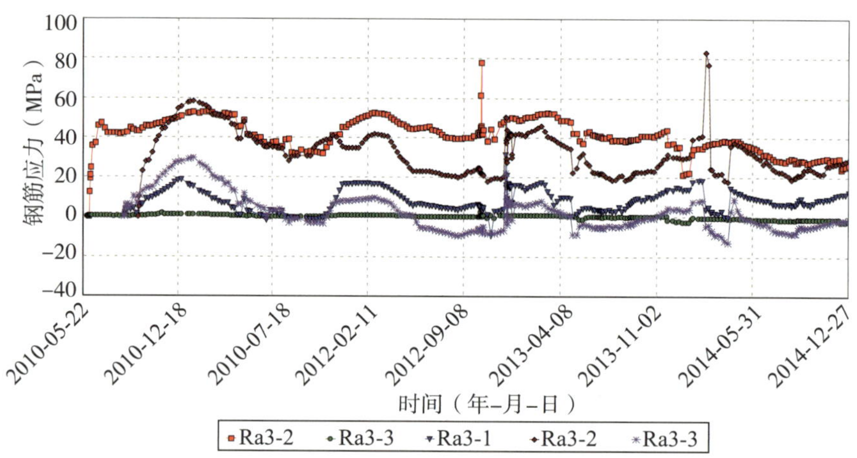

图 13.1-9 水系统钢筋计钢筋应力—时间过程线

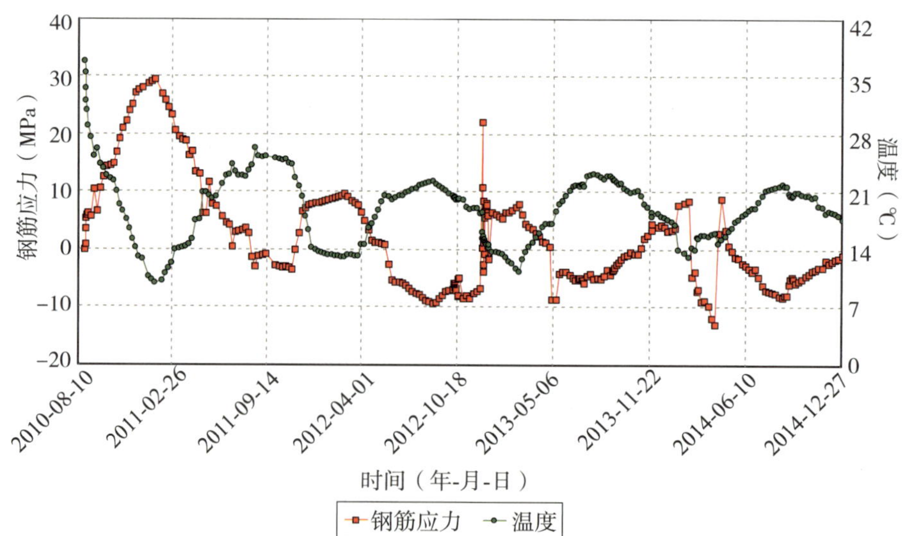

图 13.1-10 水系统钢筋计钢筋应力—温度过程线

13.1.4 缝开合度

引水隧洞测缝计缝开合度基本在埋设后 4～5 个月时达到蓄水前(施工期)测值，354.0m 蓄水时引水隧洞缝开合度变化较大，变化范围为－2.11～0.44mm，其主要是受流

道充水影响，缝开合度均呈压缩状态，370.0m 蓄水和 380.0m 蓄水变化均较小，当前缝开合度在－0.56～2.4mm。目前引水隧洞测缝计在运行工况不变的情况下基本呈稳定状态。水系统测缝计缝开合度—时间过程线见图 13.1-11。

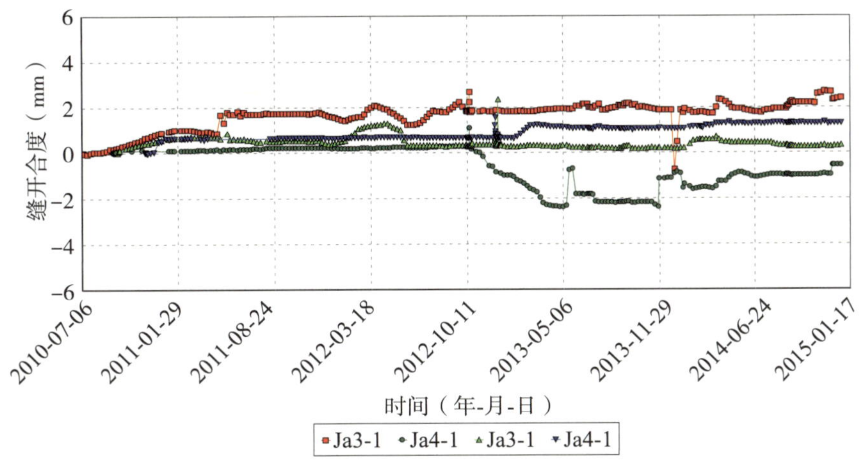

图 13.1-11　水系统测缝计缝开合度—时间过程线

13.1.5　锚杆应力

引水隧洞锚杆应力基本在施工期变化较小，各年累计变化均未超过 15MPa，受 354.0m 蓄水时流道充水影响，锚杆应力较大变化范围在－50.9～22.3MPa，之后两次蓄水变化均不大，锚杆应力当前测值在－127.16～241.13MPa，锚杆应力基本变化不大。引水系统锚杆应力—时间过程线见图 13.1-12，地下厂房引水系统内部变形监测成果特征值统计见表 13.1-1。

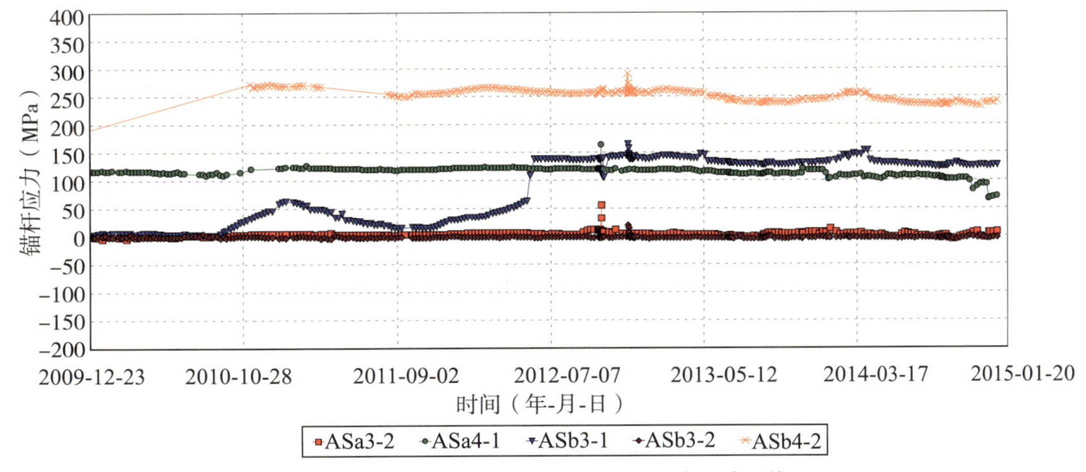

图 13.1-12　引水系统锚杆应力—时间过程线

13.2 主厂房

右岸地下厂房主厂房总长 245.00m，吊车梁以上宽度 33.00m，以下宽度 31.00m，高度 85.50m。主厂房共布置了 7 个监测断面（1-1～5-5、1'-1'～5'-5'、A-A、B-B），其中 1-1～5-5 断面为围岩变形监测断面，1-1 断面布置 4 套多点位移计，其余 4 个监测断面布置有 8 套多点位移计（顶拱 3 套，边墙 5 套）；1'-1'～5'-5'、-A、B-B 断面为预应力锚索（2'-2'、B-B 断面无锚索）、锚杆应力应变监测断面。

图 13.2-1 为主厂房围岩变形监测断面示意图，图 13.2-2 为主厂房围岩应力监测断面示意图。

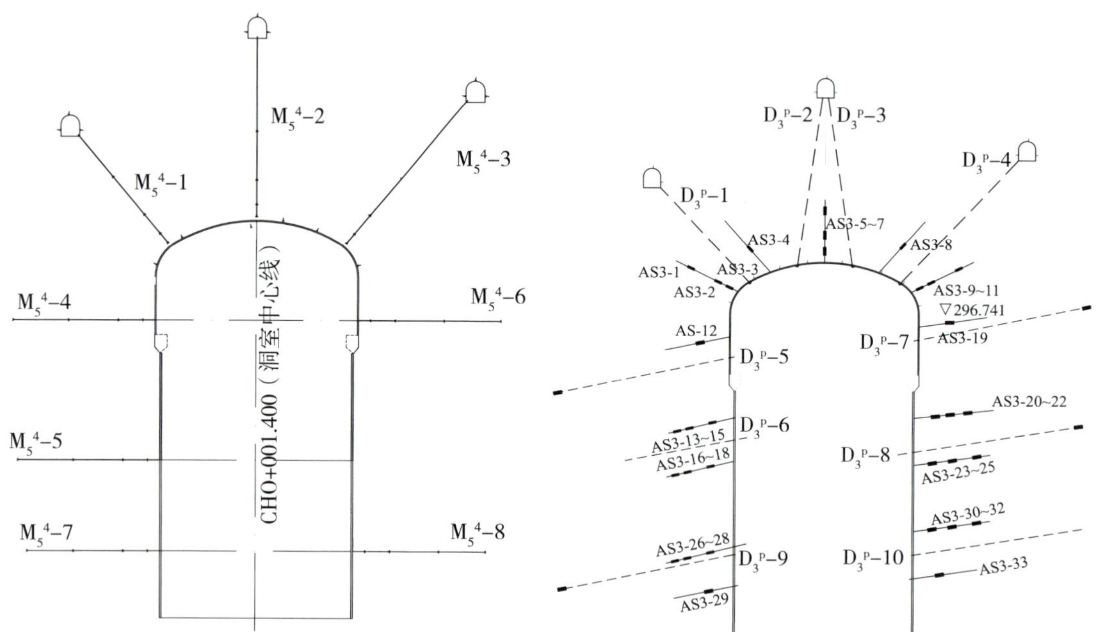

图 13.2-1 主厂房围岩变形监测断面示意图　　**图 13.2-2 主厂房围岩应力监测断面示意图**

13.2.1 围岩变形

（1）监测成果

主厂房多点位移计施工期主要受洞室爆破及前期厂房各层开挖影响较大，后期主要为时效变形，变形量较小，蓄水前围岩变形在－9.87～12.23mm，历次蓄水对主厂房围岩变形影响不大，当前围岩变形在－10.11～12.51mm。由图 13.2-3、图 13.2-4 可以看出，主厂房围岩表面位移曲线与开挖施工进度密切相关，在测点附近开挖时，位移较明显，随着开挖高程的深入，受开挖施工的影响逐渐减小。典型位移深度曲线见图 13.2-5，从图 13.2-5 可以看出，围岩表面变形最大，随着深度的增加，变形逐渐递减。

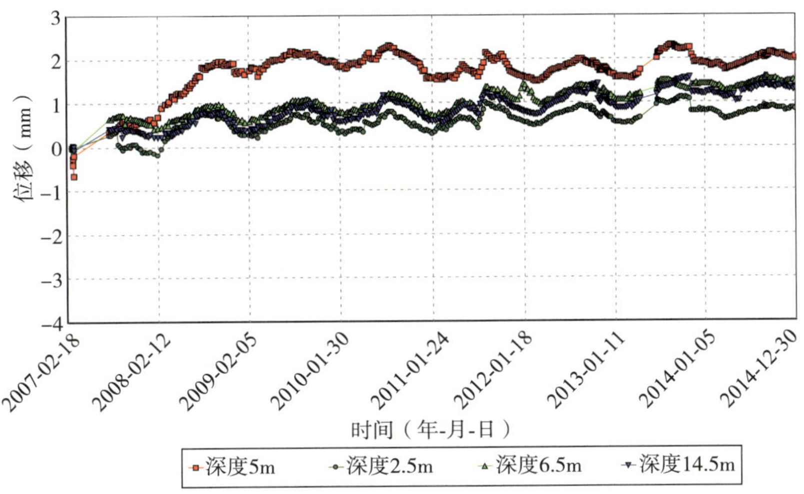

(a)多点位移计 M42-1 位移—时间曲线

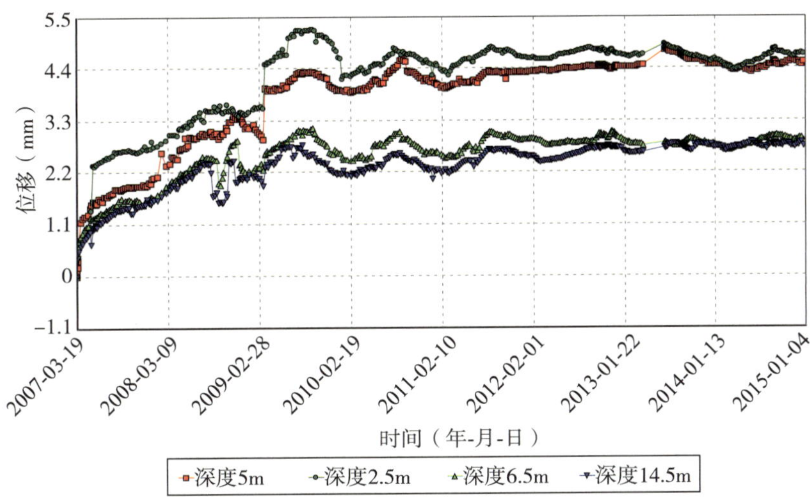

(b)多点位移计 M44-1 位移—时间曲线

图 13.2-3　点位移计位移—时间曲线

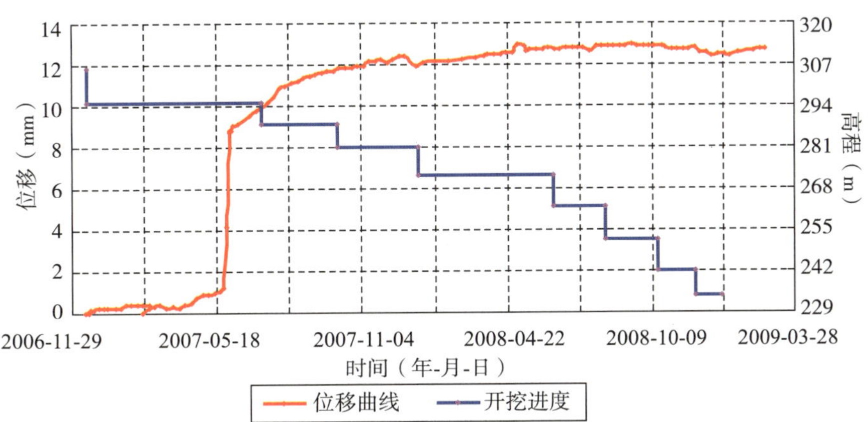

图 13.2-4　上游侧拱肩围岩变形—时间/开挖进度关系曲线

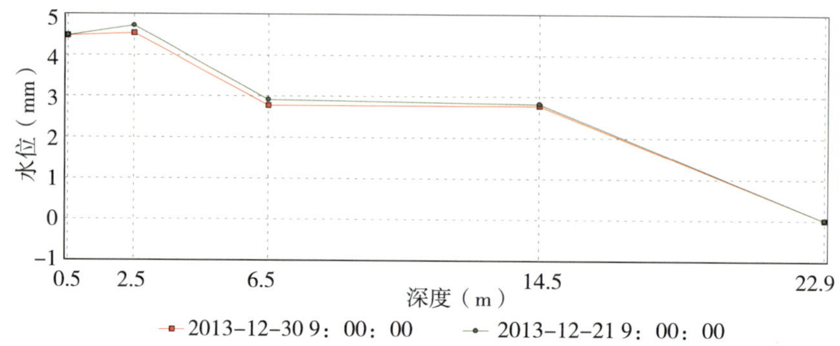

图 13.2-5 主厂房 4-4 断面上游侧拱肩围岩深度位移—时间分布曲线

(2)施工期围岩变形与开挖关系

监测成果表明,各断面顶拱围岩变形与爆破开挖施工程序关系密切,空间效应是围岩变形的主要影响因素,且第Ⅰ层开挖变形为顶拱围岩变形的主要部分,即各断面分别占到总变形的 63.4%～88.6%,平均为 73%(表 13.2-1),说明第Ⅱ层以下各层开挖对其变形影响较小或影响不明显,时间效应影响较小。

表 13.2-1　　顶拱围岩最大变形与开挖关系统计表

断面名称	最大变形部位	目前最大变形(mm)	第Ⅰ层开挖变形(mm)	第Ⅱ～Ⅷ层开挖变形(mm)	第Ⅰ层开挖占总变形率(%)
1—1	上游侧拱肩	13.23	9.14	3.6	69.1
2—2	下游侧拱肩	4.17	2.75	0.88	65.9
3—3	下游侧拱肩	10.25	6.50	2.66	63.4
4—4	顶拱中心线	11.13	8.70	1.45	78.2
5—5	顶拱中心线	10.59	9.38	1.15	88.6
平　均		9.87	7.29	1.95	73.0

(3)施工期围岩变形分布

图 13.2-6 为地下主厂房各监测断面围岩变形分布监测成果图,表 13.2-2 为浅表部围岩最大变形统计表。由图 13.2-7、表 13.2-1 可见:

1)围岩表面或浅表部变形最大,由表及里沿围岩深度变形呈递减分布,孔底(30m 左右)为基准不动点,符合一般工程围岩变形分布规律。

2)从 1-1 至 5-5 断面沿施工桩号(洞轴线方向)分布,围岩变形总体呈递增规律变化,即 5-5 断面围岩变形最大,1-1 断面围岩变形相对最小,这与断面所处地质条件相吻合(1-1 断面位于山内,5-5 断面靠近山体边缘,越向外缘地质条件相对越差)。

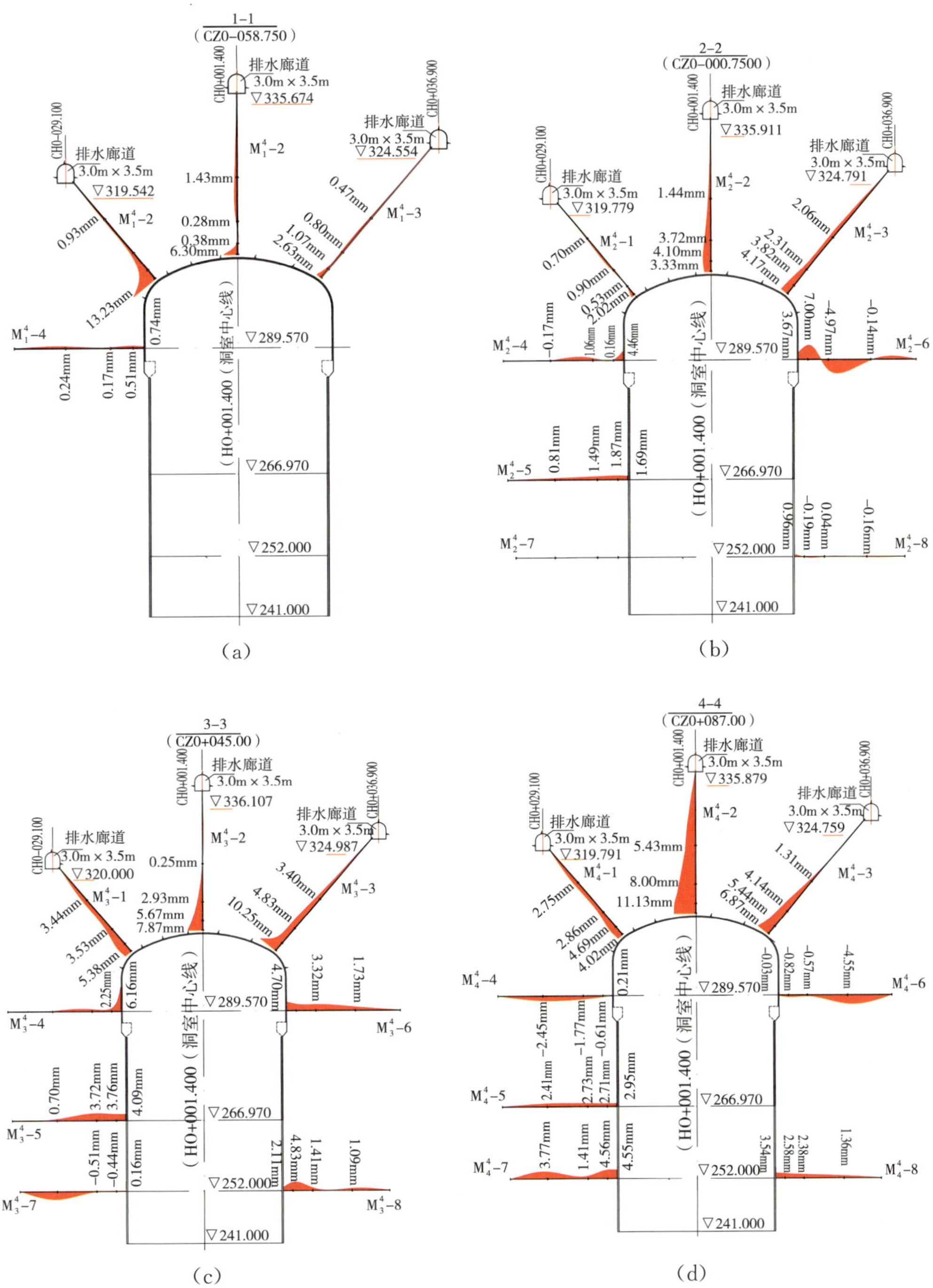

1-1
（CZ0-058.750）
CH0+001.400
排水廊道
3.0m × 3.5m
▽335.674
CH0-029.100
排水廊道
3.0m × 3.5m
▽319.542
CH0+036.900
排水廊道
3.0m × 3.5m
▽324.554
M_1^4-2
M_1^4-2
M_1^4-3
M_1^4-4
1.43mm
0.28mm
0.38mm
6.30mm
0.93mm
13.23mm
0.47mm
0.80mm
1.07mm
2.63mm
0.74mm
0.24mm
0.17mm
0.51mm
（洞室中心线）
（HO+001.400）
▽289.570
▽266.970
▽252.000
▽241.000

（a）

2-2
（CZ0-000.7500）
CH0+001.400
排水廊道
3.0m × 3.5m
▽335.911
CH0+029.100
排水廊道
3.0m × 3.5m
▽319.779
CH0+036.900
排水廊道
3.0m × 3.5m
▽324.791
M_2^4-2
M_2^4-1
M_2^4-3
M_2^4-4
M_2^4-5
M_2^4-6
M_2^4-7
M_2^4-8
1.44mm
3.72mm
4.10mm
3.33mm
0.70mm
0.90mm
0.53mm
2.02mm
2.06mm
2.31mm
3.82mm
4.17mm
−0.17mm
1.06mm
0.16mm
4.46mm
3.67mm
7.00mm
−4.97mm
−0.14mm
0.81mm
1.49mm
1.87mm
1.69mm
0.96mm
−0.19mm
0.04mm
−0.16mm
（洞室中心线）
（HO+001.400）
▽289.570
▽266.970
▽252.000
▽241.000

（b）

3-3
（CZ0+045.00）
CH0+001.400
排水廊道
3.0m × 3.5m
▽336.107
CH0-029.100
排水廊道
3.0m × 3.5m
▽320.000
CH0+036.900
排水廊道
3.0m × 3.5m
▽324.987
M_3^4-2
M_3^4-1
M_3^4-3
M_3^4-4
M_3^4-5
M_3^4-6
M_3^4-7
M_3^4-8
0.25mm
2.93mm
5.67mm
7.87mm
3.44mm
3.53mm
5.38mm
3.40mm
4.83mm
10.25mm
2.25mm
6.16mm
4.70mm
3.32mm
1.73mm
0.70mm
3.72mm
3.76mm
4.09mm
−0.51mm
−0.44mm
0.16mm
2.11mm
4.83mm
1.41mm
1.09mm
（洞室中心线）
（HO+001.400）
▽289.570
▽266.970
▽252.000
▽241.000

（c）

4-4
（CZ0+087.00）
CH0+001.400
排水廊道
3.0m × 3.5m
▽335.879
CH0+029.100
排水廊道
3.0m × 3.5m
▽319.791
CH0+036.900
排水廊道
3.0m × 3.5m
▽324.759
M_4^4-2
M_4^4-1
M_4^4-3
M_4^4-4
M_4^4-5
M_4^4-6
M_4^4-7
M_4^4-8
5.43mm
8.00mm
11.13mm
2.75mm
2.86mm
4.69mm
4.02mm
1.31mm
4.14mm
5.44mm
6.87mm
0.21mm
−0.03mm
−0.82mm
−0.57mm
−4.55mm
−2.45mm
−1.77mm
−0.61mm
2.41mm
2.73mm
2.71mm
2.95mm
3.77mm
1.41mm
4.56mm
4.55mm
3.54mm
2.58mm
2.38mm
1.36mm
（洞室中心线）
（HO+001.400）
▽289.570
▽266.970
▽252.000
▽241.000

（d）

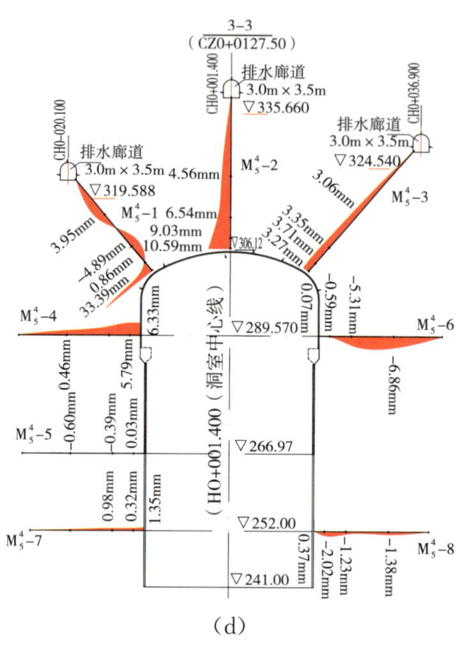

(d)

图 13.2-6 地下主厂房围岩变形分布监测成果图

表 13.2-2 (1—1～5—5 监测断面)地下主厂房浅表部围岩变形统计表

断面编号	顶拱变形(mm)						边墙最大变形(mm)			
	上游侧拱肩		顶拱中心线		下游侧拱肩		上游侧边墙		下游侧边墙	
	2009 年	高程	2009 年	高程	2009 年	高程	2009 年	高程	2009 年	高程
1-1	13.23	319.60	6.30	335.60	2.63	324.55	0.74	288.97		
2-2	2.02	319.80	3.33	335.90	4.17	324.79	4.46	289.97	3.67	290.97
3-3	5.35	320.00	7.87	336.10	10.25	324.9	6.16	288.97	4.7	290.97
4-4	4.02	319.54	1113	335.88	6.87	324.75	2.95	252.00	3.54	252.00
5-5	33.39	319.59	10.59	335.66	3.27	324.54	6.33	288.97	0.07	252.00
备注	顶拱上部灌排廊道超前预埋							洞室开挖后埋设		

注:2009 年位移为 2009 年 6 月 17 日测值。

3)边墙部位仪埋相对滞后,仪埋断面临近岩体,开挖后大部分围岩变形没有测到,因此测得变形结果较小均在 7mm 以下。较大变形主要分布于 290m 高程拱座部位,且上游边墙多大于下游边墙。依据顶拱开挖全过程变形第Ⅰ层开挖监测成果估算,边墙所测变形丢失 70%左右。

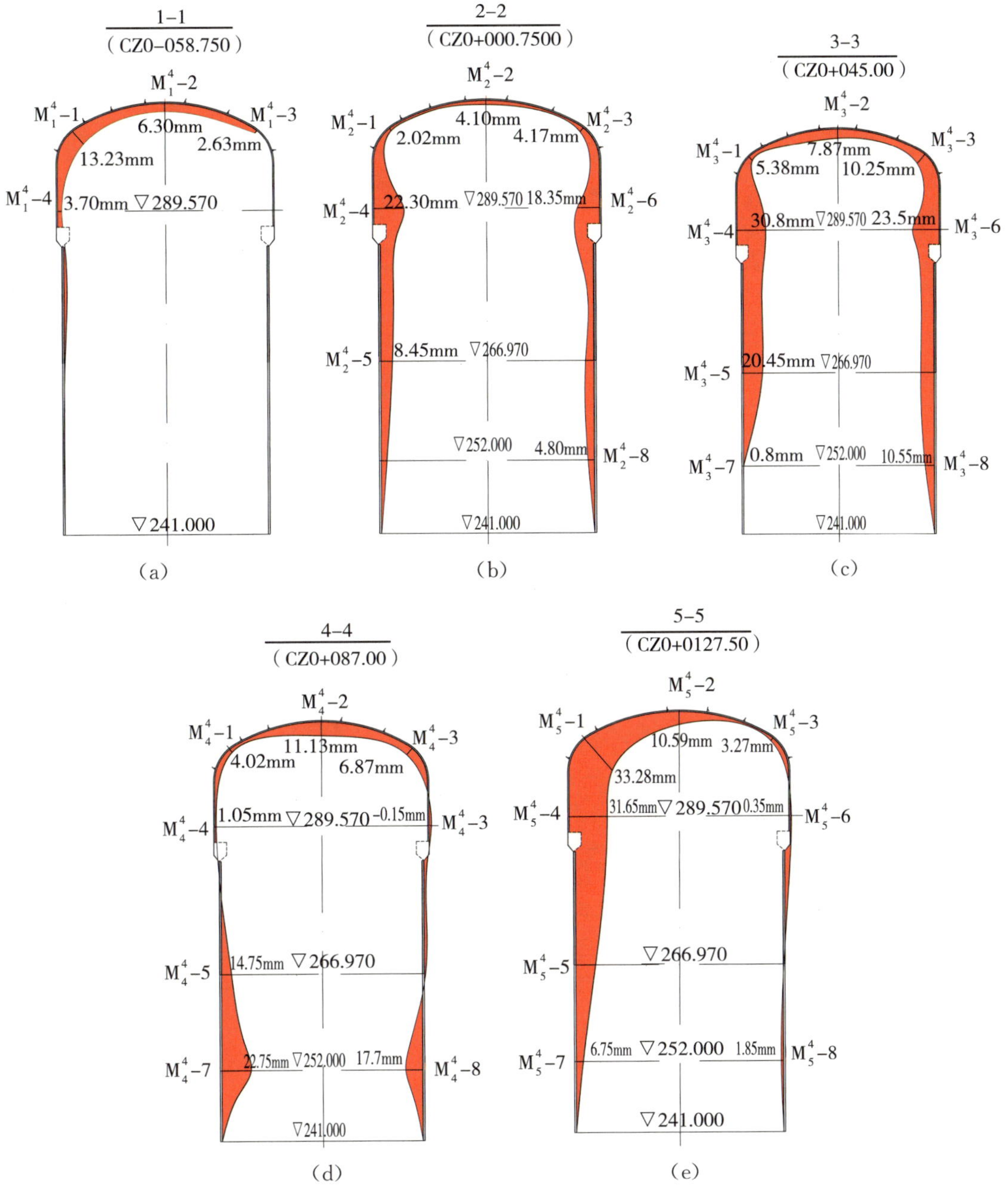

(a)　(b)　(c)

(d)　(e)

图 13.2-7　主厂房围岩表面变形分布图

13.2.2　锚杆应力

主厂房锚杆应力计大部分在埋设后的 5 个月内均达到当前测值，个别测点受当时施工及爆破影响变化较大，之后主厂房锚杆应力趋于平缓，历次蓄水变化均较小，当前测值在 −6.27～283.64MPa。从图 13.2-8 至图 13.2-10 可以看出，随着开挖高程的不断降低，锚杆应力逐渐趋于平稳。

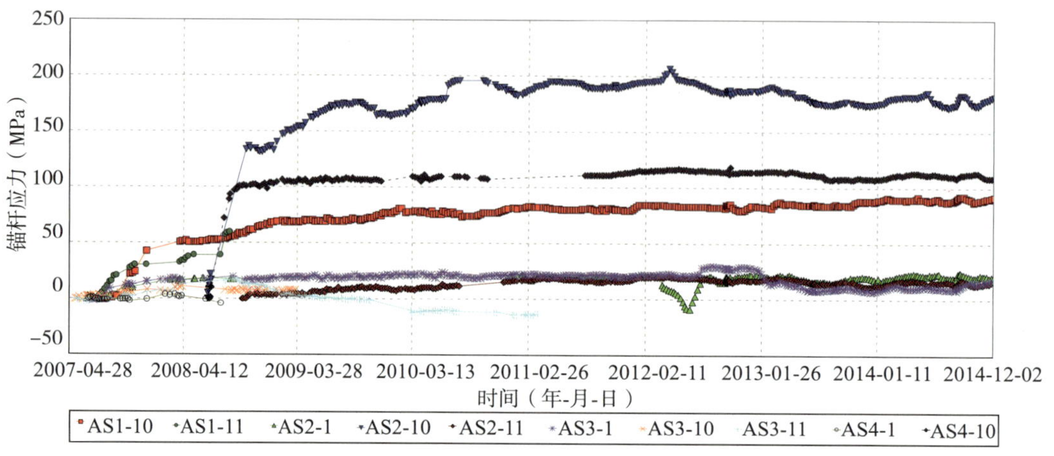

图 13.2-8　锚杆应力计应力—时间曲线

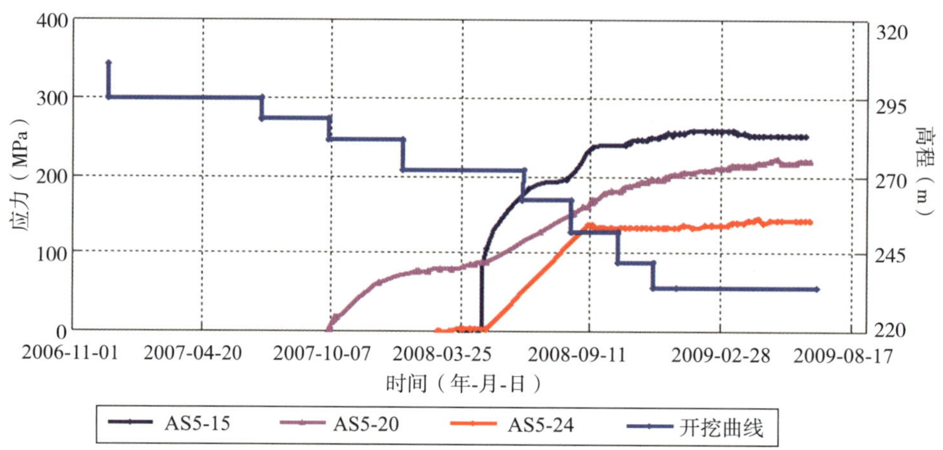

图 13.2-9　主厂房 5'-5'断面锚杆应力—时间关系曲线

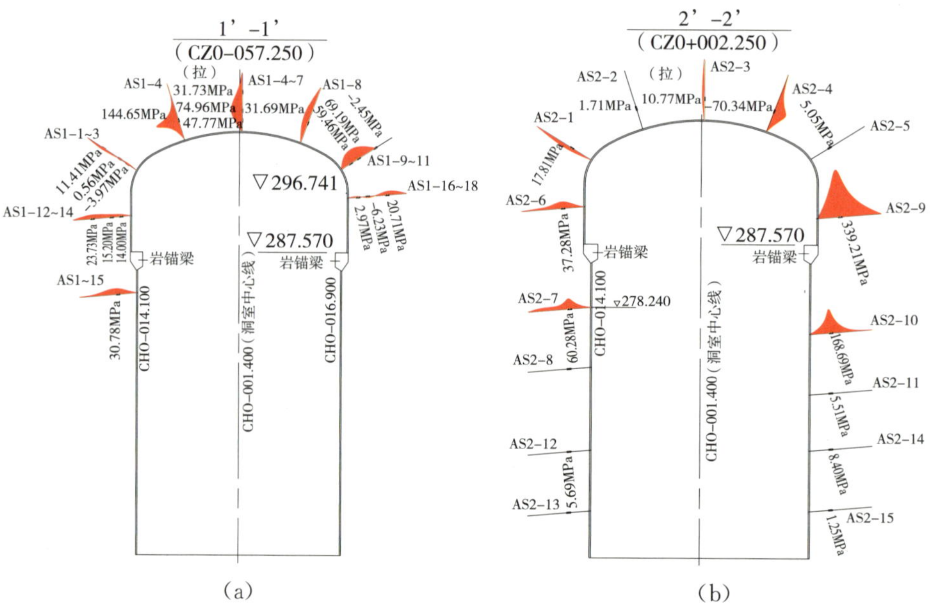

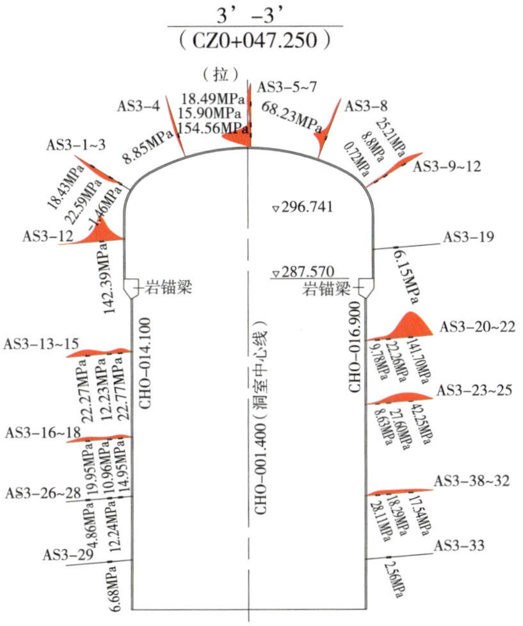

3’–3’
（CZ0+047.250）

（拉）
AS3-1~3 AS3-4 AS3-5~7 AS3-8 AS3-9~12 AS3-12 AS3-19
18.43MPa 22.59MPa -1.46MPa 8.85MPa 18.49MPa 15.90MPa 154.56MPa 68.23MPa 25.21MPa 8.88MPa 0.72MPa
▽296.741
▽287.570
岩锚梁 岩锚梁
142.39MPa 6.15MPa
AS3-13~15 22.27MPa 12.23MPa 22.77MPa
CHO-014.100 CHO-001.400（洞室中心线） CHO-016.900
AS3-20~22 141.70MPa 22.26MPa 9.78MPa
AS3-23~25 42.25MPa 27.60MPa 8.63MPa
AS3-16~18 19.95MPa 10.96MPa 14.95MPa
AS3-26~28 4.86MPa 12.24MPa
AS3-38~32 17.54MPa 18.29MPa 28.11MPa
AS3-29 6.68MPa
AS3-33 2.56MPa

（c）

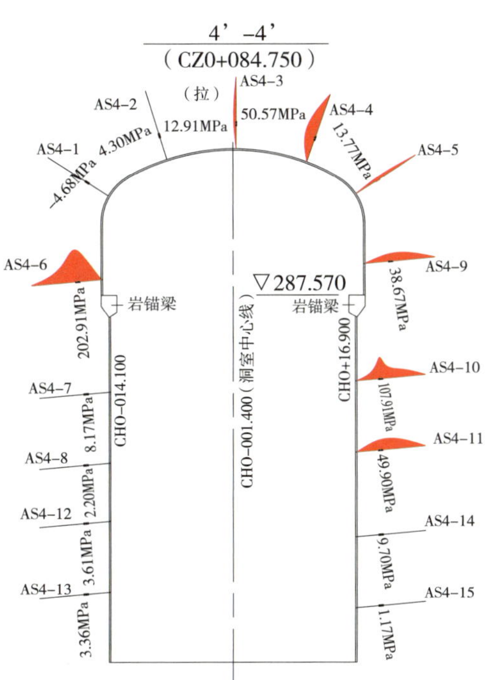

4’–4’
（CZ0+084.750）

（拉）
AS4-1 AS4-2 AS4-3 AS4-4 AS4-5
-4.68MPa 4.30MPa 12.91MPa 50.57MPa 13.77MPa
AS4-6 202.91MPa AS4-9 38.67MPa
▽287.570
岩锚梁 岩锚梁
CHO-014.100 CHO-001.400（洞室中心线） CHO+016.900
AS4-7 8.17MPa AS4-10 107.91MPa
AS4-8 2.20MPa AS4-11 49.90MPa
AS4-12 3.61MPa AS4-14 9.70MPa
AS4-13 3.36MPa AS4-15 1.17MPa

（d）

5’–5’
（CZ0+0129.750）

（拉）
AS5-4 AS5-5~7 AS5-8
81.11MPa 16.36MPa 32.93MPa 4.54MPa 11.32MPa
AS5-1~3 30.63MPa 200.99MPa 58.17MPa
12.14MPa 31.61MPa 1.54MPa AS5-9~11
AS5-12~14 17.87MPa 23.50MPa 77.68MPa
AS5-19~21 154.01MPa 217.99MPa 109.59MPa
▽287.570
岩锚梁 岩锚梁
▽278.240
AS5-15~17 20.35MPa 45.73MPa 250.94MPa
CHO-014.100 CHO-001.400（洞室中心线） CHO+016.900
AS5-22~24 142.10MPa 53.94MPa 29.28MPa
AS5-25
AS5-18 7.74MPa
AS5-26~28 27.00MPa 97.14MPa 28.66MPa
AS5-39~32 -0.25MPa 28.75MPa 38.73MPa
AS5-29 -0.25MPa
AS5-33 0

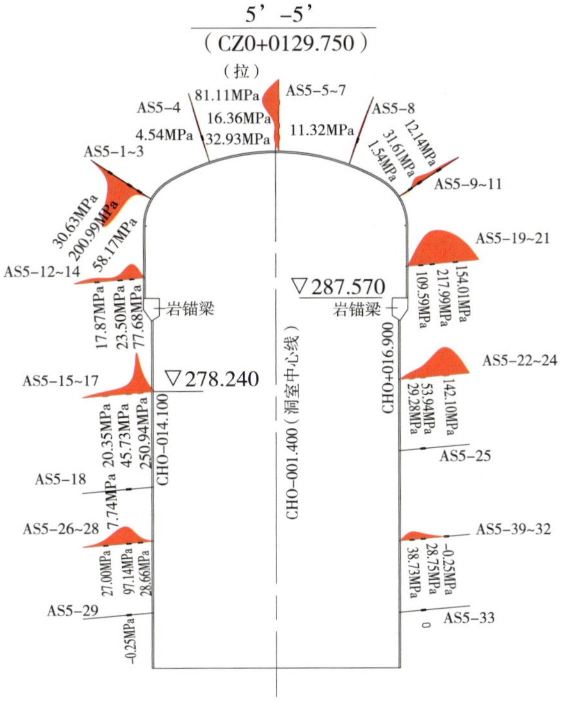

（e）

图 13.2-10　主厂房围岩锚杆应力分布图

13.2.3 锚索荷载

锚索荷载蓄水前变化较小，在历次蓄水过程中锚索荷载变化不大，当前锚索荷载在1513.52～1864.67kN，锚索荷载基本呈稳定趋势。典型锚索荷载过程线见图13.2-11。地下厂房主厂房内部变形监测成果特征值统计见表13.2-3。

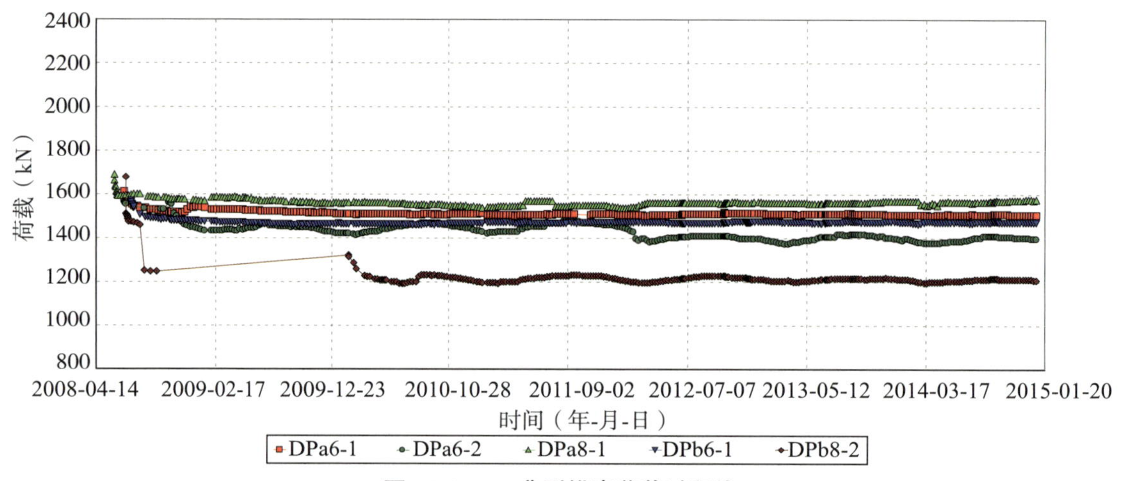

图13.2-11 典型锚索荷载过程线

表13.2-3 地下厂房主厂房内部变形监测成果特征值统计

监测类型	蓄水前测值（2012-10-09）	354.0m蓄水变化量	370.0m蓄水变化量	380.0m蓄水变化量	当前值（2014-12-28）
多点位移计（mm）	−9.87～12.23	−1.12～0.38	−0.23～0.94	−0.68～0.74	−10.11～12.51
锚杆应力计（MPa）	−7.25～263.97	−20.07～11.86	−7.74～2.91	−22.87～8.00	−6.27～283.64
锚索测力计（kN）	1281.77～2004.20	−21.94～54.00	−2.94～28.62	−13.67～22.09	1513.52～1864.67

从总体上看来，主厂房监测仪器主要受施工期影响较大，后期运行期基本呈稳定状态，受历次蓄水影响较小。

13.3 岩锚梁

岩锚梁部位布置有26个监测断面，其中14个主断面（y1～y14），每个断面布置有锚杆应力计和测缝计，以监测岩锚梁混凝土与围岩间的锚杆应力及缝间开合度；12个辅助断面（a1～a6、b1～b6）为监测岩锚梁混凝土内的应力应变状态，每个断面布置有钢筋计、三向应变计组、单向应变计、无应力计、测缝计和裂缝计等监测仪器。监测断面布置见图13.3-1。

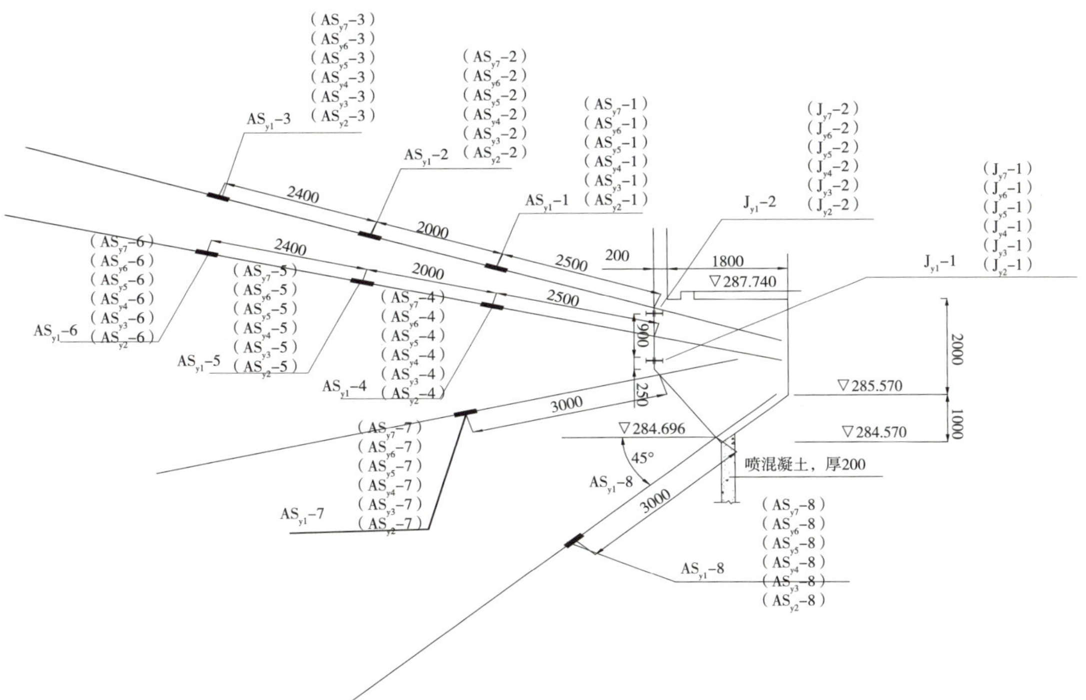

图 13.3-1　厂房岩锚梁监测断面布置示意图

13.3.1　缝开合度

监测成果表明，岩锚梁混凝土与围岩接触缝间布置 28 支测缝计，每个断面 2 支，其他测点自安装以后变化不大，只有岩锚梁 y11～y13 断面（CZ0＋087.00～CZ0＋127.00）下游侧锚杆应力和接触缝开合度在 2008 年发生较大变化，其原因是围岩岩体存在两个软弱夹层（JC2-2、JC2-3）与岩锚梁相交，夹层内破碎夹泥造成围岩变形所致，后期经治理之后已经稳定。当前测缝计缝开合度为－0.54～3.1mm，目前已呈稳定趋势。

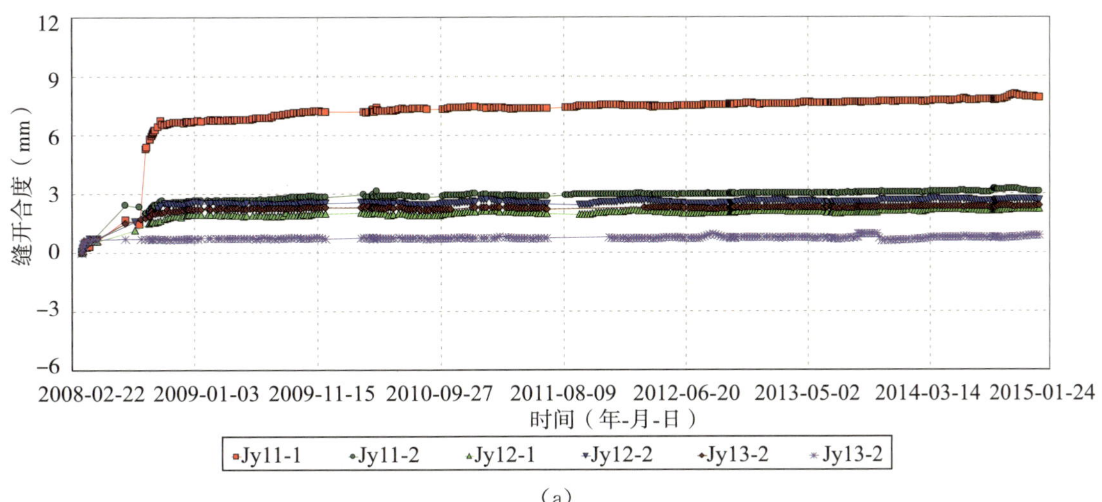

（a）

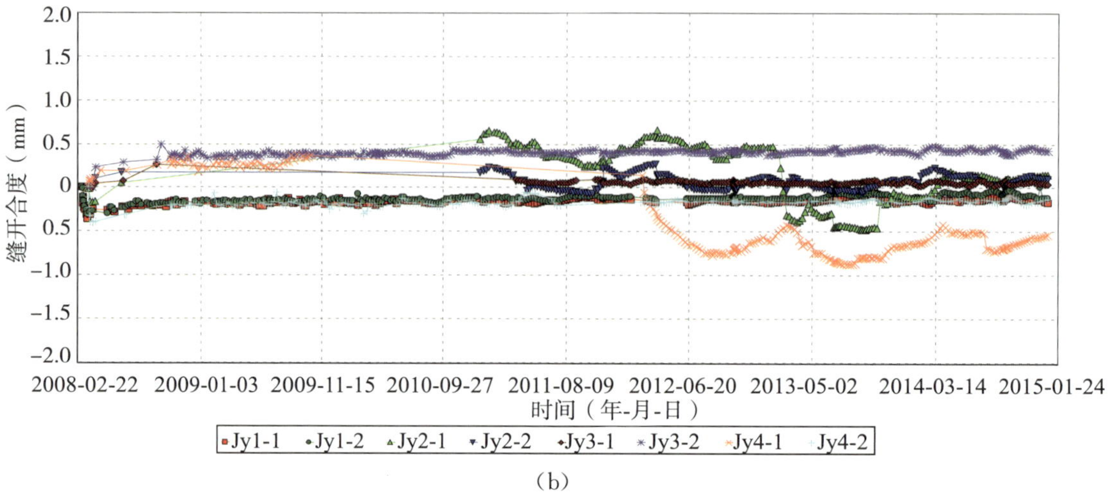

（b）

图 13.3-2　测缝计缝开合度—时间曲线

13.3.2　锚杆应力

监测成果显示，锚杆应力在岩锚梁浇筑时有小幅波动，但变化较小，岩锚梁锚杆应力总体较小，锚杆应力最大的为 y12 断面的 ASy12-1(185.8MPa)。这与该断面测缝计数据相吻合。当前锚杆应力在－45.91～185.84MPa，锚杆应力在历次蓄水变化不大。锚杆应力—时间曲线见图 13.3-3。

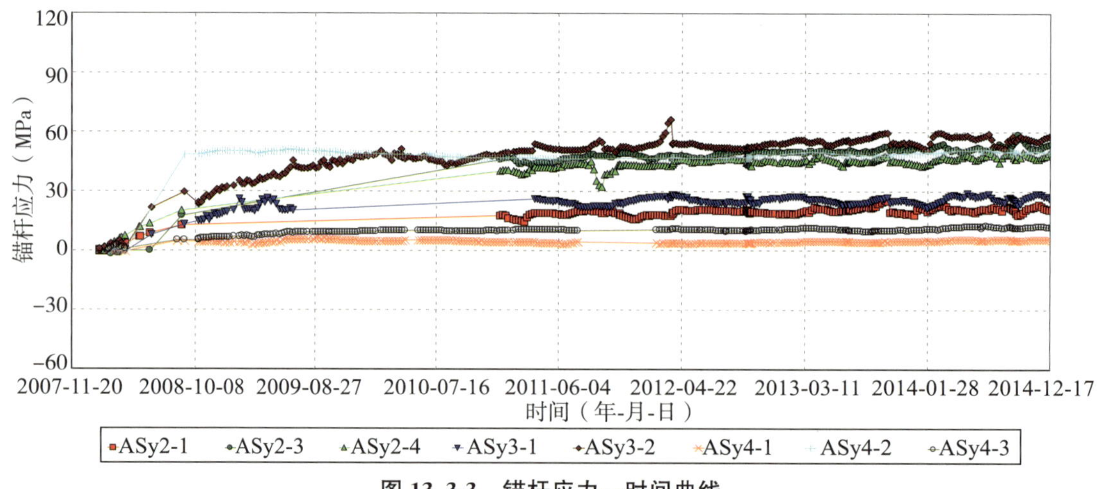

图 13.3-3　锚杆应力—时间曲线

13.3.3　钢筋应力

钢筋计钢筋应力在埋设后较短的时间就达到蓄水前的 90%左右，之后均为时效变化，当前钢筋应力在－15.01～108.52MPa，钢筋应力总体趋于稳定。地下厂房岩锚梁内部变形监测成果特征值统计见表 13.3-1。

表 13.3-1　　地下厂房岩锚梁内部变形监测成果特征值统计表

监测类型	蓄水前测值(2012-10-09)	354.0m 蓄水变化量	370.0m 蓄水变化量	380.0m 蓄水变化量	当前值(2014-12-28)
测缝计(mm)	−0.74～2.95	−0.72～0.05	−0.18～0.06	−0.08～0.38	−0.54～3.10
钢筋计(MPa)	−12.84～96.41	−10.51～2.65	−3.64～1.73	−0.26～25.01	−15.01～108.52
锚杆应力计(MPa)	−46.11～179.58	−7.87～9.52	−3.71～2.51	−5.97～9.24	−45.91～185.84

从总体上看，岩锚梁各监测数据变化不大，在桥机试验、吊装转子等大载重的工况下，各测点监测数据未发生异常。

13.4　水轮机蜗壳

地下厂房新 8# 机水轮机蜗壳共布置了 W1-W1(W1′-W1′)～W3-W3(W3′-W3′)三个监测断面，新 6# 机水轮机蜗壳共布置了 W4-W4(W4′-W4′)～W6-W6(W6′-W6′)三个监测断面，共布置有 26 支测缝计、38 支钢筋计、30 支钢板计。地下厂房水轮机蜗壳内部变形监测成果特征值统计见表 13.4-1。

表 13.4-1　　地下厂房水轮机蜗壳内部变形监测成果特征值统计

监测类型	蓄水前测值(2012-10-09)	354m 蓄水变化量	370m 蓄水变化量	380m 蓄水变化量	当前值(2014-12-28)
钢筋计(MPa)	−18.43～48.56	−4.21～21.21	−9.1～2.17	−7.41～12.87	−13.02～53.01
钢板计(MPa)	−96.31～11.94	−81.3～78.55	−10.12～28.52	−4.63～6.15	−299.50～84.83
测缝计(mm)	−0.75～1.97	−2.21～0.02	−1.03～0.04	−0.06～0.09	−3.65～2.84

13.4.1　钢筋应力

监测成果显示，钢筋计钢筋应力与温度呈较好的负相关性，钢筋应力在埋设初期均达到与蓄水前测值的 90%以上，之后均为时效变化。从监测图中可以看出，2012 年 10 月水轮机蜗壳充水试验，测值突变导致 354.0m 蓄水变化较大，之后又回到充水前。目前，蜗壳钢筋应力较稳定，当前钢筋应力在−13.02～53.01MPa。钢筋计 R01-1 应力—温度相关过程线见图 13.4-1，钢筋应力—时间过程线见图 13.4-2。

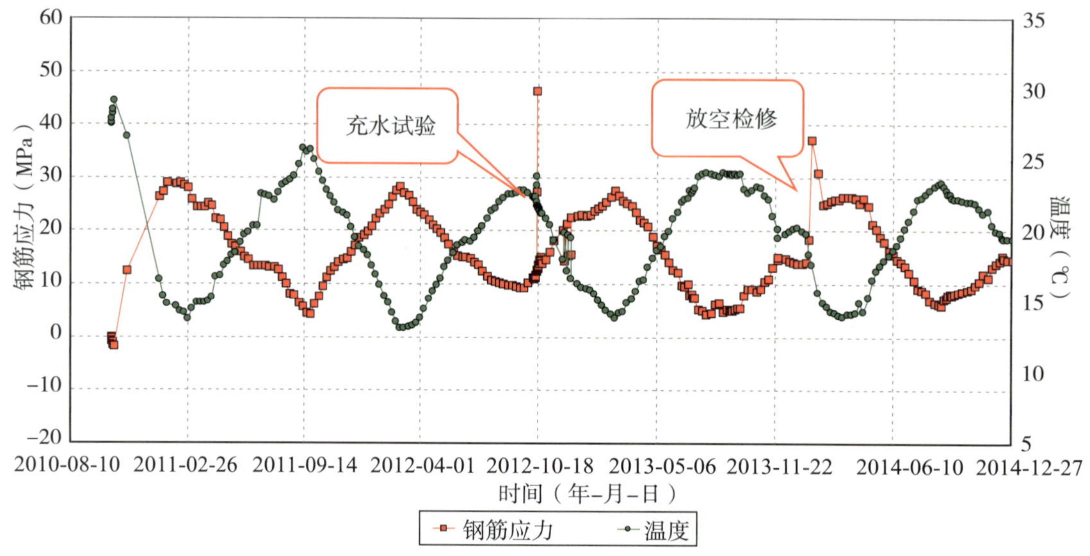

图 13.4-1 钢筋计 R01-1 应力—温度相关过程线

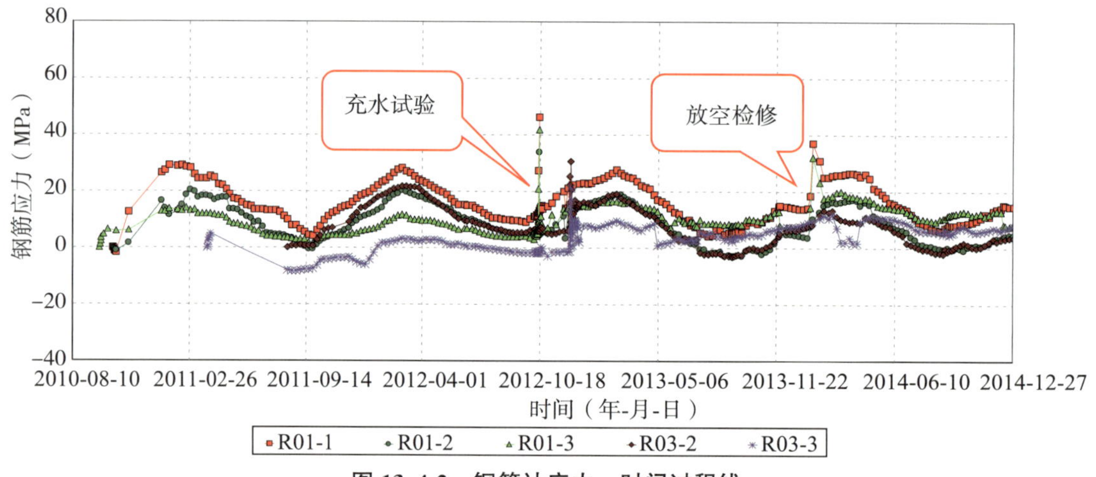

图 13.4-2 钢筋计应力—时间过程线

13.4.2 钢板应力

监测成果表明，钢板应力受蜗壳施工及后续安装影响，前期个别测点出现小幅波动，蓄水前钢板应力在−96.31～11.94MPa，蜗壳钢板应力主要与机组充水和放空试验影响较大，受蓄水影响较小，蜗壳充水后钢板向受拉方向变化，放空检修时向受压方向变化，当前钢板应力在−299.50M～84.83MPa。钢板计 PS01-7 应力—温度相关过程线见图 13.4-3，钢板应力—时间过程线见图 13.4-4。

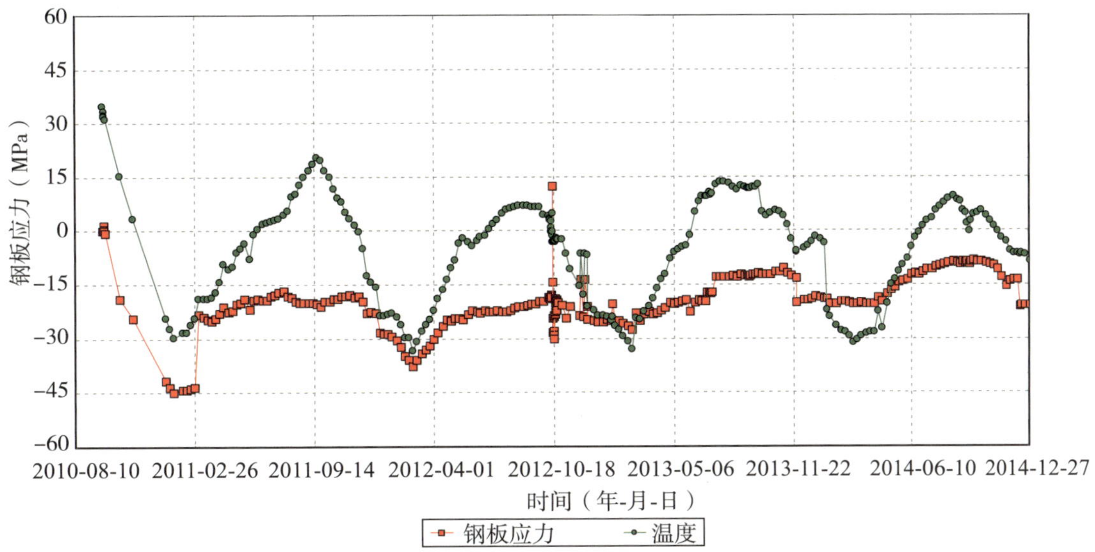

图 13.4-3　钢板计 PS01-7 应力—温度相关过程线

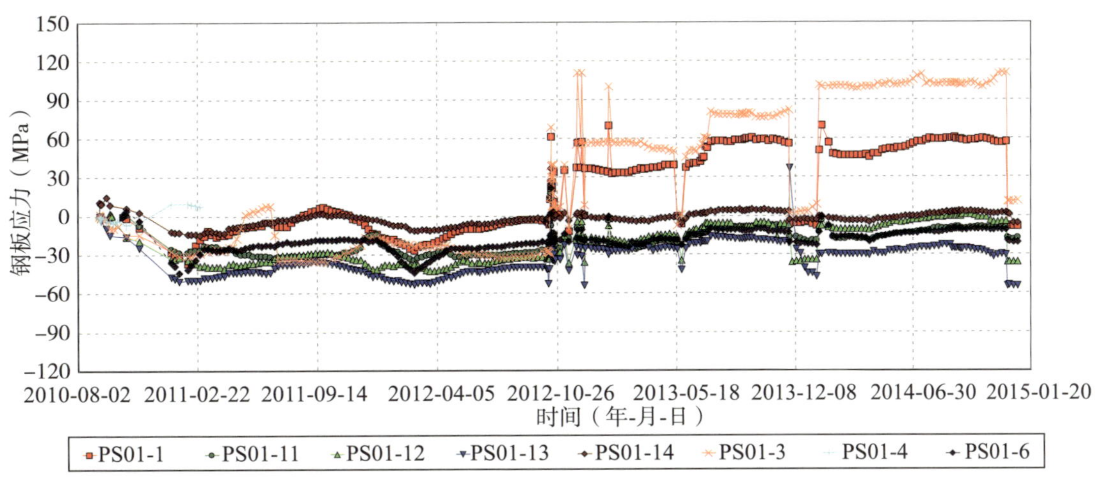

图 13.4-4　钢板计应力—时间曲线

13.4.3　缝开合度

监测成果表明，测缝计缝开合度基本在埋设初期的 3 个月左右均达与蓄水前缝开合度的 95％以上，之后呈稳定态势，但因 2012 年 10 月蜗壳充水试验，大部分测缝计缝开合度均呈回缩状态，回缩范围在－2.21～0.02mm，充水试验后大部分测缝计开合度回到蓄水前状态，只有 J01-1～J01-1、J03-1～J01-36 支测缝计依然呈压缩状态，在之后的两次蓄水过程中测缝计缝开合度变化不大，当前缝开合度为－3.65～2.84mm。缝开合度—时间过程线见图 13.4-5。

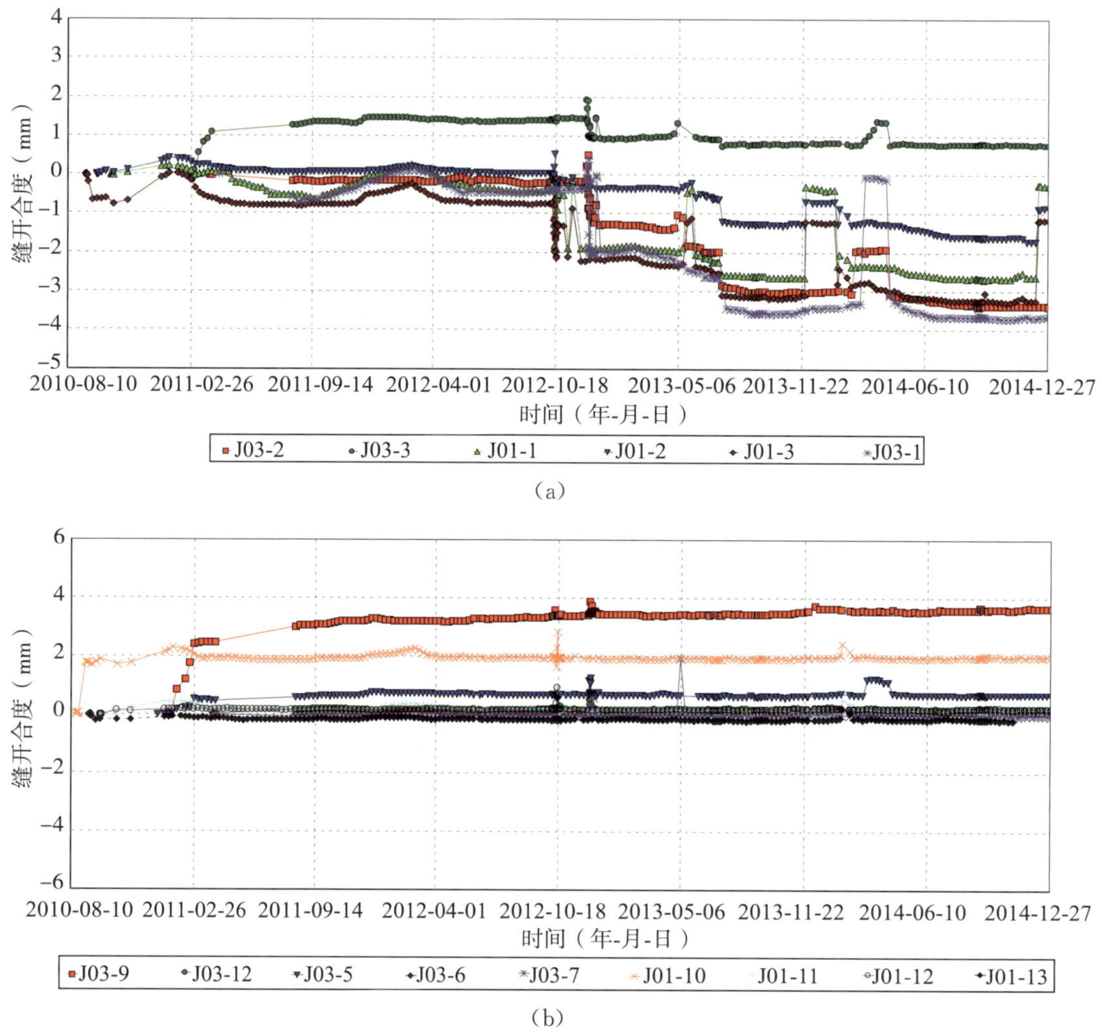

(a)

(b)

图 13.4-5　缝开合度一时间过程线

从水轮机蜗壳各监测成果看，水轮机蜗壳各监测数据与机组运行工况密切相关，从而说明监测数据能较好地反映水轮机蜗壳结构的工作性态，有力地保障了机组的正常运行。

13.5　尾水系统

1# 尾水洞长 263m，宽 22m，高 33m。共布置有 a6-a6(a6'-a6')、a7-a7(a7'-a7')和 a8-a8(a8'-a8')等三个监测断面，其中 a6-a6、a7-a7 和 a8-a8 为围岩变形监测断面，a6'-a6'、a7'-a7'和 a8'-a8'为应力应变监测断面。

2# 尾水洞长 200m，宽 20m，高 33m。共布置有 b6-b6(b6'-b6')、b7-b7(b7'-b7')和 b8-b8(b8'-b8')等三个监测断面，其中 b6-b6、b7-b7 和 b8-b8 为围岩变形监测断面，b6'-b6'、b7'-b7'和 b8'-b8'为应力应变监测断面。

多点位移计监测断面布置见图 13.5-1，锚杆应力计监测断面布置见图 13.5-2。

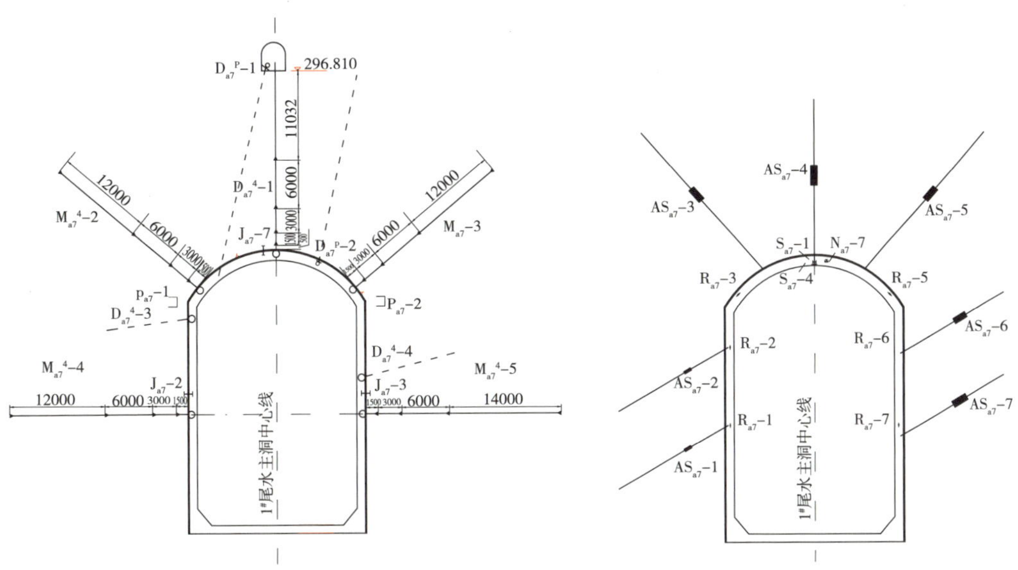

图 13.5-1　尾水主洞围岩变形监测断面布置图（多点位移计）　　图 13.5-2　尾水主洞围岩应力监测断面布置图（锚索测力计、锚杆应力计）

13.5.1　围岩变形

监测成果表明，尾水系统围岩变形在前期尾水洞施工时变化，后期尾水系统变化不大，蓄水前围岩变形在－13～10.2mm，因354.0m蓄水时尾水洞充水，围岩变形较大，围岩变化量在－3.36～2.3mm，370.0m蓄水变化量在－0.59～2.62mm，380.0m蓄水变化量在－0.59～2.62mm，当前围岩变形范围在－12.36～13.2mm。多点位移计—时间曲线见图13.5-3。

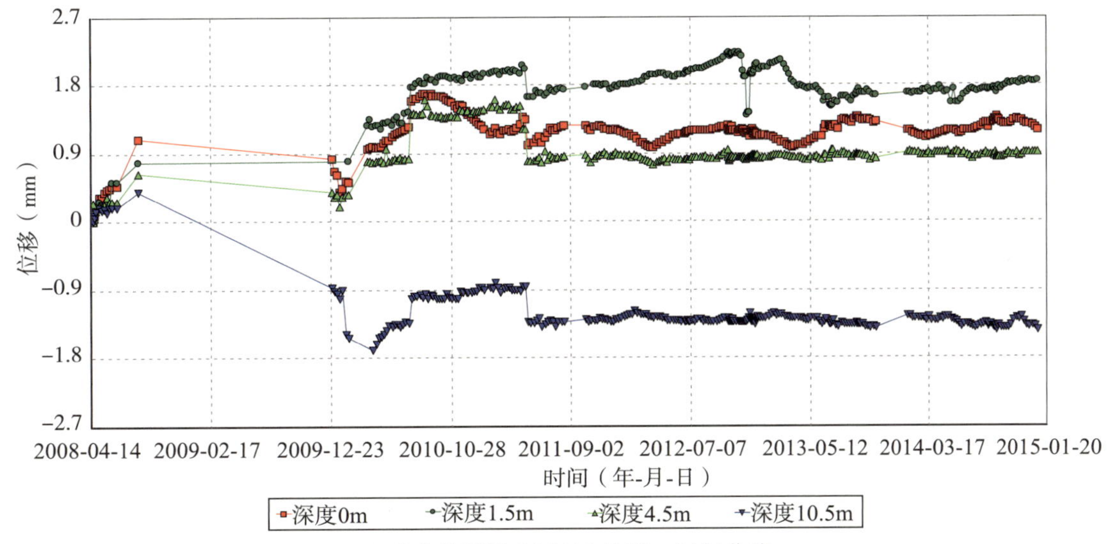

(a)多点位移计 M4b7-2 位移—时间曲线

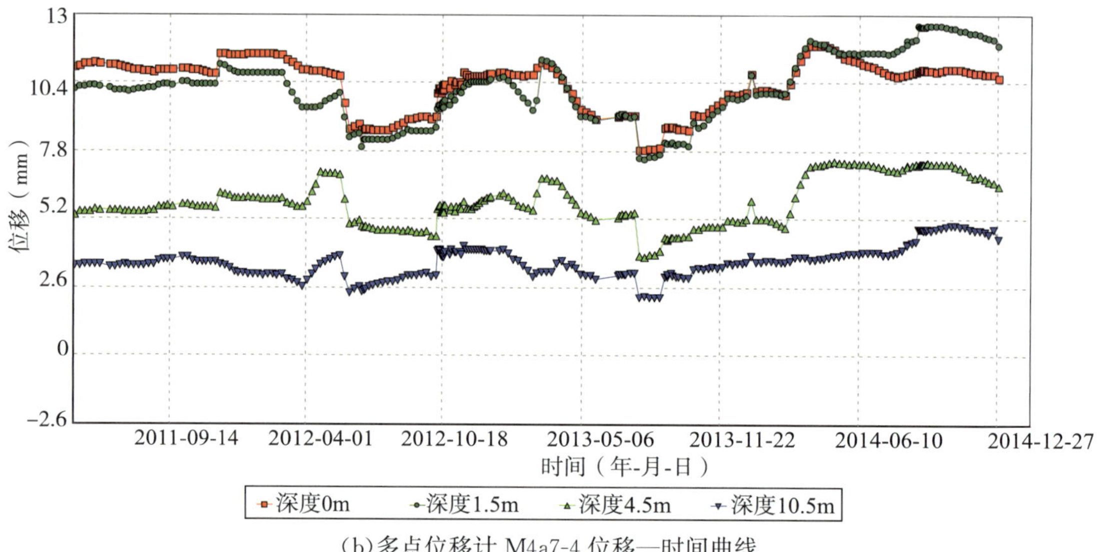

(b)多点位移计 M4a7-4 位移—时间曲线

图 13.5-3 多点位移计一时间曲线

13.5.2 锚杆应力

锚杆应力计大部分在埋设后一段时间内基本达到蓄水前锚杆应力值，后逐渐呈稳定态势，2012 年 10 月尾水系统充水，锚杆应力出现较大变化且大部分呈压应力减小，小部分呈压应力增加的趋势，锚杆应力变化范围为－80.93～7.90MPa，这与充水工况相吻合。后在 370.0m 蓄水和 380.0m 蓄水时尾水系统锚杆应力变化均较小，当前锚杆应力在－398.88～341.12MPa。锚杆应力—温度过程线见图 13.5-4，锚杆应力—时间曲线见图 13.5-5。

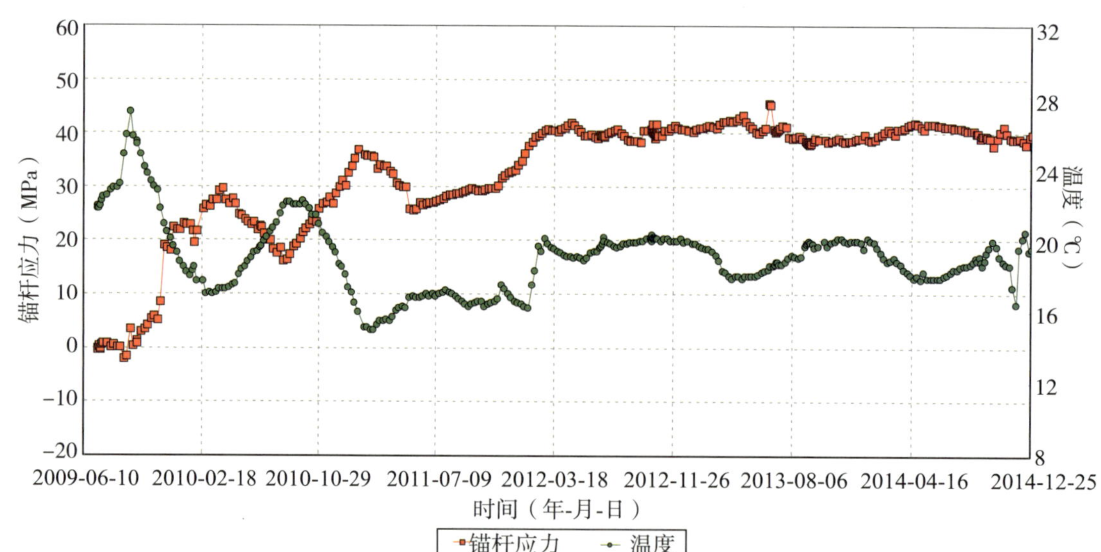

图 13.5-4 锚杆应力计 ASa8-11 应力—温度相关过程线

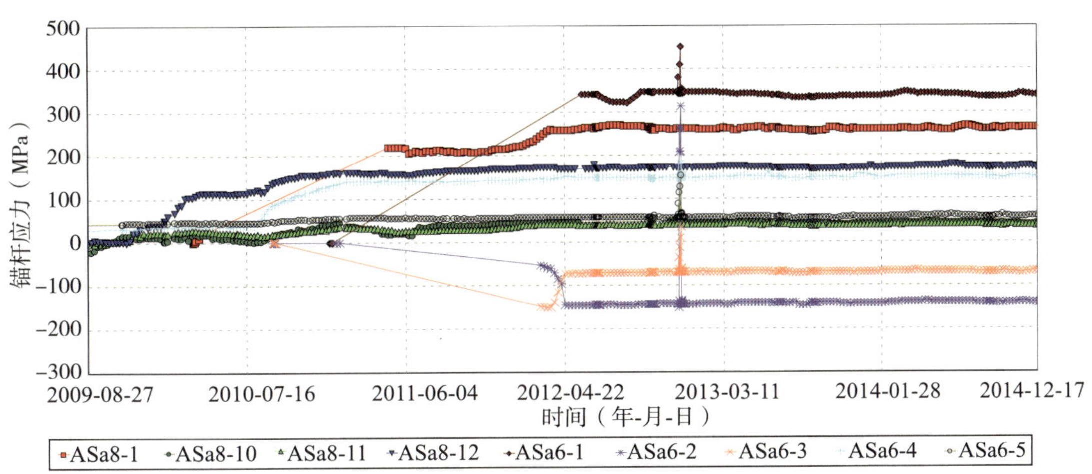

图 13.5-5　锚杆应力计应力—时间曲线

13.5.3　渗压监测

尾水系统渗压计在蓄水前均呈无水压或有微小水压状态，2012 年 10 月尾水系统充水，位于 2# 尾水支洞的 Pa5-1 和 Pa5-2 折算水位上升了 20m 左右，尾水系统其他测点变化不大。在后两次蓄水过程中上述两测点均呈小幅波动状态，其原因可能与尾水支洞工况有关，其他测点一直呈较稳定的状态。渗压计折算水位—时间曲线见图 13.5-6。

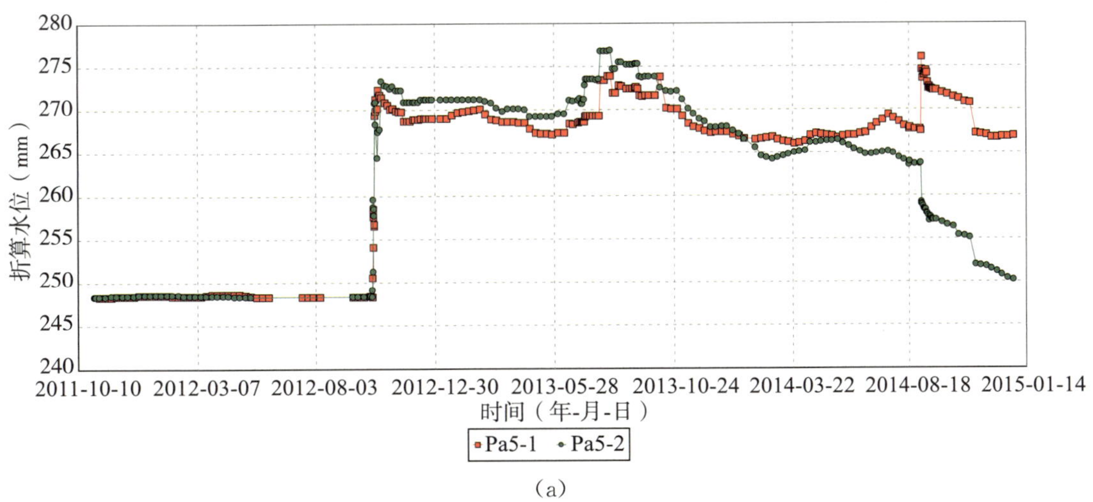

（a）

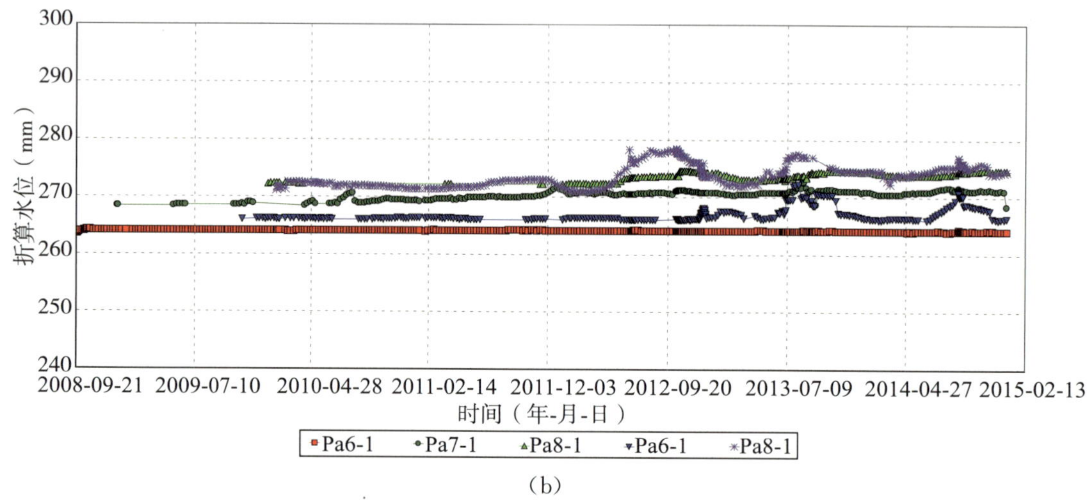

（b）

图 13.5-6 渗压计折算水位—时间曲线图

13.5.4 缝开合度

测缝计缝开合度基本在埋设后 3 个月内达到蓄水前缝开合度，蓄水前缝开合度范围在－1.1～0.83mm，2012 年 10 月尾水系统充水试验使其缝开合度增大后，缝开合度又回到蓄水前测值。历次蓄水变化量均未超过 1mm，当前缝开合度在－1.07～0.82mm。测缝计缝开合度—时间曲线见图 13.5-7。

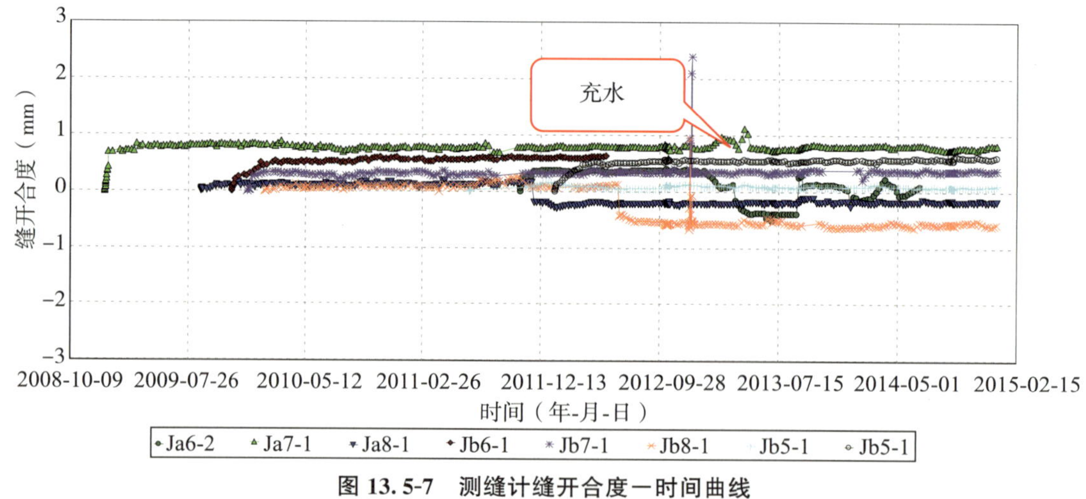

图 13.5-7 测缝计缝开合度一时间曲线

13.5.5 钢筋应力

钢筋计钢筋应力基本在埋设 2 个月内达到蓄水前测值的 90%左右，之后受温度影响出现小幅波动现象，蓄水前（施工期）钢筋计钢筋应力在－52.94～40.4MPa，2012 年 10 月受尾水系统充水影响，钢筋应力出现突变，在尾水充水试验结束后，钢筋应力均回到充水试验前

水平。370.0m 蓄水和 380.0m 蓄水尾水系统钢筋应力变化不大，当前钢筋应力在 －51.37～39.3MPa。钢筋应力－温度相关过程线见图 13.5-8、钢筋应力—时间曲线见图 13.5-9。地下厂房尾水系统内部变形监测成果特征值统计见表 13.5-1。

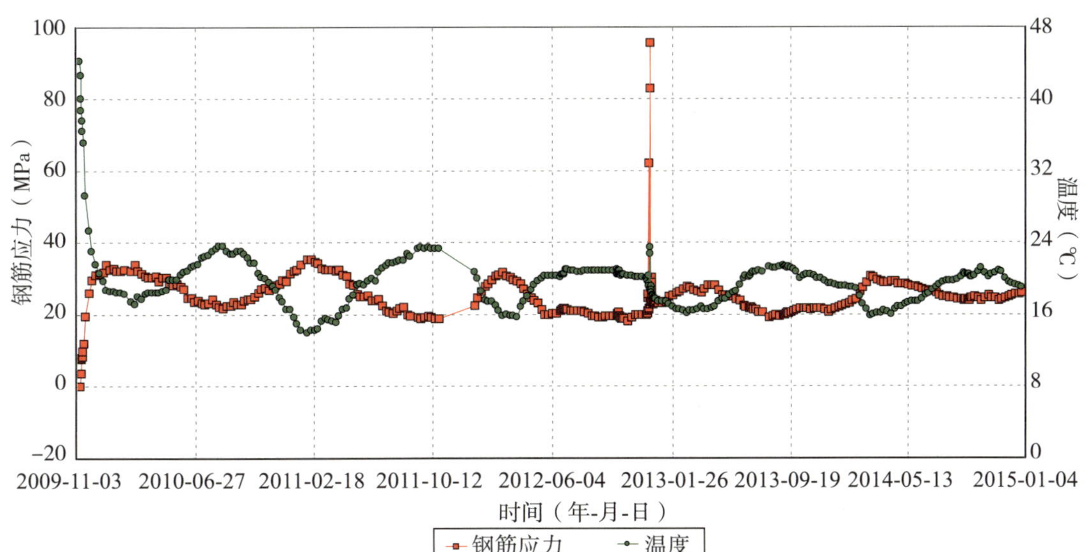

图 13.5-8　钢筋计 Rb6-6 应力—温度相关过程线

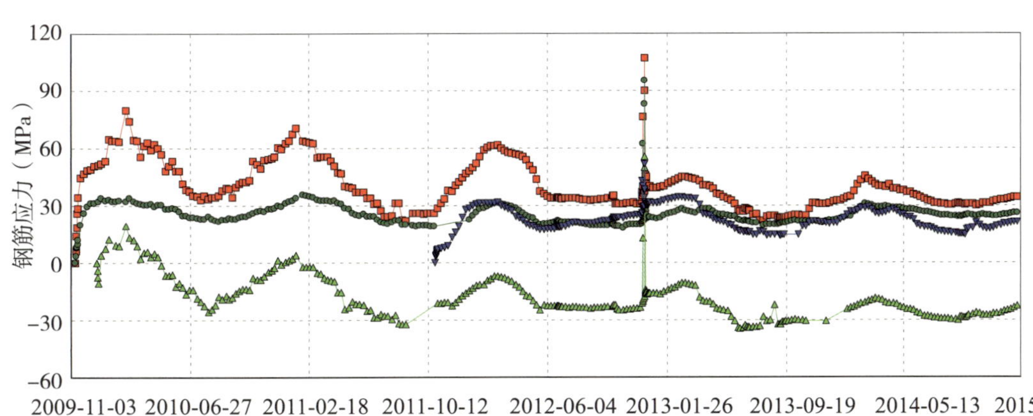

图 13.5-9　钢筋应力—时间曲线

表 13.5-1　地下厂房尾水系统内部变形监测成果特征值统计表

监测类型	蓄水前测值（2012-10-09）	354m 蓄水变化量	370m 蓄水变化量	380m 蓄水变化量	当前值（2014-12-28）
多点位移计（mm）	－13～10.20	－3.36～2.30	－1.79～0.99	－0.59～2.62	－12.36～13.20

续表

监测类型	蓄水前测值 (2012-10-09)	354m 蓄水 变化量	370m 蓄水 变化量	380m 蓄水 变化量	当前值 (2014-12-28)
锚杆应力计 (MPa)	−398.57～ 346.44	−80.93～ 7.90	−3.76～ 7.82	−3.12～ 15.43	−398.88～ 341.12
渗压计 (m)	235.16～ 273.69	−1.40～ 24.84	0.01～ 4.35	−6.35～ 0.12	234.72～ 274.67
测缝计 (mm)	−1.1～ 0.83	−0.78～ 0.04	−0.11～ 0.67	−0.22～ 0.05	−1.07～ 0.82
钢筋计 (MPa)	−52.94～ 40.40	−11.46～ 16.30	−3.79～ 5.53	−0.88～ 32.61	−51.37～ 39.30
锚索测力计 (kN)	1226.80～ 1950.37	−15.69～ 22.51	0.82～ 21.15	−18.09～ 7.95	1207.88～ 1943.56

13.5.6 锚索测力

锚索测力计荷载一般在 6 个月内达到当前荷载，历次蓄水变化均较小，2012 年充水试验对其影响较小，当前荷载在 1207.88～1943.56kN。锚索荷载—时间曲线见图 13.5-10。

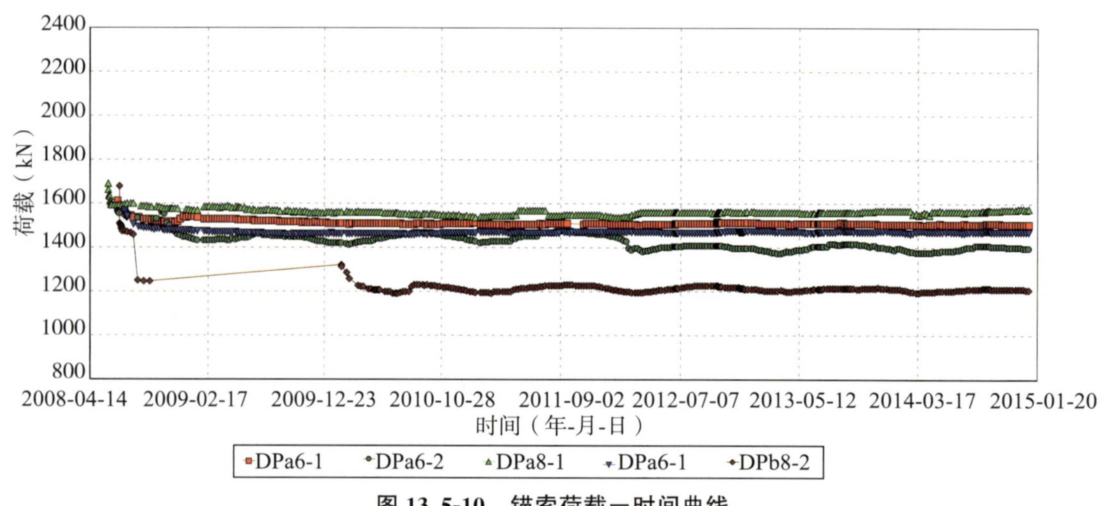

图 13.5-10 锚索荷载—时间曲线

13.6 排水廊道

为及时了解右岸地下引水发电系统在蓄水过程中排水廊道渗流情况，在第一层至第四层排水廊道布置了 85 支测压管，在第一层、第二层和第四层排水廊道以及灌浆廊道内共安装了 11 个量水堰。其中，量水堰第一层和第二层均无水，只有第四层 2 个和第三层 1 个有

水。地下厂房排水廊道内部变形监测成果特征值统计见表 13.6-1。

表 13.6-1　　地下厂房排水廊道内部变形监测成果特征值统计表

监测类型	蓄水前测值（2012-10-09）	354.0m 蓄水变化量	370.0m 蓄水变化量	380.0m 蓄水变化量	当前值
测压管（m）	230.87～334.64	－9.01～17.70	－8.44～7.47	－5.84～4.75	228.71～334.50
量水堰（四排，L/min）	369.508	－26.733	/	/	259.831

13.6.1 渗压监测

测压管蓄水前折算水位在 230.87～334.64m，354.0m 蓄水时大部分测压管折算水位均有所上升，其中变化最大是位于第二层排水廊道的 UP2-14，折算水位上升了 17.7m，370.0m 蓄水时测压管折算水位有升有降，折算水位变化范围在－8.44～7.47m，波动幅度最大是第二层排水廊道的部分测点，380.0m 蓄水时各层排水廊道测压管有小幅波动，但变化不大。当前测压管折算水位在 228.71～334.50m。第一、二、三和四层排水廊道测压管渗压计折算水位—时间曲线见图 13.6-1 至图 13.6-3。

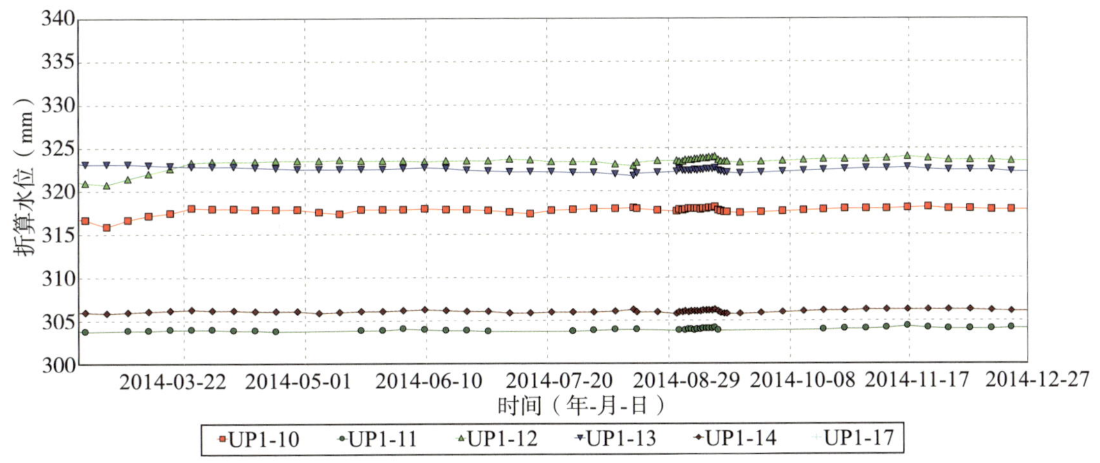

图 13.6-1　第一层排水廊道测压管渗压计折算水位—时间曲线

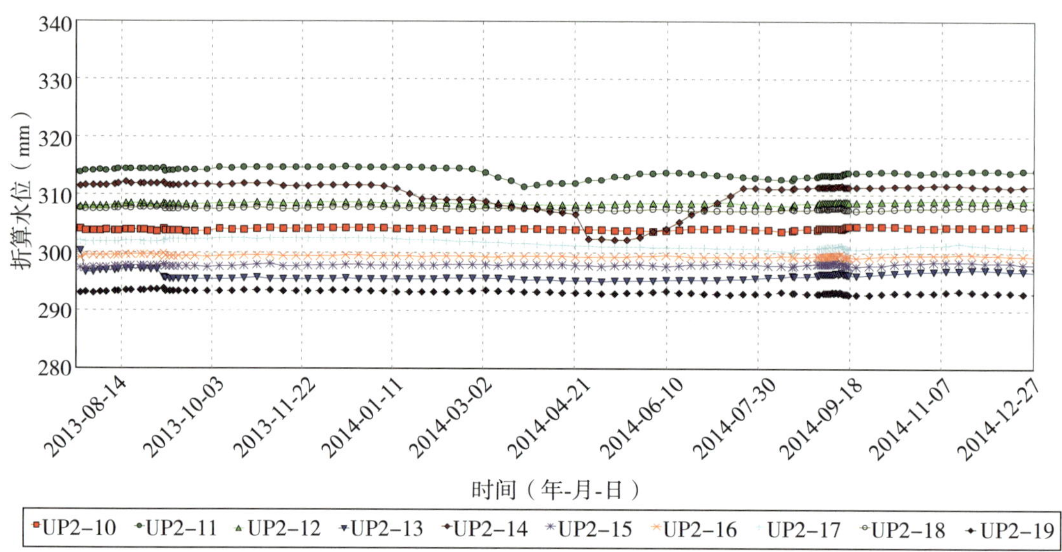

图 13.6-2　第二层排水廊道测压管渗压计折算水位—时间曲线

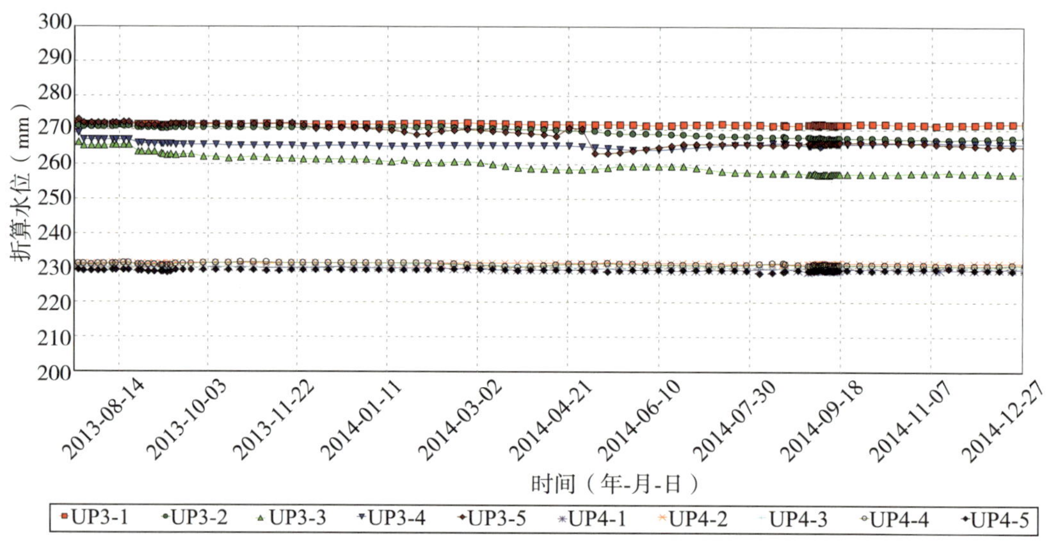

图 13.6-3　第三、四层排水廊道测压管渗压计折算水位—时间曲线

13.6.2　渗流量监测

目前，第一、二层排水廊道及尾水排水廊道和帷幕灌浆廊道所安装的量水堰均呈无水状态，只有第四层排水廊道及第三层排水廊道新增的量水堰处于过流状态，第四层排水廊道蓄水前渗流量为 369.508L/min，但该数据包含第三层排水廊道渗流量和外部来水（右岸进厂交通洞渗流量），数据不能真实反映第四层排水廊道的渗流情况，2014 年 8 月，在第三层排水廊道渗流流向四排前增加一个量水堰用于剔除外部来水的影响，当前第四层排水廊道的渗流量在 259.831L/min，基本呈稳定态势。

第 14 章　右岸边坡监测成果

14.1　外部变形

右岸地下引水发电系统监测网及表面位移测点布置如下：

在左岸布置 4 点（TN01-1、TN03-1、TN05-1、TN01），右岸与马延坡边坡监测网一起，组成右岸边坡变形监测网；右岸进水口自然边坡布置 4 个测点（JJ1～JJ4）；右岸进水口开挖边坡布置 20 个测点（J11、J12、J13、J21、J22、J23、J31、J32、J33、J41、J42、J43、J44、J51、J52、J53、J54、J55、J61、J62）；右岸尾水边坡布置 10 个测点（JNB、W11、W12、W13、W21、W22、W23、W31、W32、W33）；右岸坝基边坡布置 10 个测点（B01～B10）。各部位监测布置见图 14.1-1、图 14.1-2。

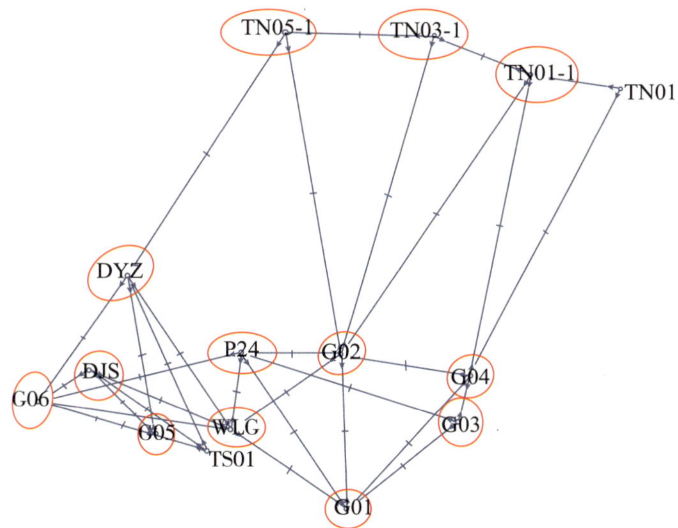

图 14.1-1　向家坝右岸边坡变形观测网

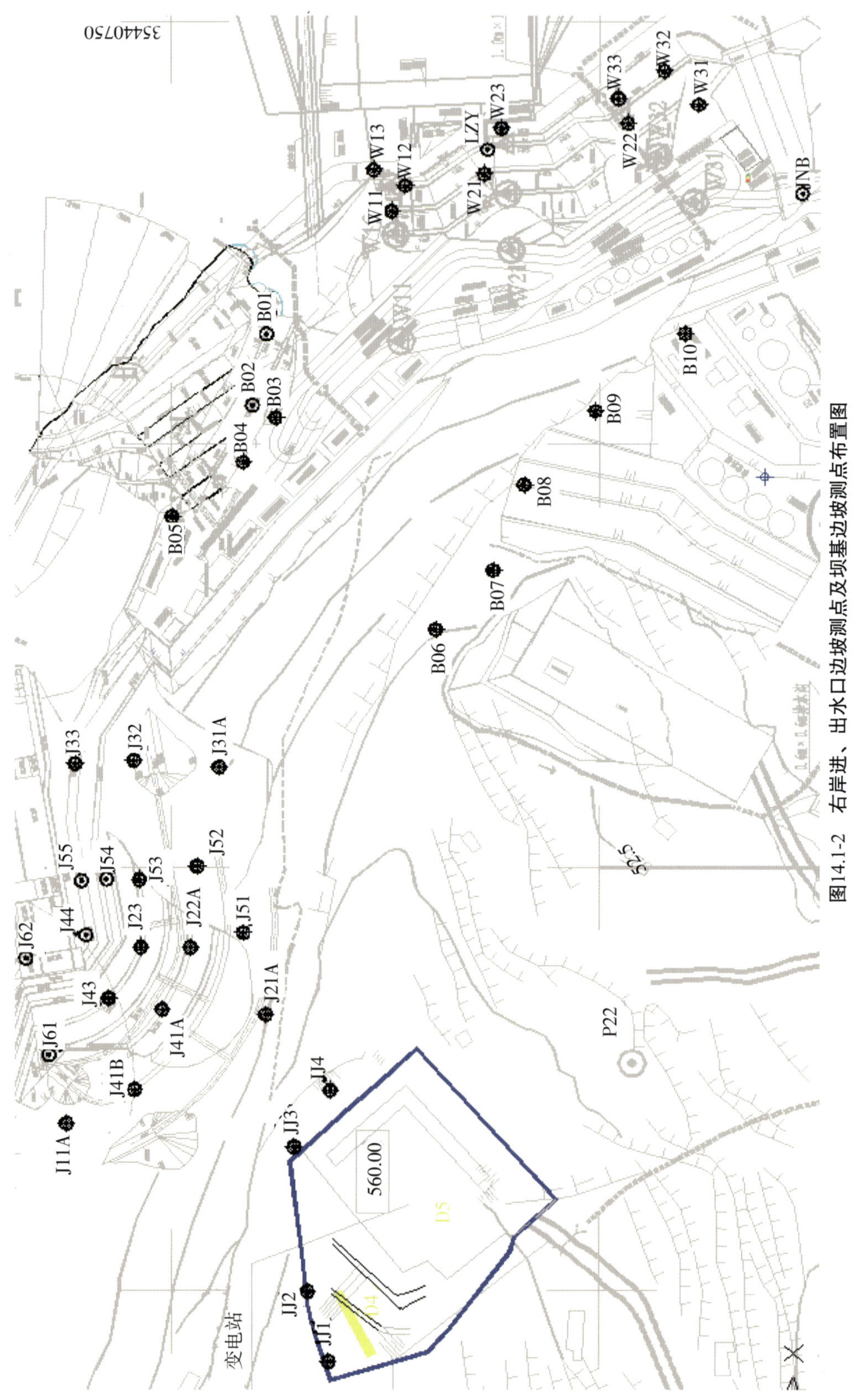

图14.1-2 右岸进、出水口边坡测点及坝基边坡测点布置图

14.1.1　进水口边坡

14.1.1.1　进水口开挖边坡

(1)左右岸方向位移

进水口开挖边坡测点左右岸方向当前累积位移在－8.54～11.93mm。较大为J33A(11.93mm)、J52(10.40mm)，其余测点在±6mm左右。测点大致呈总趋势平缓但其间伴随波动(波峰及波谷不太明显，最大波幅约10mm；2012年10月蓄水期有约7mm波动)的位移过程及趋势。

综合可知，该部位测点X方向平均值均值约－0.1mm，变幅均值约12mm，总趋势平缓。

典型测点X方向累积位移过程线见图14.1-3。

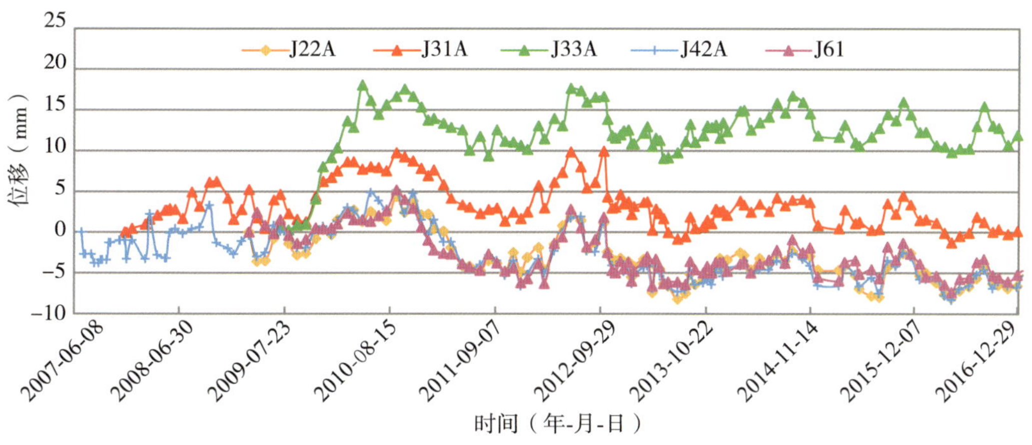

图14.1-3　进水口开挖边坡典型测点X方向累积位移过程线

(2)上下游方向位移

进水口开挖边坡测点上下游方向最大值为3.50～19.60mm。较大为J61(19.60mm)、J52(16.00mm)、J54(15.36mm)，其中J61和J54发生在2016年10月期间。平均值在－0.96～12.77mm(J61)，变幅为6.9～19.60mm。除测点J44A和TW3以外，其余测点变幅都在10mm以上，大部分发生在2016年。当前值为4.16～18.39mm。其中7个测点在12mm左右，全部测点累积向下游方向位移。

测点大致呈总趋势平缓但期间伴随波动(2010年6月有相较明显波峰，2016年9月之后大部分测点出现新的波峰，2009年4月、2011年10月有相较明显的波谷，波幅约12mm；2012年10月蓄水期有约5mm的波动，2016年汛期期间有约6mm波动)的位移过程及趋势，总体趋势向下游。

综合可知，该部位测点Y方向平均值均值约5mm不明显，变幅均值约15mm较大，总趋势平缓，近期趋势向上游，当前7个测点累积向下游位移在12mm左右，其余9个测点累积位移在9mm之内，全部测点累积位移表现为向下游方向。

典型测点 Y 方向累积位移过程线见图 14.1-4。

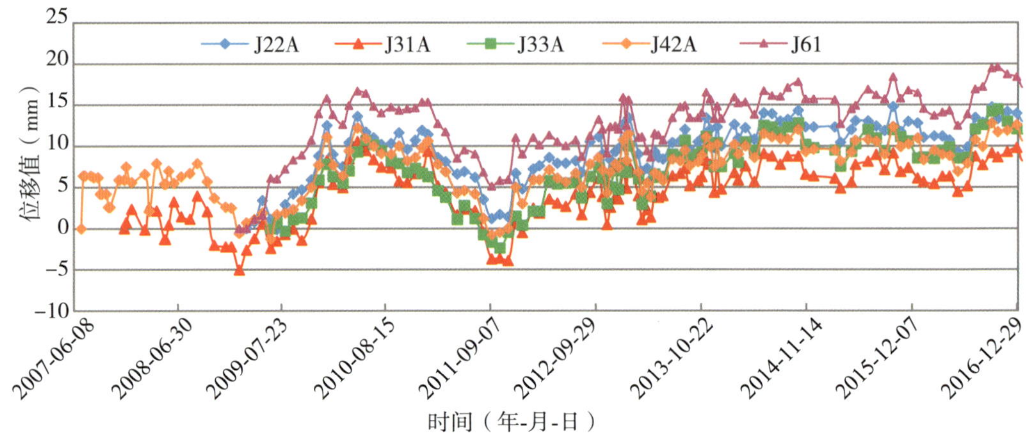

图 14.1-4　进水口开挖边坡典型测点 Y 方向累积位移线

(3)垂直位移

进水口开挖边坡垂直方向最大位移为 0.00～19.00mm。较大为 J32(19.00mm)、J52(14.80mm)，发生在 2009 年 4 月。最小值为－18.20(J52)～－0.80mm，平均值为－13.77～3.41mm，较大为 J43(－13.77mm)、J23(－10.39mm)；变幅为 3.74～33.00m，较大为 J52(33.0mm)、J32(21.56mm)、J31A(19.00mm)、J43(17.93mm)、J23(16.60mm)。当前值在－15.89～3.19mm，较大为 J43(－15.89mm)、J23(－12.08mm)，其余测点累积位移在±7mm 之内。

前期(2007 年 4 月至 2009 年 4 月)因受边坡开挖以及采用三角高程测量方法测定高程等因素综合影响，测点变形波动较大。2009 年 5 月之后，测点大致呈平缓位移过程及趋势，近期趋势平缓。

综合可知，该部位测点 H 方向平均值均值约－1.5mm 不明显，变幅均值约 12mm 较大，总趋势平缓，近期变化也不大。

典型测点 H 方向累积位移过程线见图 14.1-5。

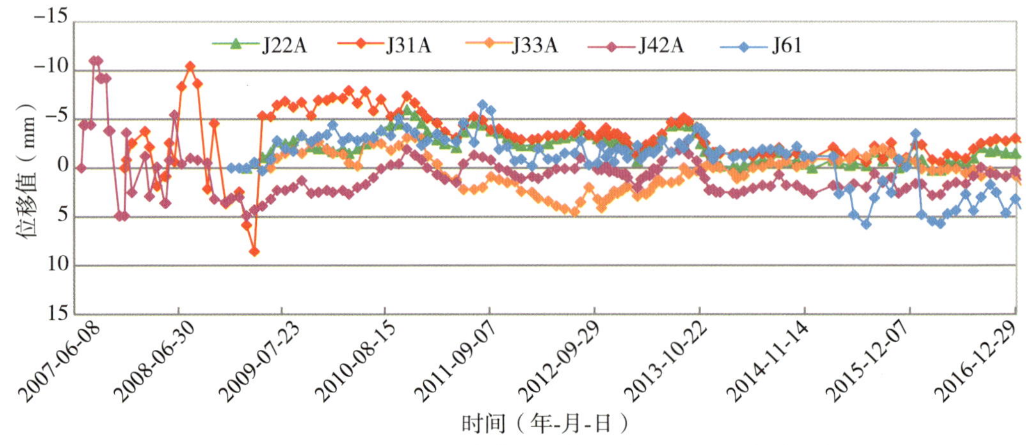

图 14.1-5　进水口开挖边坡典型测点 H 方向累积位移过程线

14.1.1.2　进水口自然边坡

(1)左右岸方向位移

进水口自然边坡左右岸方向位移最大值为 2.90～36.68mm，较大为 JJ2(36.68mm)，发生在 2015 年 8 月期间，JJ4(16.25mm)，发生在 2012 年 6 月期间；最小值在－7.9～0.0mm，平均值在－3.28～17.38mm，较大为 JJ2(17.38mm)；变幅在 10.80mm～36.68mm 之间，较大为 JJ2(36.68mm)、JJ4(16.92mm)；当前值在－5.87～29.15mm，较大为 JJ2(29.15mm)，除 JJ2 累积向左岸位移 29.15mm 之外，其余测点累计位移在±6mm 之内。

综合可知，该部位测点 X 方向平均值均值约 5mm 不大，变幅均值约 19mm 较大；总趋势测点 JJ2、JJ4 在 2012 年 5 月之前为向左岸位移，之后回弹并逐步趋稳，其余 2 个测点呈平缓趋势；近期趋势 JJ2、JJ4 向右岸，其余 2 测点平缓；当前除 JJ2 累积向左岸位移 29.15mm 之外，其余测点累积位移在±6mm 之内。

典型测点 X 方向累积位移过程线见图 14.1-6。

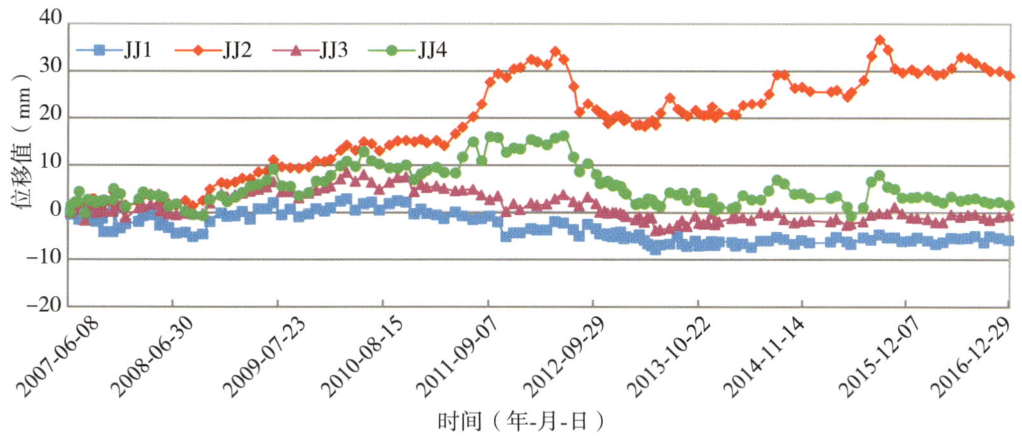

图 14.1-6　进水口自然边坡测点 X 方向累积位移过程线

(2)上下游方向位移

进水口自然边坡上下游方向位移最大值在 10.43～25.01mm 之间，较大测点为 JJ2(25.01mm)、JJ4(19.91mm)、JJ1(17.41mm)，位移主要发生在 2015 年 5—9 月；最小值在－9.20(JJ1)～－2.50mm 之间，平均值在 1.69～10.44mm(JJ2)之间；变幅在 18.08～27.51mm 之间，遍较大；当前值在 7.87～21.55mm 之间。

测点大致呈总趋势向下游但其间伴随波动(2010 年 11 月有相较明显波峰，2011 年 10 月有相较明显波谷，波幅约 15mm；2012 年 10 月蓄水期有约 5mm 波动；2015 年 12 月至 2016 年 6 月出现波谷，波幅约 7mm)的位移过程及趋势，近期趋势向上游。

综合可知，该部位测点 Y 方向平均值均值约 6mm，变幅均值约 24mm 较大，总趋势向下游，近期趋势向上游。

典型测点 Y 方向累积位移过程线见图 14.1-7。

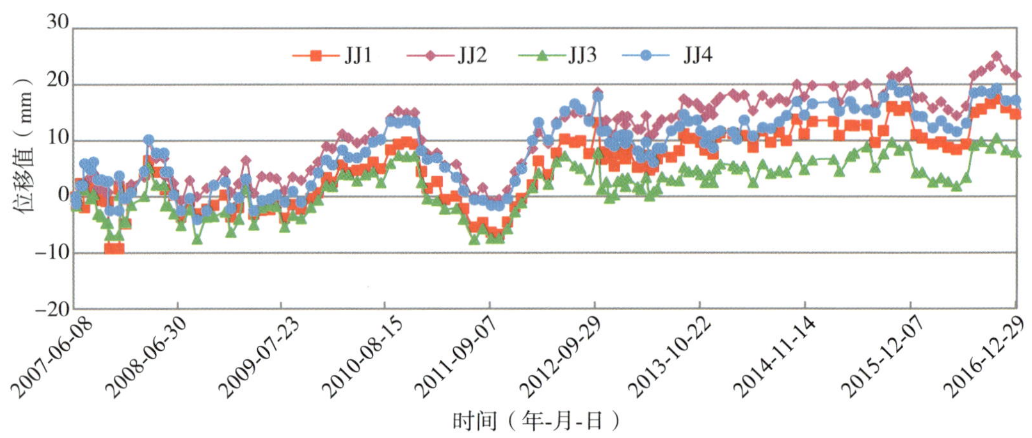

图 14.1-7　进水口自然边坡测点 Y 方向累积位移过程线

(3)垂直方向位移

进水口自然边坡垂直方向位移最大值为 4.90～17.42mm，较大为 JJ1(14.65mm)、JJ2(17.42mm)、JJ4(11.70mm)，发生在 2015 年 7 月；最小值为－5.10～－0.75mm，平均值为 1.03～7.22mm，变幅为 7.40～18.57mm，较大为 JJ2(18.57mm)、JJ1(15.40mm)、JJ4(16.80mm)；当前值为 4.85～16.98mm，较大为 JJ2(16.98mm)、JJ1(14.39mm)，其余测点累计位移在 6mm 之内。

除 JJ2 和 JJ4 在 2015 年 5—9 月出现波幅 6mm 的波动以外，其余测点趋势平缓。

综合可知，该部位测点 H 方向平均值均值约 4mm 不明显，变幅均值约 14mm 较大，总体呈缓慢下沉趋势，近期变化也不大。当前除 JJ2、JJ1 累积下沉分别为 16.98mm、14.39mm 之外，其余测点累积位移在 6mm 之内。

典型测点 H 方向累积位移过程线见图 14.1-8。

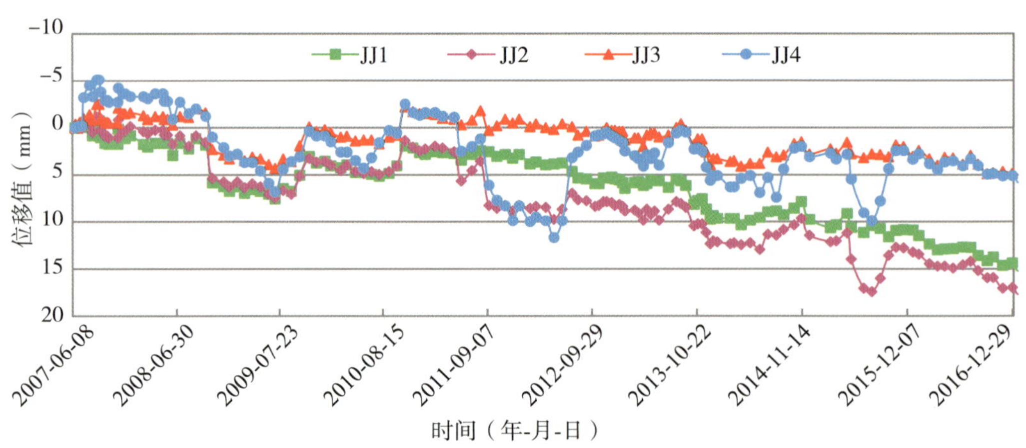

图 14.1-8　进水口自然边坡测点 H 方向累积位移过程线

14.1.2 坝基边坡

右岸坝基边坡左右岸方向位移最大值为 4.55～17.70mm，较大的测点有 TW1(17.70mm)、B08(17.25mm)、TN10(16.8mm)，发生在 2010 年 10 月至 2014 年 11 月期间；最小值为－8.65～－1.10mm，较大为 B03(－8.65mm)；平均值为－3.24～8.59mm，较大为 B08(8.59mm)、B09(8.45mm)；变幅为 12.30～24.00mm，较大的测点有 TW1(24.00mm)、B09(21.70mm)、B08(21.10mm)、B05(20.00mm)、TN10(17.90mm)；当前值为－5.69～11.88mm，较大的测点有 B09(11.88mm)、TW1(8.14mm)、B08(9.56mm)，其余测点在±6mm 之内。

测点大致呈总趋势平缓但其间伴随波动(最大波幅约 10mm；2012 年 10 月蓄水期有约 5mm 波动)的位移过程及趋势，近期趋势为向右岸位移。

综合可知，该部位测点 *X* 方向平均值均值约 4mm 不明显，变幅均值约 17mm 较大，总趋势平缓，近期趋势平缓。

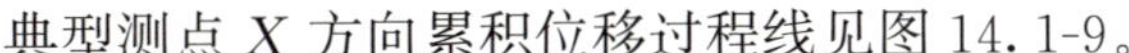

典型测点 *X* 方向累积位移过程线见图 14.1-9。

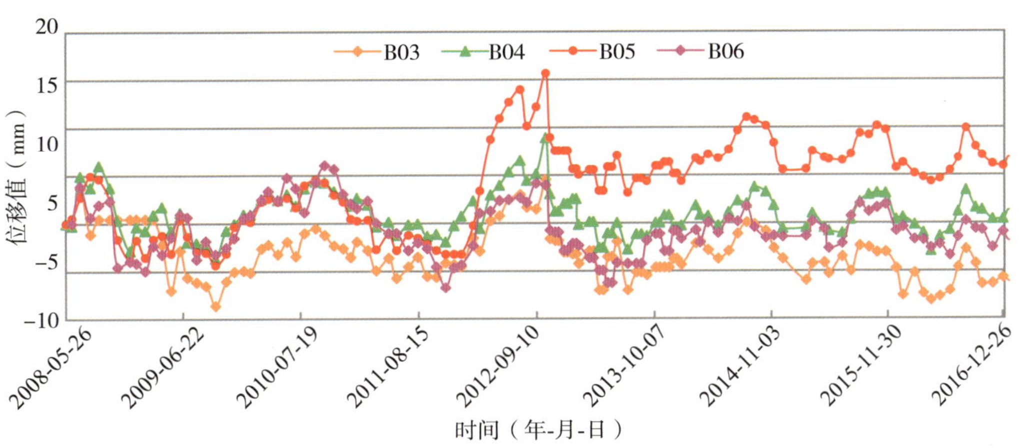

图 14.1-9 坝基边坡典型测点 X 方向累积位移过程线

14.2 深部变形

(1)多点位移计

进水口边坡高程 385～465m 范围内共安装多点位移计 6 套，不同深度测点的累计位移在 0.60～12.73mm(M4c2-1)；尾水出口边坡高程 295～341m 范围内共安装多点位移计 7 套，不同深度测点的累计位移量在－2.97～5.77mm(M4d1-2)。目前，进出水口边坡多点位移计各测点年度变化量逐渐减小，边坡深部位移已趋于稳定。进水口边坡多点位移计特征值分布见图 14.2-1，尾水出口边坡多点位移计特征值分布见图 14.2-2。

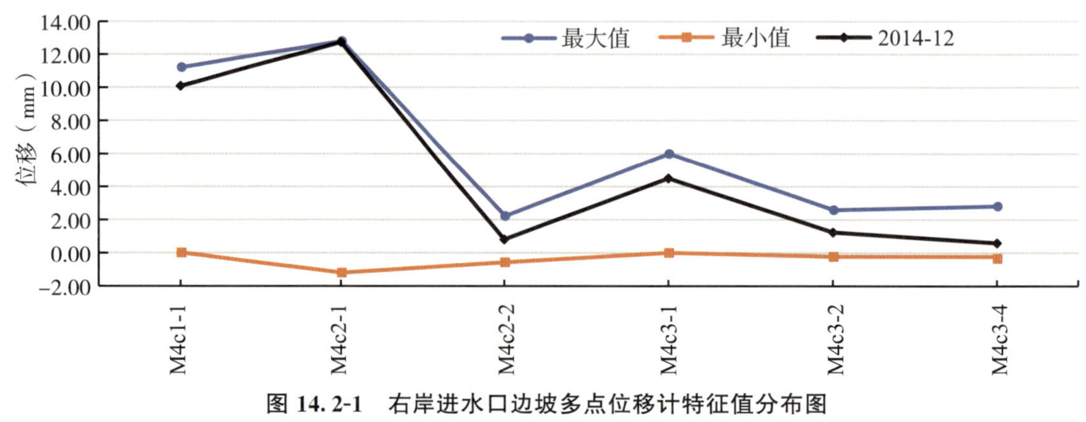

图 14.2-1　右岸进水口边坡多点位移计特征值分布图

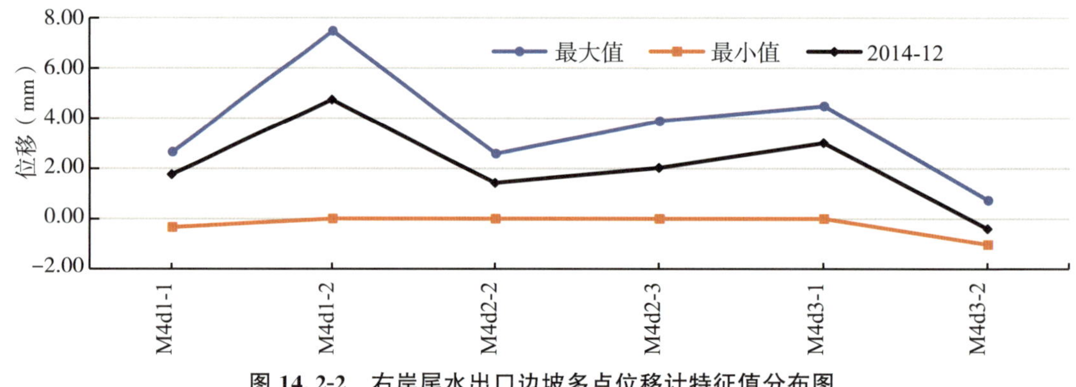

图 14.2-2　右岸尾水出口边坡多点位移计特征值分布图

(2)测斜管

进水口边坡共安装 7 套、尾水出口边坡共安装 2 套测斜管，自 2008 年 2 月起测至今，各测斜管深部累计位移量值较小，最大不超过 30mm，测值稳定无异常。

14.3　支护结构应力

(1)锚杆应力

进、出水口边坡共埋设 164 支锚杆应力计，大部分锚杆应力测值较小，应力变化已趋于稳定。锚杆应力主要以受拉为主，大多小于 100MPa，最大拉应力发生在进水口边坡 ASc3-16 测点(位于高程 424m，c3-c3 断面)，最大测值为 307.63MPa；最大压应力发生在进水口边坡 ASc2-15 测点(位于高程 366.63m，c2-c2 断面)，最大测值为－67.64MPa。右岸进水口边坡锚杆应力特征值分布见图 14.3-1，右岸尾水出口边坡锚杆应力特征值分布见图 14.3-2。

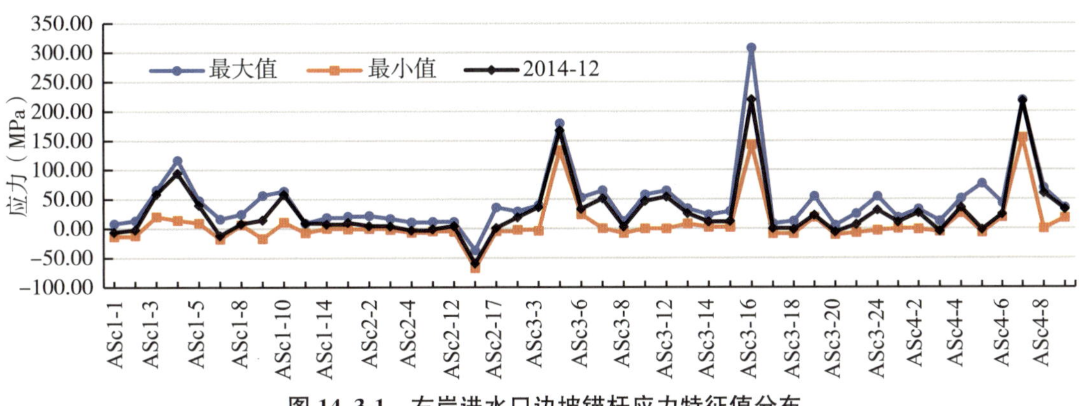

图 14.3-1　右岸进水口边坡锚杆应力特征值分布

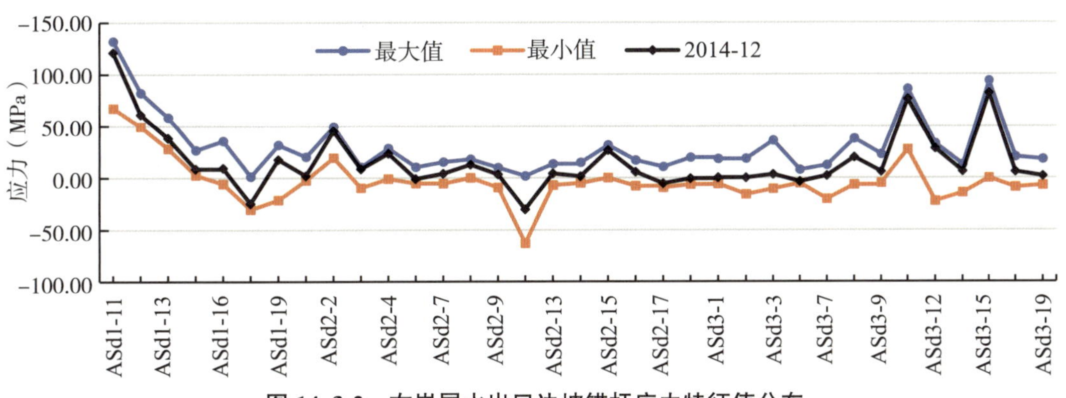

图 14.3-2　右岸尾水出口边坡锚杆应力特征值分布

(2)钢筋桩钢筋应力

进、出水口边坡共埋设 18 支钢筋桩钢筋计，自 2006 年 12 月起测，测点钢筋应力均较小，多在 100MPa 以内，应力变化不大，历年变化趋势较平缓。个别测点测值较大主要受周边局部地质条件和爆破开挖影响。进、出水口边坡钢筋桩钢筋计应力特征值分布分别见图 14.3-3、图 14.3-4。

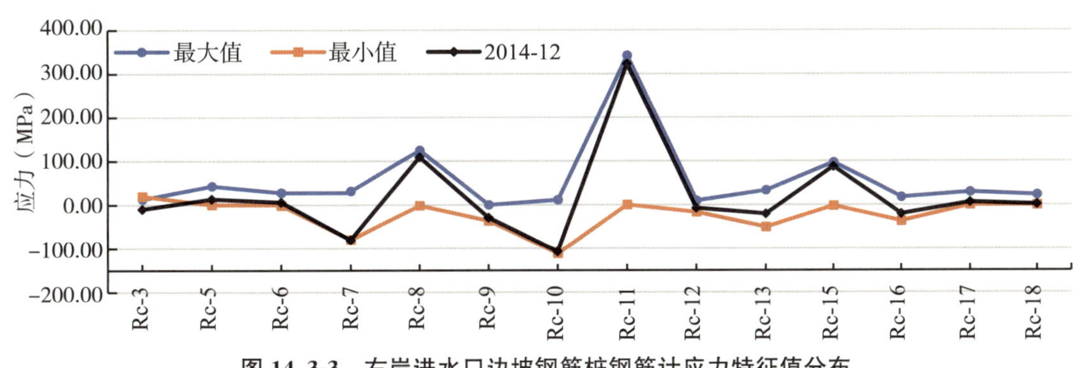

图 14.3-3　右岸进水口边坡钢筋桩钢筋计应力特征值分布

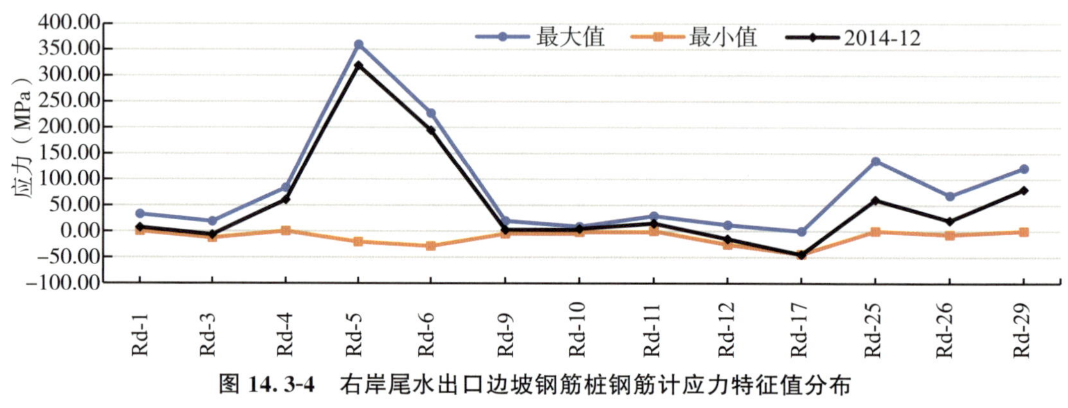

图 14.3-4　右岸尾水出口边坡钢筋桩钢筋计应力特征值分布

(3)锚索测力计

进、出水口边坡共埋设 20 台锚索测力计，锚索测力计荷载当前测值为 1404.1～1663.4kN，各锚索测力计荷载变化趋势总体较为平稳，无异常变化。进水口边坡锚索测力计平均荷载为 1557.2kN，锁定后平均荷载损失率为 4.42%；尾水口边坡锚索测力计平均荷载为 1518.7kN，锁定后平均荷载损失率为 8.66%。右岸进、出水口边坡锚索测力计荷载特征值分布分别见图 14.3-5、图 14.3-6。

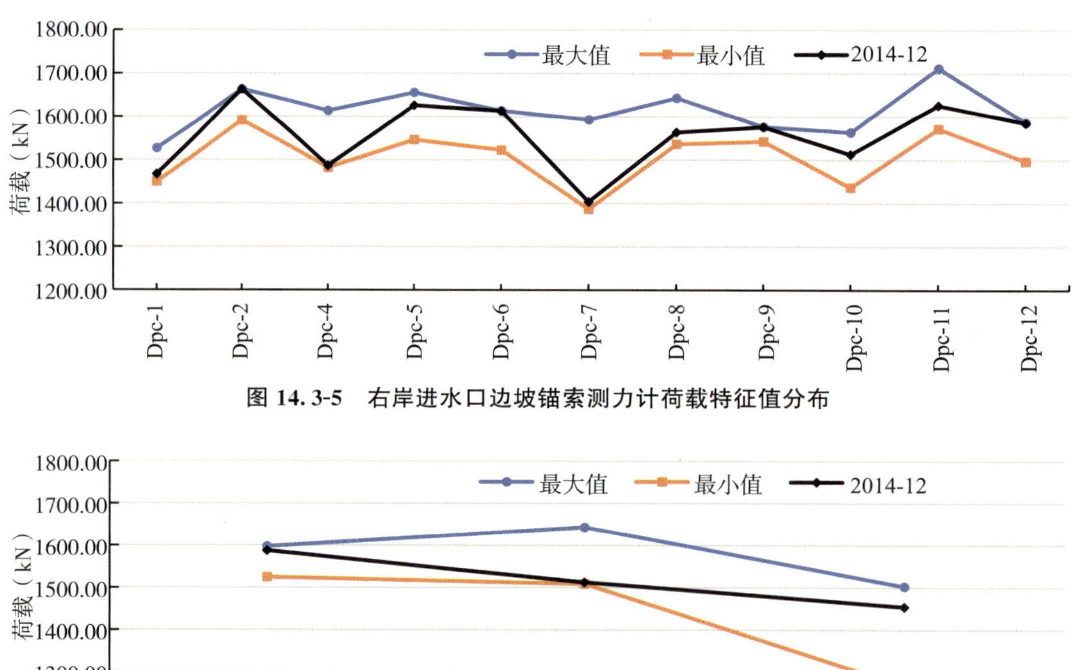

图 14.3-5　右岸进水口边坡锚索测力计荷载特征值分布

图 14.3-6　右岸尾水出口边坡锚索测力计荷载特征值分布

14.4 边坡地下水位监测

进、出水口边坡安装地下水位观测孔 14 个，进水口边坡水位孔地下水位为 364.82(OHc-3)～427.47m(OHc-1)，水位变幅为 5.35～13.69m；出水口边坡水位孔地下水位为 283.49(OHd－2)～337.85m，水位变幅为 12.17～27.83m。水位变化主要受降雨影响，最高水位多发生在每年 6 月，最低水位多发生在每年 2 月，水位孔总体变化趋势较稳定。

第 15 章 水力学原型观测

15.1 泄洪消能建筑物

15.1.1 水流流态

自 2012 年蓄水至 2016 年期间，向家坝每年均开启表孔或是中孔泄洪，库水位 316～380m，下泄流量 2200～10500m^3/s，中孔开启高度 1～6.2m，表孔开启高度 1.2m 至全开，跃首均发生在泄槽末端，消力池内均呈现稳定的底流消能流态，消能效果良好，消力池表面水流掺气充分，全池表面及池后约 50m 的范围内整个水面均呈白色。池内无明显回溯、折冲及立轴漩涡等不利水流现象。随着泄流流量增大，池水面翻滚消能形态逐渐强烈。水流出尾坎后水面跌落明显，形成波状水跃与下游河道水面衔接，并在消能区下游河道激起较大波浪。

15.1.2 动水压力特性

2012 年观测成果表明，3# 中孔底板中线即溢流面中心实测压力最大值出现在 ZP6 测点，在上游水位 350.6m、闸门开度 4.5m 工况时，实测时均压力为 203.24kPa，最大脉动压力为 247.65kPa，脉动均方根值为 53.93kPa。消力池底板 2-5、2-6 板块压力测点各工况实测时均压力值为 260～280kPa，脉动压力在 50kPa 左右，最大均方根值在 12kPa 左右，主频范围在 1.0Hz 左右，表明消力池底板属低频压力脉动水流。

2013 年观测成果表明，消力池底板的时均压力分布均匀，实测底板上的时均压力在 240～310kPa，量值接近消力池的水深，说明底板上时均压力基本服从静压分布。实测消力池底板最大脉动压力均方根值小于 20kPa，主频小于 1Hz。消力池底板上的脉动压力较小，脉动频率低，表明表孔、中孔的下泄主流没有临底。尾坎压力测点基本服从按高程的静压分布，脉动均方根值小于 10kPa，主频小于 1Hz。3# 中孔 2m 开度下泄洪时，底板中线即溢流面中心实测压力最大值出现在 ZP6 测点，最大脉动压力均方根值为 32kPa，ZP6～ZP8 的水流脉动压力均方根值相对较大。该部位与消力池首部回流上溯影响的区域一致，脉动压力较大与回流碰击及翻越隔墩的横向水流有关。

2014年观测成果表明，消力池底板测点均为正压，压力分布比较均匀且底板脉动压力不大，表明中表孔泄流未直接冲击底板。消力池底板脉动压力基本随中、表孔下泄流量加大而增加。表孔掺气坎上下游10m范围内底板时均压力基本为负压。表孔反弧段内沿程压力变化剧烈，但脉动压力均较小。表孔出口跌坎下方压力测点脉动压力增大。表孔开度变化时，对表孔掺气坎上下游10m范围内底板压力变化基本没有影响，对BP4、BP8、BP11测点压力变化有所影响，而其他测点的压力变化较小。中孔掺气坎下方的ZP1在各工况下均为负压，其下游测点压力均为正压，并随沿程时均压力逐渐增加。测点ZP6～ZP10区间的水流脉动压力均方根值相对较大。结合水流流态观测发现该脉动压力较大的部位与消力池首部回流上溯影响的区域一致，脉动压力较大与回流撞击及翻越隔墩的横向水流有关。

2015年观测成果表明，消力池底板脉动压力较小，实测脉动压力标准差小于1.0×9.81kPa，淹没射流触底特征不明显。消力池左导墙实测最大脉动压力标准差为1.0×9.81kPa。4[#]表孔开启3.5m，实测表孔掺气坎顶BP1测点时均压力为4.8×9.81kPa。掺气坎(0+043.000)到下游0+079.500m之间溢流坝面均为负压，处于空腔内。溢流坝面0+082.500m(BP6测点)的时均压力为4.5×9.81kPa，应为水舌冲击区附近；水舌冲击反弹区的0+099.000m(BP7测点)处，出现－2.4×9.81kPa的负压；在溢流面末端反弧收缩段，时均压力逐渐增大，在0+120.000m(BP10测点)处测得压力达到最大值13.4×9.81kPa，此处为水跃跃首强旋滚区，脉动压力标准差也达到最大值，为(4.7～5.3)×9.81kPa；溢流面跌坎下竖直面均为较大正压，脉动压力标准差小于1.0×9.81kPa。中孔掺气坎(0+030.000)后20m范围内为掺气空腔。挑坎水舌冲击坝面上的压力升高不明显，0+050.000m下游坝面时均压力逐渐增大；在溢流面末端反弧段，发生了水跃旋滚，脉动压力标准差较大，泄槽末端脉动压力标准差为(2.8～3.8)×9.81kPa。

2016年观测成果表明，消力池底板脉动压力较小，实测脉动压力标准差小于1.2×9.81kPa，淹没射流触底特征不明显。总泄量增加，左消力池单宽流量增大，实测消力池底板上的最大脉动压力标准差较大，消力池底板脉动较大区域位于跌坎下游20m内。消力池左导墙实测最大脉动压力标准差为1.8×9.81kPa，位于跌坎下游25m范围。4[#]表孔开启3.5m，实测表孔掺气坎下游0+052.000m(BP3测点)处时均压力为－0.2×9.81kPa，说明该处应处于掺气空腔内。溢流坝面0+084.00m(BP6测点)的时均压力为1.7×9.81kPa，水舌冲击区无明显压力升高；水舌冲击反弹区的0+090.000m(BP7测点)处，出现－3.1×9.81kPa的负压；在溢流面末端反弧收缩段，时均压力逐渐增大，在0+120.000(BP10测点)处测得压力值为12.7×9.81kPa，脉动压力标准差达到最大值，为5.2×9.81kPa，初步判断此处为水跃跃首强旋滚区；溢流面跌坎下竖直面均为较大正压，脉动压力标准差小于1.0×9.81kPa。中孔掺气坎(0+030.000)后20m处测点ZP2(0+050.000)时均压力为0.3×9.81kPa，推测空腔长度小于20m。挑坎水舌冲击坝面上无明显压力升高，0+070.000m下游坝面时均压力逐渐增大；在溢流面末端反弧段，发生了水跃旋滚，脉动压力标准差较大，在工况4条件下泄槽末端脉动压力标准差为3.5×9.81kPa。

15.1.3 水流流速

实测消力池临底流速最大值为 10.8m/s，发生在 2014 年泄洪观测工况下泄流量 6700m^3/s、库水位 372.22m 条件下，左池 1# ～5# 中孔开度 2.0m，1# ～6# 表孔开度 3.0m。实测左池底部顺水平均流速 7.2～10.8m/s，回水平均流速 6.2～10.8m/s。左池尾坎坎顶平均流速 10.9m/s。

15.1.4 水流空化噪声

2013 年、2015 年、2016 年观测了 370～380m 水位下表孔、中孔、左右消力池等部位的水流空化噪声特性。通过两种观测仪器获取的水流噪声信号规律基本一致，均反映出泄槽末端、跌坎处存在不同程度的空化信号。

(1)表孔

2013 年观测成果表明，表孔开启 4.0m，表孔 BC6 和 BC7 的声压级变化最大值超过水流初生空化判别值 5.0～7.0dB 的范围，三维频谱曲线显示噪声信号随时间急剧变化，表明这两个测点附近发生水流空化。中孔测点 ZC3、ZC4、ZC5 和 ZC6X4 测点的声压级变化最大值超过水流初生空化判别值 5.0～7.0dB 的范围，表明这些测点附近发生水流空化，中孔其余测点没有监测到水流空化噪声。

2015 年观测成果表明，表孔 BC3(4# 表孔掺气坎后 20m 的侧壁)部位反映了剪切水流的空化特性，开启 3.5m 和开启 5.0m 工况稳态运行时在 80～250kHz 高频段，掺气坎后侧壁部位略有 5～12dB 的升高，为空化初生阶段。BC6(4# 表孔反弧末端侧壁)部位反映了水跃旋滚区剪切水流的空化特性，开启 3.5m 和开启 5.0m 工况稳态运行时在 80～250kHz 高频段，反弧末端侧壁部位略有 5～8dB 的升高，为空化初生阶段。

2016 年观测成果表明，BC3 布置于 4# 表孔掺气坎后 20m 的侧壁。水下噪声频谱资料显示，相比闸门全关背景噪声谱级，表孔开启 5.0m 的工况 2 稳态运行时在 100～200kHz 高频段，掺气坎后侧壁部位略有 5～12dB 的升高，为空化初生阶段，反映了该处剪切水流的空化特性。

(2)中孔

2013 年观测成果表明，中孔反弧段底板 ZC4、ZC5 测点水流噪声声压级变化最大值小于 5dB，不具备空化水流噪声信号特征；中孔跌坎下 ZC6 测点的水流噪声声压级变化最大值为 6.7dB，表明存在初生空化水流。

2015 年观测成果表明，ZC3(3# 中孔掺气坎下游 45m 底板)，在不同下游水位条件下，闸门开启 3m 工况时均表现了噪声谱级的升高。当开启左区 6 个表孔和 5 个中孔，3# 中孔开高 3.0m，下游水位为 275.7m。掺气坎下游 45m 底板的水下噪声谱级在 100～160kHz 频段高出中孔未开启静水背景的谱级 8～10dB，表明存在初生阶段的气体型空化。当 22 孔全部

局开，3# 中孔开高 3.0m，下游水位升高至 277.3m，跃首位置前移，ZC3 部位为掺气挑坎冲击区和水跃跃首强烈旋滚的叠加区域。实测中孔掺气坎下游 45m 底板处的噪声谱级在 60～250kHz 频段较中孔未开启静水背景谱级差升高达 30～40dB，应于挑坎冲击反弹分离以及水跃旋滚剪切综合体现，表明该处为蒸气型空化发展阶段。接近跃首的 ZC4 测点（3# 中孔反弧起点侧壁）的水下噪声谱级，在 60～100kHz 中低频段较中孔未开启时的静水背景谱级差达 20dB；在 125～250kHz 高频段，较静水背景高出 10～15dB。ZC5 测点（3# 中孔反弧末端侧壁）的水下噪声谱级，在 80～250kHz 频段，较静水背景高出 10～15dB，为空化初生阶段，反映的水下噪声信号源自主流与其上淹没水流的共同剪切作用。ZC6-X2 测点（1# 中孔跌坎下 1m 的竖直面上）在 125kHz 以上高频段与背景谱级重叠，在 80kHz 频段较背景谱级升高 5～10dB，反映 1# 中孔跌坎下竖直面处于空化初生状态。

2016 年观测成果表明，ZC2 布置于 3# 中孔掺气坎下游侧壁。中孔开启为 3.0m、表孔开启 5.0m 的工况与中孔开启为 3.0m、表孔开启 3.5m 的工况泄洪时，对位于 3# 中孔掺气坎下游侧壁的 ZC2 测点影响不大，在 100～250kHz 高频段，两种工况的噪声谱级基本相当，均相比静水背景的噪声谱级高出 20～25dB，反映了掺气坎处分离水流的空化特性。ZC3 布置于 3# 中孔掺气坎下游 45m 底板。随着闸门开高的增加，该部位的水下噪声谱级呈增加趋势。当中孔开启为 3.0m、表孔开启 3.5m 时，掺气坎下游 45m 底板的水下噪声谱级在 100～160kHz 频段高出中孔未开启静水背景的谱级 8～10dB，表明存在初生阶段的气体型空化。当中孔开启 3.0m、表孔开启 5.0m，下游水位由 275.0m 升高至 276.0m，跃首位置前移，ZC3 部位为掺气挑坎冲击区和水跃跃首强烈旋滚的叠加区域。实测中孔掺气坎下游 45m 底板处的噪声谱级在 100～250kHz 频段较中孔未开启静水背景谱级升高达 20～30dB，应为挑坎水流冲击反弹分离以及水跃旋滚剪切综合体现，表明该处为蒸汽型空化发展阶段。ZC4 布置于 3# 中孔反弧起点侧壁。在 125～250kHz 高频段，较静水背景高出 5～8dB，为空化初生阶段，反映的水下噪声信号应源自主流与其上淹没水流的共同剪切作用。

（3）消力池

2013 年观测成果表明，当右池边表孔不泄洪，右导墙 RC2～RC3 测点水流噪声信号的声压级变化最大值为 5.2～6.6dB，存在初生空化水流（可能源自中间表孔出口入池段的剪切流动区）。当左、右池边表孔均参与泄洪，左导墙 LC3 测点水流噪声声压级变化最大值分别为 8.1dB；中导墙 MC2 测点水流噪声声压级变化最大值分别为 9.1dB；右导墙 RC2～RC3 测点水流噪声信号声压级变化最大值为 10.2dB。左、中、右导墙均监测到水流空化噪声，表明存在空化水流。可能由于表孔跌坎剪切流所致。

2015 年观测成果表明，在泄量较大的工况下，消力池左导墙 252.5m 高程的 LC1 测点，其稳态下噪声谱级在 80～200kHz 频段较小流量下开启 4 表孔的背景谱级高出 8dB 左右。而测点高程较高的 LC2 和 LC3 测点，在 80kHz 频段明显高出背景 15dB，其空化应来自 1# 表孔淹没射流与消力池水流形成的剪切流，LC2 测点在 100～200kHz 高频段的噪声谱级高出背景 10～12dB。这表明该部位发生蒸汽型空化，处于初生至发展阶段。该测点空化信号主要源自跌坎出口垂向和横向的剪切水流区，包括不稳定的立轴漩涡区和横轴漩涡区。左区消力池右侧中隔墙上水流噪声谱级随着消力池入池流量的增加而增强。在 40～100kHz 频段，中隔墙 MC1 测点较背景谱级高出 10～15dB。在 100～160kHz 频段，中隔墙 MC1 和 MC2 测点较背景谱级高出 5～10dB，表明该部位存在空化初生状态。此次泄洪过程中开启右区表中孔泄洪，右区消力池跌坎附近未捕捉到空化信号。

2016 年观测成果表明，消力池左导墙 252.5m 高程的 LC1 测点位于中孔跌坎出口附近，其稳态下噪声谱级在 100～250kHz 频段较背景谱级高出 5～8dB。而测点高程较高的 LC2 测点位于表孔跌坎出口附近，在 100～200kHz 频段明显高出背景 10～15dB，其空化应来自 1# 表孔淹没射流与消力池水流形成的剪切流，表明该部位发生蒸汽型空化，处于初生至发展阶段。该测点空化信号主要源自跌坎出口垂向和横向的剪切水流区，包括不稳定的立轴漩涡区和横轴漩涡区。位于表孔跌坎出口以上 10.0m 的 LC3 测点在 63～200kHz 频段明显高出背景 5～8dB。左区消力池右侧中隔墙上水流噪声谱级随着消力池入池流量的增加而增强。在表孔开启 3.5m、中孔开启 3.0m 的工况条件下，中隔墙处水下噪声谱级相比背景噪声差值均小于 5dB，表明无明显空化信号。在表孔开启 5.0m、中孔开启 3.0m 的工况条件下，中隔墙 MC1 测点 100～200kHz 高频段的噪声谱级较背景谱级高出 8～12dB，中隔墙 MC2 测点在 160～250kHz 高频段较背景谱级高出 5～8dB，MC3 测点在 100～250kHz 高频段较背景谱级高出 10～15dB，表明该部位存在空化初生状态。

15.1.5 掺气浓度

2012 年和 2013 年未有掺气浓度观测资料。

通过分析 2014—2016 年观测资料，两种测试仪器获取的表中孔掺气浓度分布规律一致，掺气坎后均能形成一定长度的稳定空腔，沿程掺气浓度递减，至出口仍有一定的掺气保护。通过沿程布设的掺气浓度传感器观测数据说明，表孔在开启 2～5m 开高泄洪时，底部均能形成稳定空腔，预估掺气空腔长度为 20～25m，实测掺气坎下游 13m 侧壁有充足的掺气保护，反弧段后掺气溢出较快，至反弧末端掺气浓度降低至 2.1%。中孔在开启 1～3m 开高泄洪时，掺气坎下游 20m 以内掺气浓度为 20%～47%，表明处于空腔或空腔回水中，预估掺气空腔长度约为 20m，反弧段后掺气溢出较快，2015 年观测发现反弧中部掺气浓度值下降至 0.4%，反弧末端掺气浓度为 3.6%。

目前，缺乏大开度下掺气浓度特性观测，未来加强观测，以便更好地评价泄水建筑物过流掺气特性。

15.1.6 磨蚀特性

消力池底板在 2012 年、2013 年汛期磨蚀相对明显，受施工期间钢筋头、混凝土块等建筑垃圾冲击、磨蚀影响，从排干检修及磨蚀计监测成果来看，最大磨蚀深度约 70mm，磨蚀较大

区域主要集中在消力池前池 1/3 部位，该两年汛后均将消力池排干后，对底板磨蚀较大区域进行了修补加高。2014 年及以后，随着建筑垃圾减少，基本未监测到磨蚀情况。

15.1.7 低频振动

振动位移沿水流向分布一般是 0+175m～0+208m 纵向桩号范围内的相对较大，沿横水流方向是位于消力池中间附近即坝右 0+052.5m～坝右 0+063.5m 横向桩号范围内的相对较大，这主要与下泄水流消能区水流紊动强烈有关。就振动幅值而言，左消力池底板振动位移均较小，观测到的振动位移最大幅值为 50.96μm，最大均方根值为 14.27μm。振动位移主频基本为 0.59Hz 和 1.37Hz。振动位移呈现随机振动性态，未出现共振等危害性振动现象。

与左导墙相连的底板左导①～左导⑧(LZ44～LZ51)，由观测结果可知，振动位移沿水流向分布是左导①最大(均方根值为 13.43μm)，向下游各测点振动位移逐次减小，左导⑧最小(均方根值为 6.08μm)。振动位移量级与左消力池底板相同，也未出现共振等危害性振动现象。

右消力池底板横向桩号坝右 0+161.0m 测线上 3 个测点，坝右 0+171.0m 测线上 1 个测点，坝右 0+211.0m 测线上 3 个测点。除 RZ36 测点外，其他 6 个测点振动位移均很小，均方根值均不超过 5.93μm。RZ36 测点位于"右池 3-7"底板上(纵向桩号 0+170.5m、横向桩号 0+161.0m)，其振动位移最大幅值为 193.98μm，均方根值为 49.66μm，振动位移主频为 0.59Hz 和 5.47Hz。该测点距中导 2 较近，中导 2 上的测点 MD2－1(纵向桩号 0+175.0m、横向桩号 0+123.0m)振动位移也较大，其振动位移最大幅值为 192.26μm，均方根值为 51.14μm，振动位移主频为 0.59Hz、1.17Hz 和 5.47Hz。这两测点振动位移幅值都较大，主频基本相同，下泄水流跌落点可能就在两测点附近，此区域水流冲击紊动强烈。从振动位移历时曲线可以看出，这两个测点振动位移呈现随机振动性态，未出现共振等危害性振动现象。

对消力池底板的流激振动位移目前尚无安全判据，右池 3-7"底板上 RZ36 测点的振动位移最大，最大幅值为 193.98μm，是由下泄水流的冲击引起的，长期泄洪可能造成该处底板被冲蚀，建议汛后进行探查是否有冲蚀现象。

右导墙两个高程(263.5m、284.5m)测点 RD4-1 和 RD4-3，两侧点振动位移幅值均很小，且接近，最大幅值不超过 17.40μm，均方根值不超过 4.96μm。主频均为 0.2Hz 和 0.78Hz。

左导墙除左导 5 振动位移较大外，其他墙段振动位移较小，振动位移幅值不超过 47μm，均方根值不超过 15.28μm。左导 5 顶部振动位移较大，最大幅值 111.55μm，均方根值 41.45μm。导墙振动位移振动频率主要在 1.2Hz 以下，主要由池水激荡引起。

对于导墙结构泄洪振动位移的安全评估标准，目前国内尚无规范标准。苏联学者曾提出以 10^{-5} 层高作为水工建筑物允许振动的指标，即"允许振幅"。此标准国内采用较多。按此标准评判，本次观测条件下，左导 5 顶部测点层高为 55m，其“允许振幅”应为 550μm，而振动位移的最大观测值为 111.55μm，远小于“允许振幅”550μm，左导 1 和左导 3 顶部测点的最大位移振幅均小于左导 5，左导墙的振动是安全的。中导 2 测点 MD2-1 的层高为 52m，其“允许振幅”应为 520μm，而测点的最大位移振幅为 201.72μm，远小于“允许振幅”520μm，中导墙的振动也是安全的。右导 4 上的测点 RD4-1 和 RD4-3 的层高分别为 19m 和 44m，其“允许振幅”分别为 190μm 和 440μm，两侧点的最大位移振幅均不超过 17.40μm，都远小于其“允许振幅”，振动是安全的。上述导墙的振动均是随机振动，若按其振动位移均方根值判断其振动安全性，则其振动的安全裕度更大。

15.2 冲沙孔原型观测

冲沙孔水力学原型观测仪器均已安装完成，对仪器初始状态值进行了测读，结果如下：①磨蚀计各节点电阻(未磨损状态下)为 4～135mV，未超出磨蚀计厂家允许值(未磨损状态下各节点电阻在 200mV 内)。②流速静水状态下零点电压在 1.821～1.825V，动态零点电压为 1.332～1.335V，未超出设计量程零点电压允许值。③压力传感器零点电压为 1.831～2.658V，未超出设计量程零点电压允许值。

第 16 章　左岸高边坡

16.1　外部变形监测

16.1.1　重点断面监测

左岸高边坡重点监测断面各测点左右岸方向累积位移在－31.39(L0405)～21.19mm(L1206)，上下游方向累积位移量在－22.18(L0504)～－0.17mm，累积垂直位移在－19.67(L0403)～24.21mm(L1307)。

从监测成果看，L0405、L0406 两测点累积变化量最大，主要由施工影响导致。2011 年 8 月，测点 L0405 累积位移表现为向右岸变化 22.78mm，向下游变化 2.23mm，主要由是该测点下方开挖施工导致，测点 L0406 累积位移表现为向右岸变化 30.55mm，向上游变化 6.99mm，变形主要由开挖弃渣碰撞导致，与现场巡视检查结果(路面约有 1cm 裂缝)相吻合。两测点从开挖施工完成至今，测点变化趋于稳定。其余测点变形相对平缓。

蓄水期(2012 年 9 月至 2013 年 4 月)左右岸方向上 31 个测点向左岸位移，最大位移 5.72mm，2 个测点向右岸位移，最大位移 0.58mm，测点左岸方向位移规律性不明显，大部分测点左右岸方向变形在±3mm 内，12 个测点位移在±3mm 以上；上下游方向上有 26 个测点向下游位移，最大位移 5.30mm，7 个测点向上游位移，最大位移 4.30mm，总体表现略向下游变形趋势，大部分测点向下游位移在 3mm 内，仅 6 个测点向下游位移超过 3mm；垂直位移变化量在－8.29～1.52mm，抬升变形的测点有 16 个，沉降变形测点有 19 个，抬升变形主要发生在 2012 年 11 月、12 月，抬升区域为坝后 400m 范围内，相对较大部位为 L04 断面(左坡 0＋141)和 L05 断面(左坡 0＋201)，高程主要是 420m 以下。

蓄水后(2013 年 4 月)至 2016 年 12 月，左右岸方向位移变化量在－9.94(L0403)～6.81mm，3 个测点向左岸位移，29 个测点向右岸位移，大部分测点左右岸方向变形在±10mm 以内；上下游方向位移变化量在－11.83～－1.57mm，蓄水后总体表现为朝上游变形趋势；垂直位移变化量在－8.55～12.74mm(L1206)，25 个测点抬升，10 个测点沉降，沉降较明显测点为 L1206 和 L1307，位于边坡开口线以上。

位移变化过程线见图 16.1-1 至图 16.1-3，特征值分布见图 16.1-4 至图 16.1-9。

水平位移 X 方向向左岸为正，反之为负。水平位移 Y 方向向下游为正，反之为负。垂直位移 H 方向沉降为正，反之为负。

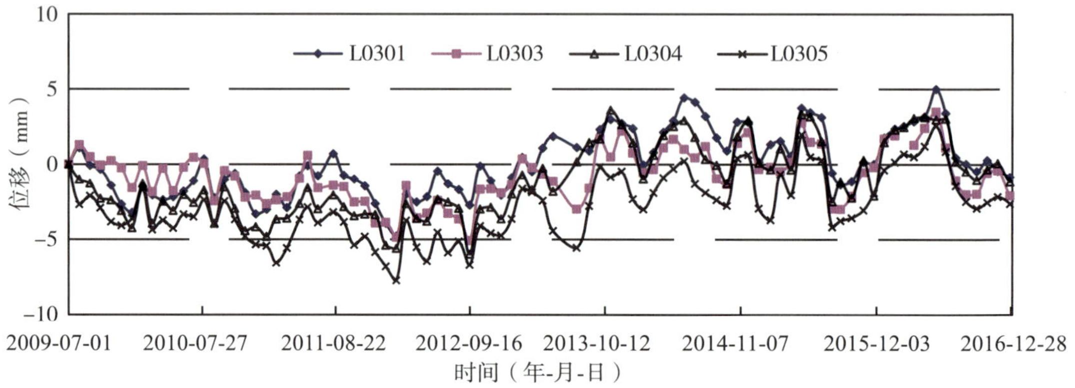

图 16.1-1 缆机平台(L03 断面)测点 X 方向累计位移过程线

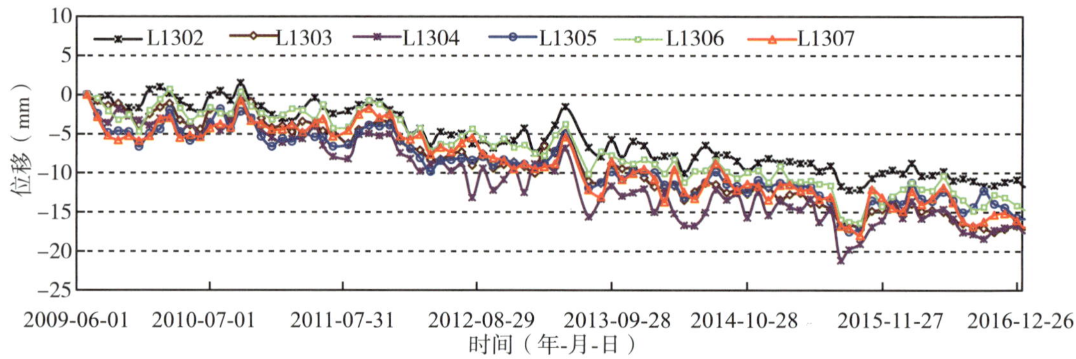

图 16.1-2 左坡 0+873(L13 断面)测点 Y 方向累计位移过程线

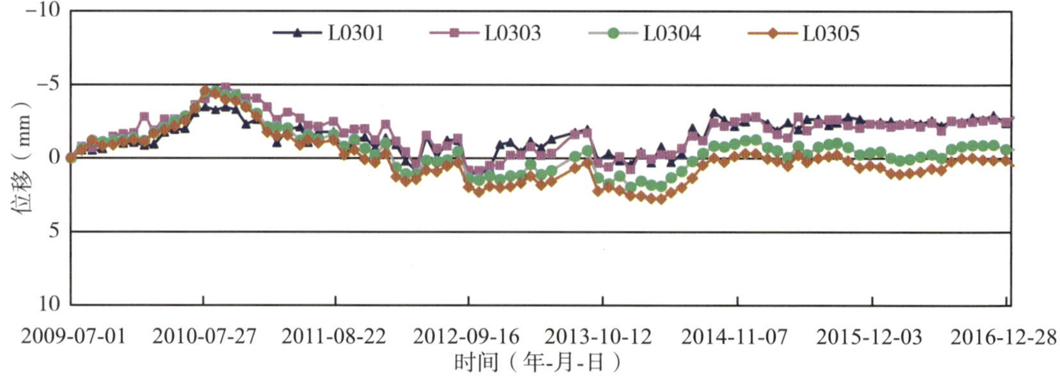

图 16.1-3 重点监测断面(L03 断面)测点 H 方向位移变化过程线

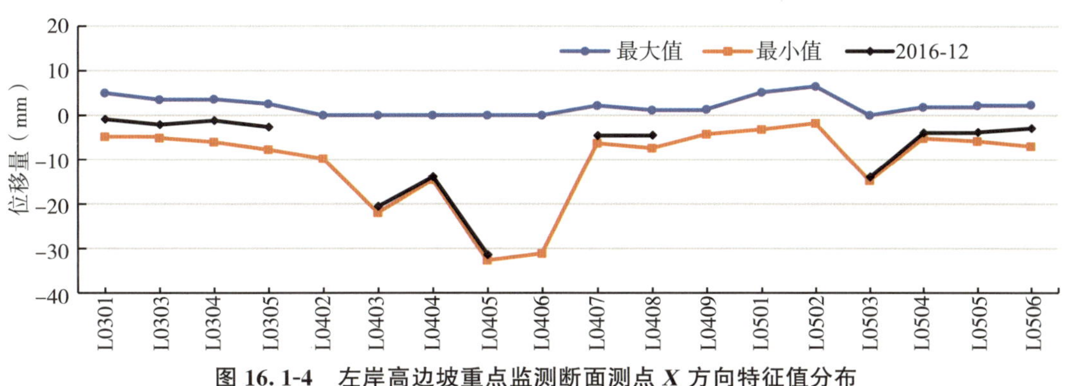

图 16. 1-4　左岸高边坡重点监测断面测点 *X* 方向特征值分布

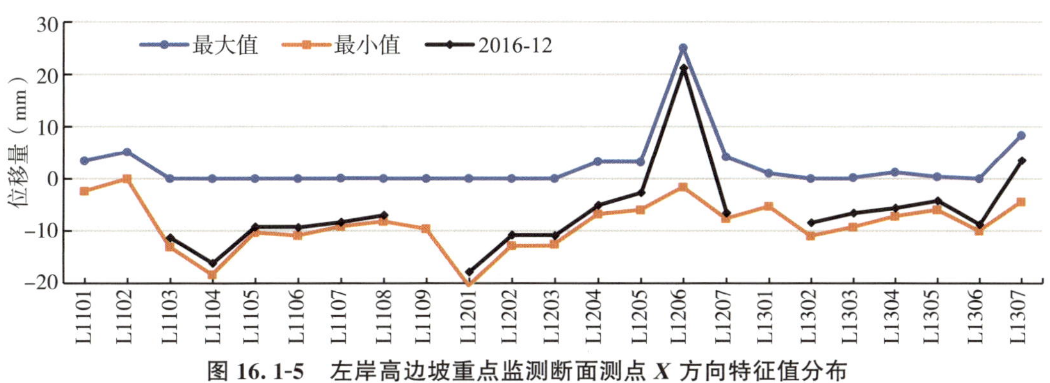

图 16. 1-5　左岸高边坡重点监测断面测点 *X* 方向特征值分布

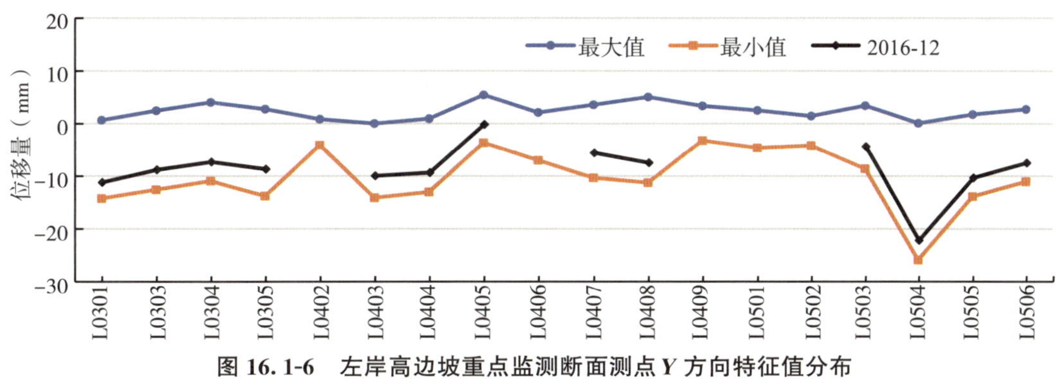

图 16. 1-6　左岸高边坡重点监测断面测点 *Y* 方向特征值分布

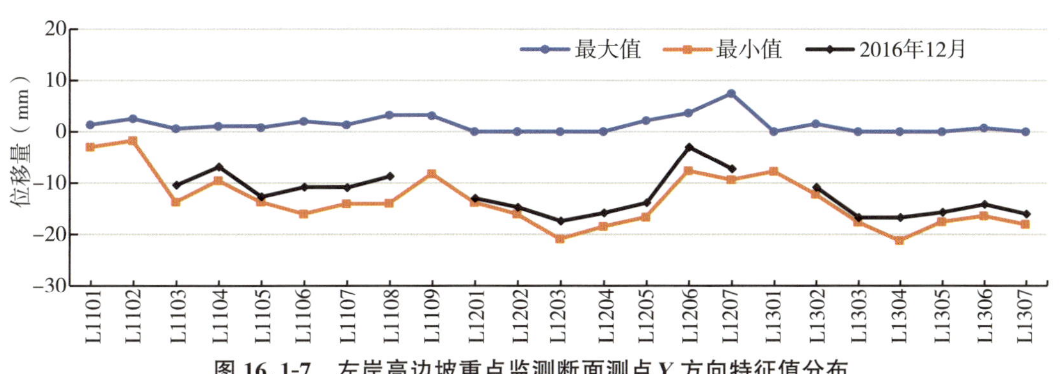

图 16. 1-7　左岸高边坡重点监测断面测点 *Y* 方向特征值分布

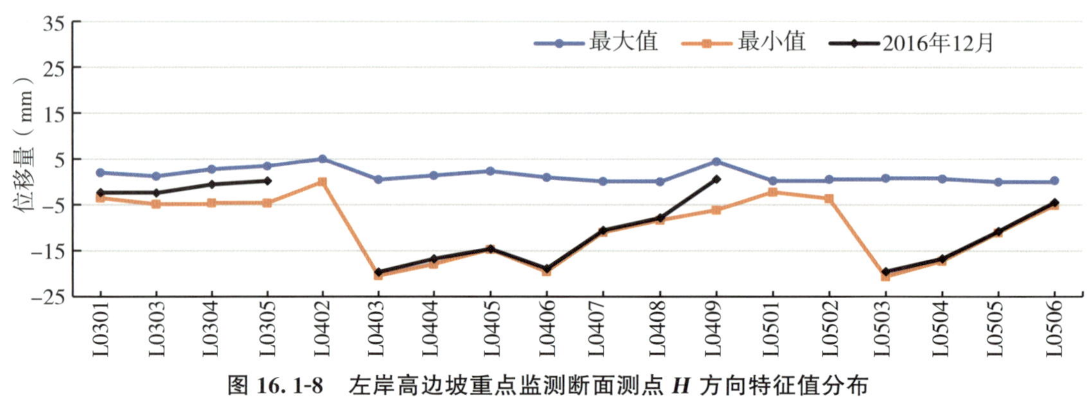

图 16.1-8 左岸高边坡重点监测断面测点 *H* 方向特征值分布

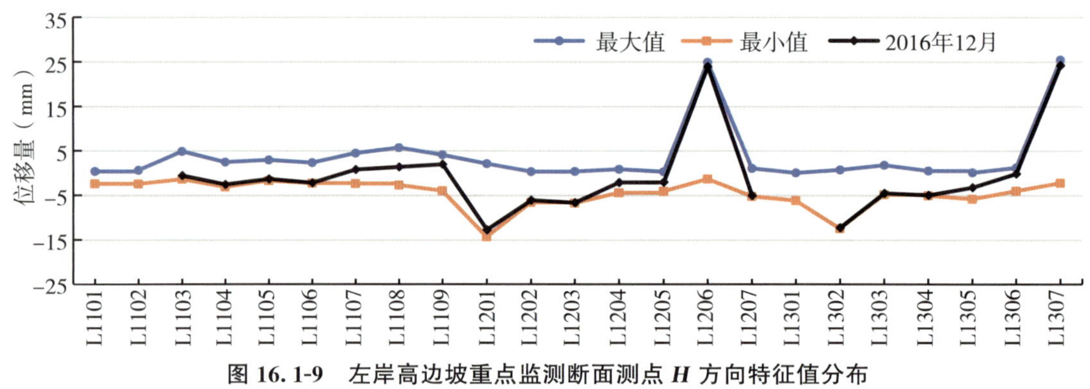

图 16.1-9 左岸高边坡重点监测断面测点 *H* 方向特征值分布

16.1.2 一般断面监测

左岸高边坡一般监测断面各测点左右岸方向累积位移量在－12.82～1.31mm，上下游方向累积位移量在－16.74～－4.22mm，累积垂直位移量在－17.86～5.01mm。

蓄水期(2012 年 9 月至 2013 年 4 月)左右岸方向上 13 个测点向左岸位移，最大位移 4.14mm，2 个测点向右岸位移，最大位移 0.80mm，测点左岸方向位移均较小。除去 L0605 测点向左岸位移 4.14mm 外，其他测点左右岸方向变形在±2.52mm 内；上下游方向上有 6 个测点向下游位移，最大位移 3.68mm，9 个测点向上游位移，最大位移 2.45mm，L08 断面(左坡 0+350)测点均表现为向下游位移，其余断面表现为向上游位移，位移量均较小。垂直位移变化量在－5.18～2.79mm，抬升变形的测点有 4 个，沉降变形测点有 11 个，抬升明显部位为 L08 断面(左坡 0+350)。

蓄水后(2013 年 4 月)至 2016 年 12 月，左右岸方向位移变化量在－9.50～1.92mm，13 个测点向右岸位移，2 个测点向左岸位移，10 个测点左右岸方向变形在±3mm 内，5 个测点位移在±3mm 以上；上下游方向位移变化量在－11.03～－6.30mm，蓄水后总体表现为朝上游变形趋势；垂直位移变化量在－9.28～4.05mm，11 个测点抬升，4 个测点沉降，抬升明显部位仍为 L08 断面(L0802)。

位移过程线见图 16.1-10 至图 16.1-12，特征值分布见图 16.1-13 至图 16.1-15。

水平位移 X 方向向左岸为正，反之为负。水平位移 Y 方向向下游为正，反之为负。垂直位移 H 方向下沉为正，反之为负。

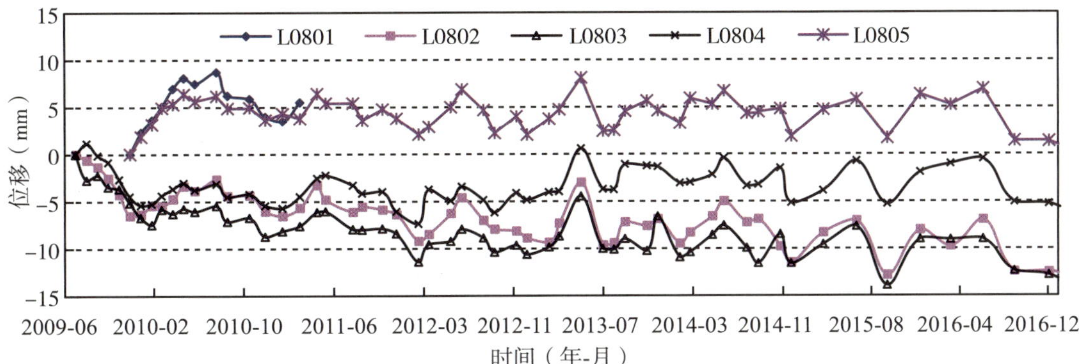

图 16.1-10 左坡 0+350(L08 断面)测点 *X* 方向累计位移过程线

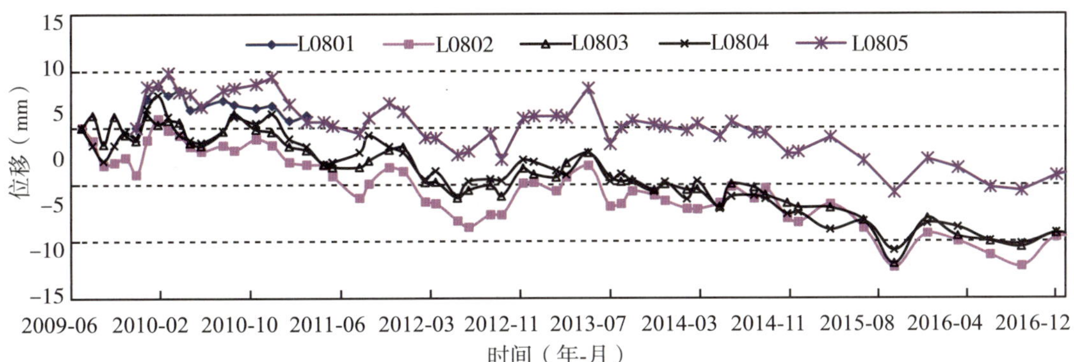

图 16.1-11 左坡 0+350(L08 断面)测点 *Y* 方向累计位移过程线

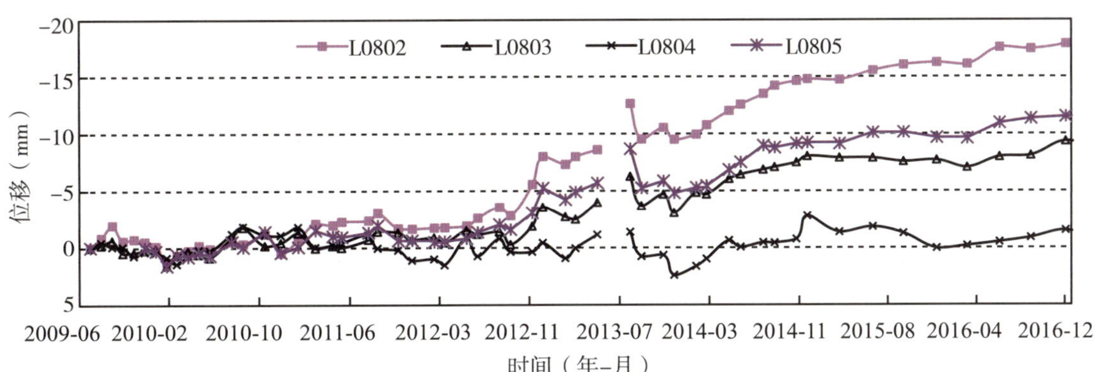

图 16.1-12 左坡 0+350(L08 断面)测点 *H* 方向位移过程线

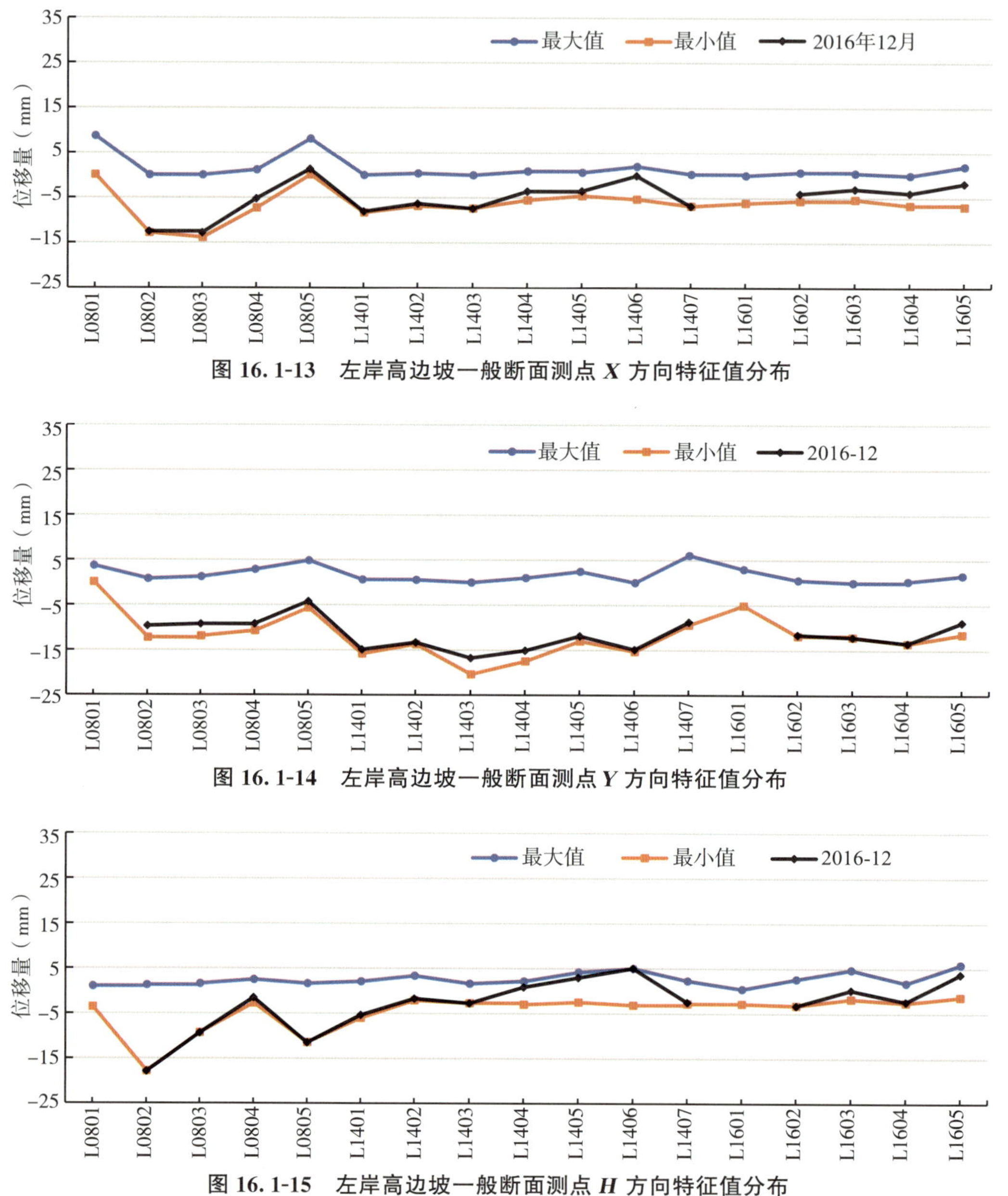

图 16.1-13　左岸高边坡一般断面测点 *X* 方向特征值分布

图 16.1-14　左岸高边坡一般断面测点 *Y* 方向特征值分布

图 16.1-15　左岸高边坡一般断面测点 *H* 方向特征值分布

16.1.3　其他断面监测

左岸高边坡其他断面各测点左右岸方向累积位移在－20.51～3.67mm，上下游方向累积位移在－17.77～－2.60mm，累积垂直位移在－22.78～25.75mm。

2010 年 9 月，监测点 L0104 下方引水洞施工，致该测点位移量变化大。施工完成后变化量较小，变形趋势缓慢，在 2011 年 12 月停止观测。2011 年 9 月，监测点 L0209 垂直位移量下沉 8.12mm，该点位于缆机平台上方，现场巡视检查未见任何异常。加密观测后每月变化量较小，表现平缓。2011 年 6 月、2011 年 9 月，监测点 L0705 位移量变化较大。该点位于

山脊，山坡土质为黏土，6—9 月暴雨冲刷有一定影响。加密观测后每月变化量较小，表现平缓。

蓄水期（2012 年 9 月至 2013 年 4 月）左右岸方向上 27 个测点向左岸位移，最大位移 6.28mm，4 个测点向右岸位移，最大位移 1.25mm。除去 L0209 测点向左岸位移 6.28mm 外，其他测点左右岸方向变形在±3.30mm 内；上下游方向上有 22 个测点向下游位移，最大位移 5.94mm，9 个测点向上游位移，最大位移 2.78mm，L02 断面（左坡 0+068）测点及个别测点均表现为向上游位移，其余断面表现为向下游位移。垂直位移变化量在－7.29～2.54mm，抬升变形的测点有 25 个，沉降变形测点有 8 个，除 L15 断面（左坡 0+100）向下沉降变形外，其他部位均抬升变形。

蓄水后（2013 年 4 月）至 2016 年 12 月，左右岸方向位移变化量在－7.13～6.83mm，28 个测点向右岸位移，4 个测点向左岸位移，28 个测点左右岸方向变形在±4mm 内，4 个测点位移在±4mm 以上；上下游方向位移变化量在－7.78～－0.05mm，蓄水后各测点基本上表现为朝上游变形趋势；垂直位移变化量在－10.88～1.50mm（L0209），30 个测点抬升，3 个测点沉降，抬升明显部位仍为 L06、L07、L09 断面。

位移变化过程线见图 16.1-16 至图 16.1-18，特征值分布见图 16.1-19 至图 16.1-21。

水平位移 X 方向向左岸为正，反之为负。水平位移 Y 方向向下游为正，反之为负。垂直位移 H 方向下沉为正，反之为负。

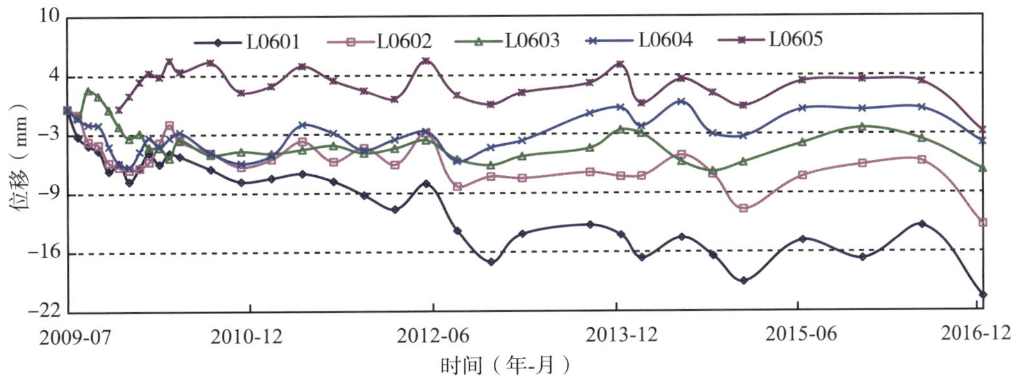

图 16.1-16　左坡 0+250、0+201(L06)断面部位测点 X 方向位移变化过程线

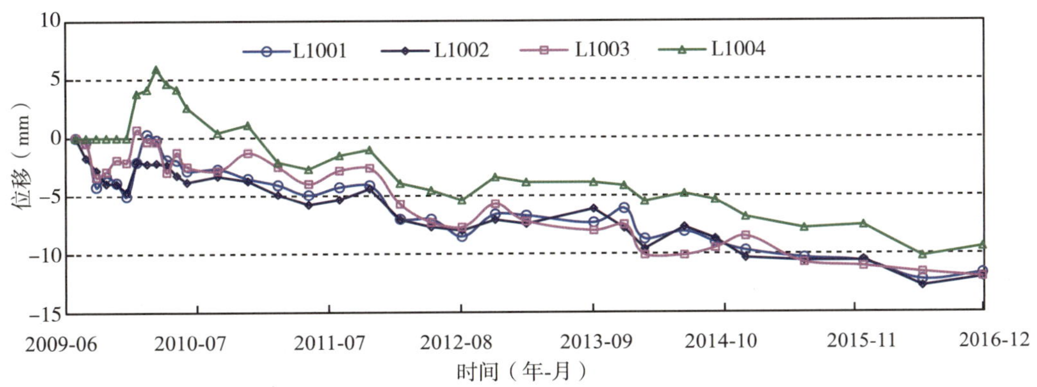

图 16.1-17　左坡 0+450(L10)断面部位测点 Y 方向位移变化过程线

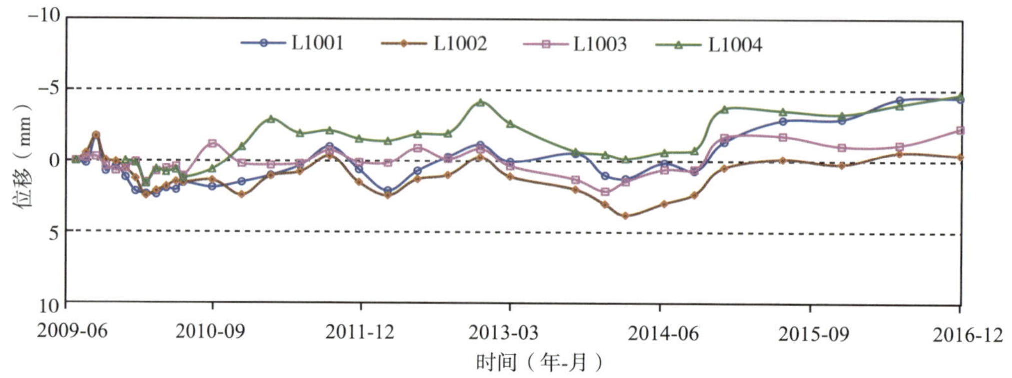

图 16.1-18　左坡 0+450(L10)断面部位测点 *H* 方向位移变化过程线

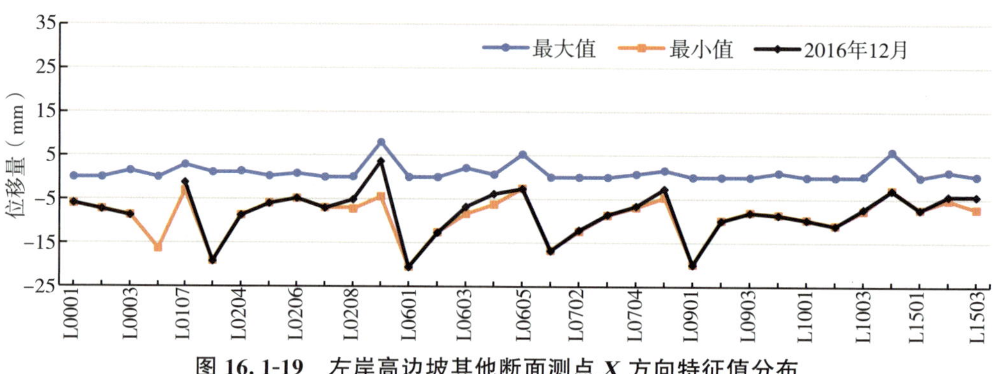

图 16.1-19　左岸高边坡其他断面测点 *X* 方向特征值分布

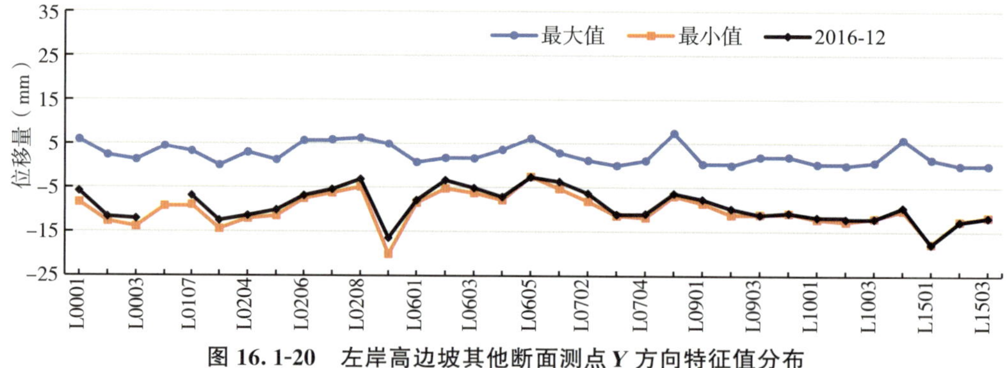

图 16.1-20　左岸高边坡其他断面测点 *Y* 方向特征值分布

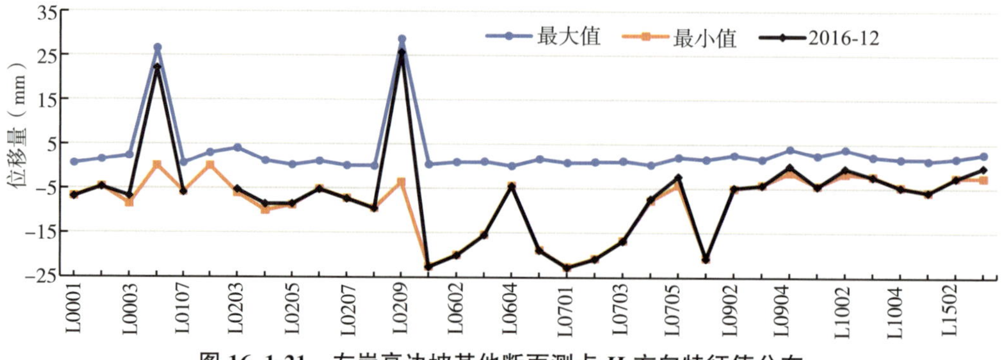

图 16.1-21　左岸高边坡其他断面测点 *H* 方向特征值分布

16.1.4　交通洞垂直位移监测

左岸进厂交通洞部位及上围堰施工支洞埋设 22 个水准测点，均于 2013 年 6 月 3 日取得基准值，该部位起算点为左岸边坡网点 XLB9。由于后期施工，该部位测点 JTD14～测点 JTD18、测点 JTD22 均被毁。

监测结果显示：左岸进厂交通洞部位各测点累积位移量在－5.11～0.27mm（测点 JTD21），该部位水准测点变形较小，在 2016 年整体有小幅上升趋势。

位移过程线见图 16.1-22，特征值分布见图 16.1-23。

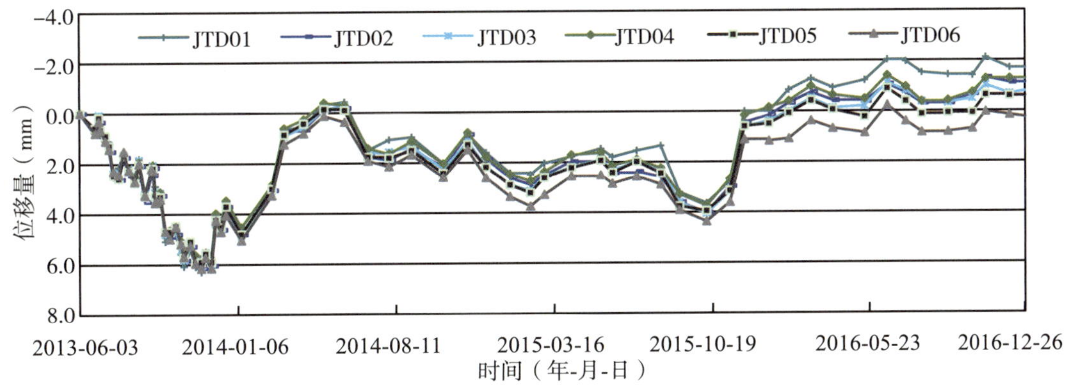

图 16.1-22　左岸进场交通洞典型测点垂直位移过程线

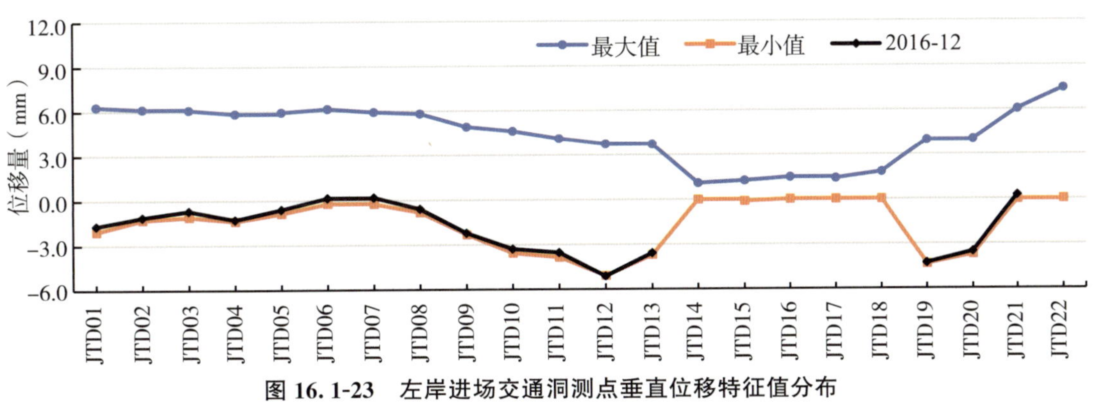

图 16.1-23　左岸进场交通洞测点垂直位移特征值分布

16.2　边坡内部监测

16.2.1　锚杆应力计

左岸高边坡 9 个断面共埋设锚杆应力计 214 支，其中因施工损坏 60 支，仪器自身观测无数据 7 支，目前可观测 147 支（2 支仪器测值超量程）。当前锚杆应力在－91.32～307.29MPa 之间。观测成果特征值分布见图 16.2-1 至图 16.2-9。

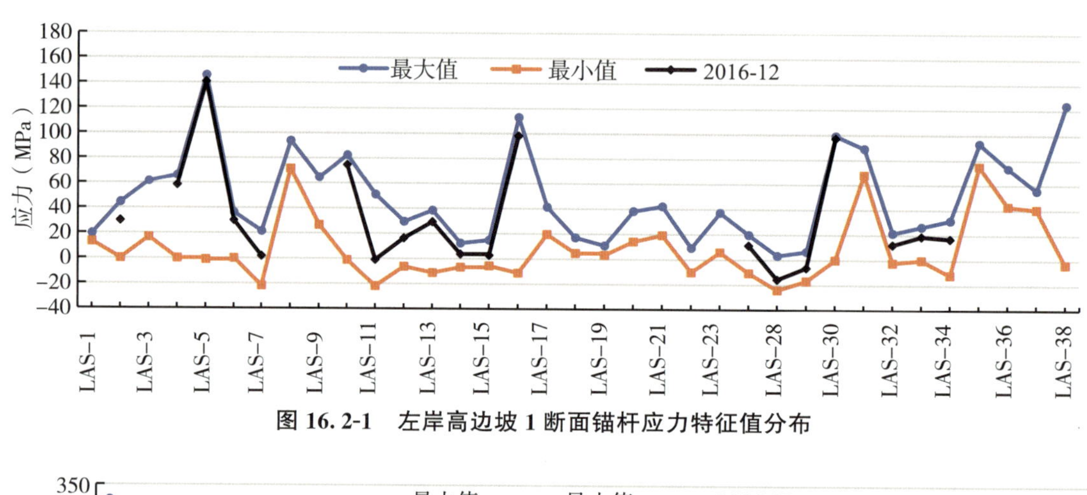

图 16.2-1　左岸高边坡 1 断面锚杆应力特征值分布

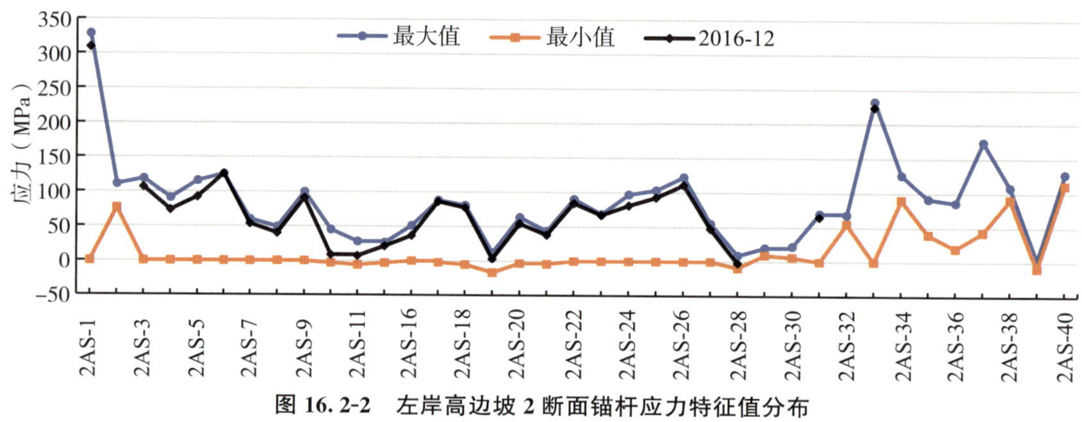

图 16.2-2　左岸高边坡 2 断面锚杆应力特征值分布

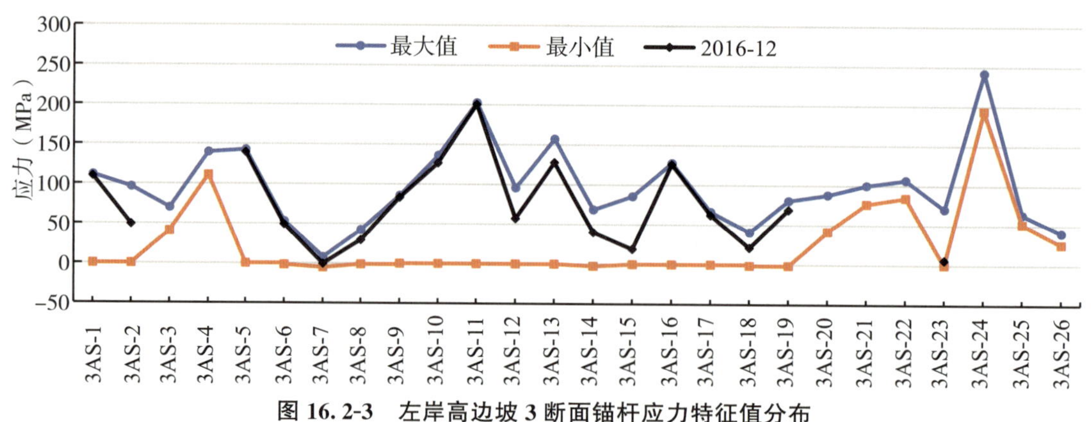

图 16.2-3　左岸高边坡 3 断面锚杆应力特征值分布

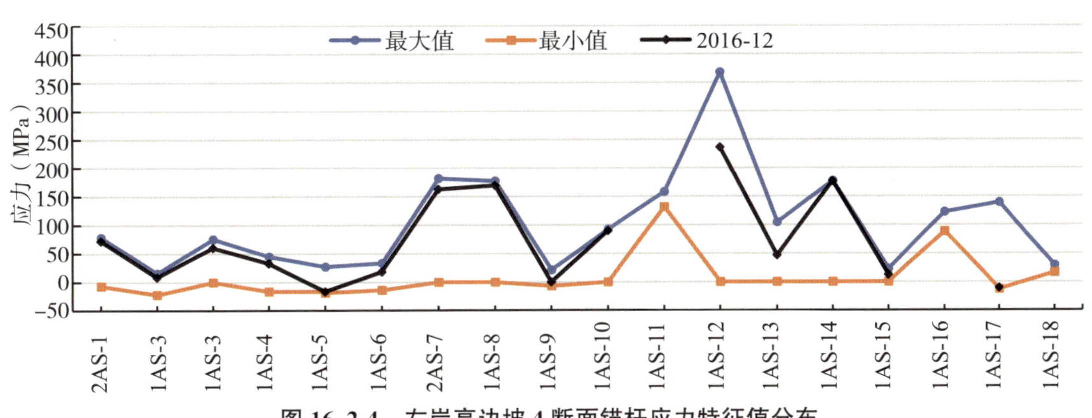

图 16.2-4　左岸高边坡 4 断面锚杆应力特征值分布

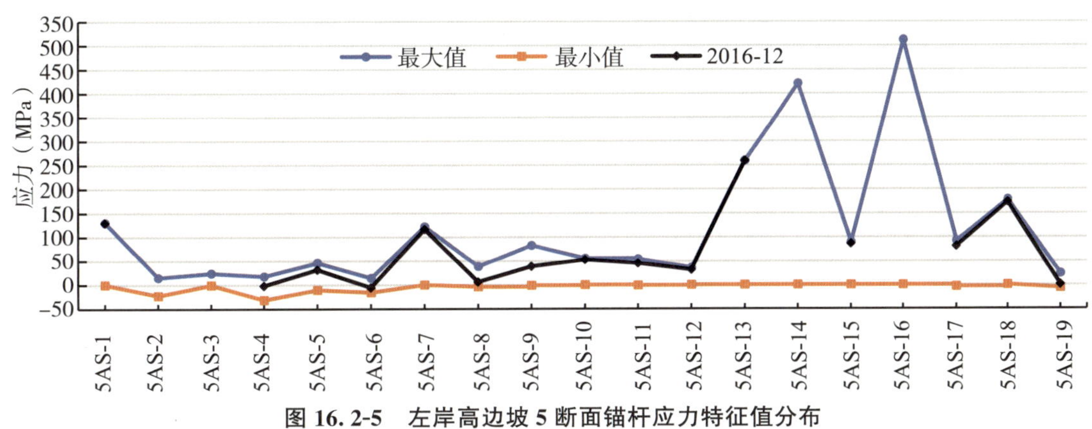

图 16.2-5　左岸高边坡 5 断面锚杆应力特征值分布

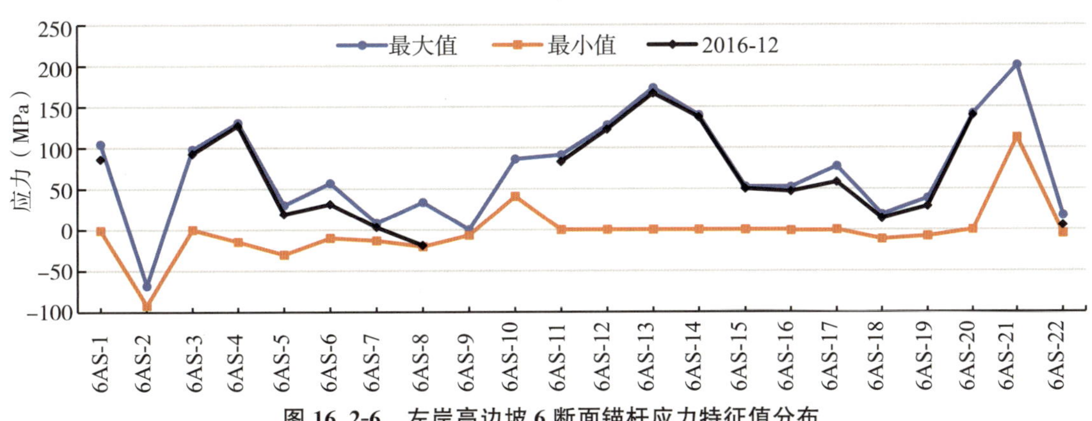

图 16.2-6　左岸高边坡 6 断面锚杆应力特征值分布

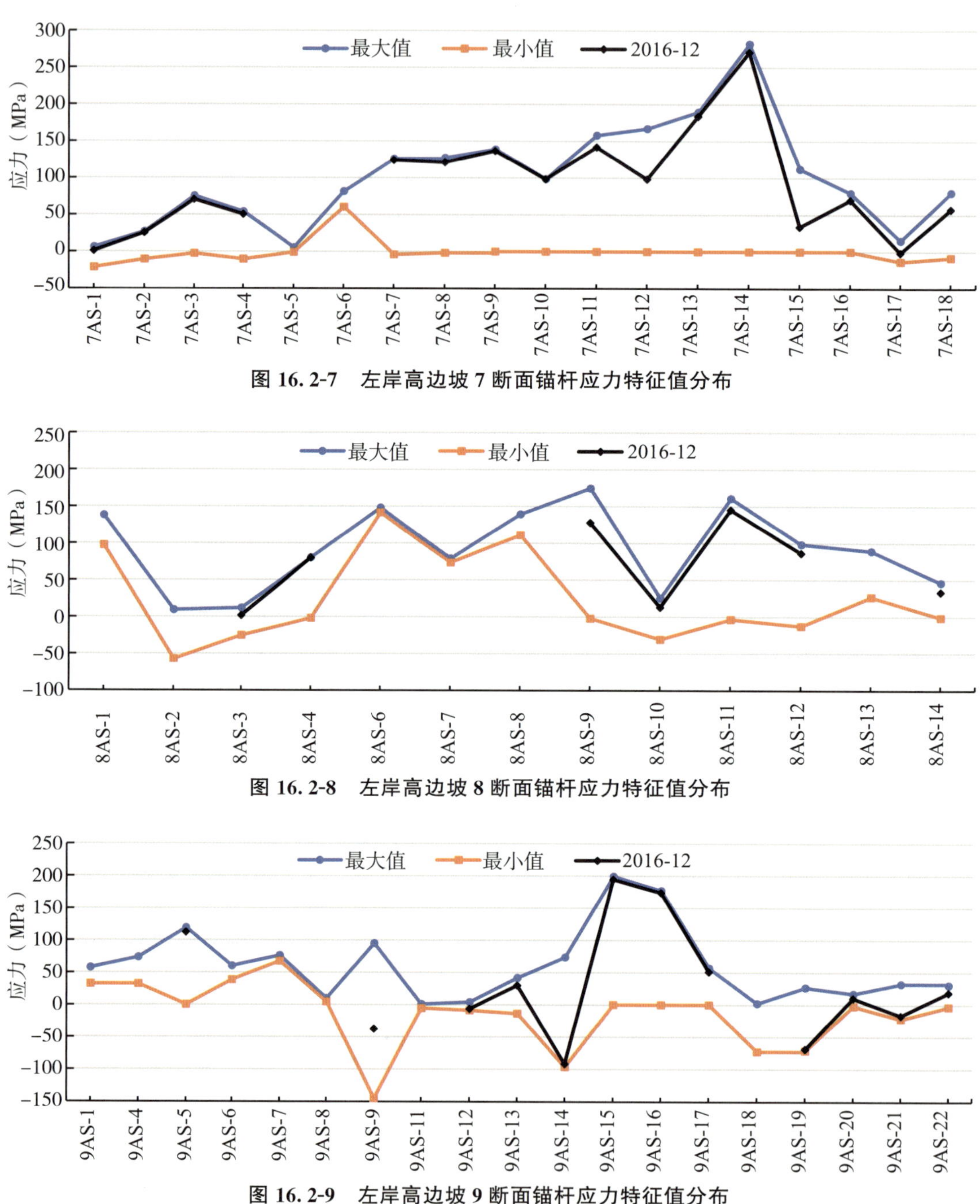

图 16.2-7　左岸高边坡 7 断面锚杆应力特征值分布

图 16.2-8　左岸高边坡 8 断面锚杆应力特征值分布

图 16.2-9　左岸高边坡 9 断面锚杆应力特征值分布

位于左坡 0+201.0 断面、高程 435.90m 的 2AS-1，应力测值从 2005 年 11 月 5 日开始呈增大趋势，在 2006 年 9—12 月趋于稳定，基本稳定在 190MPa，而后在 2007 年 1 月又呈缓慢增大趋势，至 2010 年 1 月 20 日应力测值为 270.44MPa。该异常变形情况引起了各方的关注，并及时对该部位情况进行了专题研究，经核查地质资料确定该部位处于裂隙带，地质缺陷的存在是造成该部位锚杆应力增大的主要原因。自 2007 年 8 月在该部位附近增加了 6 束锚索进行加固处理，于 2007 年 12 月 5 日施工完毕。该锚杆应力计测值目前已趋于稳

定，变化量不大，当前值测为 309.02MPa。2AS-1 锚标应力计温度与应力变化时序线见图 16.2-10。

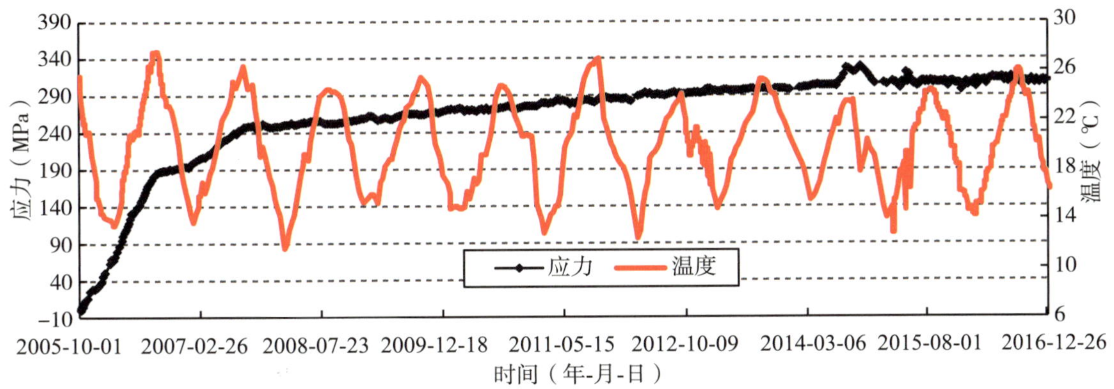

图 16.2-10 2AS-1 锚杆应力计温度与应力变化时序线

位于左坡 0+877.0 断面、高程 338.2m 的 6AS－13，当前应力为 166.04MPa，由图 16.2-11 过程线可以看出，主要受温度影响，与温度呈负相关关系。

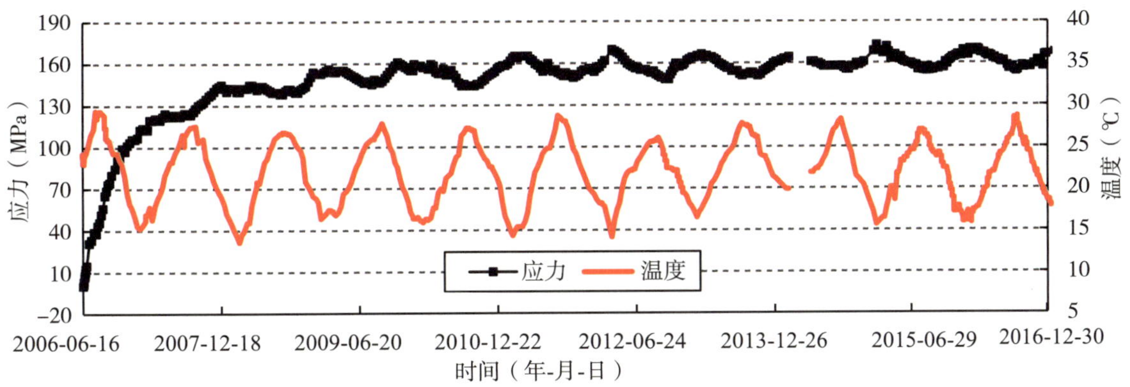

图 16.2-11 6AS-13 锚杆应力计温度与应力变化时序线

16.2.2 钢筋桩钢筋计

左岸高边坡共埋设钢筋计 51 支，因施工损坏 24 支。监测结果表明，大部分仪器处于受拉状态，当前钢筋应力在－64.52～126.11MPa。观测成果特征值分布见图 16.2-12。由图 16.2-13 可以看出，主要受温度影响，与温度呈负相关关系。

16.2.3 锚索测力计

左岸高边坡共安装锚索测力计 37 个，因施工损坏 5 支，目前可观测 16 支。监测结果表明，当前锚索荷载为 1236.38～1870.38kN，锁定后当前损失率为－21.69%～20.40%。观测成果见图 16.2-14、图 16.2-15。

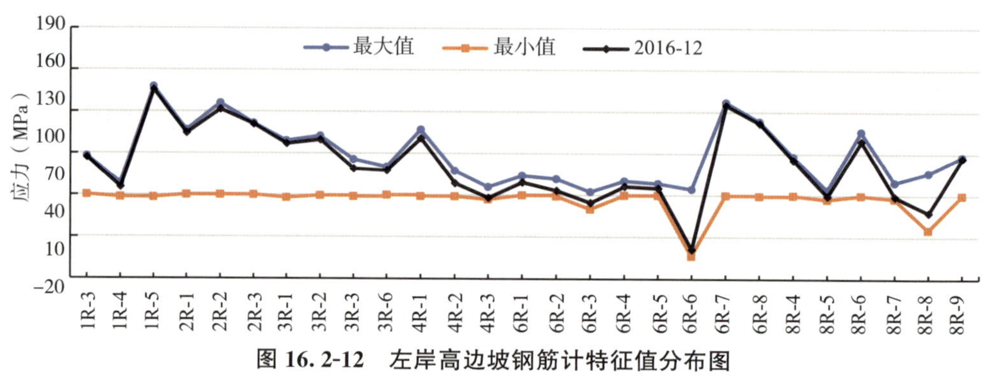

图 16.2-12　左岸高边坡钢筋计特征值分布图

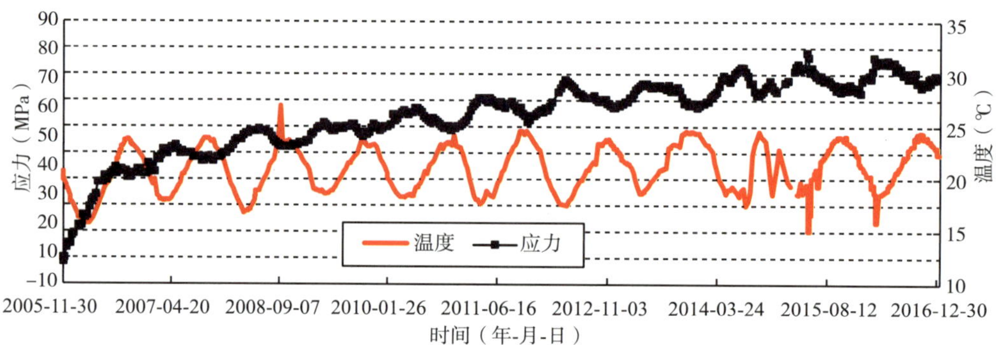

图 16.2-13　4R-1 钢筋桩钢筋计温度与应力时序过程线

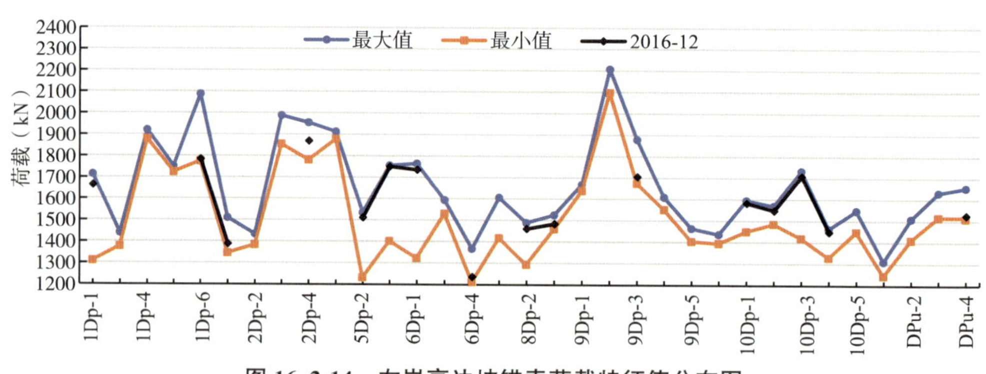

图 16.2-14　左岸高边坡锚索荷载特征值分布图

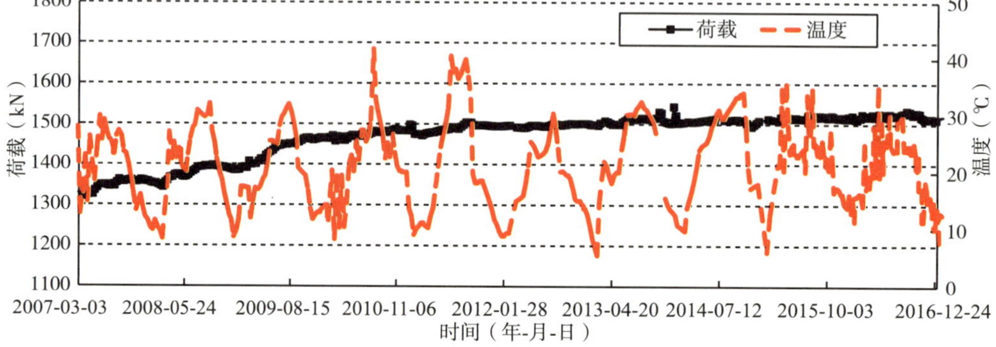

图 16.2-15　5DP-2 锚索测力计温度与荷载时序过程线

16.2.4　多点位移计

左岸高边坡共埋设多点位移计 112 支(28 套)，其中因施工损坏 64 支。监测结果表明，当前累积位移为－0.57～7.42mm，当前左岸边坡多点位移计大部分处于拉伸变形态势，变化相对稳定，无异常突变现象。观测成果见图 16.2-16 至图 16.2-19。

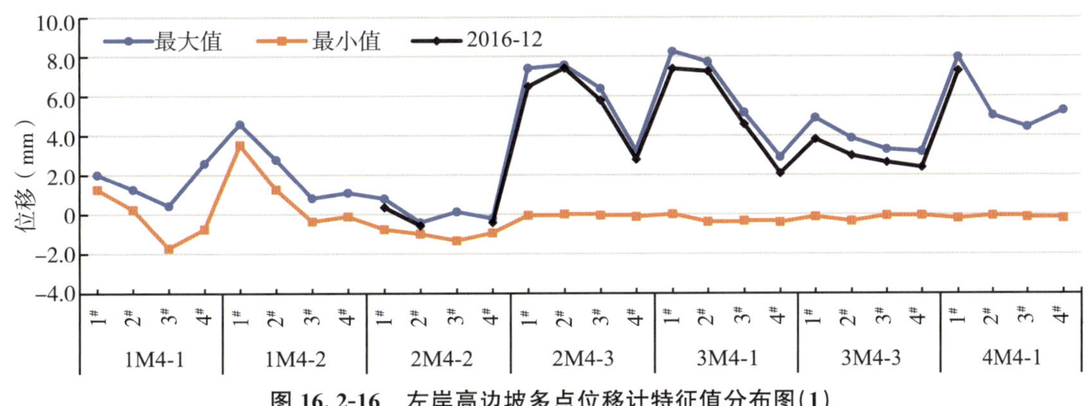

图 16.2-16　左岸高边坡多点位移计特征值分布图(1)

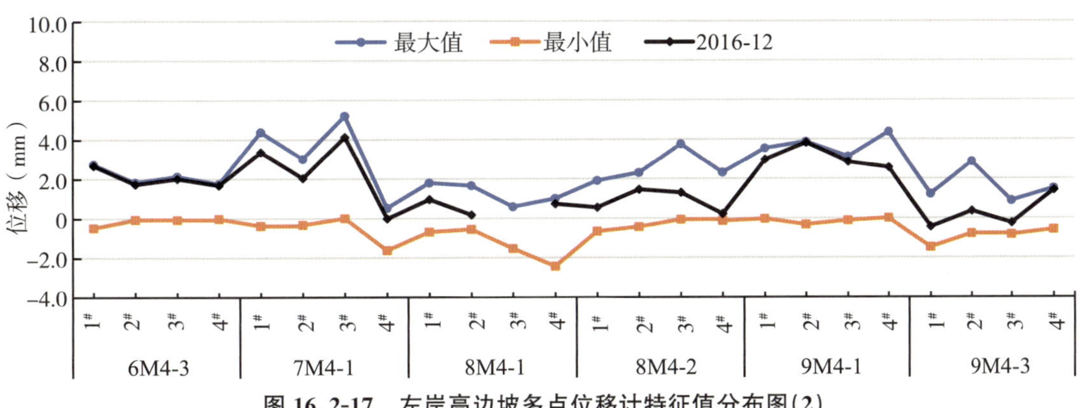

图 16.2-17　左岸高边坡多点位移计特征值分布图(2)

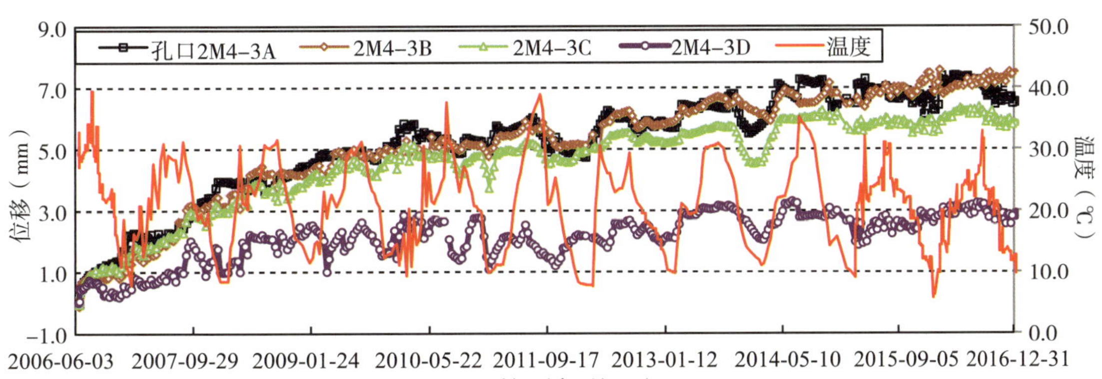

图 16.2-18　2M4-3 多点位移计位移——温度时序线

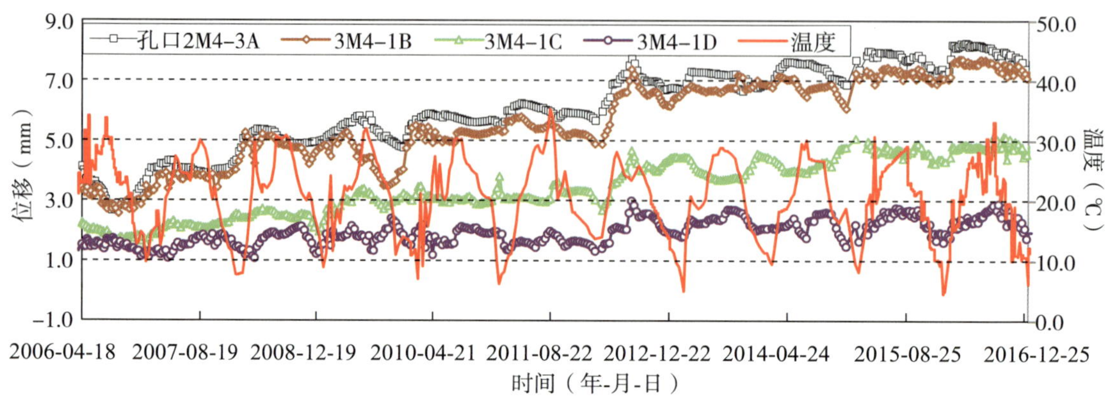

图 16.2-19 3M4-1 多点位移计位移—温度时序线

16.2.5 测斜仪

左岸高边坡布置测斜孔 16 个，因施工损坏 4 个。监测成果显示：截至 2016 年 12 月 21 日，左岸高边坡测斜孔 A 方向（临空面主要变形方向）累计位移量为－9.69～10.05mm，B 方向（垂直于 A 向次要变形方向）累计位移量为－12.88～10.96mm。观测成果特征值见图 16.2-20、图 16.2-21。测点 1IN-2 的 A 方向在 37～38.5m 处有一处位错，当前位错量为 6.26mm，其他测点当前 A、B 方向无明显横切滑移面，目前已基本稳定（图 16.2-22）。

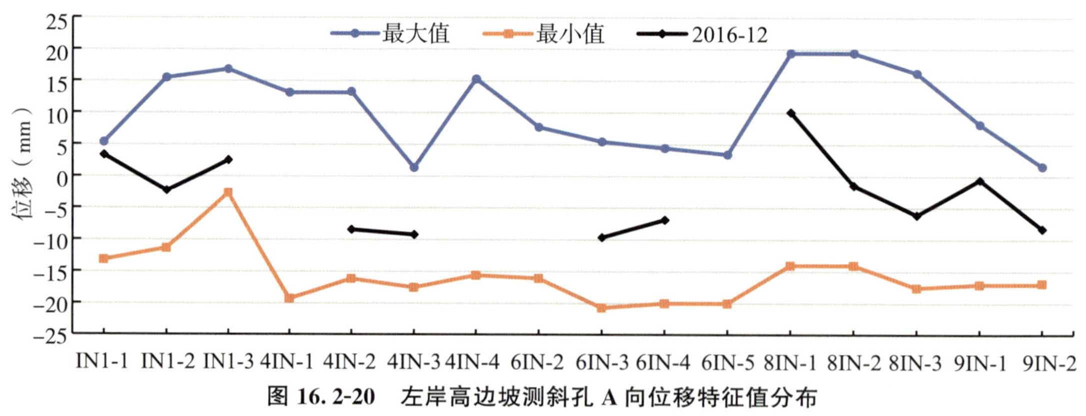

图 16.2-20 左岸高边坡测斜孔 A 向位移特征值分布

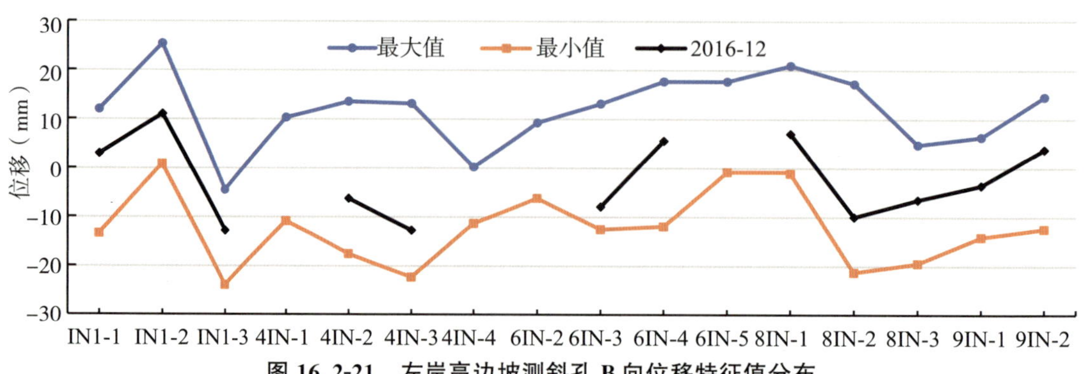

图 16.2-21 左岸高边坡测斜孔 B 向位移特征值分布

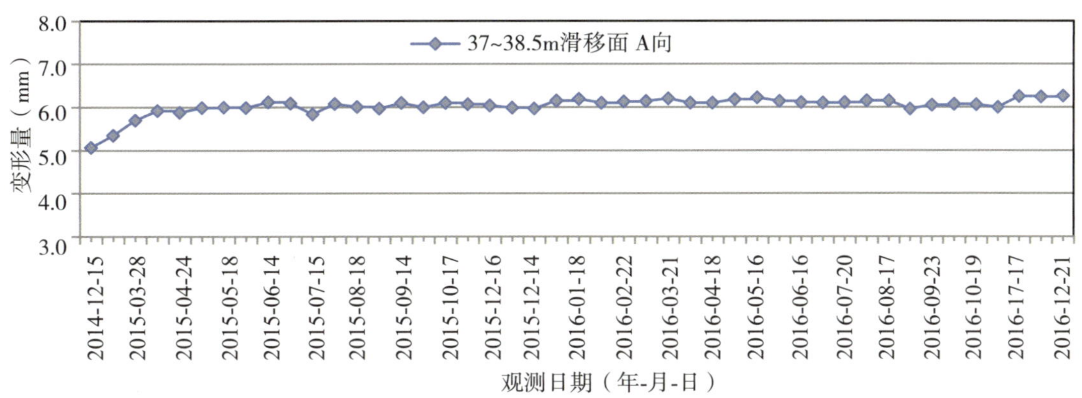

图 16.2-22　左岸高边坡测斜孔 IN-2 滑移面位错量变化过程线

16.2.6　渗流监测

左岸高边坡布置水位孔 36 个。监测结果表明，当前折算水位在 265.00～420.97m，目前排水洞内排水孔大部分无水流出。观测成果见图 16.2-23、图 16.2-24。

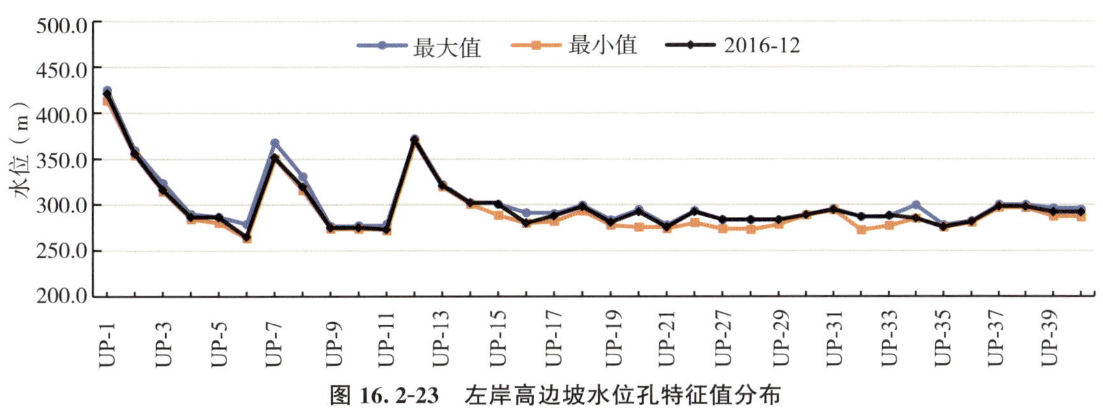

图 16.2-23　左岸高边坡水位孔特征值分布

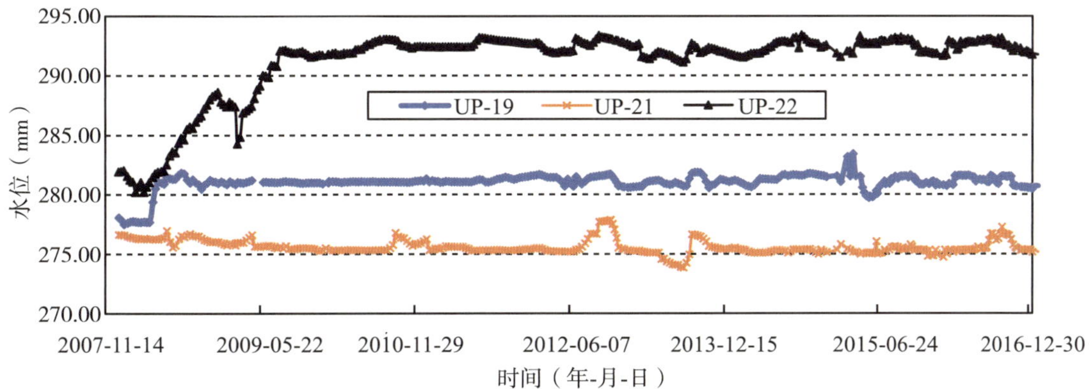

图 16.2-24　UP-19、UP-21、UP-22 测压管水位—时间过程线

16.2.7 铟钢丝位移计

左岸高边坡山体排水洞内共布置7套铟钢丝位移计，因化学灌浆材料堆放和施工损坏4套。其他3套当前测值在−8.81～4.07mm，目前排水洞内排水孔大部分无水流出。观测成果特征值见图16.2-25。

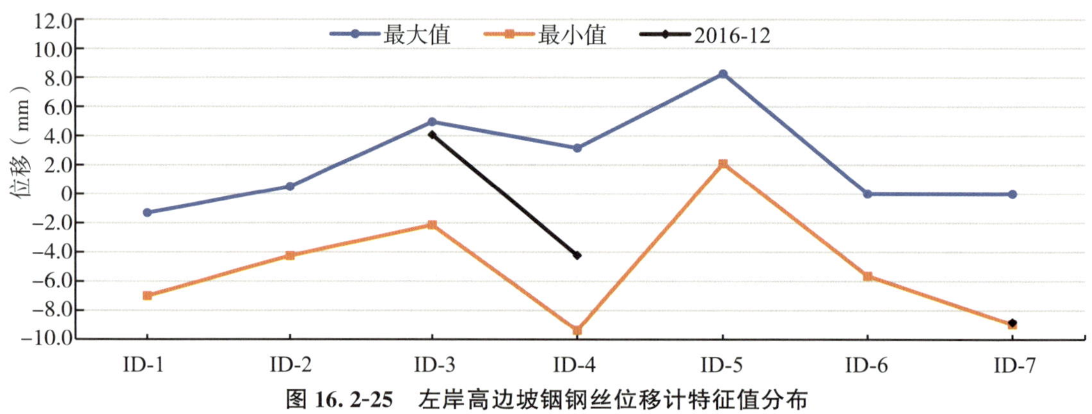

图16.2-25 左岸高边坡铟钢丝位移计特征值分布

16.3 左岸进厂交通洞监测

16.3.1 锚杆应力计

左岸进厂交通洞共埋设锚杆应力计28支，因施工损坏7支，当前锚杆应力为−0.69～120.40MPa，大部分测点呈受拉状态，总体应力较小，无大幅波动，与温度呈较好的相关性。观测成果见图16.3-1、图16.3-2。

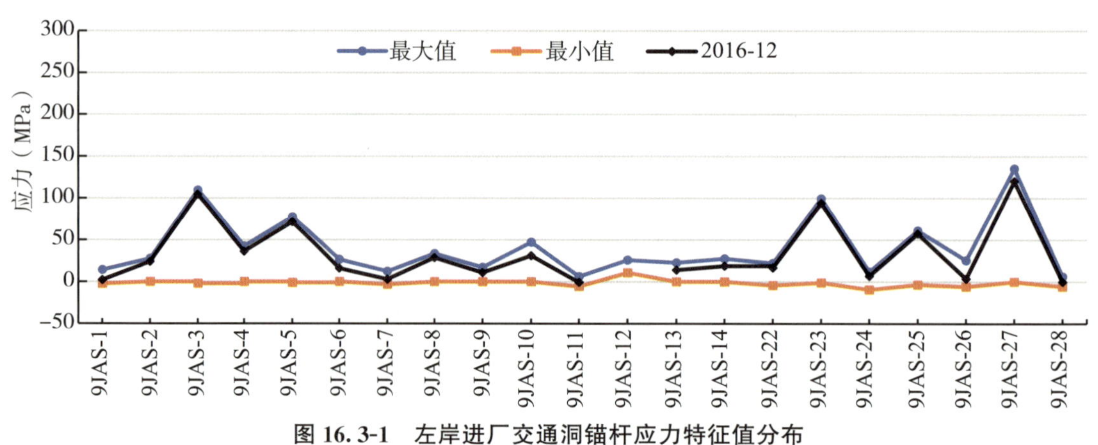

图16.3-1 左岸进厂交通洞锚杆应力特征值分布

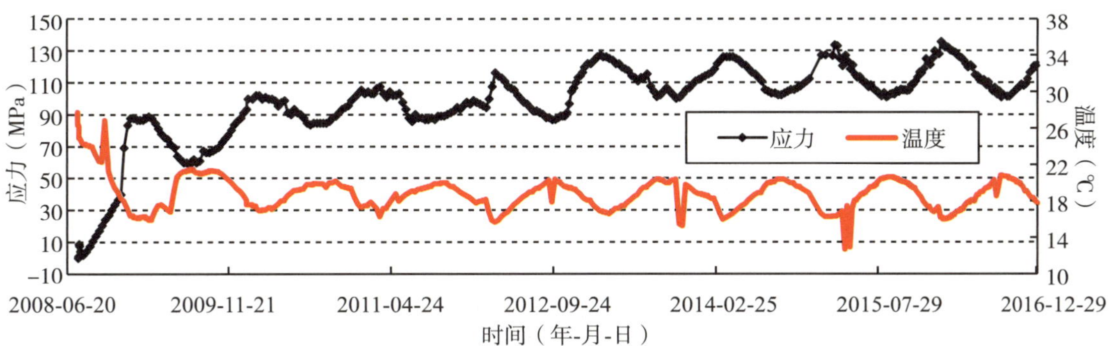

图 16.3-2　J4-J4 断面 9JAS-27 锚杆应力计温度与应力时序过程线

16.3.2　钢筋计

左岸进厂交通洞共埋设钢筋计 15 支。监测结果表明，当前钢筋应力在 48.40～81.34MPa，应力测值均较小。观测成果特征值见图 16.3-3。

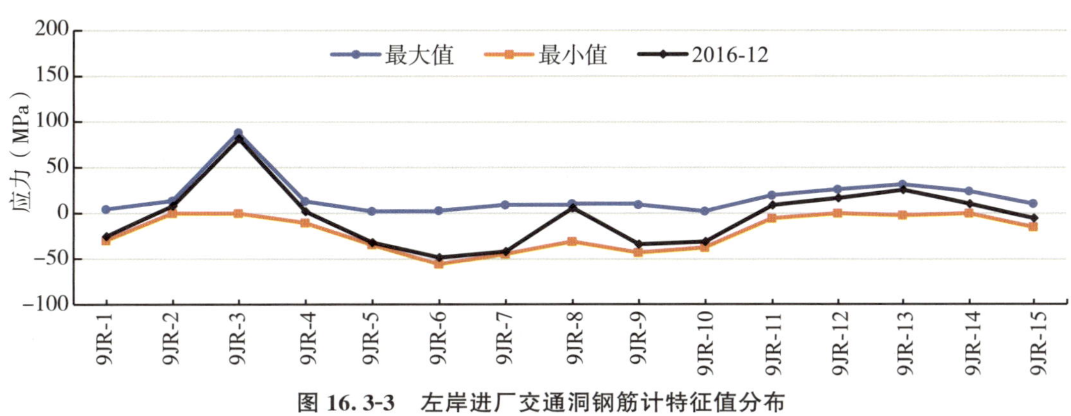

图 16.3-3　左岸进厂交通洞钢筋计特征值分布

16.3.3　多点位移计

左岸进厂交通洞共埋设多点位移计 48 支(12 套)，因施工损坏 20 支。监测结果表明，当前累积位移在−3.27～3.28mm，变形较小。观测成果见图 16.3-4、图 16.3-5。

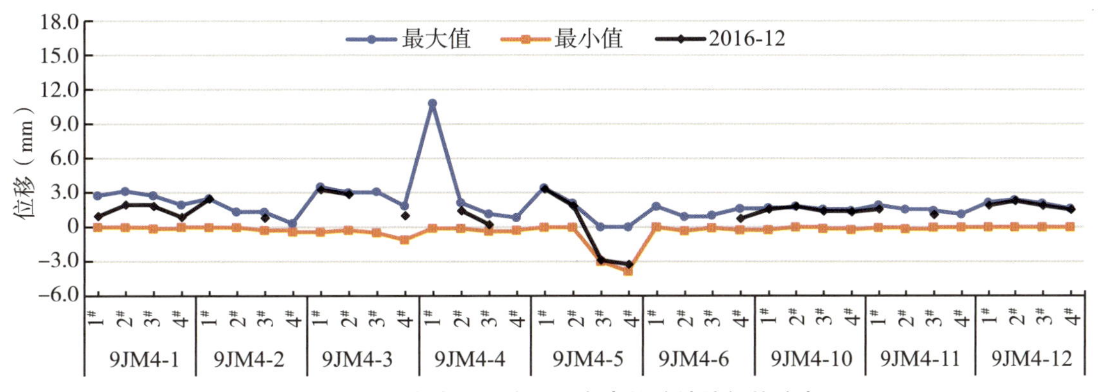

图 16.3-4　左岸进厂交通洞多点位移计特征值分布

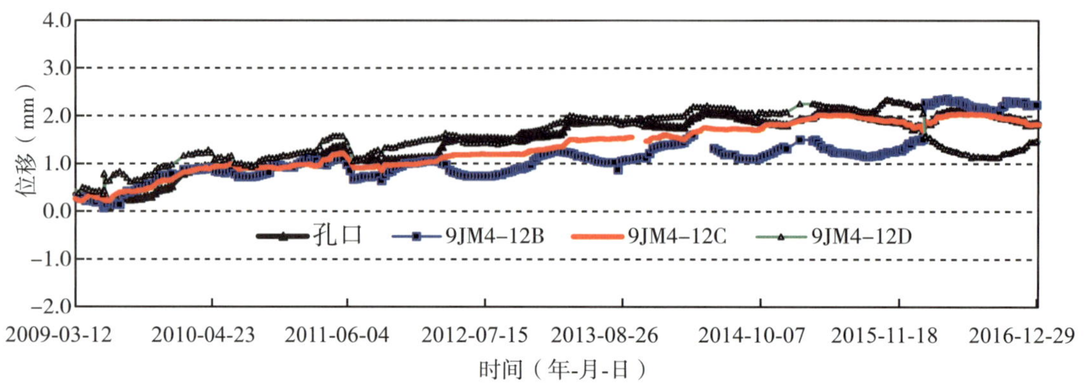

图 16.3-5　9JM4-12 多点位移计位移时序过程线

16.3.4　测缝计

左岸进厂交通洞共埋设测缝计 3 支。监测结果表明，当前测缝计累积测值为 0.60～5.53mm。观测成果特征值分布见图 16.3-6。

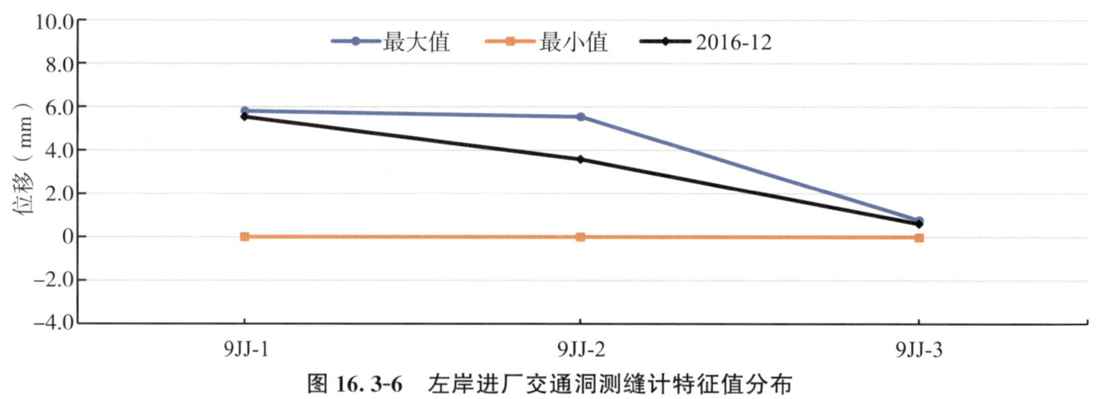

图 16.3-6　左岸进厂交通洞测缝计特征值分布

16.3.5　应变计和无应力计

左岸进厂交通洞 3 个断面共埋设单向应变计和无应力计各 1 支。监测结果表明，当前衬砌混凝土应变为－97.61～－1.14$\mu\varepsilon$，混凝土自生体积为 4.82～61.56$\mu\varepsilon$。单向应变计观测成果特征值分布见图 16.3-7，无应力计观测成果特征值分布见图 16.3-8。

16.3.6　渗压计

左岸进厂交通洞共埋设渗压计 8 支，损坏 2 支。监测结果表明，当前渗透压力为－16.366～6.489kPa，基本无水压。观测成果特征值见图 16.3-9。

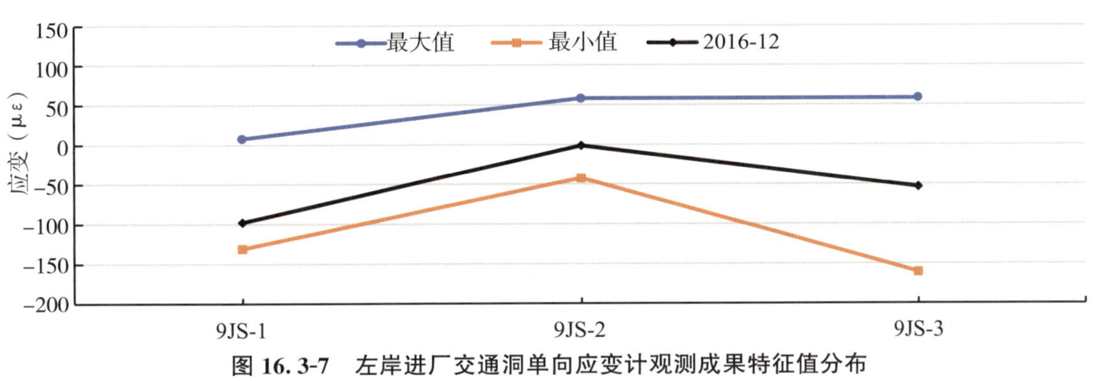

图 16.3-7　左岸进厂交通洞单向应变计观测成果特征值分布

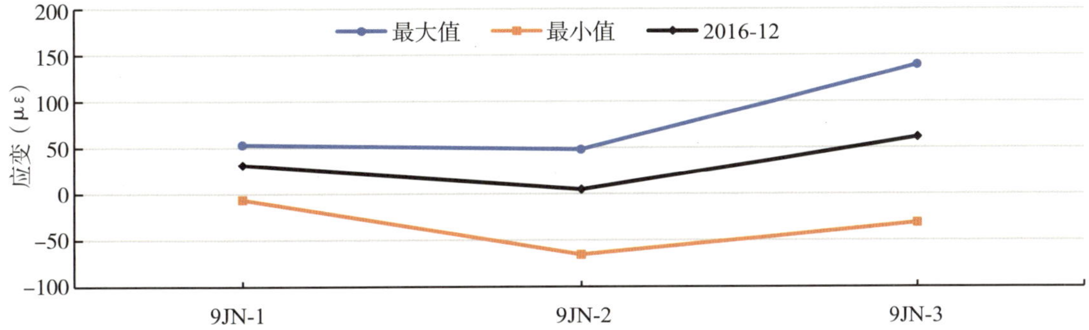

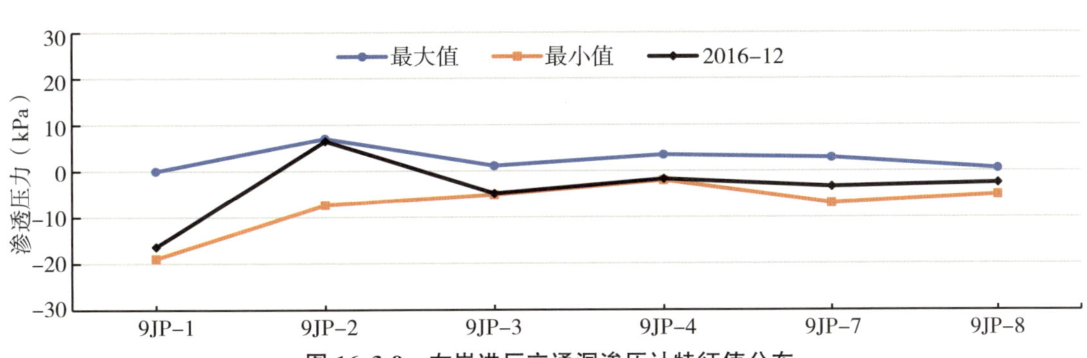

图 16.3-8　左岸进厂交通洞无应力计观测成果特征值分布

图 16.3-9　左岸进厂交通洞渗压计特征值分布

第 17 章 马步坎高边坡

基准网分为水平位移基准网、垂直位移基准网，于 2008 年 12 月进行首次观测，至目前共复测 11 期。

17.1 基准网监测

17.1.1 水平位移监测网

水平位移基准网共计 10 个网点，其中左岸顶部 6 点（TS01～TS06），右岸大峡谷 4 点（TM01～TM04）。

监测数据表明，历次监测网复测网点误差椭圆长半轴在±1.4mm 以内，小于设计要求的±1.44mm，满足设计要求。水平位移基准网点累积位移在左右岸方向为－4.1～26.3mm，在上下游方向为－7.7～－2.2mm，在垂直方向为 0.2～8.3mm。位于右岸顶部（马步坎对面）网点在左右岸方向位移相对较大，为 9.7～26.3mm，其中位于路边的 TM03 网点位移最大，主要变形发生在还建公路里面硬化施工期间，观测 9 年来累计向金沙江方向位移 26.3mm，其余网点位移量较小。

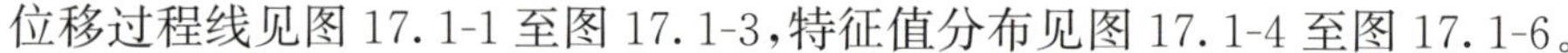

位移过程线见图 17.1-1 至图 17.1-3，特征值分布见图 17.1-4 至图 17.1-6。

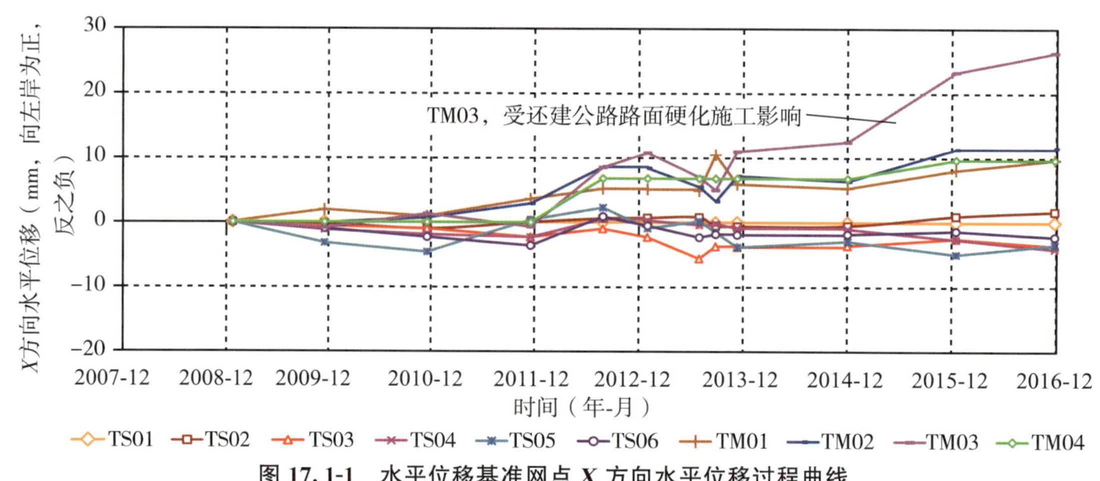

图 17.1-1 水平位移基准网点 X 方向水平位移过程曲线

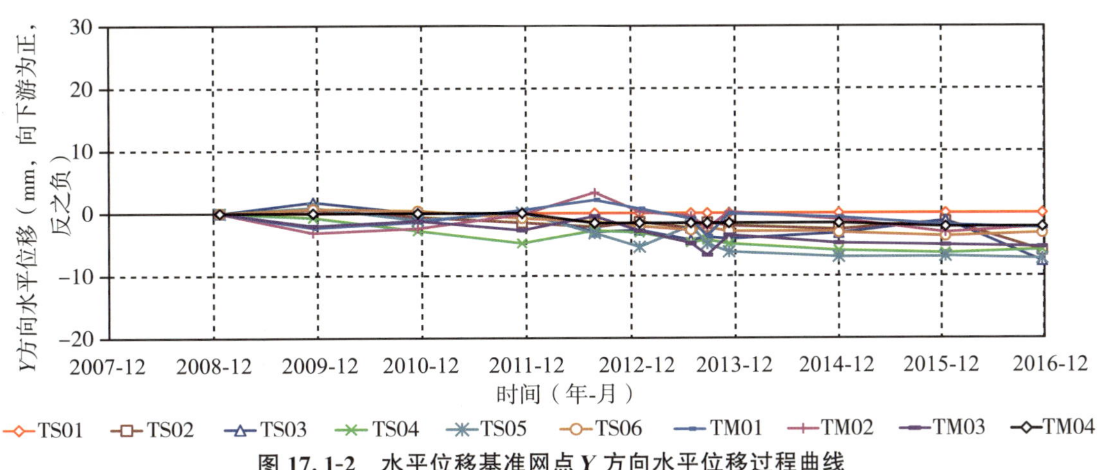

图 17.1-2 水平位移基准网点 *Y* 方向水平位移过程曲线

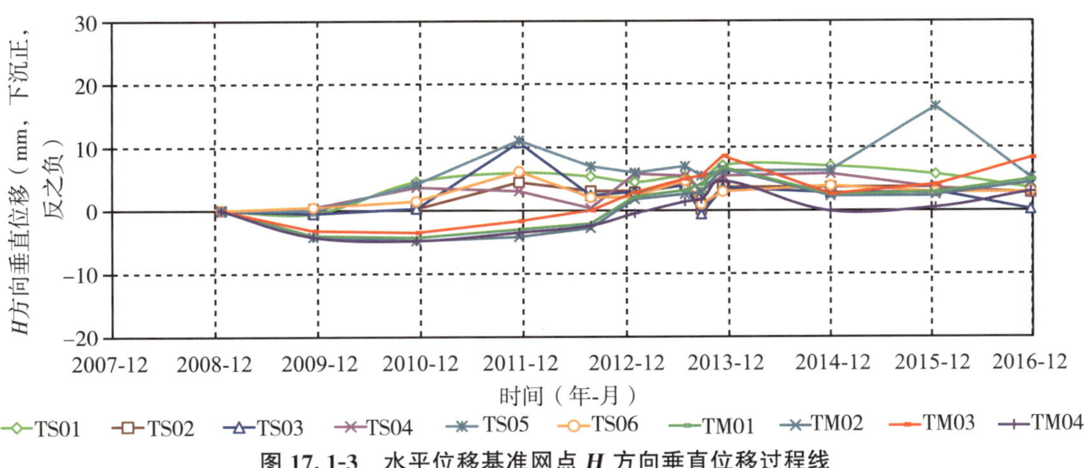

图 17.1-3 水平位移基准网点 *H* 方向垂直位移过程线

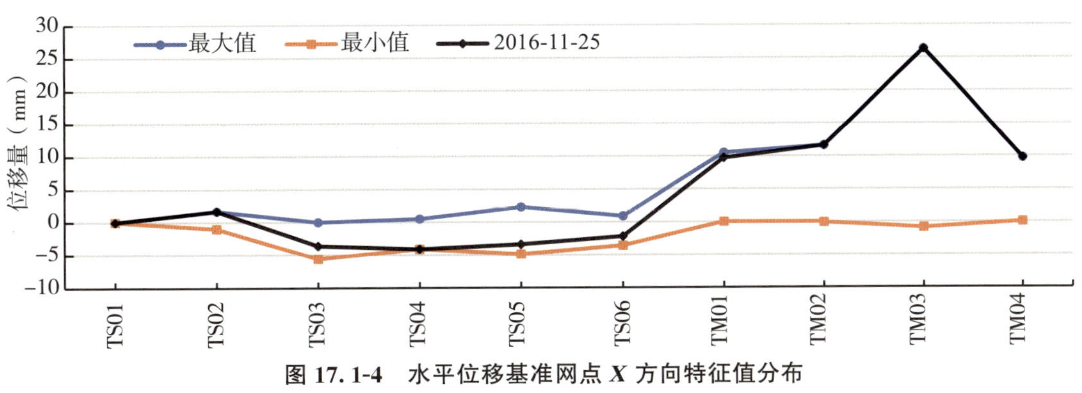

图 17.1-4 水平位移基准网点 *X* 方向特征值分布

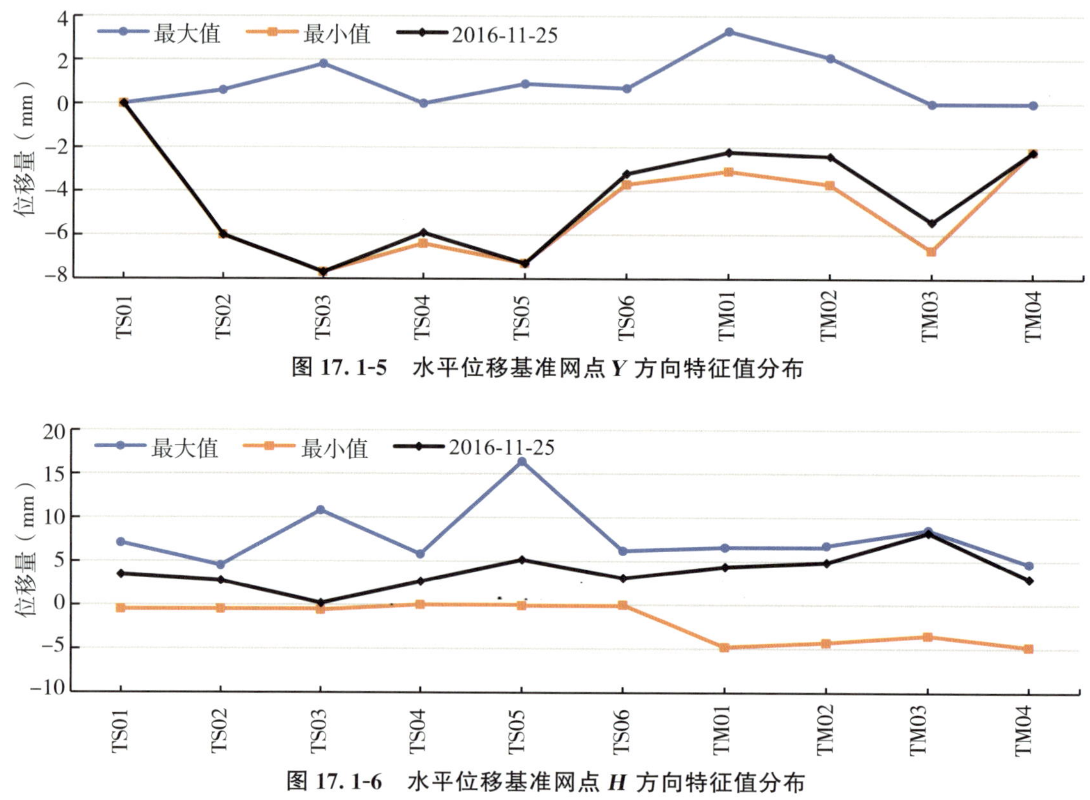

图 17.1-5　水平位移基准网点 *Y* 方向特征值分布

图 17.1-6　水平位移基准网点 *H* 方向特征值分布

17.1.2　垂直位移监测网

顶部垂直位移基准网共计 12 个网点，其中，老基点组 6 点（GG01～GG06），新基点组 2 组共 6 个点，即下游的 GG07 基点组（GG07-1～GG07-3）和上游的 GG08 基点组（GG8-1～GG08-3）。

监测成果表明，垂直位移监测网历次观测中误差在±1.0mm 以内，小于设计要求的±1.44mm，满足设计要求。马步坎顶部垂直位移基准网点除测点 GG08－2 沉降 6.3mm 外，其余测点变化量较小，在－1.5～4.2mm。

顶部垂直位移基准网点过程线见图 17.1-7，特征值分布见图 17.1-8。

17.2　顶部变形监测

17.2.1　顶部水平位移监测

顶部水平位移测点共计 8 个，其中，交会点 5 个（TP01～TP05），测距断面端点 3 个（位于断面外侧及马步坎肩部的 GB4、TC3、TF3）。

除顶部测点 TP04、TP05 累积变化量分别为 30.0mm、19.5mm 外，其余各测点累积位移变化量为 4.3～11.9mm，顶部水平位移测点整体表现为向右岸位移趋势，TP04 观测墩底

座外侧地表出现裂缝，TP05 位于 F0 断层下游侧，距坎边约 4m，两测点变形为局部变形，且未收敛，其余测点变形相对较小。位移过程线见图 17.2-1，特征值分布见图 17.2-2。

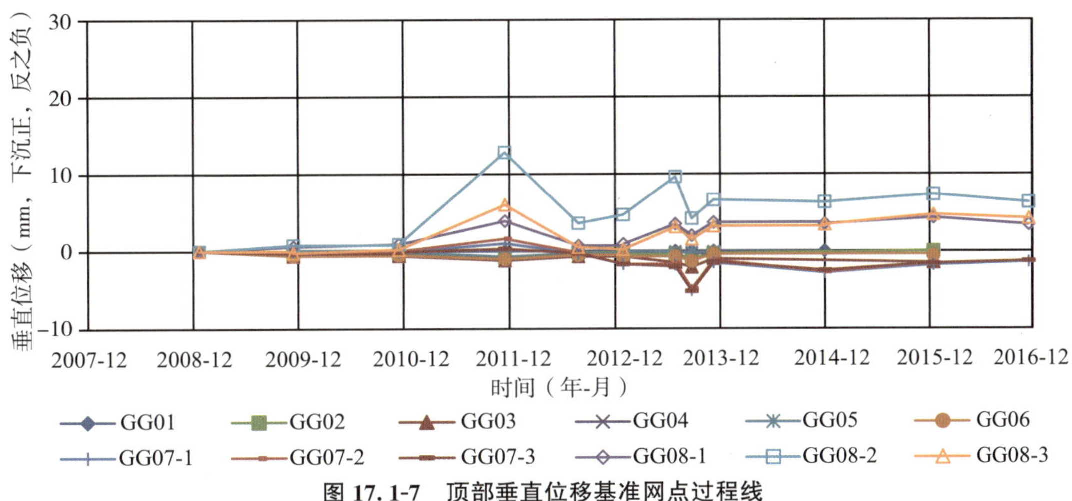

图 17.1-7　顶部垂直位移基准网点过程线

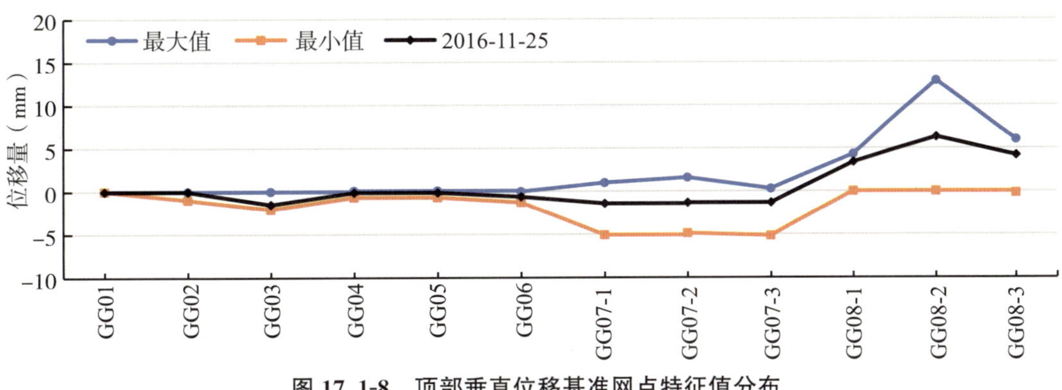

图 17.1-8　顶部垂直位移基准网点特征值分布

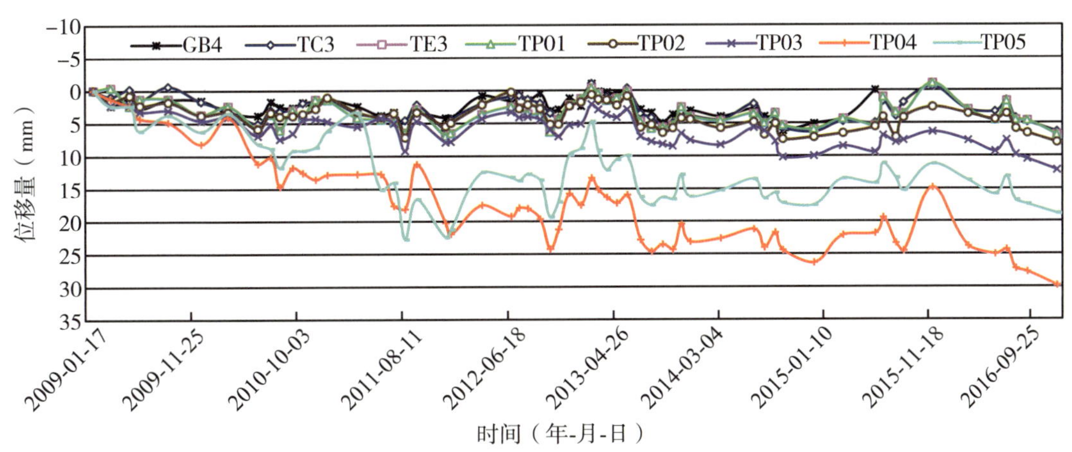

图 17.2-1　马步坎顶部水平位移测点（河床方向）累积位移过程线

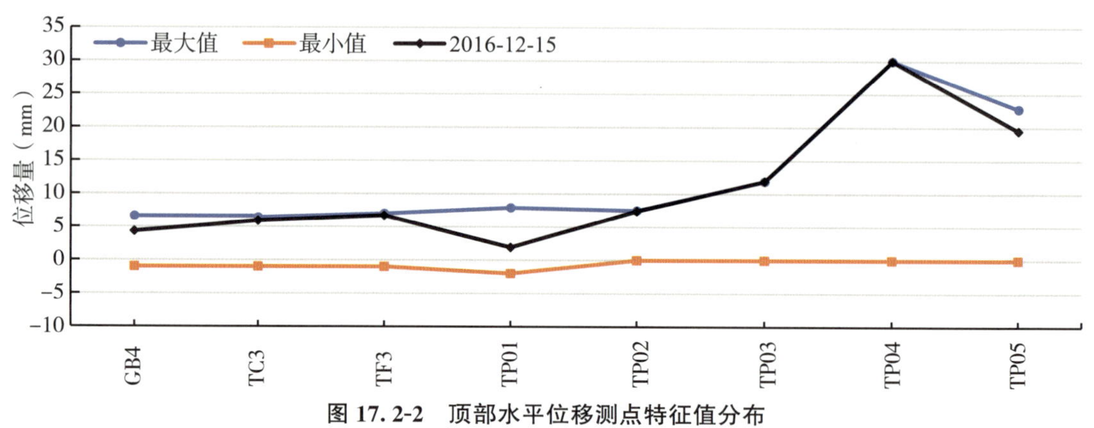

图 17.2-2　顶部水平位移测点特征值分布

17.2.2　顶部垂直位移监测

顶部垂直位移测点共计 53 个(含勘测期埋设测点),其中包含水准点 17 个(A03～A19)、对标端点 14 个(A2-1～K1)、测距断面点 16 个(GB0～TF3)、水平位移测点 5 个(TP01～TP05)及基准网点 TS04。其中 A12、GB4、A16、J1 测点被破坏失效之外,其余 49 个测点正常。

大部分测点呈缓慢下沉趋势,其中 G1(26.3mm)、TP05(17.0mm)、TP04(12.2mm)、D3(11.7mm)测点累积位移相对较大,其余测点累积位移值在±10mm 之内。测点 G1 因位于地质探槽低洼处,易受集聚的雨水浸蚀,导致该测点累积下沉相对较大。TP04、TP05 测点位于马步坎高边坡顶部临空面附近的原生土边坡。2012 年后,各测点垂直方向的变形趋于平缓。位移过程线见图 17.2-3 至图 17.2-5,特征值分布见图 17.2-6、图 17.2-7。

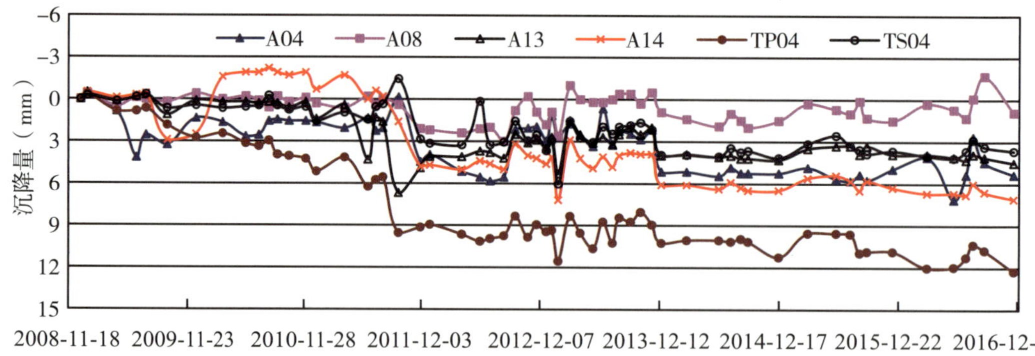

图 17.2-3　顶部垂直位移测点位移过程曲线

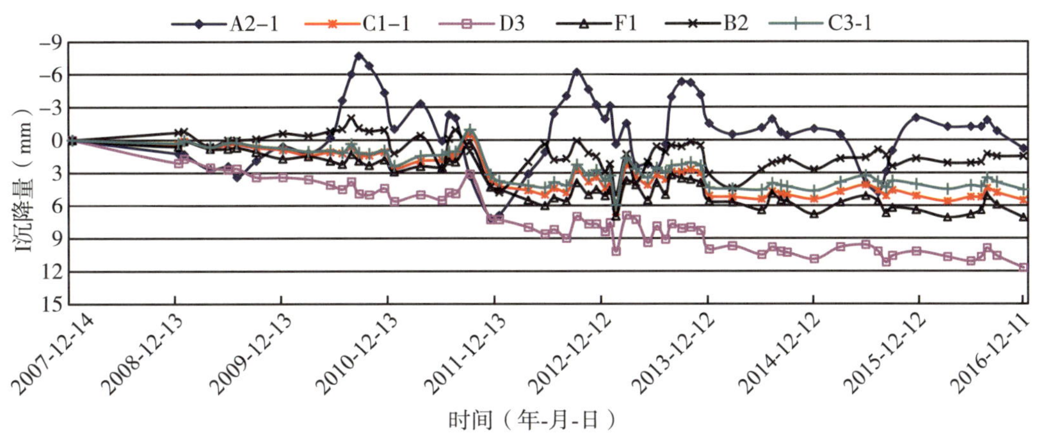

图 17.2-4　顶部对标端点垂直位移过程曲线

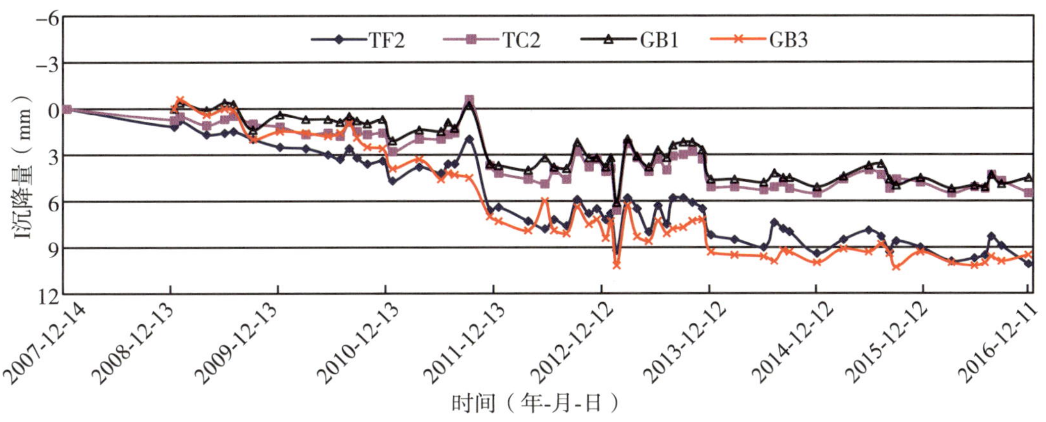

图 17.2-5　顶部测距断面端点垂直位移过程曲线

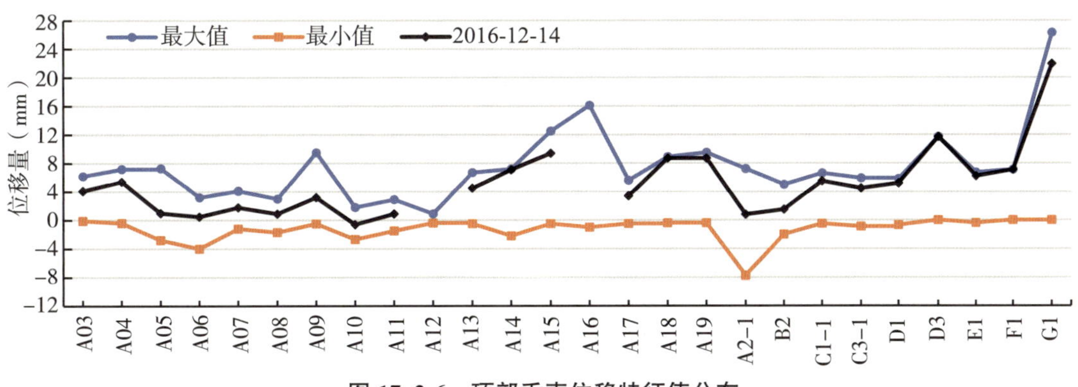

图 17.2-6　顶部垂直位移特征值分布

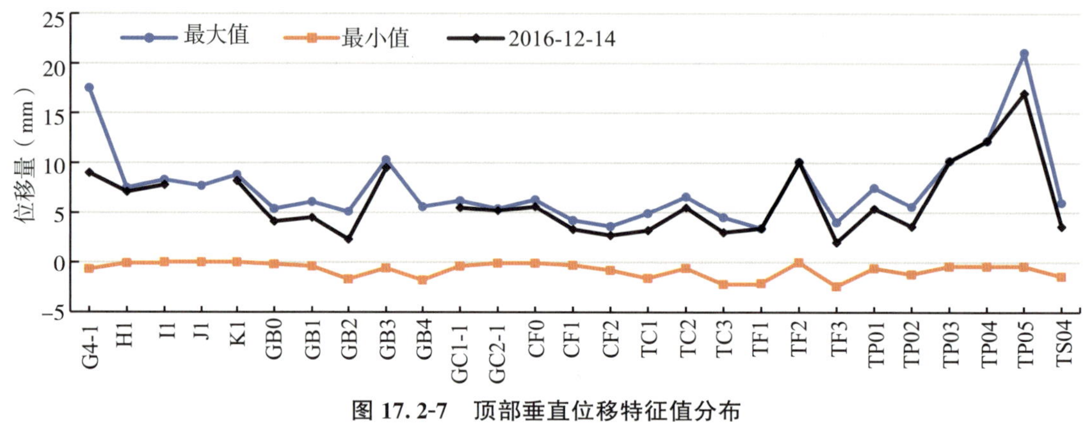

图 17.2-7 顶部垂直位移特征值分布

17.2.3 顶部裂缝对标监测

顶部裂缝对标共计 14 对（A～K），其中，钢带尺丈量测距 10 对，光电测距 4 对。对标张裂位移累积位移量除 B2/B1（−17.7mm）闭合较大之外，其余对标张裂位移值在±8mm 之内，变形较小。

对标垂直错动位移累积位移量除对标 G1/G2 变化−20.4mm 外，其他对标变化量基本在±8.0mm 以内，大部分对标呈平缓变形趋势，其中对标 G1/G2 因其端点 G1 位于地质探槽中且为低洼处，易受集聚的雨水浸蚀，所处地段为沙质土，导致该对标垂直位移变形较大。位移过程线见图 17.2-8、图 17.2-9，特征值分布见图 17.2-10、图 17.2-11。

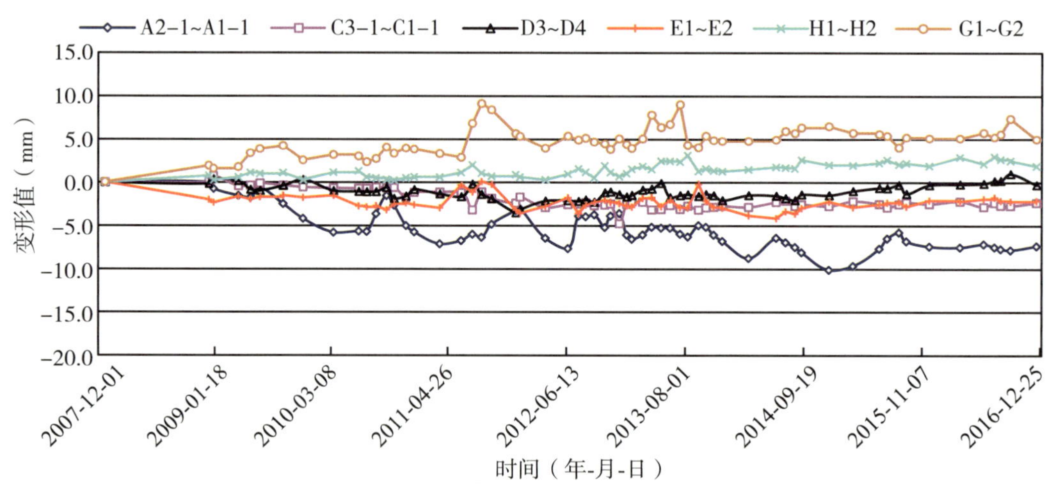

图 17.2-8 顶部裂缝马步坎对标张裂位移过程线

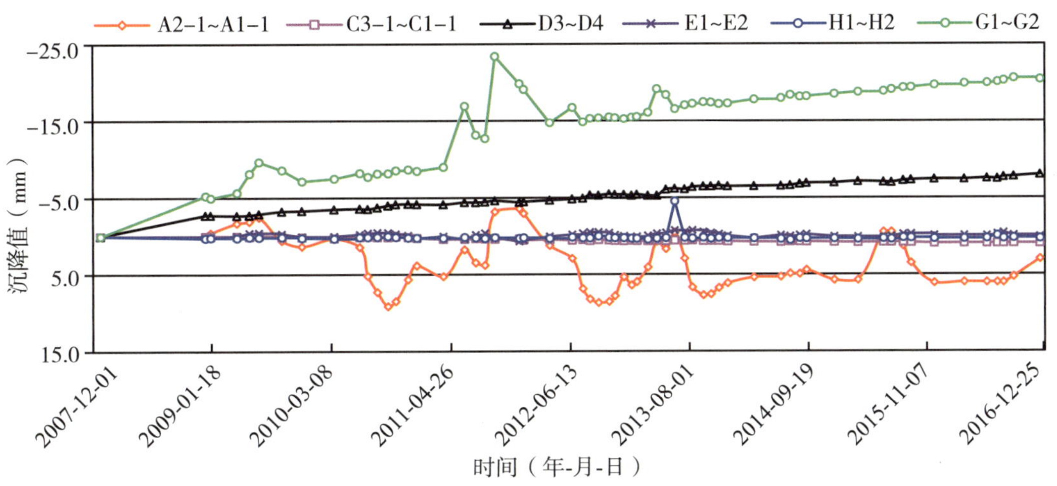

图 17. 2-9　顶部裂缝对标垂直错动位移过程线

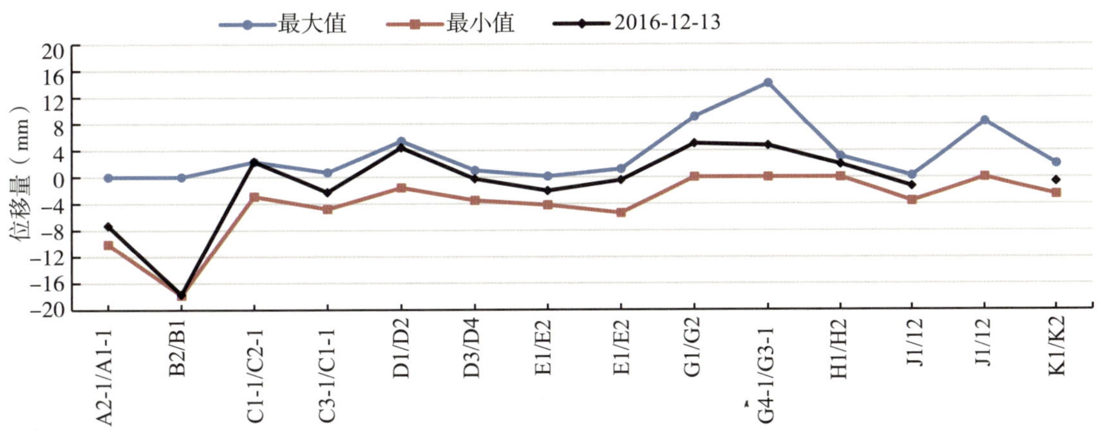

图 17. 2-10　顶部裂缝对标垂直错动位移特征值分布

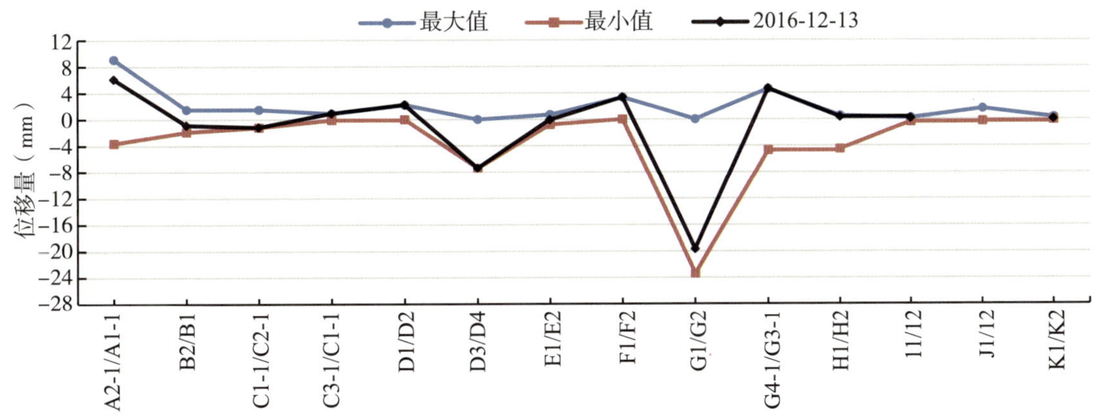

图 17. 2-11　顶部裂缝对标垂直错动位移特征值分布

17.3 坡面监测

17.3.1 坡面水平位移监测

坡面水平位移测点共计 6 点。各测点均表现为向河床位移，其中 TD30(25.2mm)较大，其余测点累积位移变化量在±13mm 以内，呈逐步向河床变形趋势。测点 TD30 位于 PD30 平洞口沙质土地段，变形相对较大。位移过程线见图 17.3-1，特征值分布见图 17.3-2。

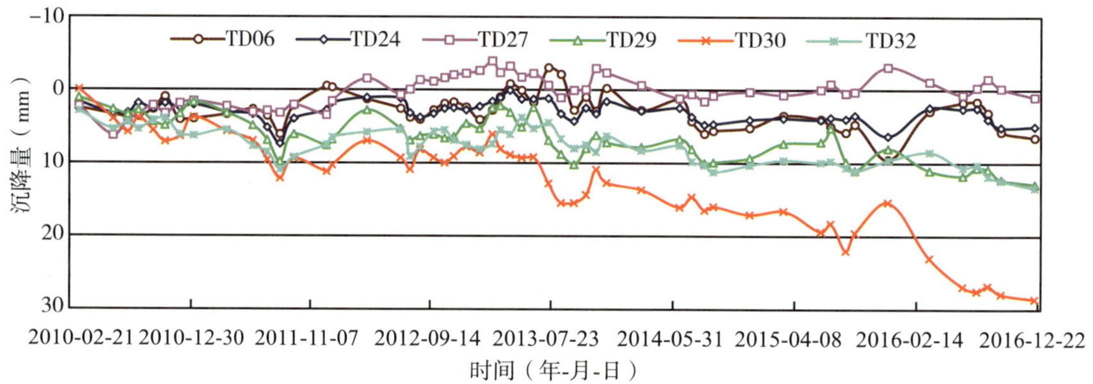

图 17.3-1 马步坎坡面水平位移测点水平位移过程线

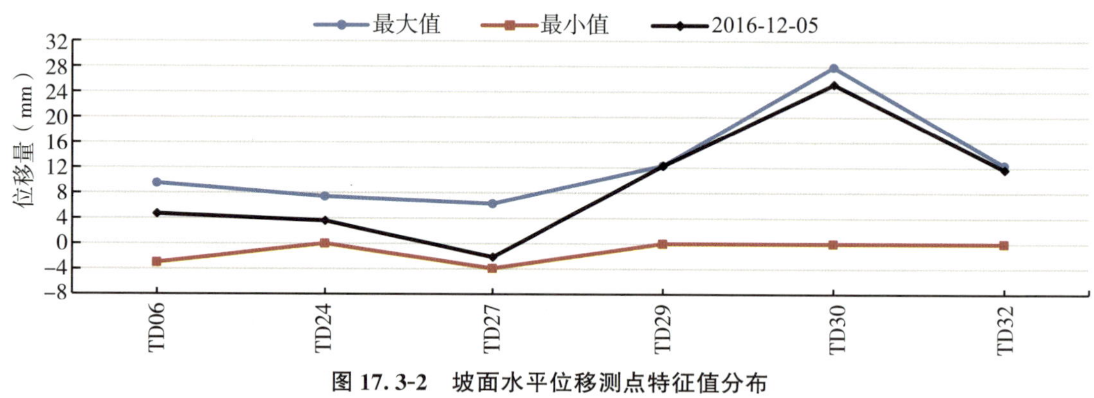

图 17.3-2 坡面水平位移测点特征值分布

17.3.2 坡面垂直位移监测

坡面垂直位移测点共计 19 点。除测点 A20(49.7mm)、TD30(21.1mm)、TD29(13.1mm)、TD27(11.3mm)、A26(10.4mm)变化较大外，其余测点变化量均在±9mm 以内。其中位于 PD29 平洞口上游侧坡面的 A20 测点，因所处位置为泥石堆积体，导致其当前下沉较大且趋势未收敛。PD30 平洞口及附近坡面测点从 2013 年 10 月开始至当前整体上升较大，原因初步分析为与其位于坡面处的垂直位移工作基点 PP4A 稳定性有关。

位移过程线见图 17.3-3，特征值分布见图 17.3-4。

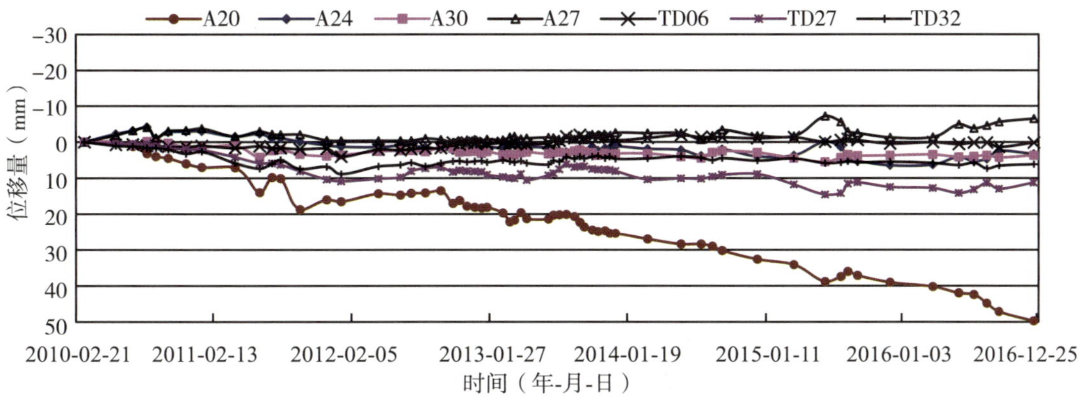

图 17.3-3　平洞口及附近坡面垂直位移测点垂直位移过程曲线

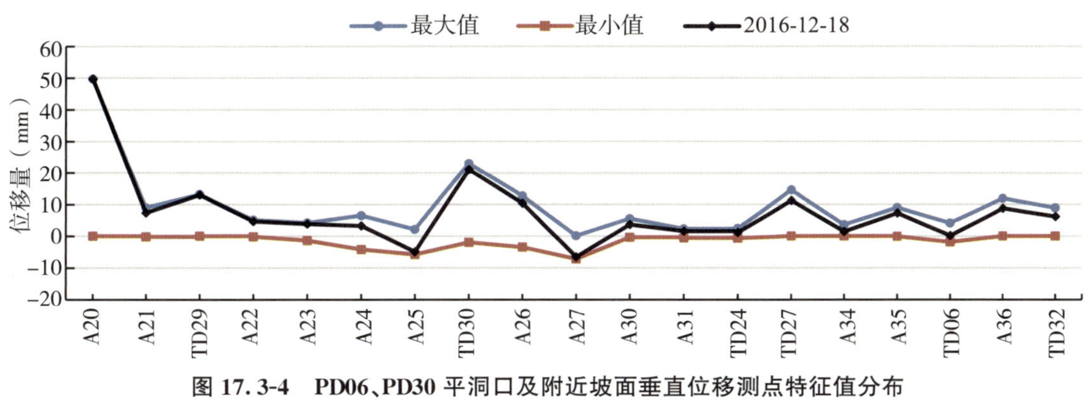

图 17.3-4　PD06、PD30 平洞口及附近坡面垂直位移测点特征值分布

17.4　平洞内监测

17.4.1　平洞内垂直位移监测

平洞内垂直位移测点共计 63 点，其中，PD06 平洞 10 点，PD32 平洞 9 点，PD24 平洞 9 点，交通洞 6 点，PD27 平洞 15 点，PD29 平洞 14 点，测点均运行正常。

大部分测点呈缓慢下沉趋势，变幅较小。除交通洞以及 PD32 平洞的 R5 下沉稍大(5.0mm)之外，其余测点位移值在±4mm 之内，变形不大，趋势平缓。PD32 平洞内 R5 测点，受 2012 年 6—7 月洞内水位孔施工影响，导致其当时短期内发生约 5mm 沉降，随后趋于稳定。位移过程线见图 17.4-1 至图 17.4-6，特征值分布见图 17.4-7、图 17.4-8。

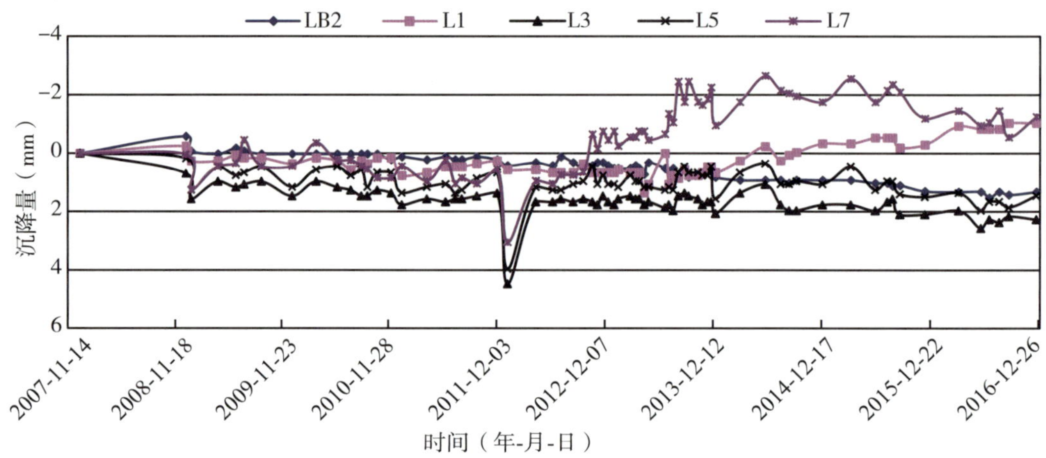

图 17.4-1 PD06 平洞内垂直位移测点垂直位移过程线

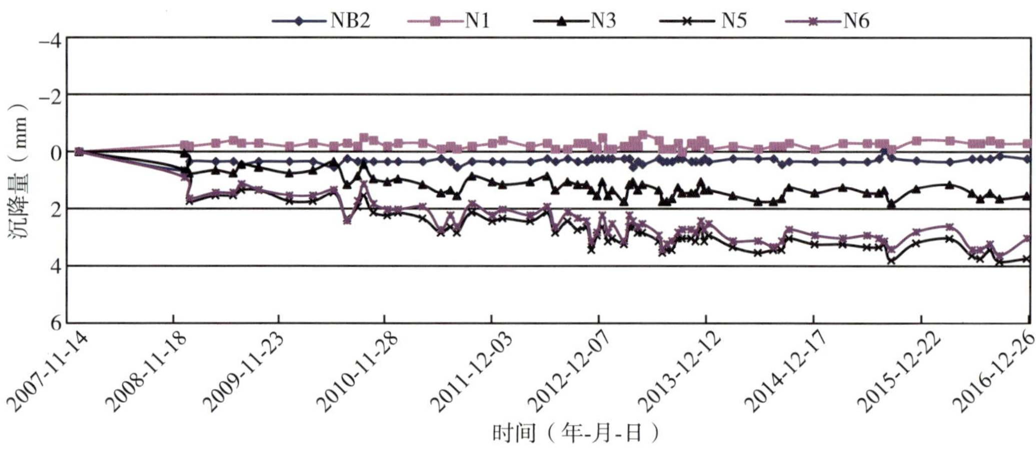

图 17.4-2 PD24 平洞内垂直位移测点垂直位移过程线

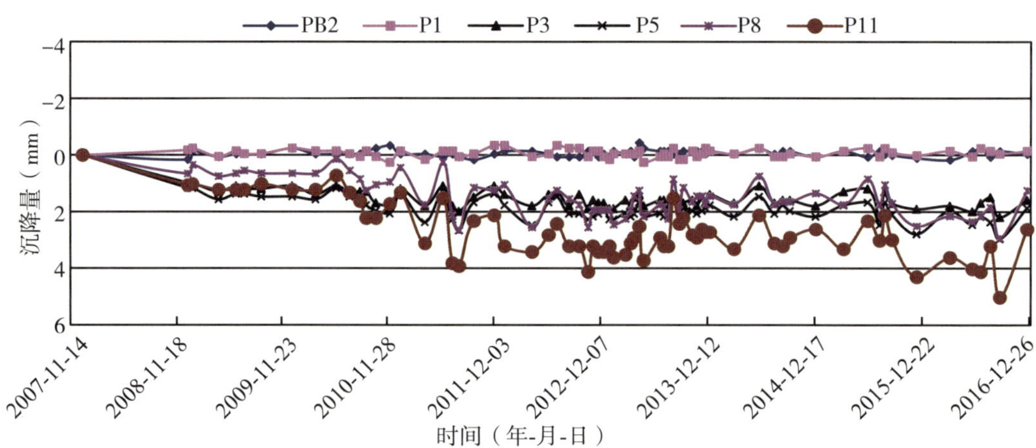

图 17.4-3 PD27 平洞内垂直位移测点垂直位移过程线

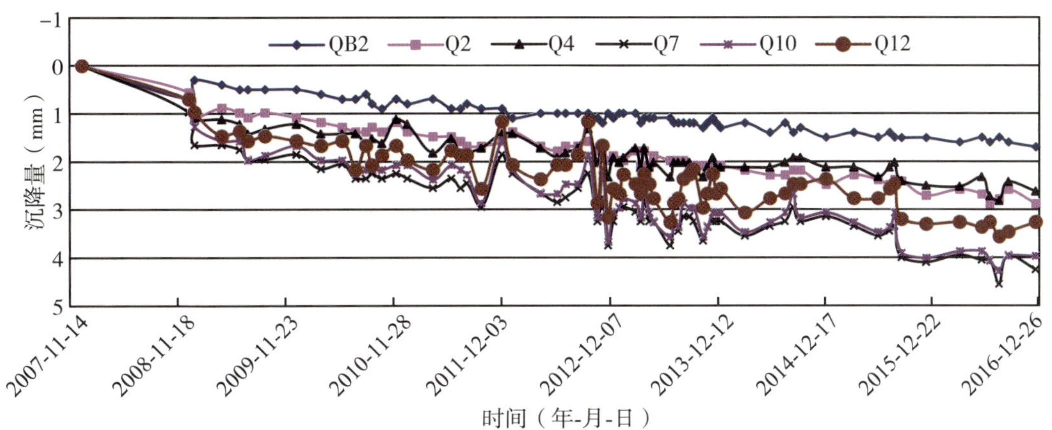

图 17.4-4 PD29 平洞内垂直位移测点垂直位移过程线

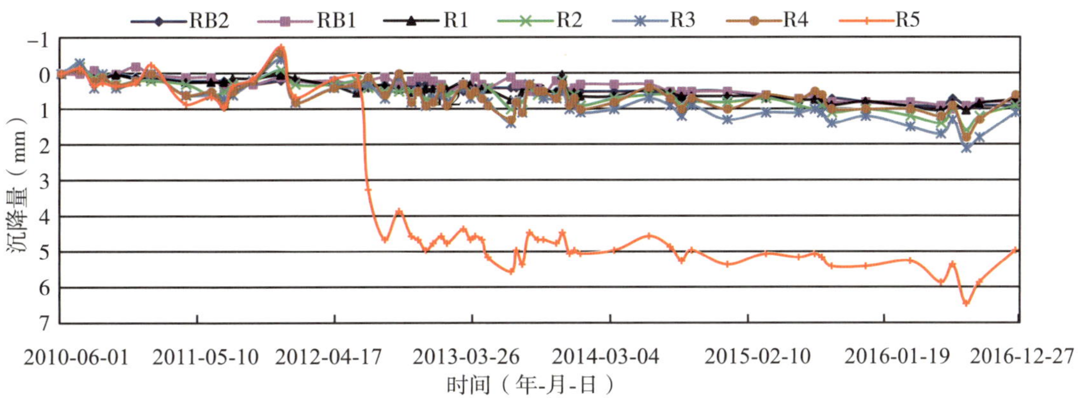

图 17.4-5 PD32 平洞内垂直位移测点垂直位移过程曲线

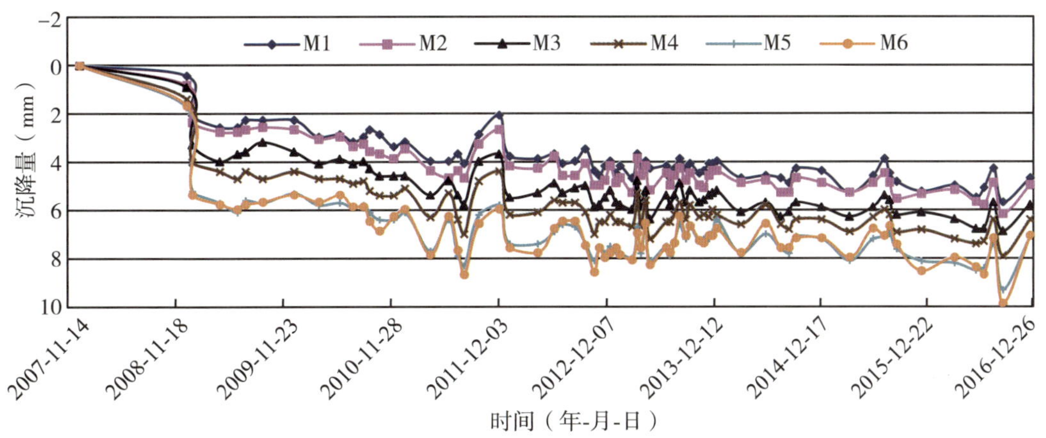

图 17.4-6 交通洞内垂直位移测点垂直位移过程线

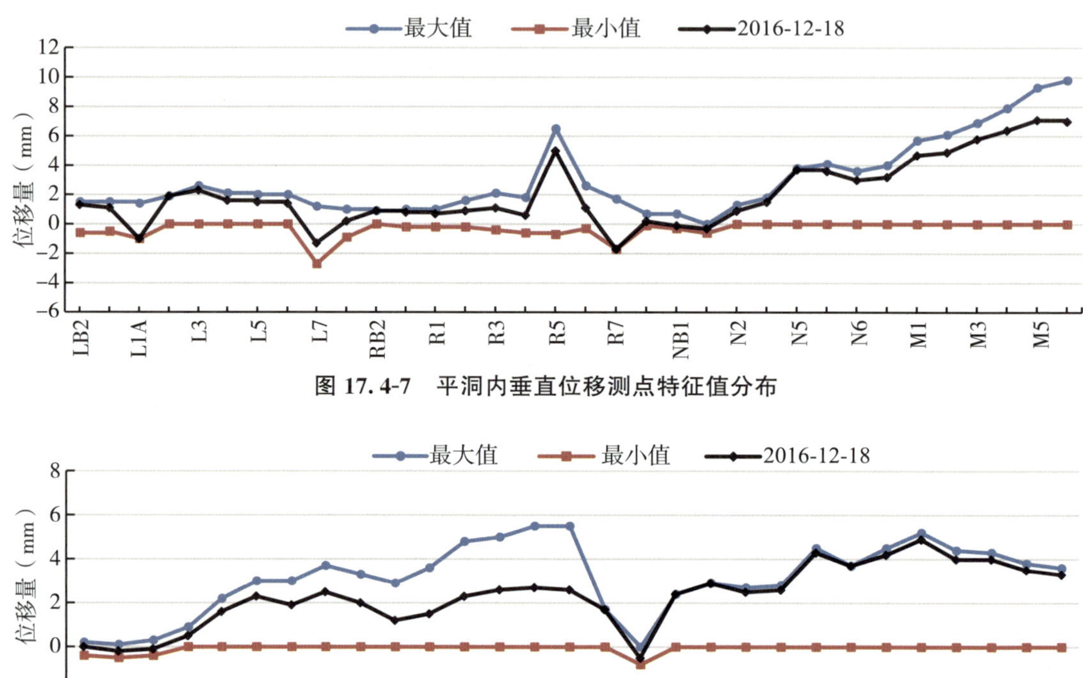

图 17.4-7　平洞内垂直位移测点特征值分布

图 17.4-8　平洞内垂直位移测点特征值分布

17.4.2　平洞内沙浆条带裂缝监测

平洞内沙浆条带共 15 条，至目前出现裂缝的共 7 条。各裂缝变化量均在 1mm 以内，变形不显著。过程线见图 17.4-9、图 17.4-10，特征值分布见图 17.4-11、图 17.4-12。

说明：*X* 方向张裂位移值张开为正，反之为负。*Y* 方向横向错动位移值向下游为正，反之为负。

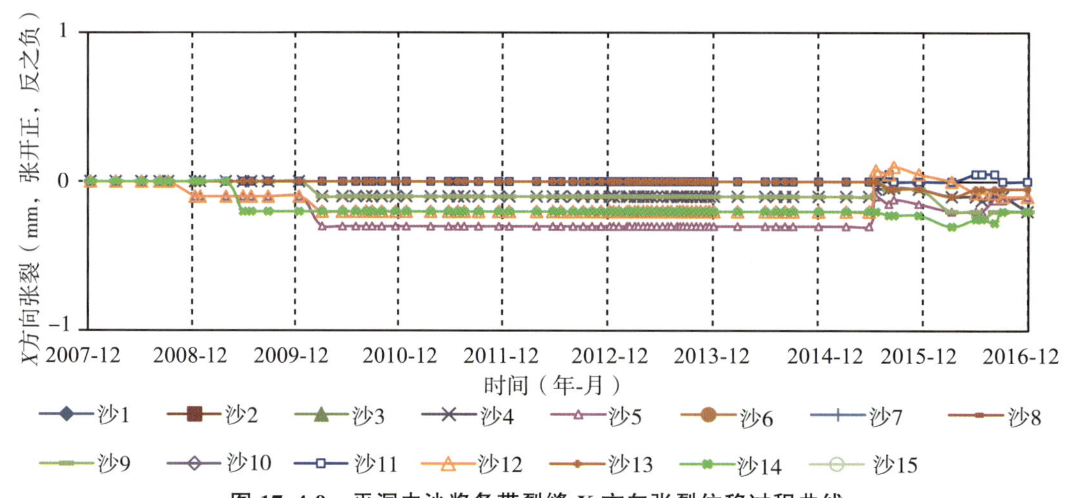

图 17.4-9　平洞内沙浆条带裂缝 *X* 方向张裂位移过程曲线

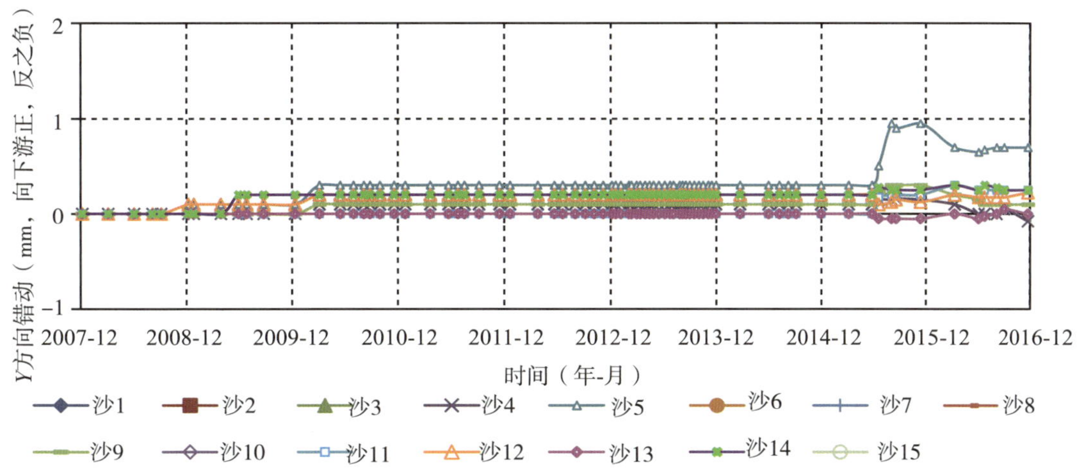

图 17.4-10 平洞内沙浆条带裂缝 *Y* 方向横向错动位移过程曲线

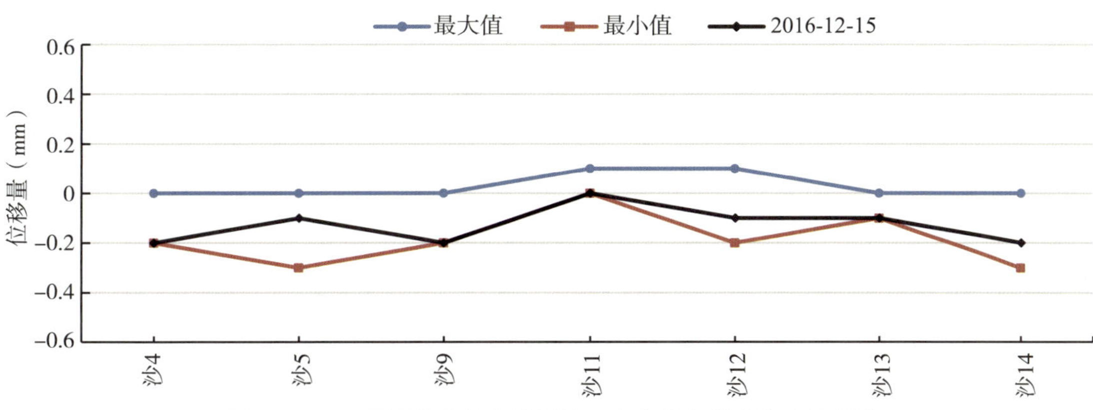

图 17.4-11 平洞内沙浆条带裂缝 *Y* 方向横向错动位移过程线

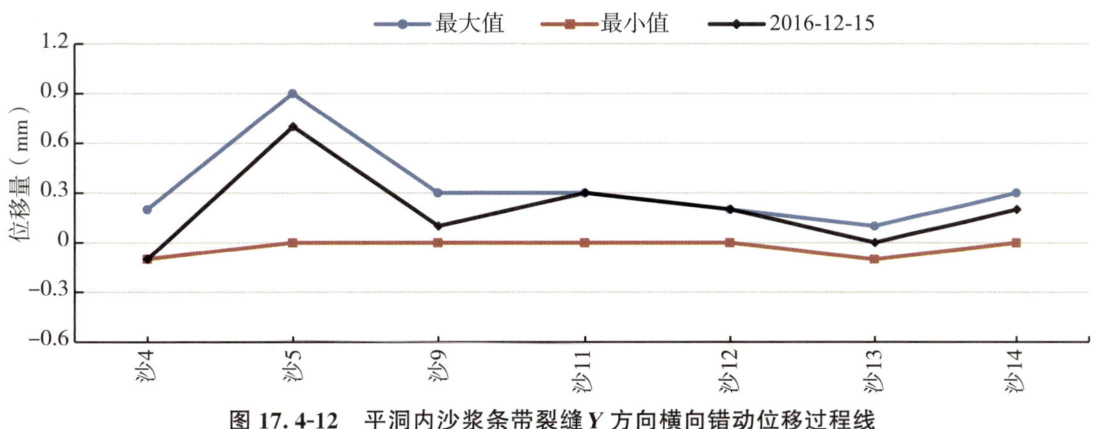

图 17.4-12 平洞内沙浆条带裂缝 *Y* 方向横向错动位移过程线

17.4.3 平洞内静力水准及张裂带监测

平洞内断层及张裂带监测，洞内共计布设静力水准仪 32 台，水平变形仪 4 台。平洞内静力水准测点变形不明显，累积位移量在−0.44～3.64mm，变形较小。PD32 平洞内静力水准测点，因

2015 年 5 月厂家工作人员对该平洞仪器进行维修调试，使得各测点发生约 1mm 沉降，随后趋于稳定，在 2016 年 3 月 27 日至 6 月 27 日、8 月 5 日至 12 月 26 日由于平洞内太过潮湿仪器故障而无法采集数据。水平变形仪累积位移变化量在±0.4mm 之内，变形不明显。

位移过程线见图 17.4-13 至图 17.4-16，特征值分布见图 17.4、图 17.4-18。

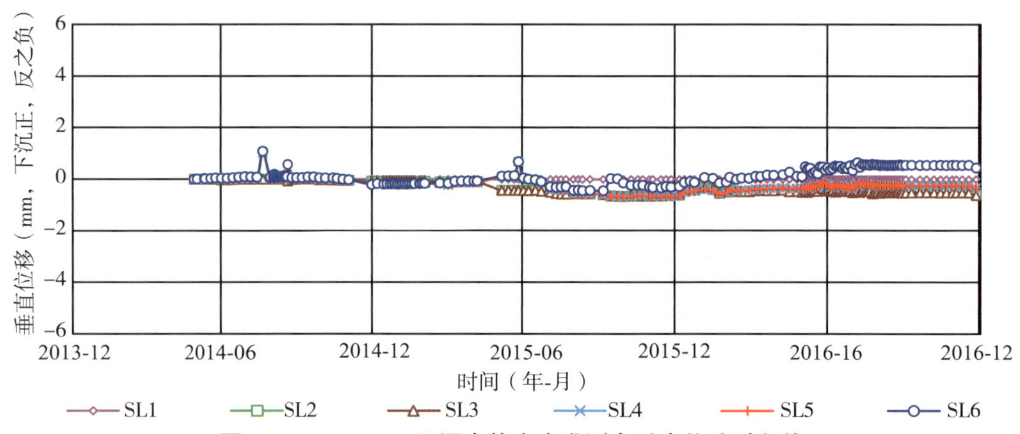

图 17.4-13　PD06 平洞内静力水准测点垂直位移过程线

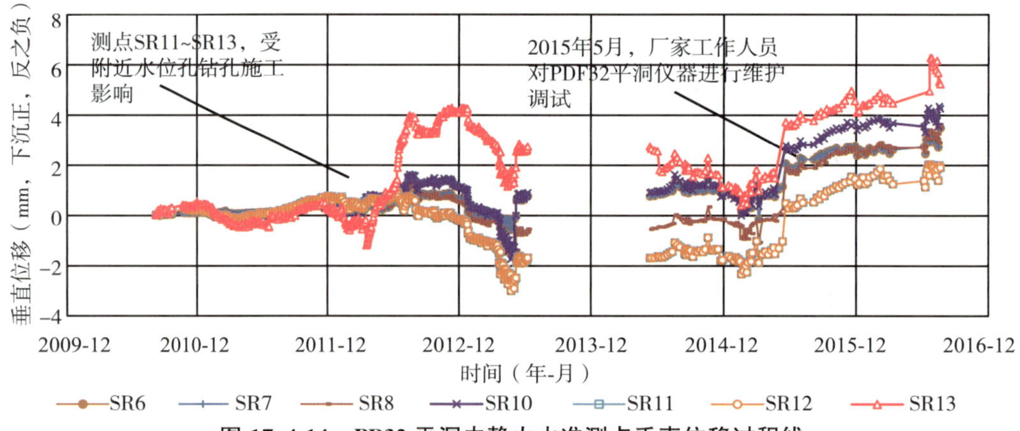

图 17.4-14　PD32 平洞内静力水准测点垂直位移过程线

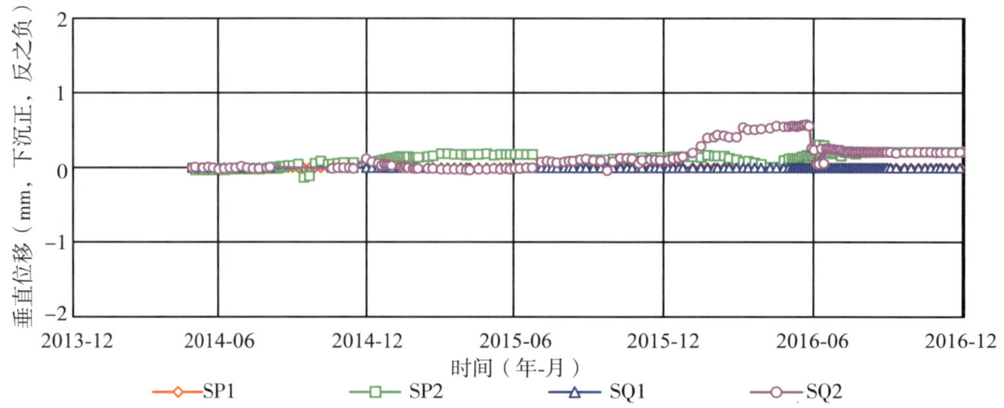

图 17.4-15　PD27、PD29 平洞内静力水准测点垂直位移过程线

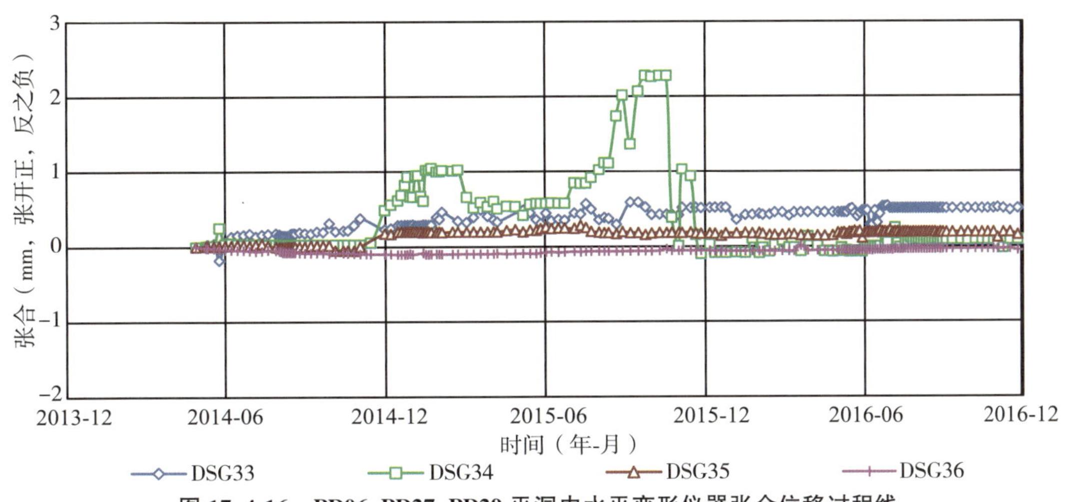

图 17.4-16　PD06、PD27、PD29 平洞内水平变形仪器张合位移过程线

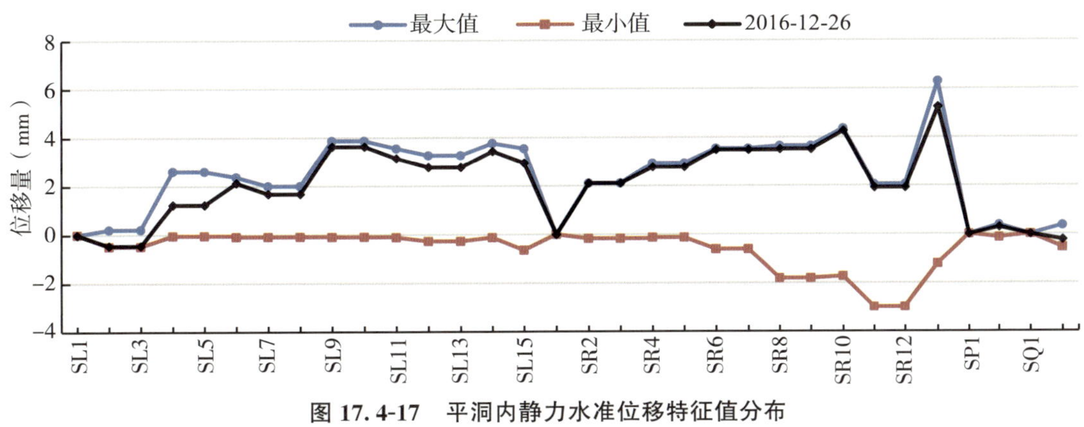

图 17.4-17　平洞内静力水准位移特征值分布

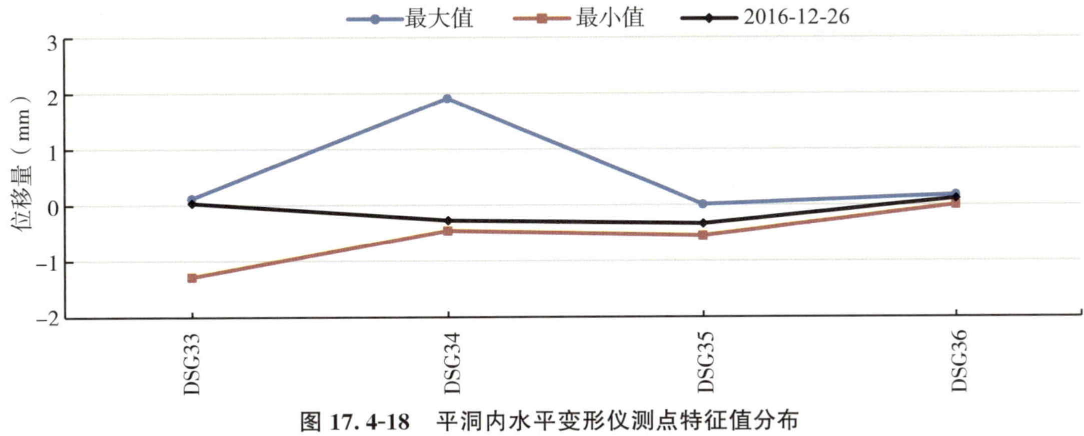

图 17.4-18　平洞内水平变形仪测点特征值分布

17.4.4　平洞内地下水位监测

PD32 平洞内布设水位孔 2 孔(近洞口为 OH2)。各孔均正常。水位孔 OH1、OH2 当前

值分别为 384.12m、376.88m，无异常变化。过程线见图 17.4-19，特征值分布见图 17.4-20。

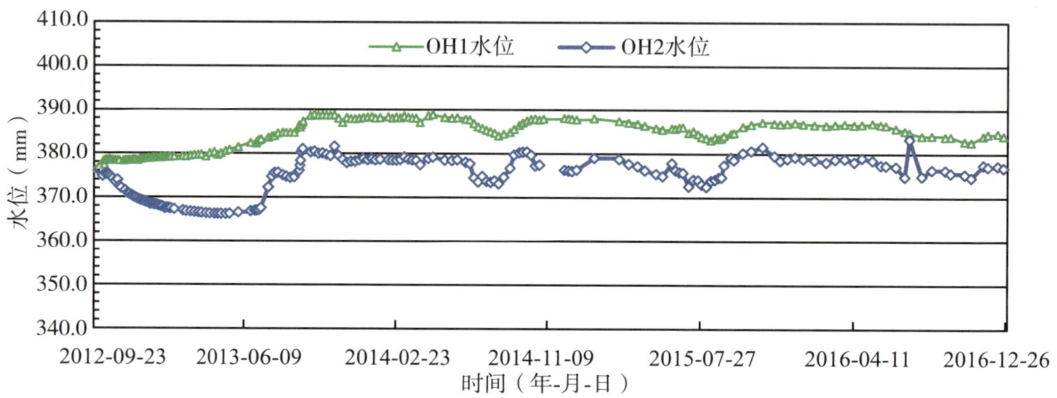

图 17.4-19 PD32 平洞内水位孔水位变化过程线

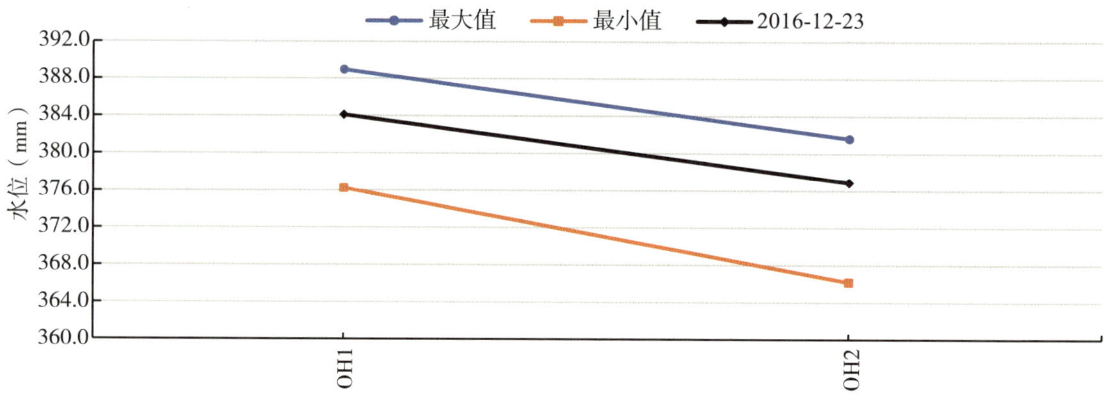

图 17.4-20 PD32 平洞内水位孔测点特征值分布

第 18 章　马延坡边坡

18.1　外部变形监测

马延坡边坡共埋设了 42 座变形观测墩，10 个控制网点，8 条裂缝观测。马延坡外部变形起测时间是 2007 年 2—6 月。

18.1.1　变形监测

(1)X 方向(南北向)水平位移

累积变形值范围为－61.32～84.23mm。其中：累积向马延坡沟发现位移超过 50mm 的有 2 个测点：P13(84.23mm)、P06(81.99mm)。累积向马延坡沟发现位移在 50～20mm 的有 9 个测点，分别为 P29(27.61mm)、P25(25.22mm)、P21(24.49mm)、P23(24.03mm)、P16(23.99mm)、P09(22.75mm)、P24(22.62mm)、P10(21.67mm)、P18(21.23mm)。累积向背离马延坡沟方向位移的测点有两个，分别为 P49(－61.32mm)、P56(－46.87mm)。监测成果特征值测点分布见图 18.1-1。

(2)Y 方向(东西向)水平位移

累积变形值范围为－100.22～52.35mm。其中：累积向下游位移超过 50mm 的有 1 个测点：P29(52.35mm)。累积向下游位移在 50mm～20mm 的有 11 个测点：P25(49.20mm)、P30(46.97mm)、P24(34.10mm)、P49(32.62mm)、P13(32.56mm)、P21(31.45mm)、P17(31.34mm)、P15(25.06mm)、P23(23.23mm)、P16(21.34mm)、P08(21.15mm)。累积向上游位移在超过 50mm 的有 1 个测点：P56(－100.22mm)。监测成果特征值测点分布见图 18.1-2。

(3)H 方向(垂直向)垂直位移

累积变形值范围为－0.75～165.26mm。其中，累积超过 50mm 的有 5 个测点：P56(165.26mm)、P49(147.09mm)、P25(70.39mm)、P13(68.21mm)、P06(60.48mm)。沉降累积值在 20～40mm 的有 10 个测点，分别是 P29(35.19mm)、P24(31.47mm)、P03(29.83mm)、P17(25.00mm)、P18(23.31mm)、D2B(22.46mm)、P23(21.25mm)、P16

(20.75mm)、P19(20.58mm)、P40(20.40mm)。沉降累积值在10～20mm之间的有15个测点,其余测点沉降累积值小于10mm。测点监测成果特征值分布见图18.1-3。

马延坡边坡典型测点变化过程线见图18.1-4至图18.1-6。从位移过程线来看,马延坡部位变形主要发生在2009年以前,2009年以后变形速率明显趋缓,大部分测点位移变化较小,未发生大范围变形,但仍有少量测点变形尚未收敛,仍需加强观测。

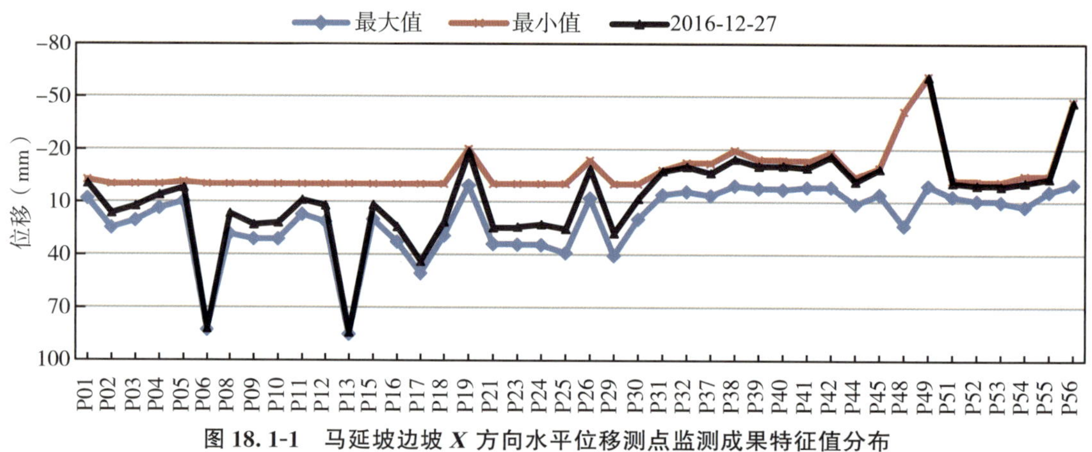

图18.1-1 马延坡边坡 *X* 方向水平位移测点监测成果特征值分布

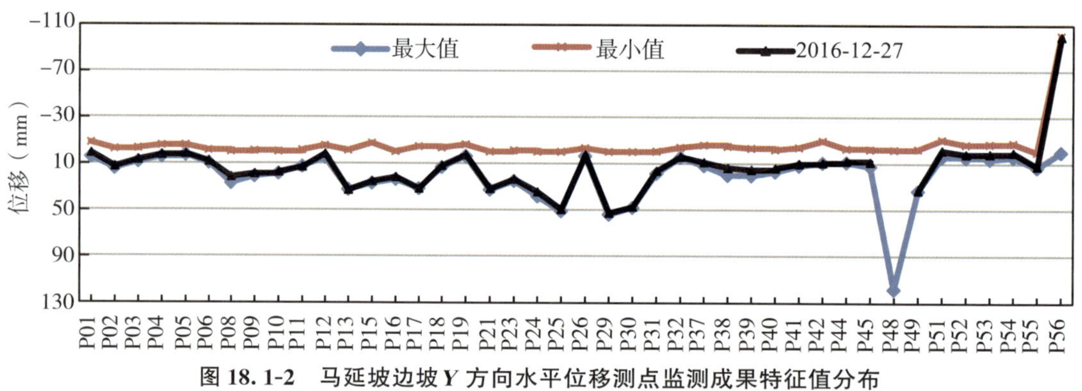

图18.1-2 马延坡边坡 *Y* 方向水平位移测点监测成果特征值分布

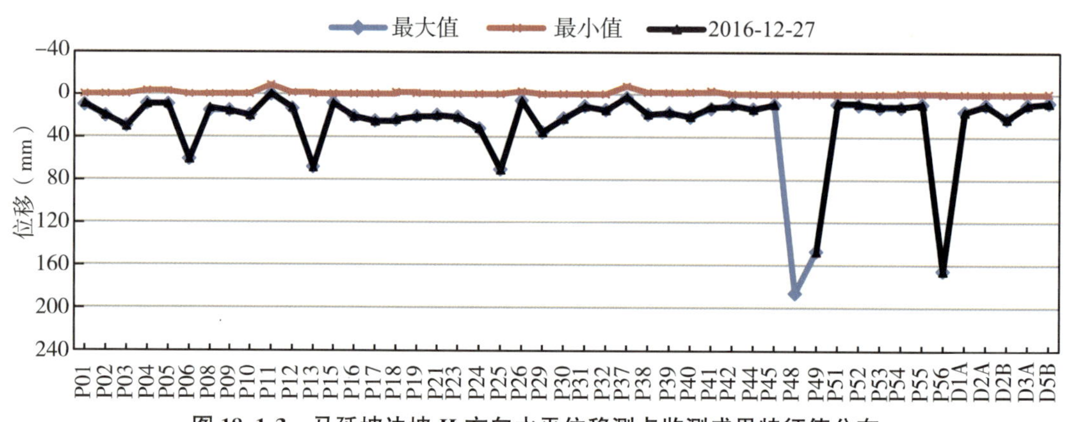

图18.1-3 马延坡边坡 *H* 方向水平位移测点监测成果特征值分布

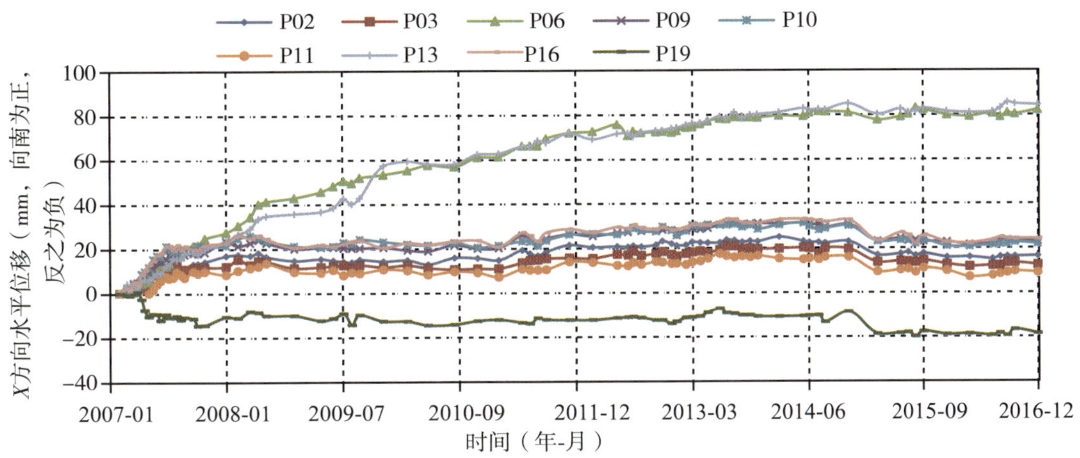

图 18.1-4　马延坡边坡 *X* 方向典型测点水平位移变化过程线

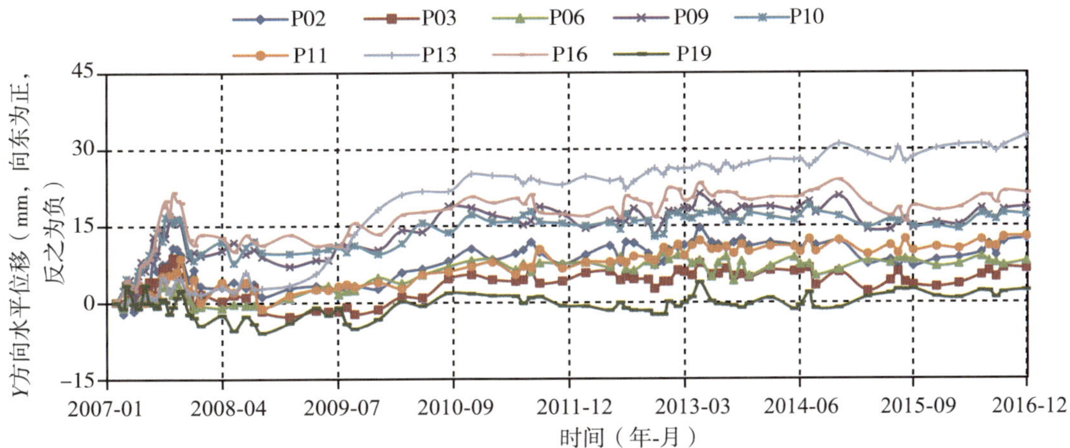

图 18.1-5　马延坡边坡 *Y* 方向典型测点水平位移变化过程线

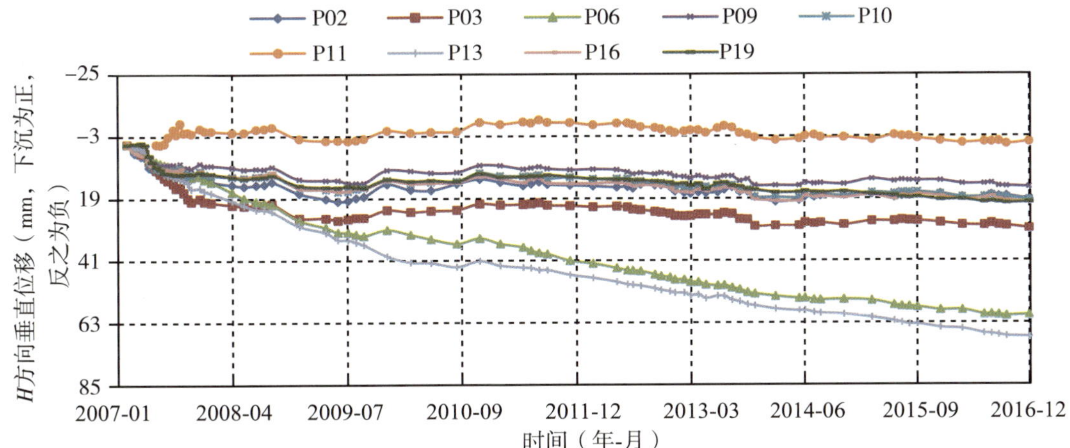

图 18.1-6　马延坡边坡 *H* 方向典型测点水平位移变化过程线

18.1.2 对标及裂缝监测

为监测马延坡顶部裂缝变形情况，共埋设 6 对对标，其中 D6 采用固定钢尺读数，D1A/D1B、D5A/D5B 对标采用钢带尺丈量，其余对标采用全站仪测距。

当前马延坡边坡对标沉降值为 1.40～21.11mm，其中位移较大对标为 D2A/D2B(21.11mm)、P15/P21(15.48mm)；当前对标张裂为−6.29～40.59mm，其中张裂累积较大的对标为 D3A/P08(40.59mm)、D2A/D2B(35.74mm)。对标错动和张裂在 2008 年 5 月以前变形较大，目前变形趋缓。特征值分布见图 18.1-7 和图 18.1-8，对标过程线见图 18.1-9 和图 18.1-10。

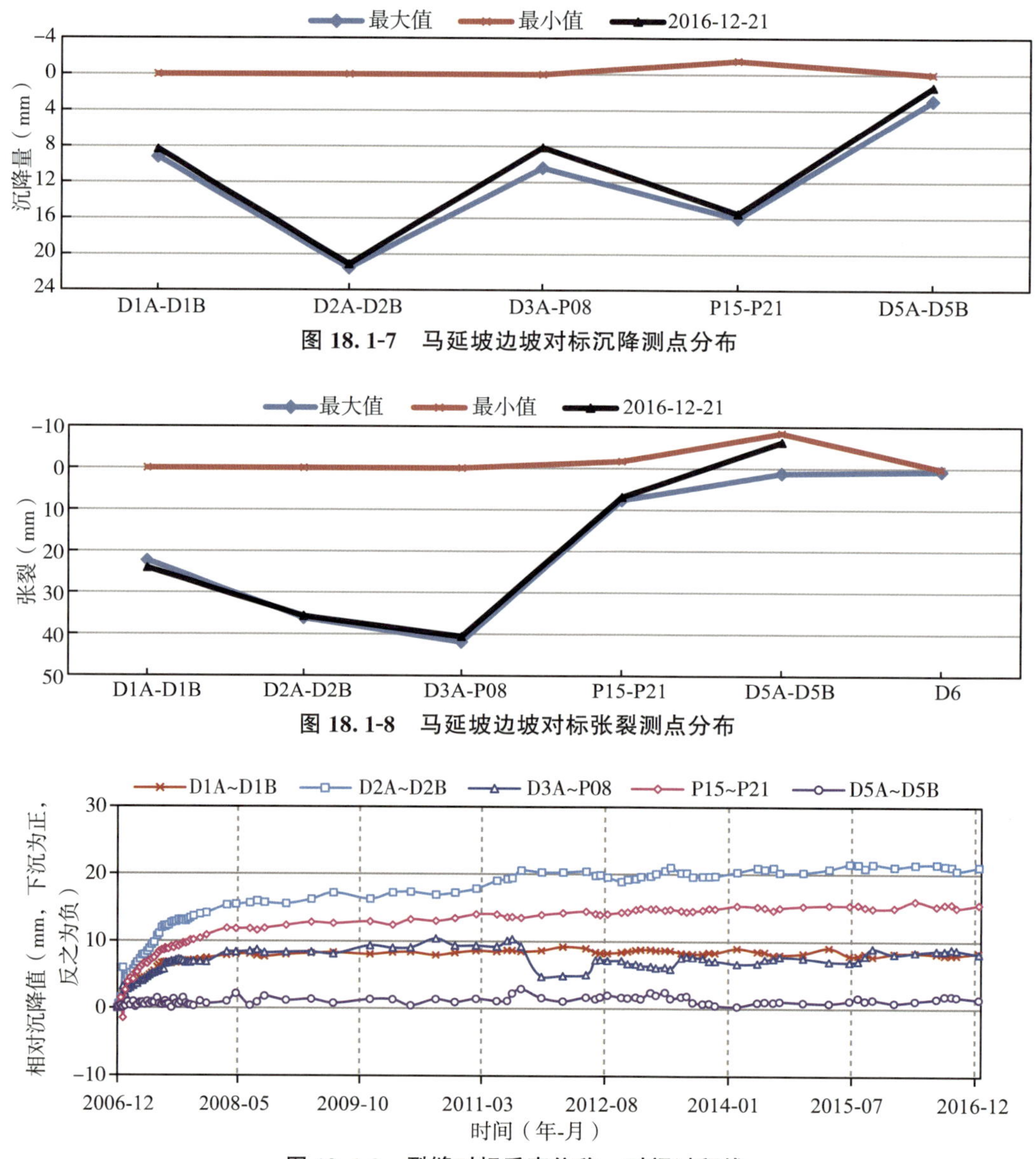

图 18.1-7 马延坡边坡对标沉降测点分布

图 18.1-8 马延坡边坡对标张裂测点分布

图 18.1-9 裂缝对标垂直位移—时间过程线

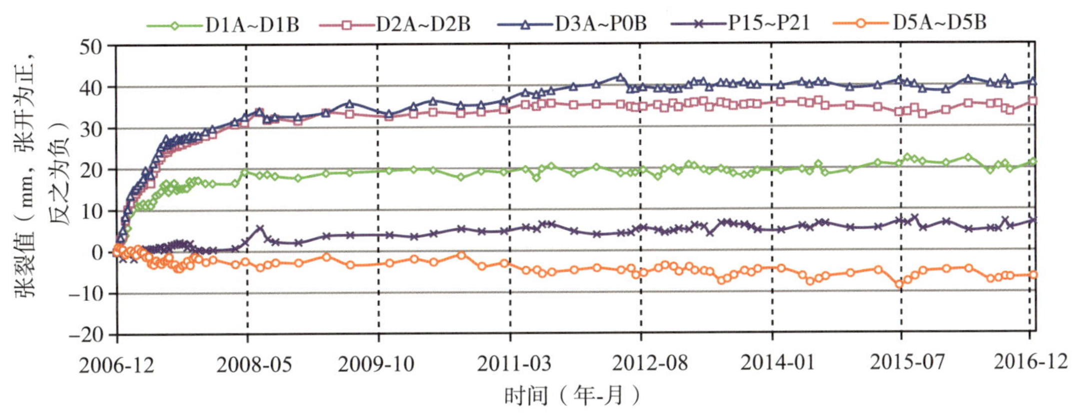

图 18.1-10　裂缝对标平面位移—时间过程线

18.2　深部变形监测

马延坡边坡共安装了 26 个测斜孔，除测点编号为 ING-1、ING-3 的起测时间是 2009 年 7 月和测点编号为 INi1-1、INi2-1 起测时间是 2009 年 2 月外，其余测斜孔起测时间是 2006 年 2 月至 2007 年 11 月，目前只有 12 个测斜孔具备观测条件。2012 年 4 月起测点 IN02、IN-14 等 14 个测斜孔孔盖被盗，测斜孔被淤泥封堵，无法观测。

马延坡边坡测斜孔 A 方向（临空面主要变形方向）累积位移量为−4.95～47.89mm（测点 IN03 孔口下方 1.0m 处），B 方向（垂直于 A 向次要变形方向）累积位移量为−49.79mm（测点 IN03 孔口下方 1.0m 处）～11.28mm。测点 IN03 的 A 方向在 19.5～21.5m 处、23～23.5m 处各有一处位错，当前位错量分别为 35.21mm、8.98mm；B 方向在 19.5～21.5m 处、23～23.5m 处各有一处位错，当前位错量分别为−36.87mm、−10.89mm；测点 IN17 的 A 方向在 7.5～9.0m 处有一处位错，当前位错量为 26.35mm。其他测点当前 A、B 方向无明显横切滑移面，位移整体变化规律明显，少许波动属于系统误差。特征值分布见图 18.2-1，典型测点过程线见图 18.2-2。

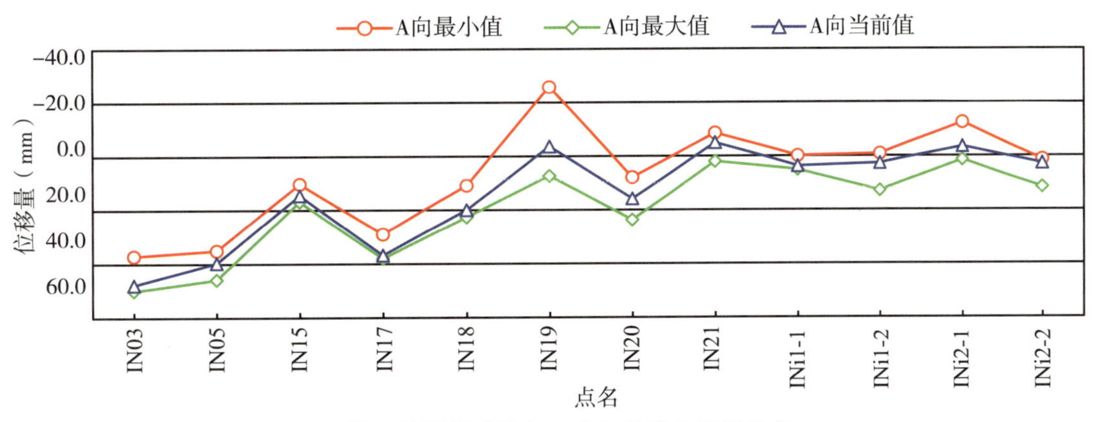

(a) 马延坡测斜孔测点 A 方向位移特征值分布

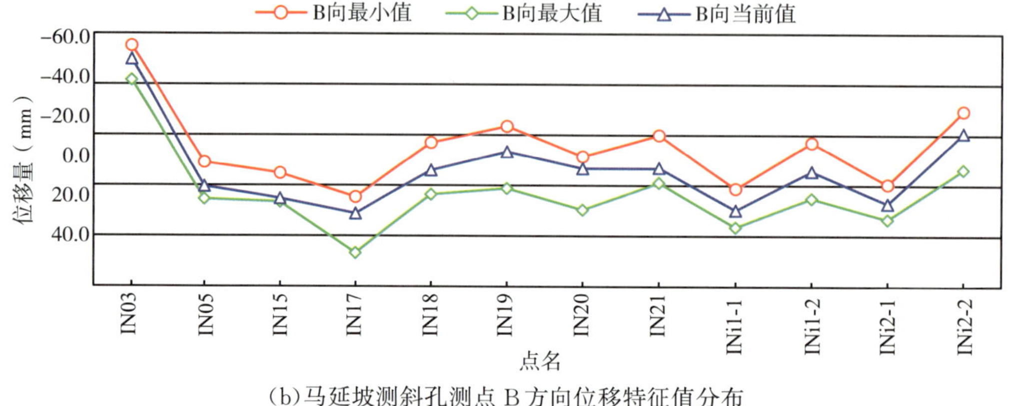

(b)马延坡测斜孔测点 B 方向位移特征值分布

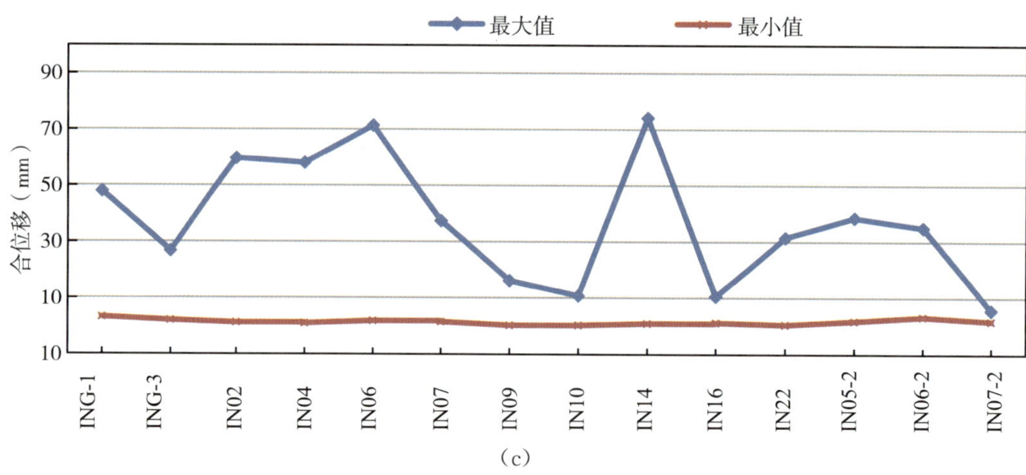

(c)

图 18. 2-1　马延坡边坡测斜孔分布

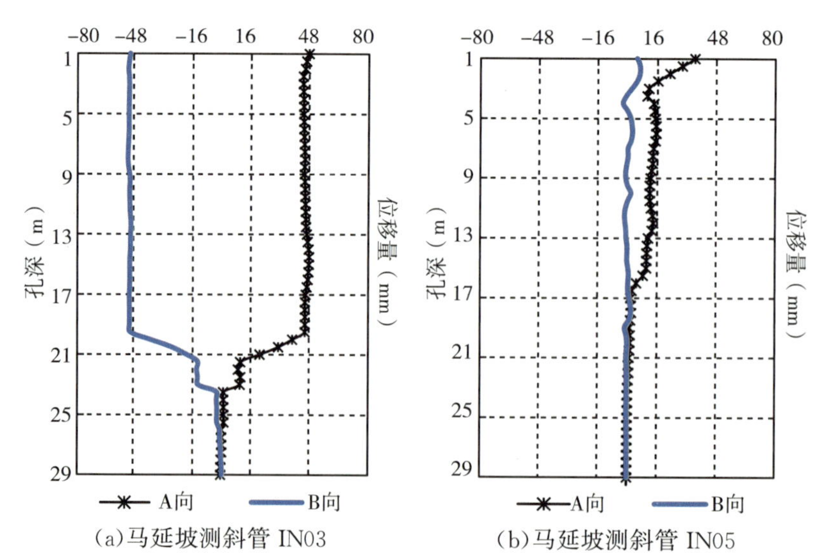

(a)马延坡测斜管 IN03　　(b)马延坡测斜管 IN05

图 18. 2-2　2016 年 12 月 20 日马延坡边坡典型测斜孔 A、B 方向累积位移变化过程线

18.3　应力应变监测

18.3.1　钢筋应力

马延坡钢筋计共埋设 149 支，抗滑桩钢筋计起测时间是 2007 年 2—8 月，分别埋设在 500m 水池、110kV 变电站、ⅠA 区、ⅠB 区、ⅠC 区、ⅠD 区、ⅡA 区、ⅡB 区、6 号公路，边坡抗滑桩桩体钢筋应力监测主要是在每个桩体内选择 1～4 根受力结构钢筋，在每根钢筋各布设 1～2 支钢筋计，布设 2 根钢筋计的一般根据桩体深度和滑面位置分上下两个部位布置，下面的 1 支钢筋计布置在距离滑面 500mm 左右的位置，有的钢筋计同高程浇筑混凝土内布设应变计组进行对比监测分析。

当前一期、二期抗滑桩钢筋应力为－88.96～170.64MPa，抗滑桩钢筋应力变化较平稳，无异常，钢筋应力与温度有一定的负相关性。特征值分布见图 18.3-1 至图 18.3-7，典型测点过程线见图 18.3-8。

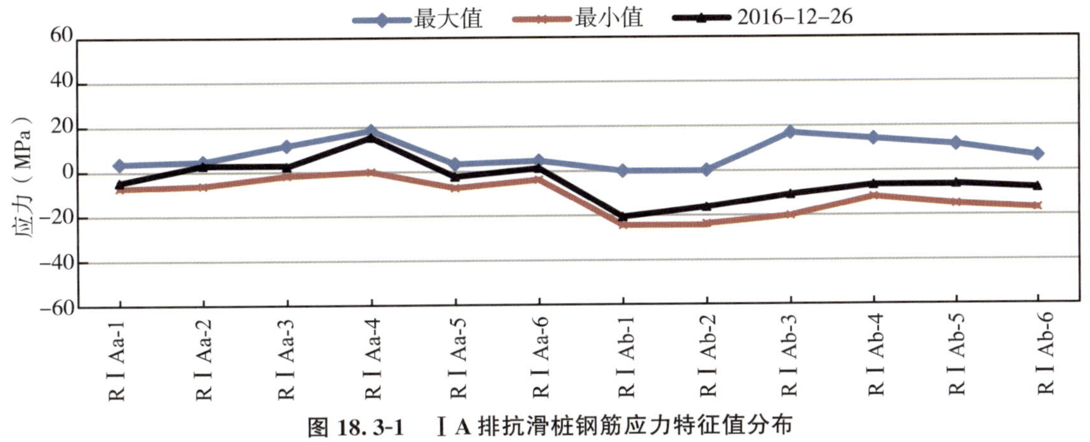

图 18.3-1　ⅠA 排抗滑桩钢筋应力特征值分布

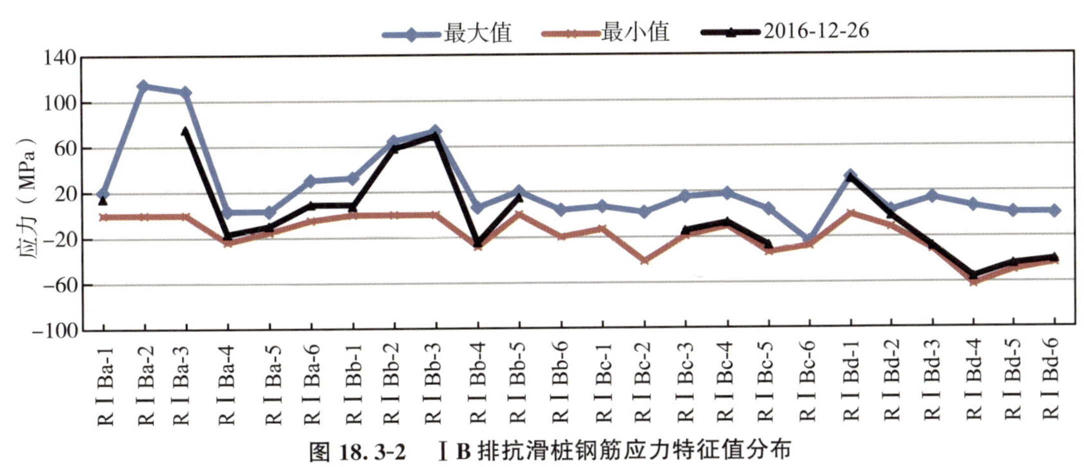

图 18.3-2　ⅠB 排抗滑桩钢筋应力特征值分布

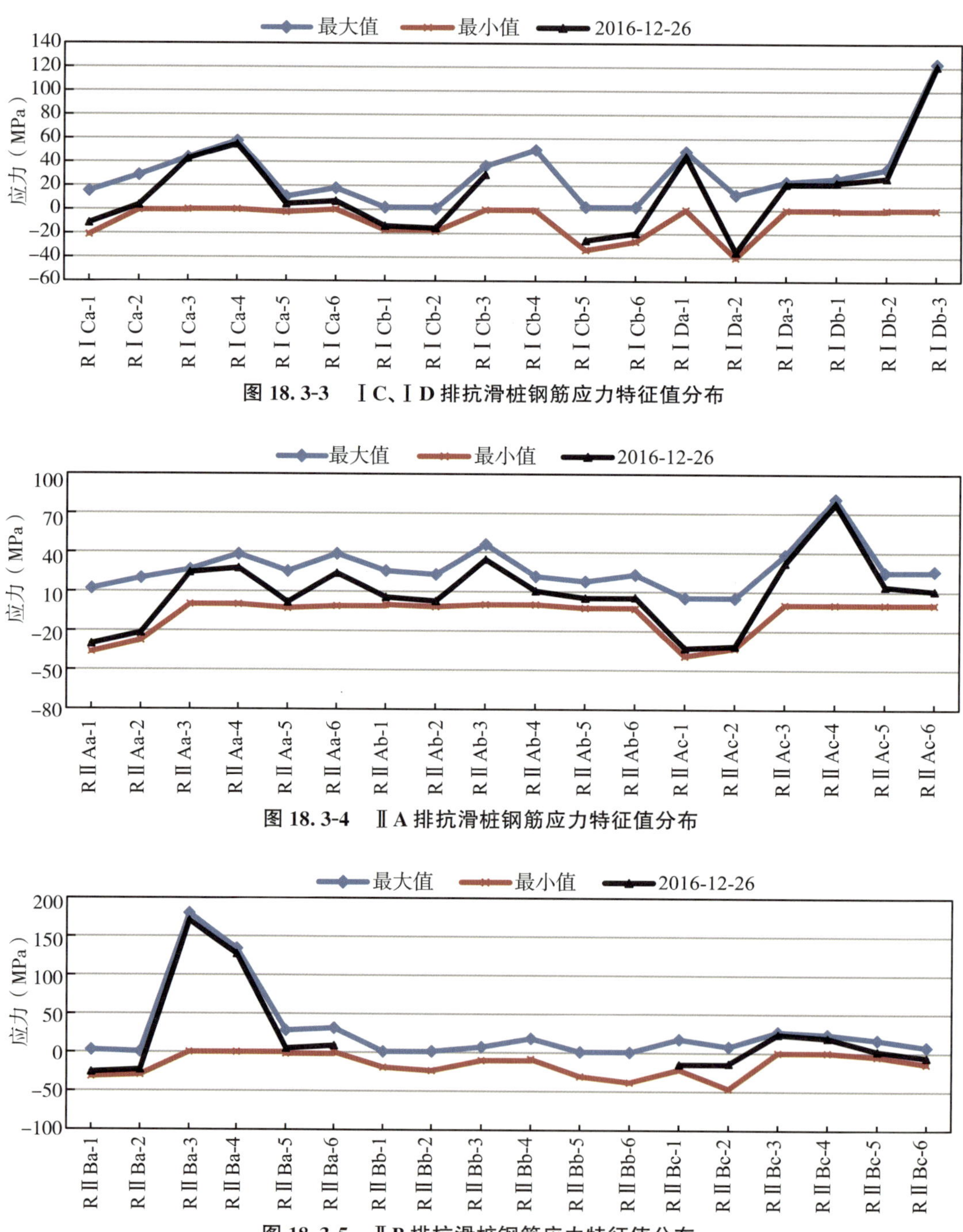

图 18. 3-3　Ⅰ C、Ⅰ D 排抗滑桩钢筋应力特征值分布

图 18. 3-4　Ⅱ A 排抗滑桩钢筋应力特征值分布

图 18. 3-5　Ⅱ B 排抗滑桩钢筋应力特征值分布

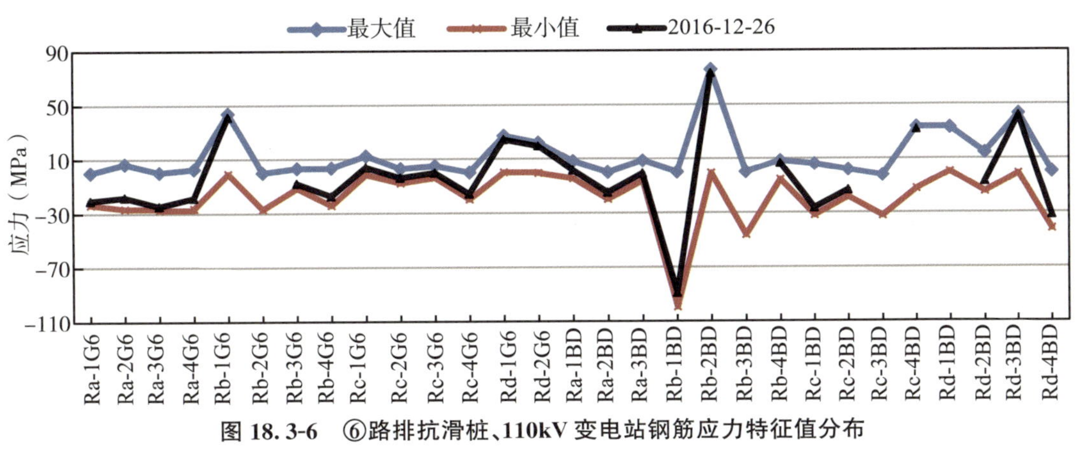

图 18.3-6　⑥路排抗滑桩、110kV 变电站钢筋应力特征值分布

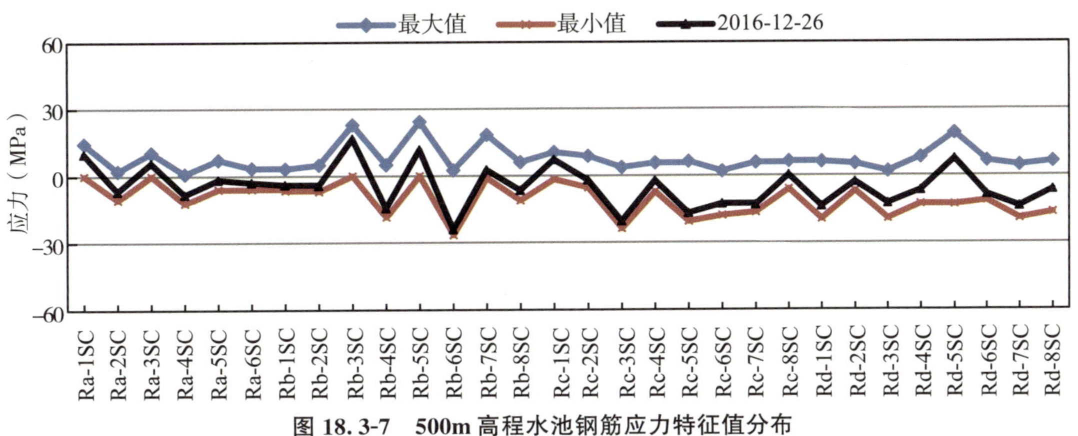

图 18.3-7　500m 高程水池钢筋应力特征值分布

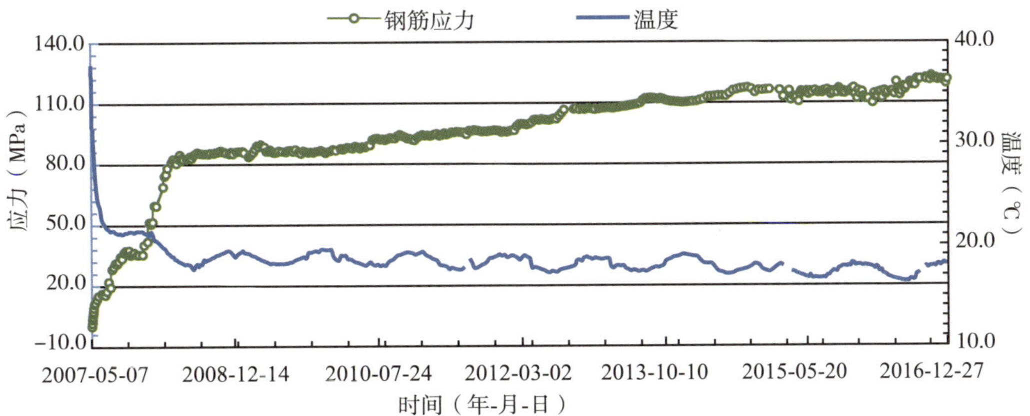

图 18.3-8　马延坡抗滑桩钢筋计典型测点变化过程线

18.3.2　混凝土应变

(1)无应力计

马延坡无应力计共埋设 39 支，分别埋设在 110kV 变电站、Ⅰ A 区、Ⅰ B 区、Ⅰ C 区、Ⅰ D

区、ⅡA区、ⅡB区、6号公路。混凝土无应力计起测时间是2007年2—8月。

当前无应力计应变在－133.48～153.69με。各桩体内无应力计测值有压有拉，同一桩体内上下两支无应力特性基本一致。特征值分布见图18.3-9，典型测点变化过程线见图18.3-10。

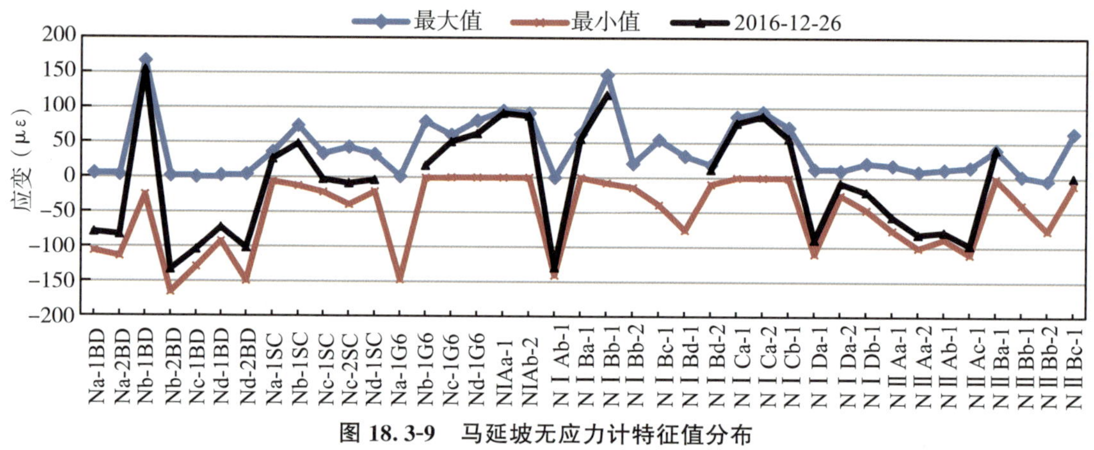

图18.3-9 马延坡无应力计特征值分布

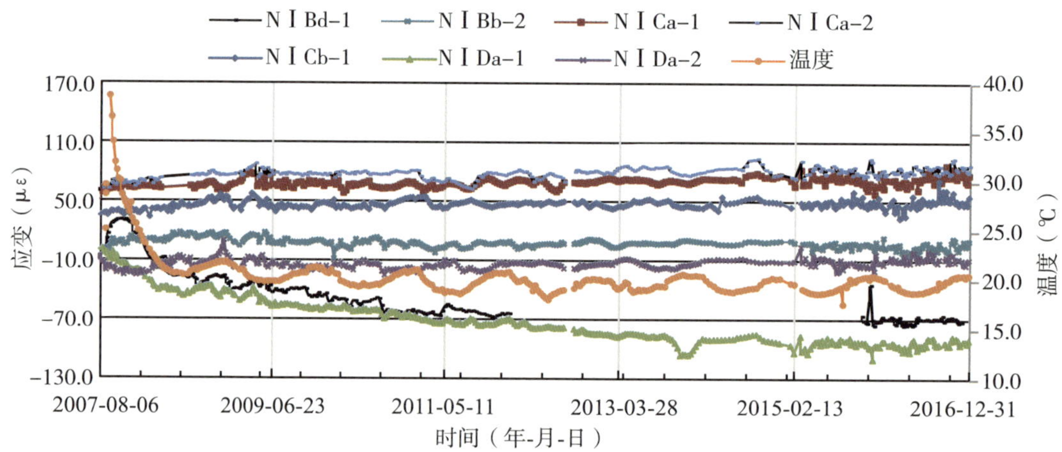

图18.3-10 马延坡混凝土无应力计典型测点变化过程线

（2）三向应变计

马延坡三向应变计共埋设39组，混凝土三向应变计起测时间是2007年2—8月，分别埋设在110kV变电站、ⅠA区、ⅠB区、ⅠC区、ⅠD区、ⅡA区、ⅡB区、6号公路。

当前三向应变计应变在－620.70～418.63με。各部位桩体内应变计测得的应变拉压特性有明显的差异，与桩体结构周围介质、所处部位局部外来荷载影响和山体蠕滑方向及变形程度等有一定的关系。目前，各桩体应变已趋于稳定，应变与温度有一定的负相关性，同时与外界气温保持一定的滞后性。

马延坡混凝土三向应变计最大压应变是110kV变电站部位的抗滑桩下部547.210m高程处的S3b-1BD，当前应力应变为－620.70με（垂直向上方向），变幅为630.88με，目前变化

趋于平缓；当前最大拉应变位于 IB 排的埋设在 ZⅠB8 抗滑桩内 S3ⅠBa-1 的顺滑动面方向，当前应力应变为 418.63$\mu\varepsilon$，变幅为 474.93$\mu\varepsilon$，前期由于受施工影响变化较大，目前变化平稳。特征值分布见图 18.3-11 至图 18.3-15，典型测点变化过程线见图 18.3-16 至图 18.3-18。

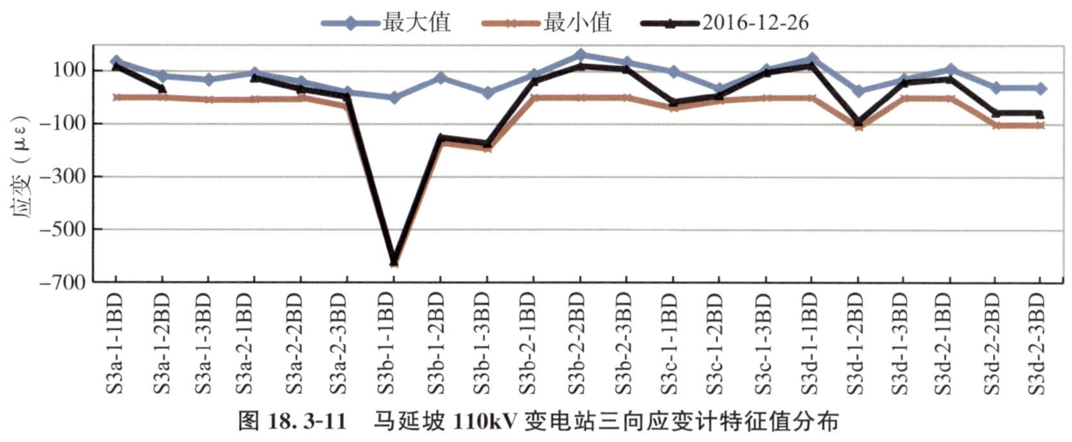

图 18.3-11　马延坡 110kV 变电站三向应变计特征值分布

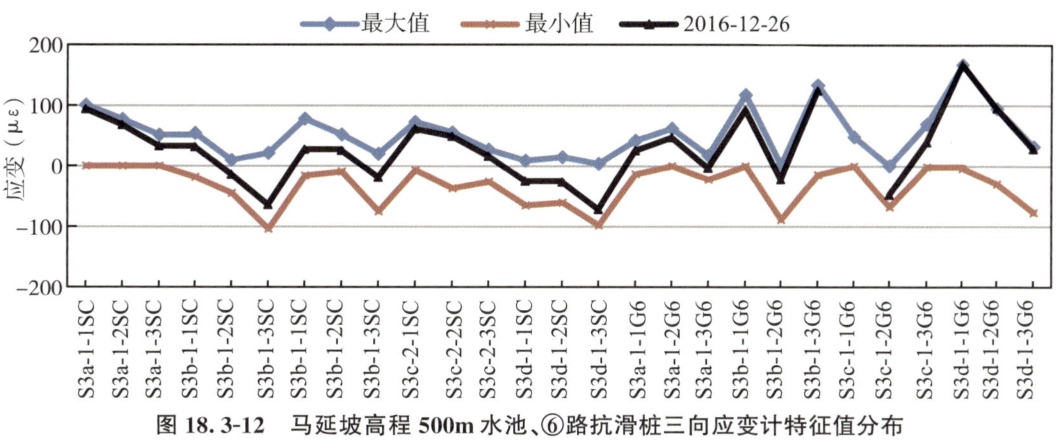

图 18.3-12　马延坡高程 500m 水池、⑥路抗滑桩三向应变计特征值分布

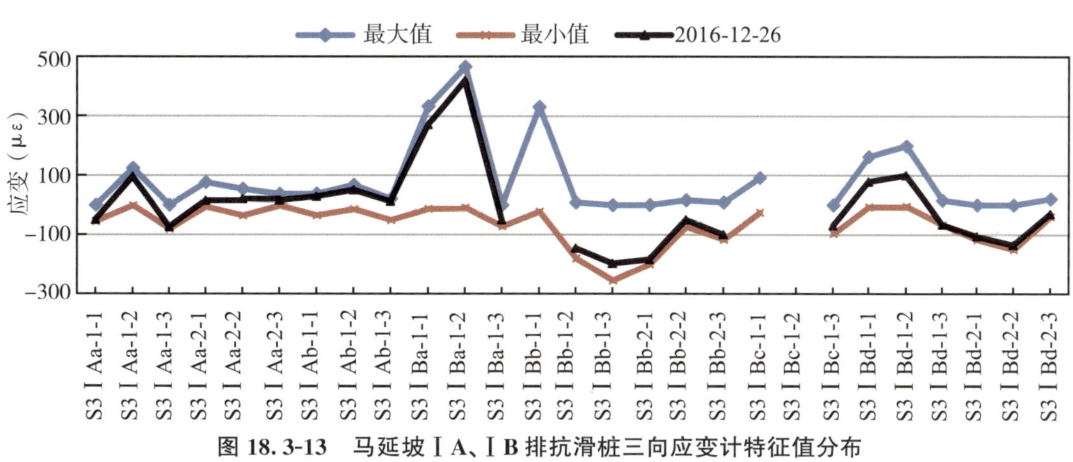

图 18.3-13　马延坡ⅠA、ⅠB 排抗滑桩三向应变计特征值分布

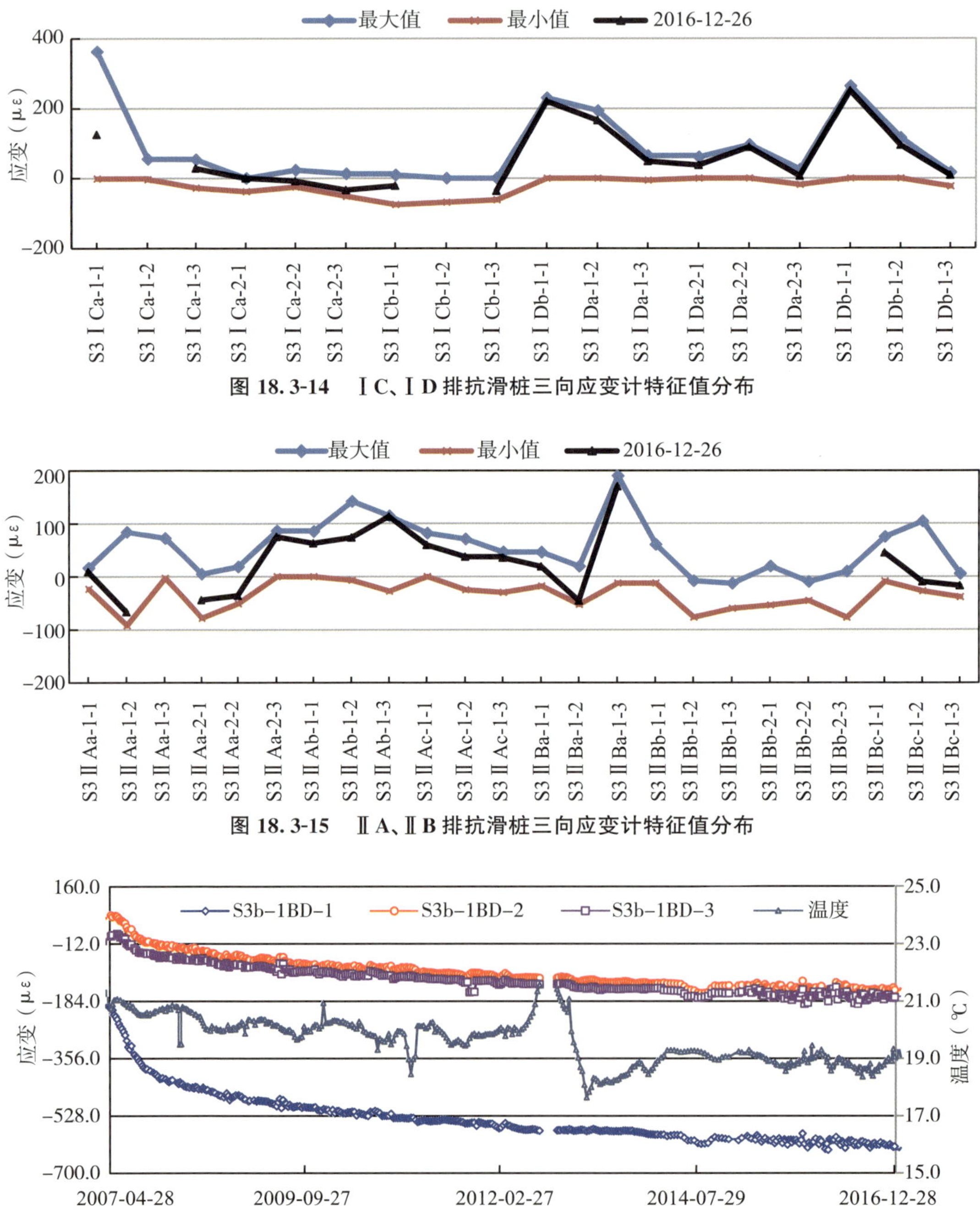

图 18.3-14　ⅠC、ⅠD 排抗滑桩三向应变计特征值分布

图 18.3-15　ⅡA、ⅡB 排抗滑桩三向应变计特征值分布

图 18.3-16　马延坡混凝土三向应变计 S3b-1BD 应变变化过程线

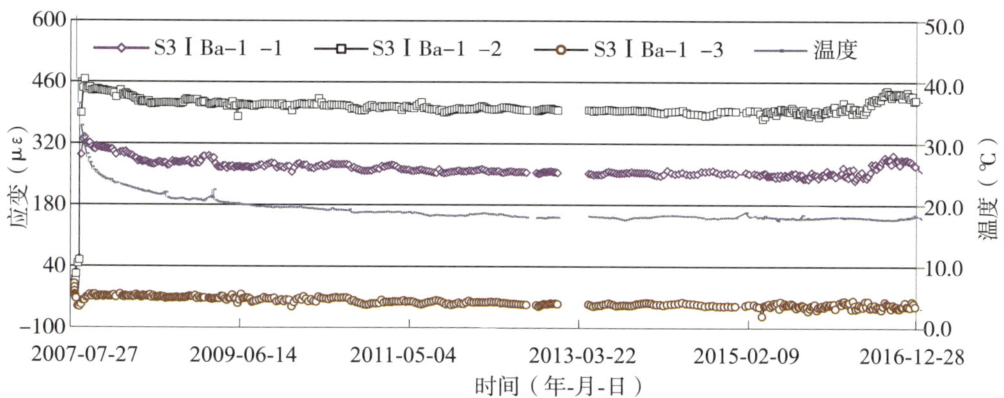

图 18.3-17 马延坡混凝土三向应变计 S3 Ⅰ Ba-1 应变变化过程线

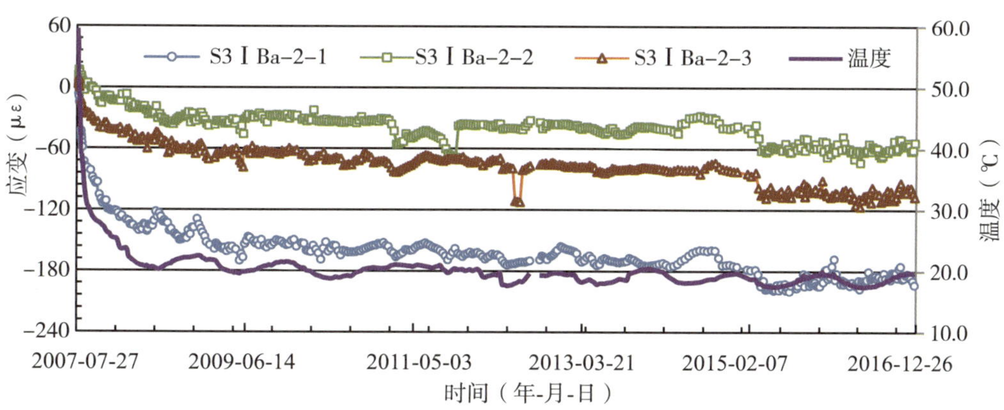

图 18.3-18 马延坡混凝土三向应变计 S3 Ⅰ Bb-2 应变变化过程线

18.3.3 锚索测力计

马延坡锚索测力计总计埋设了 43 台，分别埋设在成品料场、14# 公路、500m 水池、马延坡砂石加工系统、Ⅰ B 抗滑桩、Ⅰ C 抗滑桩、Ⅱ A 抗滑桩、Ⅱ B 抗滑桩。安装时间较早的一期治理锚索测力计分布在成品料场后边坡 15 台、砂石加工系统边坡 8 台、14 号路边坡挡墙 4 台，共计 27 台，锚索测力计起测时间是 2007 年 2—12 月，二期治理的 16 台埋设在抗滑桩桩顶部的 16 台锚索测力计，目前只有 9 台锚索测力计具备观测条件。

当前锚索测力计锚索荷载在 1062.18～1465.44kN。锁定后 6 台锚索荷载处于增长状态，3 台锚索荷载处于损失状态，当前锚索荷载损失率为－22.86%～7.82%。该部位锚索测力计整体处于稳定态势，部分测点受前期施工影响荷载变化较大，现已基本稳定。特征值分布见图 18.3-19，典型测点变化过程线见图 18.3-20。

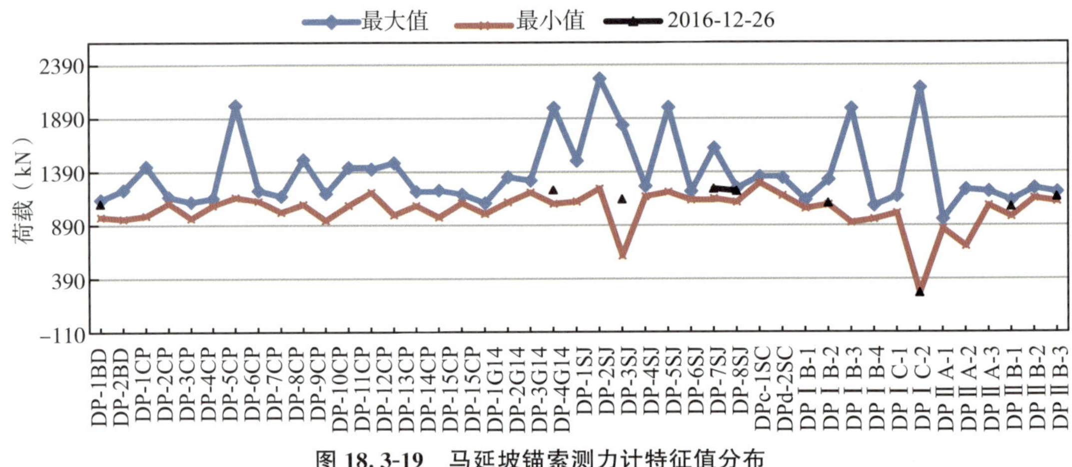

图 18.3-19　马延坡锚索测力计特征值分布

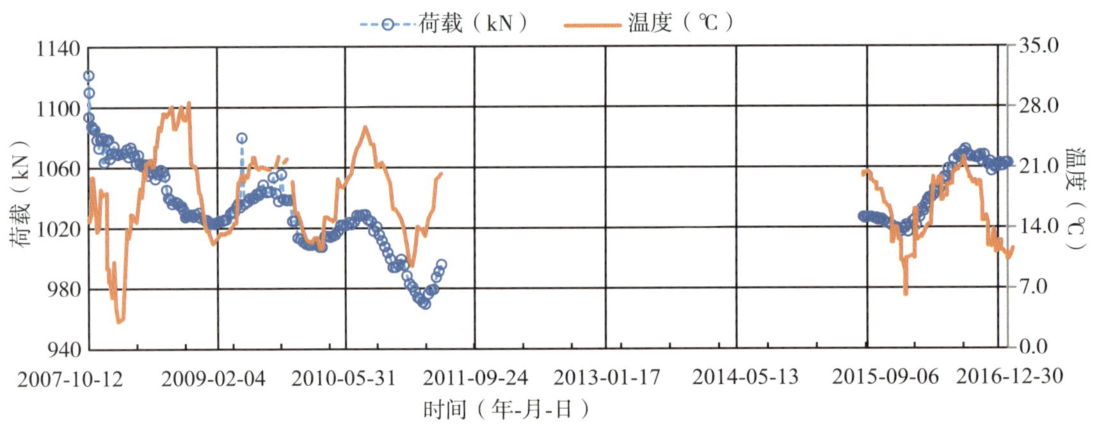

图 18.3-20　马延坡锚索测力计典型测点变化过程线

18.4　地下水位监测

马延坡边坡总计埋设了 24 个地下水位观测孔。地下水位孔除 OHi－1、OHi－4 和 OHi－5 的起测时间是 2009 年 9 月外，其余的起测时间为 2007 年 4—8 月，马延坡由于马道上修建排水沟，交通受阻，部分孔位无法观测，目前具备观测条件的共 15 个地下水位孔。

当前马延坡边坡水位变化在 370.040～577.440m。马延坡边坡水位与降水量及该水位孔所处位置有密切关系，各水位孔地下水位已基本稳定，且当前地下水位线和等水位线与地面线形状基本一致。特征值分布见图 18.3-21，典型测点变化过程线见图 18.3-22。从图中可以看出，马延坡边坡地下水位已基本稳定。

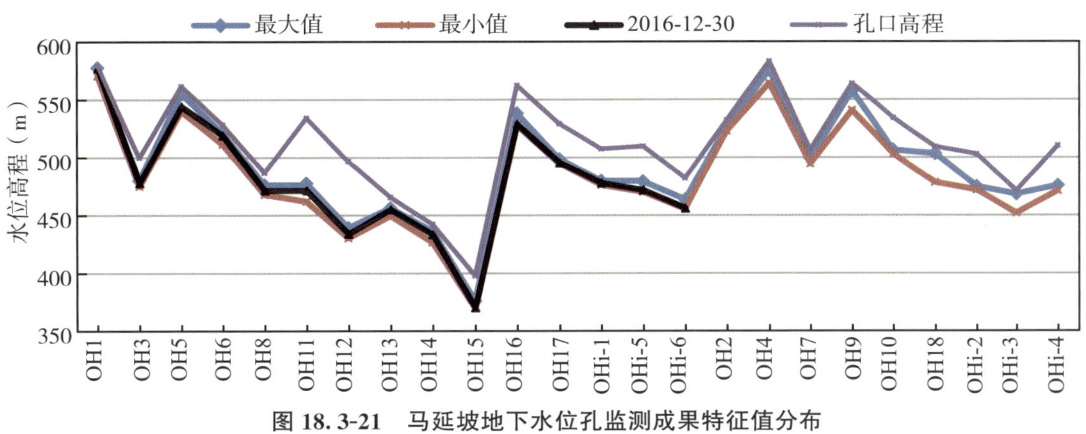

图 18.3-21 马延坡地下水位孔监测成果特征值分布

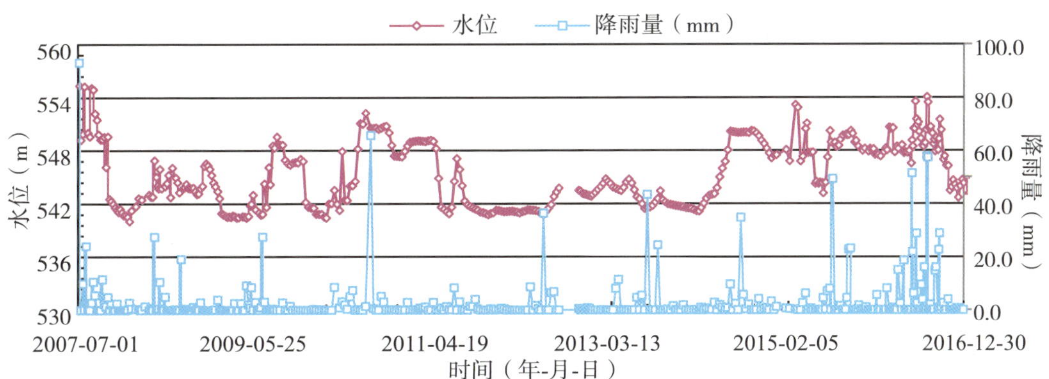

图 18.3-22 马延坡水位观测孔测点 OH5 水位变化过程线

第三篇

若干问题探讨与研究

第19章　变形监测控制网优化探讨

19.1　水平位移监测网的设计目的与原则

大型水电工程大部分位于峡谷地带，其监测网的设计关系到整个水电工程的变形监测项目的顺利实施，众多工程学者对大型水电站变形监测网的设计和优化做了许多卓有成效的研究和尝试。

向家坝水电站坝址区呈垭口地貌，左岸为连续高边坡，边坡高程范围在280～540m，落差达到260m；右岸坝轴线下游100m往上游方向为高堵边坡，高程范围在290～600m，落差超过300m，往下游方向为水富县城，属于凹陷盆地，高程约为280m，左右岸边坡受施工设备、升船机塔柱影响，通视条件较差，对水平位移监测网的设计造成了较大的制约。

19.1.1　监测网优化设计目的

向家坝水电站坝址区水平位移监测网的设计目的主要是为坝区各部位水平位移监测及施工控制提供统一可靠的基准，同时为水平位移工作基点网提供起算基准，减少水平位移监测网观测频次，降低观测费用，节省投资。

19.1.2　优化设计原则

向家坝水电站水平位移监测网因起算点的稳定性于2009年7月进行了重新设计，重新设计时在左岸网点TN01和右岸网点TN02、TS01附近各布设了一个倒垂孔，深度约为70m。2013年随着大坝全线浇筑到顶和升船机塔柱的浇筑施工(顶部高程393m)，导致左右岸网点之间和网点与测点之间通视受阻，监测网精度下降，部分网点失去作用，必须进行优化设计。结合《混凝土坝安全监测技术规范》(DL/T 5178—2003)相关要求，优化设计总体上仍遵循分级布网、逐级控制的原则，即根据测区范围大小，分为两级布网：水平位移监测基准网和水平位移工作基点网。其次，优化后的监测网精度应不差于原有监测网，满足变形监测网最弱点点位精度不大于±2mm，网点位移量中误差不大于±2mm。

19.2 监测网的优化设计

19.2.1 水平位移监测基准网

(1)监测基准网起算点选择

原有监测网的水平位移基准点由TN01、TN02、TS01组成,均为3个倒垂孔。其中,TN01位于左岸边坡山顶部位,高程538m,靠河床方向为临空面,临空面高度超过250m,从钻孔地质素描来看,覆盖层略厚,底部基岩相对完整;TN02位于大坝下游右岸护坡部位,高程295m,与河床建基面高差约40m,从倒垂孔钻孔沿线来看,上部为堆积体,下部为完整基岩;TS01位于右岸马延坡沟右侧山脚,高程602m,无明显临空面,覆盖层厚度约3m,3m以下岩石较完整。基于上述三个网点所处位移的地形特征及地质情况,TN01位移山顶,临空面高差大。已有监测成果表明,2009—2012年,该测点垂直位移沉降量近10mm,但倒垂孔所测位移量较小,约3mm,分析认为该网点存在一定程度变形,因倒垂孔深度不够,未能获取山顶部位的全部实际变形,仅获取了上体上部的部分变形量,显然该网点不适合作为起算点。同时,上述三点基本处于同一直线,对网形的总体控制程度较弱,因此在本次优化设计时,将TN01作为待定网点进行计算,选取TN02、TS01作为水平位移监测网的基准点。

(2)其余网点选择

根据坝址区地形及通视条件和网点地质情况,选取左岸的TN5-1、TN15、TN14、TN01、HWJ和右岸的TN08A、TN02、TN13作为网点,同时考虑网点的稳定性检验,加设挡水大坝左非7坝顶的观测墩作为变形监测网网点,该坝段为重点监测坝段,坝基布设有71m深的倒垂孔,超过河床底部高程40m,从坝基至坝顶均布设有连续的正垂孔,可将垂线观测成果与变形监测网成果进行对比分析,验证监测网点的稳定性与可靠性。

(3)观测方案

原有的监测网共14点,共需观测48条边(对向测边96条),96个方向才可满足设计精度要求,经网形优化后,所有网点共10个,仅需观测38条边(对向测边76条),76个方向就可满足设计精度要求,网点减少28%,观测工程量减少约1/3。具体观测方案见表19.2-1和图19.2-1,设计概算精度及实测精度见表19.2-2。

从表19.2-2可以看出,经优化后的变形监测基准网最弱点估算点位中误差为1.49mm,实测最弱点点位中误差为1.32mm,均优于设计要求的2mm精度。

表 19.2-1　　水平位移监测网观测方案

测站	镜站	测站	镜站
TS01（6）	TN5-1	TN13（6）	TN02
	TN08A		TN5-1
	TN14		TN15
	TN01		TN14
	TN02		TN01
	HWJ		HWJ
TN02（8）	TN5-1	HWJ（8）	TN17A
	TN15		TN5-1
	TN14		TN15
	TN01		TN14
	HWJ		TN13
	TN13		TS01
	TS01		TN02
	TN08A		TN08A
TN15（6）	TN14	TN01（6）	TN5-1
	HWJ		TN13
	TN13		TN02
	TN02		TS01
	TN08A		TN08A
	TN17A		TN14
TN14（8）	TN15	TN08A（8）	TN5-1
	TN01		TN17A
	HWJ		TN15
	TN13		TN14
	TN02		TN01
	TS01		HWJ
	TN08A		TN02
	TN17A		TS01

续表

测站	镜站	测站	镜站
TN5-1 （7）	TN01	TN17A （5）	TN5-1
	HWJ		TN15
	TN13		TN14
	TN02		HWJ
	TN17A		TN08A
	TN08A		
	TS01		

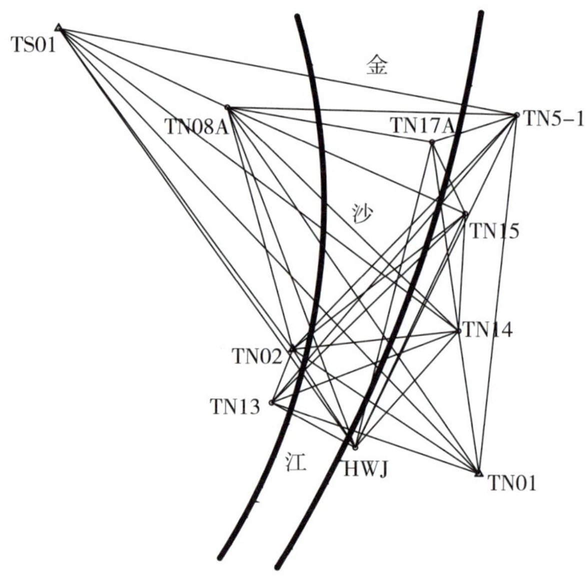

图 19.2-1 水平位移监测网布设及观测示意图

表 19.2-2 水平位移监测基准网设计概算精度及实测精度

测点	平面坐标中误差(mm)		
		估算精度	实测精度
TN01	Mx	±0.93	±0.81
	My	±0.93	±0.85
	Mxy	±1.32	±1.17
TN5-1	Mx	±0.89	±0.78
	My	±0.86	±0.82
	Mxy	±1.24	±1.13
TN08A	Mx	±0.88	±0.81
	My	±0.82	±0.79
	Mxy	±1.20	±1.13

续表

测点	平面坐标中误差(mm)		
		估算精度	实测精度
TN13	Mx	±1.02	±0.92
	My	±0.88	±0.88
	Mxy	±1.35	±1.27
TN14	Mx	±0.85	±0.77
	My	±0.91	±0.86
	Mxy	±1.25	±1.15
TN15	Mx	±0.98	±0.83
	My	±0.92	±0.82
	Mxy	±1.34	±1.17
TN17A	Mx	±1.09	±0.94
	My	±1.02	±0.92
	Mxy	±1.49	±1.32
HWJ	Mx	±0.92	±0.71
	My	±0.89	±0.68
	Mxy	±1.28	±0.98

19.2.2 水平位移工作基点网

(1)工作基点网网点选择

水平位移工作基点网为左右岸边坡变形观测提供相对稳定的基准，考虑到水平位移监测基准网观测频次为 1 次/a，由于部分网点位于变形区域内，将该部分网点作为边坡变形监测的起算点显然是不合适的，因此有必要建立水平位移工作基点网。按设计要求，水平位移工作基点网观测频次为每 2 个月一次，水平位移工作基点网的网点选取主要从三个方面考虑：一是要满足边坡变形监测点的观测精度要求；二是网点要兼顾左右岸边坡的所有变形监测点，具备通视条件；三是减少观测工作量。基于上述因素，选取 TN08A、TN14、TN15、TNN17A、HWJ、TN5-1 作为工作基点，其平差计算的起算点为监测基准网点。

(2)观测方案

为减小观测工作量，水平位移工作基点网采用对象测边进行观测，共组成 26 条对向观测边，工作基点网观测示意图见图 19.2-2。水平位移工作基点网设计概算精度及实测精度见表 19.2-3。

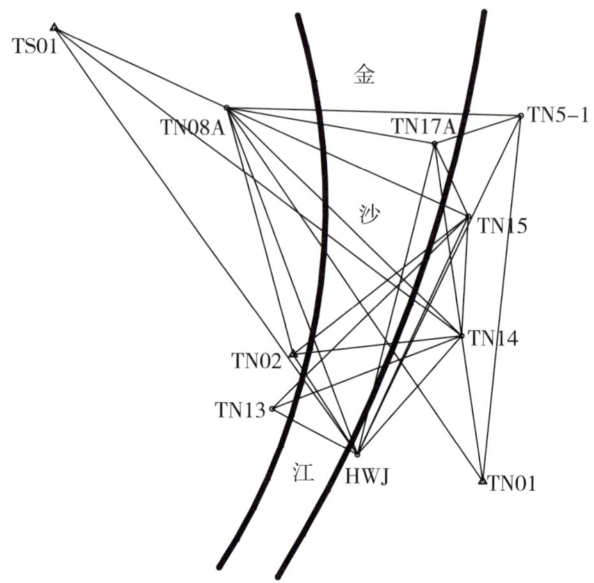

图 19.2-2　水平位移工作基点网观测示意图

表 19.2-3　水平位移工作基点网设计概算精度及实测精度

测点	平面坐标中误差(mm)		
		概算精度	实测精度
TN5-1	Mx	±0.82	±0.75
	My	±0.81	±0.78
	Mxy	±1.15	±1.08
TN08A	Mx	±0.71	±0.64
	My	±0.68	±0.60
	Mxy	±0.98	±0.88
TN14	Mx	±0.62	±0.59
	My	±0.65	±0.60
	Mxy	±0.90	±0.84
TN15	Mx	±0.78	±0.70
	My	±0.74	±0.68
	Mxy	±1.08	±0.98
TN17A	Mx	±0.82	±0.80
	My	±0.79	±0.78
	Mxy	±1.14	±1.12
HWJ	Mx	±0.70	±0.62
	My	±0.73	±0.66
	Mxy	±1.01	±0.91

从表 19.2-3 可以看出，经优化后的水平位移工作基点网最弱点估算点位中误差为 1.15mm，实测最弱点点位中误差为 1.12mm，均优于设计要求的 2mm 精度。

19.3　小结

向家坝水电站坝区变形监测网经过多次的改造和优化，能满足工程施工期坝址区变形监测的需求。但是随着主体工程施工基本完成，现场观测条件变化较大，本书结合了现场地形地貌、网点地质条件及大坝和通航建筑物的布置情况，对电站运行期的变形监测控制网提出了较好的优化方案，优化方案采取分层布设，能为各部位变形监测提供准确可靠的基础上降低观测工程量和成本。计算和实测成果表明，优化后的观测方案在精度上满足设计和规范要求，为边坡及大坝变形监测提供了准确可靠的基准；同时，优化后的方案观测工程量约为原方案的 2/3，显著地减少了观测工作量，有效地降低了观测成本，提高了观测效率。

第 20 章　坝基抗滑稳定分析研究

20.1　坝基地质条件简述

向家坝水电站坝址河床基岩面的总体形态是下游高上游低、中间高两侧低。即河床基岩面微倾向上游，并且在两侧存在较连贯的凹槽。坝址分布的基岩主要为三叠系上统须家河组的河湖沼泽相沉积的砂岩、泥岩夹煤线地层，岩性岩相变化大，交错层理发育。主要结构面有挠曲核部破碎带、挤压带、层间软弱夹层、小断层和节理裂隙，坝基地质条件复杂，存在深层抗滑、大坝变形、基础渗漏等重大技术问题。

依据专门性勘探钻孔分析，从坝上 0－65 至坝下 0＋132 范围，挠曲核部的破碎岩体在空间上可构成一破碎岩带，钻孔芯样多呈碎块状或碎块碎屑状，夹少量短柱状，并且一般都夹有一段以上的碎屑状结构砂岩及泥岩。该破碎岩带的顶、底界面不规则、起伏大，以至于它的厚度变化很大，铅直厚度多在 10m～606m，分布范围及其厚度都较大，岩体质量差，甚至分布多层碎屑状结构砂岩及泥岩，对坝基稳定和齿槽开挖边坡的稳定有不利影响。

20.2　坝基地质缺陷处理及渗控施工简介

20.2.1　坝基地质缺陷处理

建基面出露挤压带、软岩夹层、破碎带、风化夹层和囊状包体等不良地质岩体，均有可能产生不均匀变形，并可能造成应力集中，为提高岩体整体性、承载能力和表面抗渗能力，对此类地质缺陷进行开挖置换处理。开挖置换处理的断面型式和深度，根据不良地质体及建基面所处的位置等因素确定。

基于上述基本原则，泄水坝段、厂房坝段坝基的开挖均围绕上述地质缺陷进行，最终在航运坝段、厂房坝段、泄 1～泄 3 坝段坝踵设置齿槽，齿槽底部高程 203.00～215.00m，向左岸逐渐爬升；泄 4～泄 7 坝段设置斜贯坝基的齿槽，槽底高程 203.00m；泄 8～泄 13 坝段坝基地质条件较好，开挖置换主要在消力池内进行，置换混凝土底部大面高程 210.00m，在开挖过程中，根据揭露的地质条件，又将泄 9～泄 11 坝段下游范围加深开挖至高程 203.00m。

20.2.2 基础渗控工程

向家坝坝基采用灌浆帷幕和排水孔幕结合的渗流控制方案，渗流控制设计主要考虑三方面的要求：减少坝基和绕坝渗漏，防止其对坝基和两岸边坡稳定性产生不利影响；防止软弱夹层、构造破碎等在渗流作用下产生渗透破坏；使坝基面渗透压力控制在允许范围内。

对于一期工程，河床部位坝段坝基防渗线路的挤压破碎带已通过明挖予以挖出，个别坝段坝基的挤压破碎带已通过洞挖进行了混凝土置换；对于二期工程，对坝基上游防渗线路的挤压破碎带、挠曲破碎带已通过明挖方式予以挖出，河床中心部位采用以防渗墙为主的基本方案，对于坝基范围内其他局部下伏且埋藏较浅的挤压破碎带、挠曲破碎带则采用湿磨细水泥灌浆在内的常规水泥灌浆结合化学灌浆的复合处理方案。

20.3 坝基变形及渗流监测布置

20.3.1 坝基变形监测

坝基变形监测主要包括水平位移监测和垂直位移监测，此外，设计还利用上下游方向垂直位移测点组合对大坝基础进行倾斜监测。

坝基水平位移监测主要采用倒垂线联合引张线进行监测，大坝挡水一线共布设倒垂线25条，从左岸往右岸依次布设在左非14、左非7、左非1、航1左、航1右、厂8、厂6、厂4、泄1、泄4、泄6、泄10、泄13坝段，为监测不同深度基础抗滑稳定，其中厂8、厂6、厂4、泄4、泄6、泄10均为倒垂组。基础部位引张线布设在高程243廊道厂8～泄1坝段，每个坝段均布设一个引张线测点。

坝基垂直位移监测主要采用精密水准进行监测。深齿槽部位高程210m基础廊道布设有40座水准点，从左厂8坝前齿槽～泄10坝后齿槽均布设有水准点；高程243m基础廊道布设有79座水准点，从左厂8～右非2坝段各排纵向廊道每个坝段均布设有1座水准点，考虑到高程243m基础廊道水准观测成果较具有代表性，此章垂直位移分析重点以该部位水准点观测成果为主。

20.3.2 坝基渗流渗压监测

坝基各廊道共安装测压管219套，具体布置为：上游帷幕灌浆廊道每个坝段布设一套，下游帷幕灌浆廊道每个坝段布设一套，高程210m主排水廊道每个坝段布设一套，第一、二排辅助排水廊道每间隔一个坝段布设一套。

向家坝排水系统由坝基和消力池两大排水系统组成。坝基排水系统包括：右非坝段排水廊道，泄水坝段210m排水廊道、238～245m排水廊道，厂房坝段210m排水廊道、243～245m排水廊道，坝后厂房226m排水廊道，左岸一期左非坝段排水廊道；消力池排水系统由左消力池排水廊道、右消力池排水廊道、中导墙排水廊道及尾坎排水廊道组成。

20.4 坝基稳定分析与评价

20.4.1 坝基变形稳定分析

(1)坝基水平位移

坝基水平位移以基础倒垂线观测成果为主,实测成果表明,泄洪坝段蓄水到位后,向下游变形较大。其原因是立煤湾膝状挠曲核部斜穿泄水坝段,主要地质构造有挠曲核部破碎带、左岸挤压带、11 条软弱夹层及 1 条小断层,挠曲核部破碎带斜穿泄水坝段,延伸至消力池。

从监测成果来看,位于河床部位的泄 4、泄 6、泄 10 坝段变形量相对较大,均超过 7mm;其中泄 6 坝段倒垂线测点向下游位移最大,该部位布设有 2 条倒垂线组成倒垂组,深孔 90m,浅孔 30m,深孔最大向下游位移 9.87mm,浅孔向下游位移 0.6mm,说明变形主要发生地质条件较差的深部挠曲核部破碎带。其余坝段向下游位移在 7mm 以内。基础倒垂线上下游方向累计位移分布见图 20.4-1。

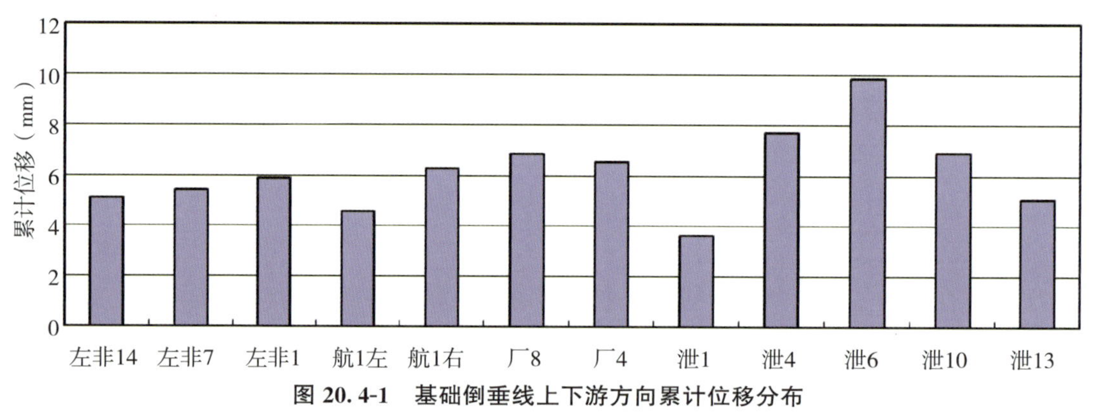

图 20.4-1　基础倒垂线上下游方向累计位移分布

从位移变化过程来分析,泄 6 坝段位移主要发生在 354m 蓄水期间,该时段内上游库水位由 280m 蓄水至 354m,354m 蓄水前至 370m 蓄水前(2012 年 10 月 10 日至 2013 年 6 月 20 日),测点向下游位移 6.63mm,370.0m、380.0m 蓄水期间向下游位移分别为 1.07mm、1.54mm,高程 380.0m 蓄水到位后,变形趋于稳定,其测点过程线见图 20.4-2。其他坝段基础上下游方向位移基本类似,坝基位移主要发生在首次蓄水期间,即首次加载期间,在 370m、380m 蓄水期间位移趋缓。

由此可见,将坝基坝址及下游抗力体中的破损岩体进行槽挖置换混凝土,既可提高双滑面模式的滑移剪出面的综合强度,又能大幅提高单滑面抗力体强度和刚度。

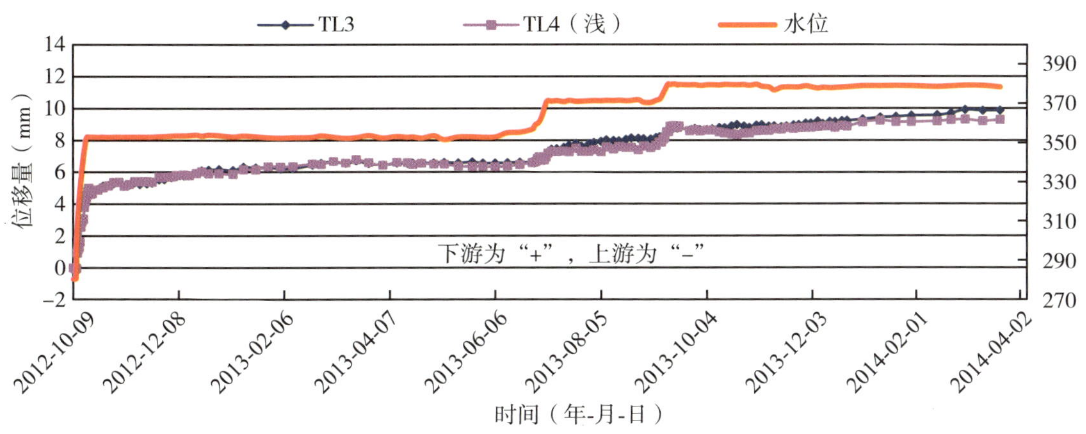

图 20.4-2　泄 6 坝段倒垂线测点上下游方向位移过程线

(2)坝基垂直位移

考虑到高程 210m 廊道仅在齿槽部位布设有水准点，243m 基础廊道在各纵向廊道均布设有水准点，此处主要分析 243m 基础廊道垂直位移观测成果。

实测各坝段测点累计垂直位移在 10.81～36.91mm，均表现为沉降变形趋势，最大沉降位移发生在厂 2 坝段，由岸坡往河床方向垂直位移逐渐增加，各相邻坝段不均匀沉降较小，沉降主要受大坝浇筑施工荷载增加影响。厂 2 坝段位于河床的中部，整个厂房坝段分布的主要结构面有左岸挤压带、10 条软弱夹层及 2 条小断层，坝基地层为 T32-4～T32-6-2，岩性以砂岩为主，在 90%以上。

高程 354m 蓄水后(2012 年 9 月至 2013 年 6 月)，坝踵垂直位移变化量在 0.21～2.01mm，坝趾垂直位移变化量在－1.90～－0.07mm，坝踵略微沉降，坝趾略微抬升，量级均较小；高程 370m 蓄水后(2013 年 6 月至 2014 年 3 月)，坝踵垂直位移变化量在 2.27～5.65mm，坝趾垂直位移变化量在 5.82～9.54mm，均表现为沉降变形趋势，受库水压对大坝迎水面的推力作用，坝基产生了较小的向下游倾斜的趋势，即坝趾沉降量大于坝踵，与混凝土坝变形的物理特征吻合；总体而言，在各次蓄水中，坝基变形规律性较好，首次蓄水主要为荷载初次增加，水的自重对库区产生压力，导致坝踵沉降、坝趾轻微抬升，370m、380m 蓄水后，由于水位较高，除水的自重对库区产生压力外，还对坝体上部产生推力，导致坝趾压应力增加，其沉降略大于坝踵。各相邻坝段之间蓄水后不均匀沉降在 1mm 以内，基本未发生不均匀沉降。坝踵、坝趾在各次蓄水后位移分布见图 20.4-3。

从上述数据分析，坝基垂直位移主要发生在首次蓄水前，即因混凝土大坝自重产生的变形，在蓄水后未出现异常变形的情况，采用在坝踵开挖大型齿槽，截断左岸挤压带和埋藏较浅的软弱夹层等不利结构面，在置换回填混凝土对坝基沉降稳定是有利的，加强了基础沉降变形的整体性和一致性。

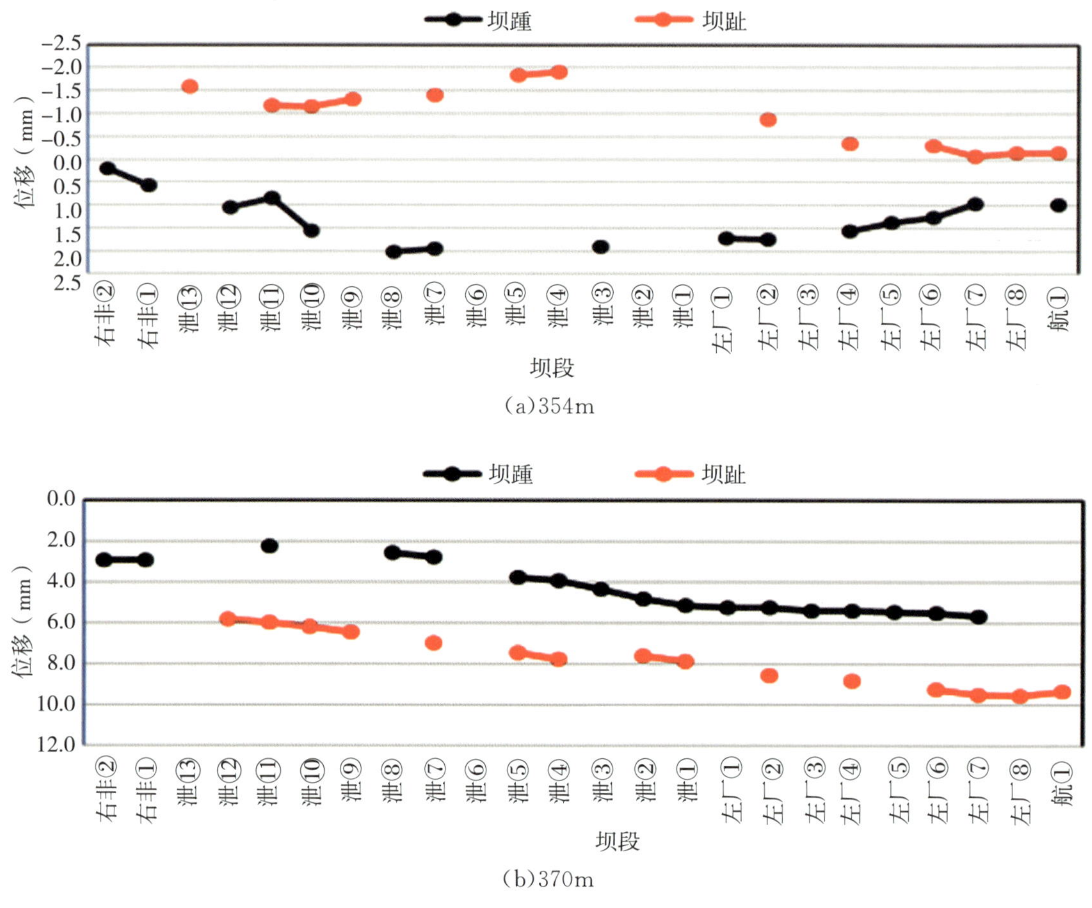

图 20.4-3 历次蓄水后坝踵、坝踵垂直位移变化分布

20.4.2 坝基渗流稳定分析

20.4.2.1 坝基渗漏量监测

354m 蓄水过程中出水排水孔总数由蓄水前的 742 个变为 861 个，增加了 119 个。其中增加较多的有泄洪坝段、左岸一期，分别为 107 个、32 个。排水孔总出水量由蓄水前的 13.80m^3/min 增长为 17.66m^3/min，增加了 3.86m^3/min。其中左岸一期由蓄水前的 2.64m^3/min 增长为 5.31m^3/min，增加了 2.67m^3/min；厂房坝段由蓄水前的 0.91m^3/min 增长为 1.45m^3/min，增加了 0.54m^3/min。蓄水结束后，排水孔出水孔数和排水量仍有所增加，以高程 243m 为建基面计算，考虑到实测扬压力折减系数富裕度较大，对排水孔的出水量共进行了 3 次调节，调节后，出水部位及单孔出水量趋于分散、均衡，坝基扬压力在规范允许范围之内。

370m 蓄水前对部分出浑水的排水孔进行了灌封处理，蓄水过程中出水排水孔总数由抬高水位前的 642 个变化为 704 个，增加 62 个；排水孔出水量由抬高水位前的 6.85m^3/min 增

加到 7.43m³/min，增加了 587.3L/min，其中冲 1～左非 5 增加 298.7L/min，增幅最大，占增加排水量的 50.8%。蓄水结束后，对坝基排水孔进行了第 4 次调节，将所有单孔排水量大于 40L/min 的排水孔，全部调整至 40L/min，涉及调节的排水孔共 20 个。调节后，出水孔个数由 704 个增加到 722 个，排水孔出水量由调节前的 7.43m³/min 增大到 7.7m³/min，出水部位及单孔出水量趋于分散、均衡，并略有增加。

380m 蓄水过程中出水排水孔总数由抬高水位前的 679 个变化为 686 个，增加 7 个；排水孔出水量由抬高水位前的 7.22m³/min 增加到 8.00m³/min，增加了 780.3L/min，增加率约 10.81%，其中冲 1～左非 5 增加 423.3L/min，增幅最大，占增加排水量的 54.2%。

从以上数据分析，首次蓄水期坝基排水孔增量较大，后续蓄水坝基排水孔出水量区域分散、均衡并逐步减小并趋于稳定，主要得益于两个方面：一是蓄水后水库泥沙淤积，坝址区盖重增加，对渗流通道起到了压缩甚至阻断的作用；二是采用排水量的可控调节，能有效阻止涌水携沙的情况，使渗流通道随着泥沙淤积逐渐减小。

历次蓄水后坝基及消力池排水孔排水量变化统计见表 20.4-1。

表 20.4-1　　历次蓄水后坝基及消力池排水孔排水量变化统计

部位	354m 蓄水后		370m 蓄水后		380m 蓄水后	
	增加水量（L/min）	增加幅度（%）	增加水量（L/min）	增加幅度（%）	增加水量（L/min）	增加幅度（%）
左岸一期大坝	2586.50	117.29	548.50	16.68	390.60	11.34
右岸二期大坝	1028.04	22.93	158.10	6.14	58.60	1.97
坝基小计	3614.54	54.04	706.60	12.05	449.20	7.00
消力池	218.30	3.27	377.50	35.99	50.00	4.51
合计	3832.84	28.67	1084.10	15.69	499.20	6.63

20.4.2.2 坝基扬压力监测

主体帷幕灌浆廊道布置了 UP1-21～UP1-36 共 18 支测压管渗压计，当前实测折算水位在 209.471～275.8m，245.0m 高程帷幕灌浆廊道布置了 UP1-37～UP1－44 共 8 支测压管渗压计，当前实测折算水位在 242.751～259.894m，左岸主体上游帷幕灌浆廊道（岸坡坝段）当前折算水位为 224.79～367.06m。图 20.4-4 为上游帷幕灌浆廊道各坝段测压管渗压计的渗透压力和折算水位分布图，总体来看，在坝右 0＋049.00（泄③坝段）～坝右 0＋125.00（泄⑦坝段）渗压较大，其他坝段渗压较小，测压管折算水位基本位于廊道底板高程。其中厂 4 坝段在 380m 蓄水前实测折算水位较高，为 300.4m，说明可能存在微小渗水通道。为验证该部位实际渗压情况，在其左右 1.5m 范围钻孔安装 UP1-26-1、UP1-26-2 两个测压管，钻孔后，UP1-26 测压管折算水位降至 261.512m，新装测压管当前折算水位分别为 257.039m 和 223.971m，其折算水位相差较大，UP1-26 折算水位较高只能反映局部情况，随着微小渗水通道阻塞，目前该部位整体扬压力明显减小，趋于稳定。

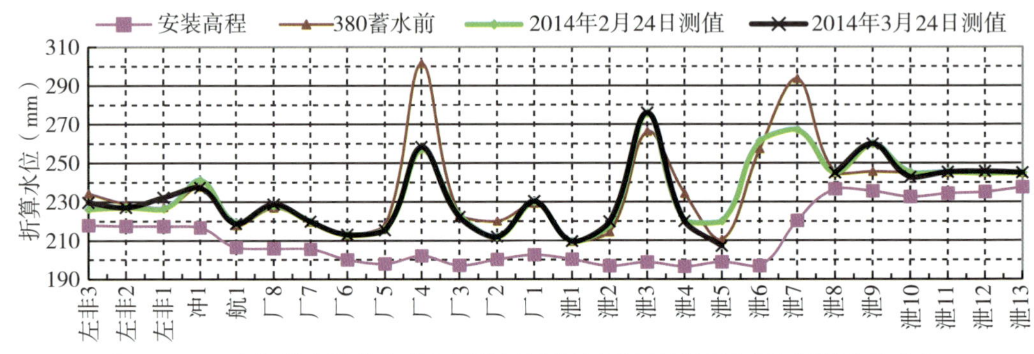

图 20.4-4 上游帷幕灌浆廊道各坝段测压管渗压计的渗透压力和折算水位分布

表 20.4-2 为 2014 年 3 月下旬大坝基础廊道渗压观测值与扬压力折减系数计算统计表。从表 20.4-2 中可以看出，大坝建基面处（以高程 240m 计算）扬压力折减系数为 0.000～0.259，其中仅泄 3 坝段超过规范允许的 0.2 以内，为 0.259，通过对该测压管的出水量进行观测，出水量很小，约为 2 滴/s。该坝段整体扬压力计算结果表明，该部位扬压力折减系数较大为局部现象，其余各坝段扬压力折减系数在规范允许范围内。大坝坝基面及深部整体实测扬压力小于按规范计算扬压力，满足规范要求。

以上数据分析表明，尽管坝基存在较多的地质缺陷，且地下水埋藏丰富，但是通过坝踵部位齿槽开挖后混凝土置换，并采用以防渗墙为主的基本方案，对于坝基范围内其他局部下伏且埋藏较浅的挤压破碎带、挠曲破碎带则采用湿磨细水泥灌浆在内的常规水泥灌浆结合化学灌浆的复合处理方案，可控制坝基扬压力折减系数在规范允许范围内，且各坝段深部整体扬压力较计算值有较大富余。

表 20.4-2　　大坝基础廊道渗压观测值与扬压力折减系数计算统计

坝段	仪器编号	坝前水位高程（m）	建基面高程（m）	渗压观测	
				折算水位（m）	扬压力折减系数 α_1
冲 1	up1-18	377.9	222	237.3	0.098
左非 3	up1-15	377.9	222	229.7	0.049
左厂 8	up1-22	377.9	215	228.7	0.084
左厂 6	up1-24	377.9	240	213.1	0.000
左厂 4	up1-26	377.9	240	258.2	0.132
左厂 4	up1-26-1	377.9	240	256.4	0.118
左厂 4	up1-26-2	377.9	240	227.8	0.000
左厂 2	up1-28	377.9	240	212.0	0.000
泄 1	up1-30	377.9	240	209.7	0.000
泄 2	up1-31	377.9	240	219.8	0.000

续表

坝段	仪器编号	坝前水位高程（m）	建基面高程（m）	渗压观测	
				折算水位(m)	扬压力折减系数 α_1
泄 3	up1-33 新	377.9	240	275.8	0.259
泄 4	up1-34	377.9	240	220.1	0.000
泄 5	up1-35 新	377.9	240	220.2	0.000
泄 6	up1-36	377.9	240	261.4	0.155
泄 7	up1-37 补	377.9	240	267.1	0.196
泄 8	up1-38	377.9	240	245.0	0.036
泄 10	up1-40	377.9	240	245.2	0.037
泄 12	up1-43	377.9	240	245.7	0.041
右非 2	up1-46	377.9	240	245.1	0.037

20.5 小结

在复杂地质条件下建设特大型水电站存在诸多风险，坝基的抗滑与渗透稳定是重中之重。本书以向家坝水电站为例，针对其复杂地质条件，设计采取了一系列的工程技术措施和手段，对坝基进行了混凝土置换及多种方式的帷幕灌浆，并合理地设计了排水幕和可控的坝基排水系统。监测成果表明，在工程蓄水初期，坝基水平及垂直位移较其他类似工程略大（三峡水利枢纽右岸大坝基础水平位移在 3mm 以内，垂直位移在 15mm 以内），但是蓄水至正常水位后，坝基水平位移及垂直位移变化稳定，无明显的增值趋势；坝基渗压均在规范允许范围内，坝基排水量变化平稳，大坝各项工作性态正常。通过对监测成果的分析，采取顺挤压带底部清挖、坝踵齿槽、坝基和消力池混凝土置换、部分帷幕调整为防渗墙、对坝基深部的不良地质体进行化学灌浆、加强其他渗控措施等各种综合处理后，向家坝大坝坝基稳定性较好，未出现不利滑动及异常渗流，大坝及其基础安全可控。

第 21 章 大坝变形回归分析

21.1 引言

大坝安全监测是掌握大坝的运行状态、保证其安全运用的重要措施，也是检验设计成果、施工质量和认识大坝的各种物理量变化规律的有效手段。通过观测所取得的大量原始数据，为了解大坝状态提供了基础。为了掌握大坝变形规律，在监测资料初步分析的基础上还应做统计模型分析，目前常用的方法主要有多元回归分析法、时间序列分析法、频谱分析法、卡尔曼滤波法、有限元法、人工神经网络法、小波分析法、系统论法等。本章采用多元回归分析法来模拟向家坝上下游水平位移发展趋势，找出运行期大坝变形规律，以期为大坝运行管理提供依据。

21.2 监测统计模型

21.2.1 统计模型构成

大坝监测回归分析主要研究大坝结构各效应因变量与各环境自变量之间的统计关系。已有的坝工知识和变形监测数学模型经验表明，混凝土坝变形主要受上下游水位(水压)、温度及时间效应(时效)等因素的影响，变形统计模型的一般表达式为：

$$\hat{y} = \hat{y}_H + \hat{y}_T + \hat{y}_\theta$$

式中：$\hat{y}$ ——变形的统计估计值(拟合值)；

$\hat{y}_H$ ——变形的水位分量；

$\hat{y}_T$ ——变形的温度分量；

$\hat{y}_\theta$ ——变形的时效分量。

21.2.2 因子选择

上游水位变化对混凝土坝变形可表示为上游水位的幂次方，即 $\hat{y}_H = \sum_{i=1}^{n} a_i H^i$ ，$n = 3 \sim 4$，对于混凝土重力坝一般取 $n = 3$，则上游水位因子为 3 个。

由于气温对坝体温度的影响具有滞后效应，因此采用气温作为温度因子时，对坝体变形的影响也具有滞后效应。取监测效应量观测日前若干天气温的平均值作为因子。取5个温度因子，分别为 $T_1=T_0$、$T_2=T_{1\sim7}$、$T_3=T_{8\sim30}$、$T_4=T_{31\sim60}$、$T_5=T_{61\sim120}$，分别代表效应量观测日期当天、前期1～7天、8～30天、31～60天、61～120天的气温平均值，$\hat{y}_T=\sum_{i=1}^{5}b_iT_i$。

时效分量的变化一般与时间呈曲线关系，通过综合分析，取如下因子形式，即 $I_1=\ln(1+t_1)$，其中，$t_1=(t-t_0)/365=$(观测日序值－基准日序值)/365。基准日取大坝下闸蓄水日期，$\hat{y}_\theta=c_1\ln(1+t_1)$。

21.2.3　统计模型建立

根据以上考虑确定待选因子的个数和构造后，代入实测数据后可建立大坝监测量的多元回归方程 $\hat{y}(t)=\beta_0+\beta_1x_{t1}+\beta_2x_{t2}+\cdots+\beta_px_{tp}(t=1,2,\cdots,n)$，用矩阵表示为 $y=\chi\beta+\varepsilon$，式中 y 为 n 维变形量的观测向量(因变量)；$y=(y_1,y_2,\cdots,y_n)^{\mathrm{T}}$；$x$ 是一个 $n\times(p+1)$ 矩阵，其形式为：

$$x=\begin{bmatrix}1 & x_{11} & x_{12} & \cdots & x_{1\mathrm{p}}\\ 1 & x_{21} & x_{22} & \cdots & x_{2\mathrm{p}}\\ \vdots & \vdots & \vdots & & \vdots\\ 1 & x_{n1} & x_{n2} & \cdots & x_{np}\end{bmatrix}$$

β 是待估计参数向量，$\beta=(\beta_1,\beta_2,\cdots,\beta_p)^{\mathrm{T}}$，$\varepsilon$ 是服从同一正态分布 $N(0,\sigma^2)$ 的 n 维随机向量，$\varepsilon=(\varepsilon_1,\varepsilon_2,\cdots,\varepsilon_n)^{\mathrm{T}}$。由最小二乘原理可求得 β 的估值 $\hat{\beta}$ 为 $\hat{\beta}=(x^{\mathrm{T}}x)^{-1}x^{\mathrm{T}}y$。

21.2.4　回归方程显著性检验

检验因变量和自变量之间是否存在线性关系，即检验假设：$H_0:\beta_1=0,\beta_2,\cdots,\beta_n=0$ 是否成立，判断公式为 $F=\dfrac{S_{回}/p}{S_{剩}/(n-p-1)}$，式中，$S_{回}=\sum_{i=0}^{n}(\hat{y}_i-\bar{y})^2$，$\bar{y}=\dfrac{1}{n}\sum_{i=1}^{n}y_i$，$S_{剩}=\sum_{i=0}^{n}(y_i-\hat{y}_i)^2$。

在原假设成立时，统计量 F 应服从 $F(p,n-p-1)$ 分布，故在选择显著水平 α 后，可用下式检验原假设：$p\{|F|\geqslant F_{1-\alpha,P,n-p-1}|H_0\}=\alpha$。对回归方程的显著性进行检验。当 $F(p,n-p-1)\geqslant F_{1-\alpha,P,n-p-1}$(查表可得)时，检验合格。若该式成立，则认为在显著水平 α 下，因变量对自变量有显著的线性关系，回归方程是显著的。

21.2.5　统计模型的检验

复相关系数 R 是判断回归有效性的重要指标，是监测效应量同时与多个因变量(因子)

之间的一种相关关系。$R=\sqrt{\sum_{t=1}^{n}[\hat{y}(t)-\bar{y}]^2/\sum_{t=1}^{n}[y(t)-\bar{y}]^2}$，复相关系数 $0\leqslant R\leqslant 1$。R 越大说明效应量与入选因子群之间的相关程度越密切，回归方程质量越高。

剩余标准差 S 反映了所有随机因素及方程外的有关因子对监测效应量 $y(t)$ 的一次测量影响的平均变差的大小，它是回归方程精度的重要指标：

$$S=\sqrt{\sum_{t=1}^{n}[y(t)-\hat{y}(t)]^2/(n-p-1)}$$

S 越小，说明回归方程的精度越高，回归方程的质量越好。

21.3 回归分析结果

21.3.1 算例分析

本章采用向家坝大坝左非 1 坝段不同高程的 5 个垂线测点(测点编号 IP2、PL2、PL2-1、PL2-2、PL2-3、PL2-4)上下游方向变形的历史测值作为算例数据，选取的时间段为 2012 年 10 月 9 日(第 1 天)至 2016 年 8 月 2 日(第 1393 天)。该时间段内测值变化的过程线见图 21.3-1 至图 21.3-5。

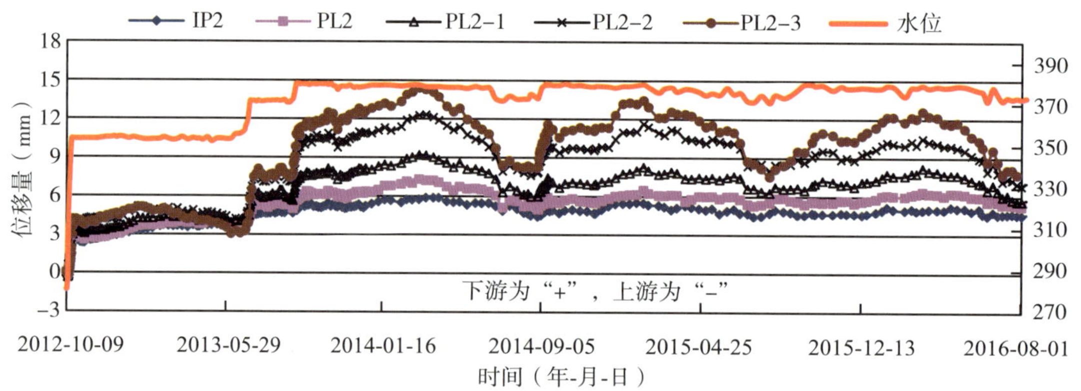

图 21.3-1 左非 1 坝段垂线测点上下游方向位移过程线

对以上数据进行回归分析，求出回归方程参数和各测点回归系数见表 21.3-1。

表 21.3-1 回归分析结果

测点		IP2	PL2	PL2-1	PL2-2	PL2-3	PL2-4
高程		坝基	253 高程	287 高程	322 高程	350 高程	坝顶
回归方程参数							
复相关系数 R	R	0.9753	0.9841	0.9862	0.9853	0.9885	0.9882
F 检验	F	526	827	961	899	1157	1127
P 值	P	0.0000	0.0000	0.0000	0.0000	0.0000	0.0000

续表

测点		IP2	PL2	PL2-1	PL2-2	PL2-3	PL2-4
高程		坝基	253 高程	287 高程	322 高程	350 高程	坝顶
剩余标准差	S	0.2765	0.2777	0.3490	0.5207	0.5737	0.7310
测点的回归系数							
常数		1.4181	1.5694	2.3550	3.2869	4.3033	6.2967
水压分量	H	−0.0566	−0.0547	−0.0662	−0.0270	0.0020	0.0650
	H^2	0.0017	0.0016	0.0015	0.0001	−0.0013	−0.0035
	H^3	0.0000	0.0000	0.0000	0.0000	0.0000	0.0000
温度分量	T_0	−0.0129	−0.0088	−0.0173	−0.0426	−0.0442	−0.0492
	$T_{1\sim7}$	0.0183	0.0234	0.0342	0.0570	0.0446	0.0397
	$T_{8\sim30}$	0.0198	0.0156	−0.0064	−0.0510	−0.1052	−0.1612
	$T_{31\sim60}$	−0.0283	−0.0437	−0.0569	−0.0393	−0.0297	−0.0523
	$T_{61\sim120}$	−0.0372	−0.0354	−0.0395	−0.0544	−0.0558	−0.0661
时效分量	$\ln(1+t)$	−0.4161	−0.3593	−0.5807	−0.7320	−0.7083	−0.6592

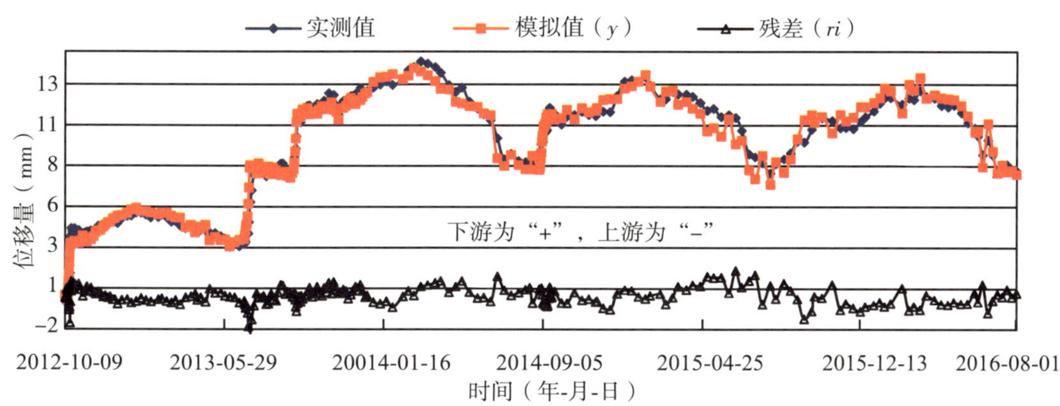

图 21.3-2　左非 1 坝段 346 廊道上下游位移观测值、计算值及残差过程线

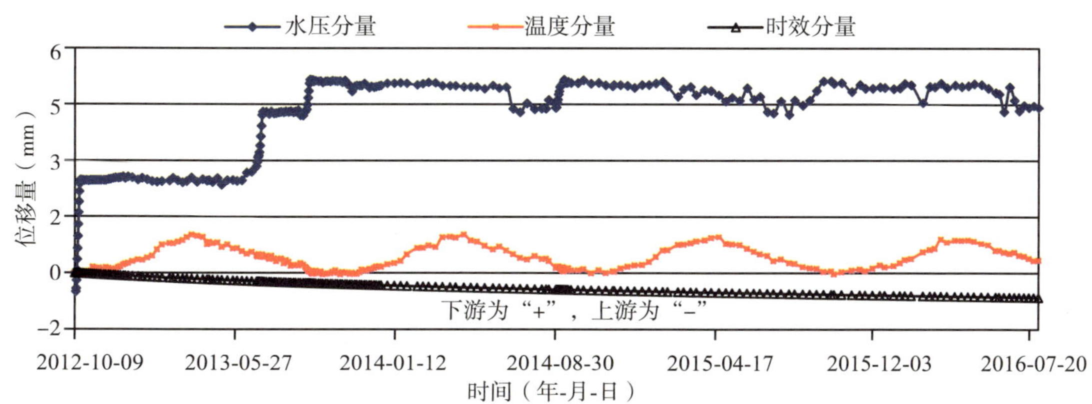

图 21.3-3　左非 1 坝段坝基垂线上下游回归分析影响因子分量

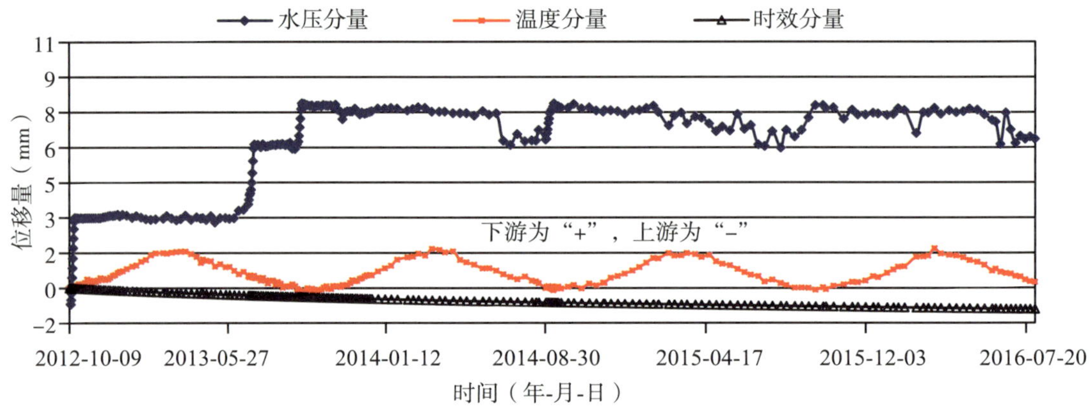

图 21.3-4　左非 1 坝段 287 廊垂线上下游回归分析影响因子分量

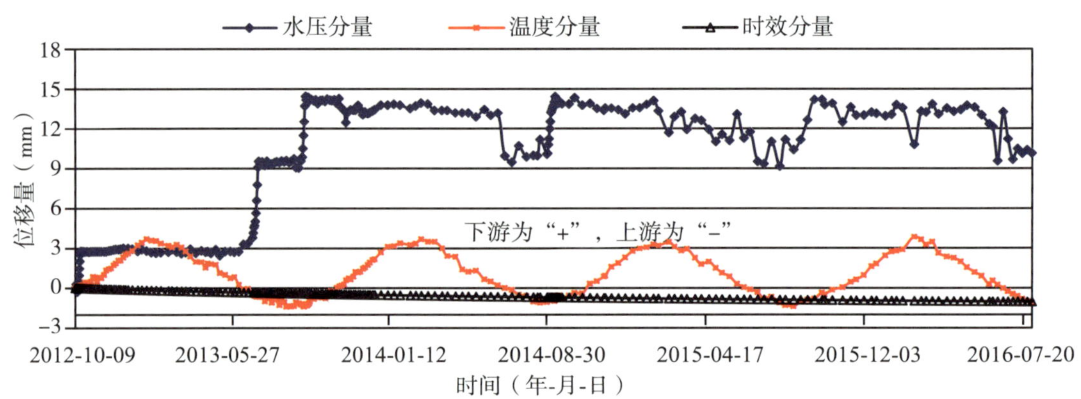

图 21.3-5　左非 1 坝段坝顶垂线上下游回归分析影响因子分量

21.3.2　模型质量

5 个垂线测点实测上下游方向位移统计模型中，复相关系数 R 均达到 0.98 以上，F 检验值大于 500，P 值接近为 0，剩余标准差在 0.73 以内，说明模型质量较高，能反映大坝上下游方向位移的变化规律。

21.3.3　水压分量

1）水压分量对上下游方向位移的影响为正值，水位升高，向下游位移，水位降低，向上游回弹，与实测结果规律性一致。

2）高程越高，水压分量对测值影响越大，垂线上下游变形也越大。

3）根据计算结果可分析得到，大坝从 370m 蓄水到 380m 期间，坝顶受水位影响上下游变形量在 5.02mm 以内，坝基上下游变形量在 0.9mm 以内。

21.3.4　温度分量

1）温度分量的符号均为负，表明温度升高，大坝向上游变形，温度降低，大坝向下游变

形，符合一般规律。

2）高程越高，温度分量对测值影响越大，基础部位温度分量变化范围在 1.06mm 以内，坝顶部位温度分量变化范围在 5.24mm 以内。

3）从温度因子的参数值来看，不同高程温度滞后性不一样，其中 322m 及以上高程主要是 8～30 天，287m 及以下高程主要是 30～60 天。

21.3.5　时效分量

1）各高程时效分量均已收敛，表明时效位移趋于稳定。

2）时效分量表现为向上游位移趋势，坝基变化量在 0.65mm 以内，坝顶变化量在 1.04mm 以内。

21.4　小结

根据向家坝变形监测资料，按照多元回归分析方法对左非 1 坝段正倒垂线的上下游方向位移趋势进行模拟。模拟结果表明，所得回归方程与实测曲线拟合良好，复相关系数较大，残差较小；大坝上下游方向变形在首次蓄水至正常蓄水位前主要受上游水位影响，蓄水结束后主要受温度影响；时效变化对坝体变形的影响已逐渐趋于平稳；在水压、温度、时效因子的作用下，大坝变形正常，符合一般规律。这表明所建立的模型能有效模拟大坝的变形规律，为大坝的运行管理提供依据。

第 22 章　坝基渗控监测智能化控制系统研究

22.1　项目背景

向家坝工程地质条件复杂，岩层软硬相间，坝基不仅发育有挤压带及挠曲核部破碎带等大型软弱带，而且发育有较多的一、二级软弱夹层，坝基存在深层滑动的地质背景。由于向家坝工程地质条件的复杂性和特殊性，渗控工程有针对性地采用了“可控制的抽排系统”设计，坝基所有排水孔均设置了开关阀门，通过调节排水孔阀门的开度，控制排水孔的涌水量。大坝渗控系统需长期接受检验，如何对坝基渗控进行有效的分析与控制，使坝基抗滑稳定、坝基渗透稳定、排水孔总渗漏量三者达到综合平衡是亟须解决的重大技术问题。

22.2　项目实施情况

自 2013 年 3 月以来，首先在灌浆施工已经完成的厂房坝段、左岸坝后电站基础廊道和左岸大坝第一、二辅助排水廊道、左非 5～6 坝段分隔廊道实施设备安装第一期工程，共安装了 174 套成套监测设备。2015 年 5 月，冲沙孔～左非 5 坝段加深帷幕灌浆第三方检查完成，7 月在左岸大坝和厂房坝段基础廊道主排水孔实施设备安装第二期工程，共安装了 36 套成套监测设备。至此，现场设备安装项目已经全部完成。

22.3　项目研究内容

针对向家坝水电站坝址所处地区复杂的地质构造和渗控数据信息量大、难以对坝基真实渗控状态有效分析的问题，采用三维地质建模技术、系统集成技术、数据库技术和可视化技术，开展排水孔智能调控条件下坝基渗流场分析，研究向家坝水电站坝基渗控信息集成与分析控制系统，对坝基渗控安全监测信息进行三维可视化分析，基于渗流分析模型和实测数据得到更为实际的坝基三维渗流场分布，为现场管理者提供准确快速的坝基渗控分析数据和辅助决策支持，为向家坝水电站大坝长期安全稳定运行提供技术支撑平台。

22.4　坝基渗控安全监测信息集成与三维可视化分析

建立与独立的向家坝水电站坝基安全监测标的相关数据接口，把大坝运行过程中各种

渗流相关安全监测的动静态信息进行综合集成和管理，并在大坝整个寿命周期内进行长期跟踪与动态分析，主要功能包括：

1）基于目前已经建立的向家坝灌浆统一模型（包括完整的大坝地质模型、灌浆排水施工成果、大坝建筑物模型等），结合设计资料和实际渗流监测仪器布置，建立渗流监测仪器三维可视化模型（实体或透明）并耦合到灌浆统一模型中，渗流监测仪器和载体包括：测压管、渗压计、量水堰、排水孔等，可根据监测仪器属性进行分类显示，并可按特定剖面显示监测仪器分布，实现在三维环境下对整个坝基渗流监测仪器的可视化。

2）安全监测动态信息的可视化查询与管理，在三维模型上直接点击任意监测仪器，则可得到监测仪器的相关信息，主要包括仪器的类型、所处大坝位置、实时监测信息等相关内容。

3）基于渗控工程实际监测信息，形成大坝实际的渗流、渗压、排水等监测数据成果，上述成果主要包括排水孔流量历时曲线、渗压计压力历时曲线、扬压力分布断面形状图、垂直水流各坝段扬压力比较图、单孔弯矩图、渗压等值线图和渗透坡降剖面图。

4）通过开发接口动态读取设计提出的体现大坝稳定运行的综合技术参数和成果，将设计要求技术参数与实际监测信息进行对比分析，并将相应成果进行可视化展示，更逼真地表现大坝的稳定状态。

5）数据展示与关联：将上述提及的实时监测信息和分析成果以报表、图形等方式进行可视化，并于对应监测仪器进行动态关联，实现及查即得。

6）数据共享：将现场监测数据，通过网络传送至系统中心数据库，从而实现网络内数据共享。

22.5　坝基三维渗流分析

结合向家坝水电站坝基渗控安全监测实际数据，采用水文学、水力学、结构力学、数值计算技术、三维建模技术等先进的理论方法与技术，针对特殊地质条件下向家坝水电站工程安全运行的渗流问题，根据实际的地质状况、地形地貌和水工建筑物的特点，展开排水孔智能调控条件下坝基渗流场分析，为设计制定合理的渗控措施确保大坝长期安全稳定运行提供决策依据。

采用有限体积法，建立基于多孔介质模型和 VOF 自由面捕捉技术的向家坝坝基三维渗流场数值模拟模型，研究充分模拟岩体中的构造和裂隙系统的渗流特征，基于 CFD 软件进行坝基三维渗流模拟分析计算，得到水工建筑物及坝基的渗流量、渗流自由面和渗流场的变化规律，详细分析防渗系统和排水系统的布置型式，以及地质结构对坝基渗流场的影响和渗控效果分析，为渗流分析与控制提供基础。

22.6 坝基渗控预警标准及对策措施研究

22.6.1 预警标准研究

坝基渗控体系控制的目的，就是实现大坝抗滑稳定、渗透稳定、排水孔总渗漏量三者的综合平衡，具体表现为坝基总体扬压力满足设计要求、坝基渗透坡降在设计容许范围内、坝基涌水量在常规可接受范围内。

(1)坝基扬压力自动控制要求

1)根据坝基渗控体系扬压力自动化在线监测数据，当上游主排水孔处扬压力强度系数值不超过设计阀值 α_1，坝基中下游、坝后厂房残余扬压力强度系数不超过设计阀值 α_2，表明坝基扬压力水平正常。

2)当有个别测点超过上述范围值后，系统自动对超范围测点部位整个坝段实测扬压力图形面积和设计扬压力图形面积进行对比分析，当实测扬压力图形面积大于设计扬压力图形面积时，系统需对排水孔开度进行调节处理。

3)当个别测点超出范围值，而按坝段实测扬压力图形面积小于设计扬压力图形面积时，系统自动分析扬压力对坝基中心的弯矩作用，扬压力弯矩大于设计允许值时，系统需对排水孔开度进行调控处理。

(2)坝基渗透坡降自动控制要求

1)根据坝基渗控监测仪器自动化在线监测数据，系统自动计算出典型坝基实际渗透坡降等值线。

2)在三维渗流进行分析的基础上，根据渗控监测仪器实时数据，对三维渗流分析成果进行修正得到与实际较为吻合的渗流场和坝基渗透坡降等值线图。

3)坝基所有部位渗透坡降均应在设计允许范围内，否则系统需对排水孔开度进行调控处理。

(3)坝基排水孔涌水量自动控制要求

1)根据三维渗流分析成果，并结合现场实际情况，研究坝基排水孔涌水量设计可接受的范围值。

2)对坝基排水孔涌水流量自动化在线监测数据，与排水孔设计可接受值进行对比，坝基所有排水孔涌水流量均应在设计可接受范围值内，否则系统需调控排水孔的涌水量，以满足设计要求。

22.6.2 预警及对策措施研究

坝基渗控自动化系统主要是通过排水孔阀门开度的调节，改变坝基排水孔涌水量从而

改变坝基扬压力及坝基渗透坡降。根据渗流分析成果，坝基排水孔涌水量加大相应坝基扬压力减小、坝基渗透坡降增大，反之，坝基排水孔涌水量减小相应坝基扬压力增大、坝基渗透坡降减小。

由于向家坝特殊的地质条件，坝基的渗透稳定性关系到大坝长期安全运行，坝基渗控系统控制的原则为在综合考虑左岸山体抬升等综合因素，采用控制排水孔涌水量，适当加大坝基扬压力、减少坝基渗透坡降的方式进行调控。

坝基扬压力监测设计框图见图 22.6-1。

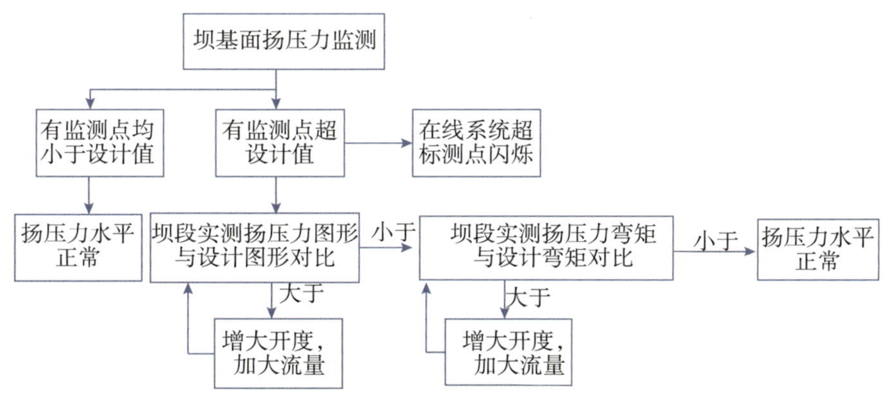

图 22.6-1　坝基扬压力监测设计框图

当渗压监测仪器、渗透比降、排水孔出水量任一测点超设计要求而整体渗控系统正常时，在线系统对超标测点进行闪烁提示，同时需对超标点进行情况排查和原因分析。

当坝基扬压力水平、坝基渗透比降、坝基总渗水量三者有任一项达到设计控制值的 85% 时，在线系统进行预警提示。当三者有任一项达到设计控制值或超过设计控制值时，在线系统进行报警提示，并提供排水孔调控决策信息。

报警提示时，系统可通过坝基三维地质模型在线系统，对该部位坝基的地质条件、渗控体系的设置、渗控体系施工过程资料，包括钻孔、灌浆、压水、检查资料进行实时查询，以进一步分析报警的原因。待确认原因后，决定是否进行排水孔出水量调控，从而消除报警提示。

当报警后，经调节控制，坝基扬压力水平、坝基渗透比降、坝基总渗水量三者达不到综合平衡，须有相应预案。

对系统产生的预警、报警信息，按严重性、紧急程度和波及范围进行分级，不同级别对应不同颜色加以区分。同时建立健全针对不同级别的应急响应预案，产生预警、报警信息后软件可根据应急响应预案采取紧急措施，同时发布信息引导相关工作人员及时介入处理。信息发布可根据不同预警、报警级别采取多种形式，主要通过在三维模型上提示、向相关人员发出电子邮件等方式发布，必要时通过短信语音形式即时向负责人发布。同时渗控体系在线自动化控制系统应留有 TCP/IP 通信软硬件接口，及时发布渗控系统工作状态。

参考文献

[1] 兰孝奇. 三峡坝区变形监测网多目标优化研究[J]. 南京:河海大学学报,2000(1):81-85.

[2] 严建国. 江垭枢纽工程坝区变形监测网优化设计[J]. 武汉:人民长江,2002(6):41-43.

[3] 马能武. 高坝洲水利枢纽变形监测网设计[J]. 武汉:湖北水力发电,2001(2):49-51.

[4] 岳东杰. 变形监测网二级优化设计研究 [J]. 南京:水力发电学报,1999(2):49-51.

[5] 朱丽如. 三峡工程变形监测网优化设计[J]. 武汉:人民长江,2000(5).

[6] 彭冈, 张海泉. 向家坝工程主要技术特点、难点及对策[J]. 中国三峡, 2012(11):50-56.

[7] 何雷辉, 张永涛, 周红波,等. 向家坝水电站大坝抗震安全性研究[J]. 人民长江, 2015(2):94-97.

[8] 曾祥喜. 向家坝水电站坝基岩体力学特性及参数取值研究[D]. 成都理工大学,2011.

[9] 杜怡韩. 高混凝土重力坝坝基复杂岩体抗滑稳定边界的确定及参数评价——以向家坝水电站为例[D]. 成都:成都理工大学, 2007.

[10] 于沭, 陈祖煜, 贾志欣,等. 向家坝水电站坝基深层抗滑稳定性的流固耦合分析[J]. 中国水利水电科学研究院学报, 2010, 8(1):11-17.

[11] 张永涛, 曾祥喜, 史艳. 向家坝水电站大坝基础处理设计[J]. 人民长江, 2015(2):76-80.

[12] 潘江洋, 冯树荣, 张永涛,等. 向家坝水电站坝基变形控制与防渗抗滑处理[J]. 水力发电, 2017, 43(2):60-66.

[13] 樊凯, 邹阳生, 王留涛. 向家坝水电站坝基渗控体系设计与动态优化调整[J]. 人民长江, 2015(2):89-93.

[14] 冯树荣, 蒋中明, 钟辉亚,等. 向家坝坝基排水孔涌水量控制标准研究[J]. 水利学报, 2017, 48(1):21-30.

[15] 吴瑕, 张文胜. 三峡水利枢纽右岸大坝变形规律分析[J]. 人民长江, 2010, 41(20):19-22.